通用弹药导弹保障技术重点实验室·主办

 火炸药燃烧国防科技重点实验室·协办

弹药导弹保障理论与技术
2018论文集

《弹药导弹保障理论与技术2018论文集》编委会　编著

U0234041

北京理工大学出版社
BEIJING INSTITUTE OF TECHNOLOGY PRESS

图书在版编目（ＣＩＰ）数据

弹药导弹保障理论与技术 2018 论文集 /《弹药导弹保障理论与技术 2018 论文集》编委会编著. --北京：北京理工大学出版社，2021.12（2023.10 重印）
ISBN 978-7-5763-0780-1

Ⅰ. ①弹… Ⅱ. ①弹… Ⅲ. ①弹药–导弹–文集
Ⅳ. ①TJ76-53

中国版本图书馆 CIP 数据核字（2021）第 269616 号

出版发行 / 北京理工大学出版社有限责任公司
社　　址 / 北京市海淀区中关村南大街 5 号
邮　　编 / 100081
电　　话 /（010）68914775（总编室）
　　　　　（010）82562903（教材售后服务热线）
　　　　　（010）68944723（其他图书服务热线）
网　　址 / http://www.bitpress.com.cn
经　　销 / 全国各地新华书店
印　　刷 / 北京虎彩文化传播有限公司
开　　本 / 889 毫米×1194 毫米　1/16
印　　张 / 23.75
彩　　插 / 5
字　　数 / 708 千字
版　　次 / 2021 年 12 月第 1 版　2023 年 10 月第 2 次印刷
定　　价 / 128.00 元

责任编辑 / 徐　宁
文案编辑 / 徐　宁
责任校对 / 周瑞红
责任印制 / 李志强

编 委 会

主　任　穆希辉

副主任　姜志保　宋祥君　郝　宁　李东阳

编　委（按姓氏笔画排序）

王韶光　王振生　王　彬　牛正一

江劲勇　许爱国　吕晓明　杜峰坡

李万领　宋桂飞　张文亮　张会旭

张洋洋　郑　波　侯文琦　贾昊楠

高　飞　袁祥波　路桂娥

目　　录

第一部分　弹药导弹储存可靠性与寿命评估

1. 弹药导弹性能检测理论与技术

DRP08 引信性能检测试验流程优化研究

张彦刚，沈　阳

（海南省军区保障局）

摘　要：本文对 DRP08 引信的试验法等相关技术资料进行了归纳总结，在现行的引信实验室试验方法、标准基础上，筛选引信性能检测试验内容，收集、汇总试验所使用的仪器设备、机工具，对 DRP08 引信性能检测试验流程进行了优化研究，探索出了新的引信实验室方法途径，对加强引信技术保障工作研究、评定引信可靠性具有重要借鉴意义。

关键词：DRP08　性能检测　储存安全性　使用可靠性

0　引言

我军的引信检测工作经过 60 多年的发展，现已成为一门以现代检测理论和技术为基础、以储存引信的质量状况和变化规律为研究对象、以检测引信主要功能的各种使用技术为主要内容的工程技术学科，在我军引信技术保障工作中发挥着越来越重要的作用。

1　引信实验室试验

在实验室条件下对引信或其零部件的某些性能进行检查或测试，称为引信的实验室试验，又称静止试验。部队库存引信的质量状况主要由实验室试验确定。其包括常规检测试验和特殊检测试验等两部分。

确定引信的性能是否满足战术技术要求和部队使用要求、质量是否合格，唯一的方法就是依据产品的研制总要求、试验任务书、相关的国家军用标准、产品样图以及部队实际使用要求等，通过试验进行考核。

适时地组织引信的实验室试验，通过试验及时掌握引信质量变化规律和预测储存寿命，为引信技术保障工作中的宏观决策，引信的储存、使用、维护和处理等提供科学依据，此项工作的意义和责任十分重大。

2　引信的变质

引信是由多种零部件组成的，如：钢、铜、铝等金属材料，丝绸、木材、塑料等非金属材料，各种装药。这些材料及装药在长期储存过程中，因受内、外界条件的影响，严重时会使引信失效或造成危险。

2.1　温度对引信质量变化的影响

2.1.1　对各种零部件的影响

温度过高，会加速金属零部件锈蚀，以及塑料、涂料的老化过程。温度过低，引信内腔空气中含有的水蒸气会凝聚在引信内部零部件的表面，使火工品受潮、金属元件锈蚀等。温度过低时，引信中的非金属零部件会加速老化。

2.1.2　对引信密封性的影响

随着温度升高，引信内部的气压升高，形成内外气压差，引信的密封性遭到破坏。

2.2 湿度对引信质量变化的影响

2.2.1 对金属零部件的影响

潮湿环境易使金属表面产生电化学锈蚀作用，从而影响引信的作用正确性和安全性。

2.2.2 对非金属零部件的影响

引信中的非金属零部件有一定的吸湿性，吸湿后容易发霉、腐烂，同时加快与其接触的药剂受潮变质。由于这些元件的性质比较稳定，所以变质速度相对缓慢。

2.2.3 干燥环境对引信质量的影响

过分干燥的环境，火工品药剂中的水分和挥发分会失散，使药剂的燃速加快、感度提高，火工品的性质会相应地改变，使引信不能正常作用，甚至造成危险。

3 DRP08 引信性能检测试验流程优化研究

3.1 DRP08 引信零部件

DRP08 引信零部件如图 1 所示。

3.2 筛选引信检测试验流程

3.2.1 DRP08 引信实验室试验流程

DRP08 引信实验室试验流程如图 2 所示。

3.2.2 筛选 DRP08 引信试验流程

3.2.2.1 加压式引信（盒）密封试验

由于仪器设计上的缺陷，加压式引信（盒）检测仪器不能满足试验需求。目前，南京军区装备部军械弹药修理所弹药修理试验站已经研制出第 4 代产品——引信（盒）氦质谱密封性试验。加压式引信（盒）密封试验被第 4 代产品取代有以下原因：技术性能不稳定，多次试验不能保持一个稳定的状态；试验时，调试困难，给操作者带来诸多不便，试验结果准确率偏低；仪器采用上端开口的水银柱，试验中，水银容易溢洒，造成水银污染。

3.2.2.2 零部件外观检查

零部件外观检查不应单独进行。试验中，引信各零部件的外观检查是随时进行的，在其他各项试验进行时都会伴随进行相应的零部件外观检查。

3.2.2.3 弹簧抗力试验

在保证引信作用可靠性而进行的试验中，弹簧抗力试验可以取消。其原因有：引信内部弹簧所使用的材料为特制钢丝，其性能非常好，不易损伤；弹簧在军工厂进行生产中，各道工序要求严格；经选材和制造的严格把关，弹簧成品性能优良，长期的储存后，性能变化微小。

3.2.2.4 火帽、雷管锤击试验

在保证引信作用可靠性而进行的试验中，火帽、雷管锤击试验可以取消。其原因有：火帽、雷管为引信传火序列中的主要元件，且为火工品，在选材、生产中要求异常严格；火帽、雷管所在引信内部为密封环境，进行该项试验时，需将火帽、雷管从引信内部取出，改变了火帽、雷管在实际储存和使用时的环境。

件号	零部件	件号	零部件	件号	零部件	件号	零部件
1	保护帽	2	防潮帽	3	隔套	4	纸垫
5	传爆药柱	6	传爆管壳	7	底盂	8	导爆管壳
9	螺塞	10	塞堵	11	惯性簧	12	螺圈
13	侧击簧	14	限位套	15	扭簧	16	保险杆
17	保险簧	18	保险塞	19	保险管	20	回转轴
21	回转座	22	限位销	23	回转体	24	侧击针
25	惯性杆	26	横销	27	横销簧	28	击针簧
29	击针	30	击针杆	31	击针帽	32	定位销
33	螺套	34	铜垫	35	垫圈	36	铅垫
37	调节栓	38	上体	39	本体	40	钢珠
41	HZ-6B 火帽	42	LZ-4 雷管	43	LZ-41 雷管		

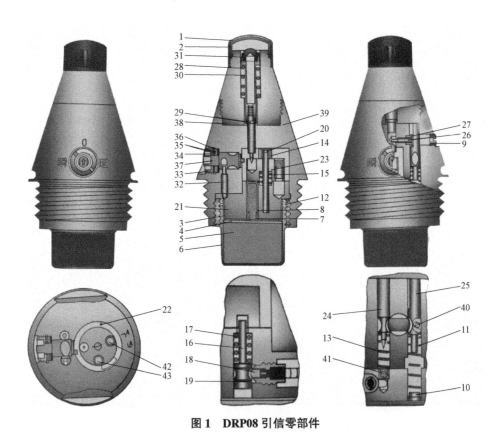

图 1　DRP08 引信零部件

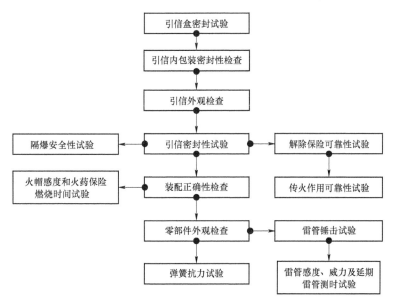

图 2 DRP08 引信实验室试验流程

3.2.2.5 火帽、雷管感度和威力试验

在保证引信作用可靠性而进行的试验中，火帽、雷管感度和威力试验可以取消。其原因有：火帽、雷管所在引信体内为密封环境，此时火帽、雷管的性能可以得到保证；火帽、雷管内部装药性能稳定，其装药性能的变化远小于弹药其他部件内的装药；火帽、雷管所需要的最小击发能量远小于实弹射击中所提供的能量，发射时完全可以保证火帽、雷管正常作用。

3.2.2.6 爆炸完全性试验

在保证引信作用可靠性而进行的试验中，爆炸完全性试验被传火试验取代。其原因有：传爆管作为引信内部最危险的火工元件之一，其装药性能很稳定，在正确操作储存情况下性能可以得到保证；传爆管装药量大，若试验中操作不当，容易造成严重事故，危险大。

3.2.2.7 延期管性能试验

在保证引信作用可靠性而进行的试验中，延期管性能试验可以取消。其原因有：延期管装药以前采用微烟药，易吸湿，目前，使用耐水药，性能很可靠；试验条件和实弹发射条件差别很大。

3.2.2.8 隔爆安全性试验

在保证引信作用可靠性而进行的试验中，隔爆安全性试验可以取消。其原因有：隔爆机构的材料不管是金属还是非金属，在储存中性能变化都很小，其变化程度远小于弹药内部装药的变化。

综上，DRP08 引信筛选的实验室试验流程如图 3 所示。

3.3 引信实验室试验方法

3.3.1 引信（盒）密封试验

3.3.1.1 执行标准与样本量

执行标准：未定

样本量：45

3.3.1.2 试验原理

试验原理：试验时，将样品放入密封罐中，向氦气罐充入氦气对样品进行压氦；如果样品失封，则有氦气渗入样品内部。压氦完毕后取出引信（盒），此时

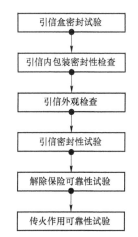

图 3 DRP08 引信筛选的实验室试验流程

失封的引信（盒）将有氦气溢出。

3.3.1.3　试验用仪器

VDY11-1461 型引信氦质谱密封检测仪。

3.3.1.4　试验方法

1）仪器准备

（1）连接引信氦质谱密封检测仪的两根电源线至标准电源。

（2）将排气导管一端连接压氦操作平台排气口，一端引至窗外。

（3）启动压氦操作平台系统；打开氦气瓶总阀，顺时针缓慢调节减压阀使操作平台面板显示氦气压力为（70±10）kPa。

（4）启动引信氦质谱密封检测仪至待机状态。

（5）将吸枪接至引信氦质谱密封检测仪检漏口，按下引信氦质谱密封检测仪"开始"键，使引信氦质谱密封检测仪处于检漏状态。

2）试品准备

取未开启过的引信包装盒或本身要求密封的已开包装盒的引信作为试品。

3）试验步骤

（1）将试品放入氦气罐中，盖好压氦罐盖，拧紧压紧旋钮。

（2）按下压氦操作平台上的"开始"按钮，开始对试品进行自动充氦、浸氦和排氦操作。动作全部完成后"运行"灯熄灭，"完成"灯点亮，蜂鸣器响一声。

（3）压氦完毕后，从压氦罐中取出试品。

（4）按下引信氦质谱密封检测仪上的"调零"按钮，使仪器显示屏上的数据恢复稳定。

（5）将试品放在转台中央并压紧，调整吸枪探头至试品可疑泄漏点 2～3 mm 处。

（6）按下转台"开始"按钮，启动转台旋转，当试品旋转一周后，调整吸枪对试品其他可疑漏点进行检测。

（7）试品上所有可疑泄漏点检测完毕后，按下"停止"按钮，取下试品。

（8）下一发已进行压氦气的试品重复（5）～（7）步骤，未进行压氦气的试品重复（1）～（7）步骤。

4）结果评定

引信氦质谱密封检测仪在试品检测过程中出现报警时，该试品为不合格。

5）仪器撤收

试验结束后，拧紧氦气瓶的总开关，关掉压氦操作平台的电源钥匙开关，拔出电源插头，收回排气导管。按下引信氦质谱密封检测仪的电源按钮，拔出电源插头。

3.3.2　引信内包装密封性检查

3.3.2.1　执行标准与样本量

执行标准：TBB 183—2004

样本量：40

3.3.2.2　试验原理

用目测法和手拽法对真空包装层实施检查。

3.3.2.3　试验用仪器设备、工机具

水筒；水盆。

3.3.2.4　结果评定

真空包装层紧贴引信体，具有一定吸附力的为合格。

3.3.3 引信外观检查

3.3.3.1 执行标准与样本量

执行标准：JXB150-94

样本量：45

3.3.3.2 检查用仪器设备、工机具

放大镜和日光台灯等。

3.3.3.3 检查方法

1）检查项目

引信包装容器外观检查，引信（去掉防护帽）外观检查，装配正确性检查过程中的外观检查，零部件外观检查。

2）检查方法

检查应在光线充足的地方进行，用肉眼或借助放大镜观察并记录试验样品的外观质量情况。依据《通用弹药质量监控规范》，按弹药的种类、储存条件、样本量和检测时机，进行随机抽样。

3）结果评定及处理

（1）结果评定。

引信标志应清晰、正确。

引信应装定于"瞬（发）"位置。

引信外表不得有碰伤、变形、涂漆脱落或三级以上锈蚀等缺陷。

引信帽不得丢失、破裂或严重变形。

火帽和雷管不得有加强帽拱起、移动、破裂、表面浮药等缺陷。

火帽和雷管壳不得有裂缝、变形等疵病和三级以上的锈蚀。

药剂不得有受潮、变质、分解或崩落等缺陷。

零部件不得有裂纹、变形、防腐层脱落或三级以上锈蚀等缺陷。

（2）结果处理。

凡是在外观检查中发现所抽样品中含有致命缺陷的引信时，该批引信应立即停止试验，将其质量等级暂定为待修品二级，作为严重质量问题报业务主管部门。

当外观检查未发现含致命缺陷的引信时，剔除含有严重缺陷的单发引信，样本中被剔除的引信以发数计失效数，然后按样本余下的样品进行性能试验。

3.3.4 解除保险可靠性试验

3.3.4.1 执行标准与样本量

执行标准：TBB 183—2004

样本量：40

3.3.4.2 试验用仪器设备、工机具

VDS84-1405A 传爆管分解机；锤击试验机（V1*WU004）；分解卡头（1564/10）；三爪卡盘；接管（1564/32）；引信扳手（1564/33）；假传爆管；螺丝刀；切线钳。

3.3.4.3 试验方法

1）试验准备

将接管旋在锤击试验机的击锤上，取密封试验后的引信并分解引信，装入侧击针，并将调节栓调至"0"位，保留小头部分，将侧击簧剪成长度为 10 mm，小头朝下装入侧击针孔，将回转机构重新装入引信本体内，旋紧螺圈，旋上假传爆管并拧紧。

2）试验步骤

将试品旋紧在接管上；用调节栓板子将调节栓调至"瞬"或"延"位置（如无特殊要求，常规检测试验调节栓装定至"延");以 216（18 齿）进行打击，击打后 1 min 内不得进入非防护区内；旋下试品，旋下假传爆管，取下隔套检查限位销是否弹出。

3）结果评定

膛内发火装置不发火，限位销没有完全弹开为不合格。

3.3.5　传火作用可靠性试验

3.3.5.1　执行标准与样本量

执行标准：TBB 183—2004

样本量：45

3.3.5.2　试验用仪器设备、工机具

V1*WU013 型针刺雷管试验仪；VDS84-1405A 传爆管分解机；分解卡头（1564/10）；平口钳（V1*WU002FG5）；三爪卡盘；52 g 落锤（V1*WU013FG1）；击针冲杆（10 cm）。

3.3.5.3　试验方法

1）仪器准备

将落锤调整到最大高度，调整支管至适当高度。

2）试品准备

取解除保险可靠性试验并检查后的引信；装上隔套、导爆管，旋紧假传爆管。

3）试验步骤

在主击针孔内依次装入击针簧、击针；将试品放在针刺雷管试验仪的支管上；关闭爆炸室门；把开口导管转向一旁；挂上落锤，小心插入击针冲杆；将开口导管转回原位；释放落锤打击击针冲杆；引信爆炸后，打开排风机，检查试品；若引信不爆炸，击针又刺入雷管中，则等 5 min 后，打开爆炸室门，用平口钳将引信夹出，按有关规定处理。

4）结果评定

雷管发火后，导引传爆药爆炸不完全为不合格。

参考文献

[1] 赵晓利，王军波. 弹药学 [M]. 北京：中国人民解放军出版社，1998.

[2] 总装备部通用装备保障部. 引信与火工品试验 [M]. 北京：国防工业出版社，2000.

[3] 王军波，李彦学，高敏. 引信系统分析与设计原理 [M]. 北京：中国人民解放军出版社，2001.

[4] 总装备部通用装备保障部. 引信技术手册 [M]. 北京：国防工业出版社，2003.

[5] 中国人民解放军总装备部军事训练教材编辑工作委员会. 引信试验鉴定技术 [M]. 北京：国防工业出版社，2006.

[6] 韩其文，曹营军，肖国善，等. 通用弹药化验试验 [M]. 北京：国防工业出版社，2007.

[7] 马少杰. 引信试验技术 [M]. 北京：国防工业出版社，2010.

便携式电爆管抛放弹检查仪设计

侯　明，韩　强，王殿宇

（海军航空工程学院青岛校区，山东青岛 266000）

摘　要：本文介绍了便携式电爆管抛放弹检查仪的功用、结构、工作原理和技术方案，测试及部队使用结果表明，该检查仪携带方便、工作可靠、测试精度高，能够满足海航机务人员对机载电爆管、抛放弹等火工品电阻值的检测要求。

关键词：电爆管　抛放弹　电阻值　检查仪

目前，电爆管、抛放弹等火工品大量应用于海军航空兵作战飞机上，如挂弹钩和挂架的开钩解锁、航炮的装弹、航炮和航枪的排故、部分机载弹射座椅电信号指令的发出、降落伞的开伞和爆伞等都需要通过电爆管或抛放弹控制实现。为了保证航炮、航枪、挂弹钩和弹射座椅的可靠工作，部队在日常维护工作中必须对机载电爆管、抛放弹等火工品进行检测，由于机载电爆管、抛放弹等火工品的电阻值很小，因此既要求检查仪的测试电流小于被测件的安全检测电流，又要求具有较高的测量精度，另外根据机务工作的特点，还要求检查仪轻巧，便于携带。根据部队的需求，我们研制了便携式电爆管抛放弹检查仪，实现了对机载电爆管和抛放弹等火工品电阻值的安全精确测量。

1　功用及主要技术指标

1.1　功用

便携式电爆管抛放弹检查仪能够检测海军航空兵各型战机机载弹射挂弹钩、挂架上的电底火抛放弹电阻值，能够检测航枪、航炮上抛放弹的电阻值，能够检测弹射座椅上电爆管的电阻值，并且具有校准功能。

1.2　设计原则

海航部队机载电爆管、抛放弹等火工品的电阻值在 $0\sim9\,\Omega$ 之间，允许通过的安全检测电流范围为 $50\sim250\,\text{mA}$，点火时间为 $6\sim100\,\text{ms}$，根据部队的实际情况，在技术设计过程中遵循以下原则。

（1）实用性：检查仪的功能可以满足维护规程对测试内容的要求。

（2）适应性：检查仪通用性强，能满足机务内外场的测试需要。

（3）标准化：严格执行国家军用标准的规定，贯彻质量管理制度，确保研制质量。

（4）可维护性：检查仪的维护方便，检定简单。

（5）低风险性：采用市场可获得产品和成熟的先进技术，减少技术风险。

1.3　主要技术指标

根据设计原则，确定检查仪主要技术指标如下。

（1）使用电压：直流 $1.5\,\text{V}$。

（2）测量范围：$0\sim9\,\Omega$。

（3）测量误差：小于 $\pm1.5\%$。

（4）测量电流：不大于 $27\,\text{mA}$。

（5）连续工作时间：＞30 min。

（6）环境要求：工作温度：−20～+55 ℃。

相对湿度：不大于 80%。

（7）重量：不大于 2.5 kg。

（8）尺寸：253 mm×221 mm×152 mm。

2 检查仪总体结构

便携式电爆管抛放弹检查仪的电路主要由电源电路、调压电路、限流保护电路、取样电路、比较电路、标准电路、自校电路、测试电路、指示电路、适配器等组成，如图 1 所示。

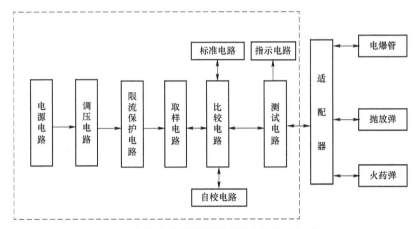

图 1 便携式电爆管抛放弹检查仪基本组成

便携式电爆管抛放弹检查仪外形采用美国通用汽车公司的 PELICAN 全密封阻燃防水便携机箱，检测电路内置其中，检查仪面板上有电源开关、选择开关、调整旋钮、检测按钮、欧姆表、电池盒以及连接测试电缆的检查孔，平时两根测试电缆放在机箱内，其结构如图 2 所示。

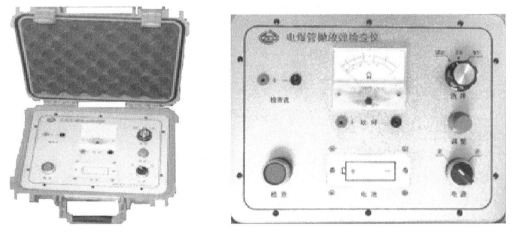

图 2 便携式电爆管抛放弹检查仪外形及面板

3 技术方案

3.1 工作原理

电阻测试电路以电桥为核心。当电桥平衡时，流过桥路的电流为零。当电桥不平衡时，桥路有电流流过。为保证检测的精度，该检测电路采用了 0～3 Ω 和 3 Ω～9 Ω 两个挡位；当开关置于上位（即标 1

位）时，测量阻值为0～3 Ω；当开关置于下位（即标2位）时，测量阻值为3～9 Ω。其电桥的基本测试原理如图3所示。为保证测试时各弹药的安全，该电路通过限流电路，确保其提供的最大电流为27 mA。

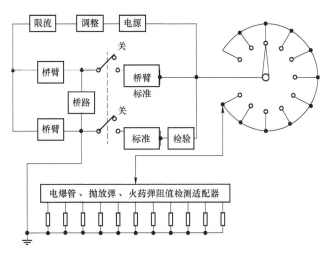

图3　便携式电爆管抛放弹检查仪电桥的基本测试原理

取样电路以电桥桥臂为核心，用来提取被测弹药的阻值参数，送给测试电路。

比较电路以电桥桥路为核心，用来比较两桥路中点的电位差值，送给测试电路。

标准电路以标准线绕电阻为核心，加半导体补偿器件，以消除因温度变化造成的误差。

自校电路以一组高精度标准线绕电阻为核心，用于测试前仪器自身的校准和调整。

调压电路以精密线绕调整电阻为主体，消除因电池压降造成的测量误差。

限流保护电路选用安全、可靠、稳定的线绕限流电阻，起限流保护作用，从而确保流过被测弹药的电流小于规定检测值，如某型抛放弹的电阻值为0.8～2.0 Ω，安全电流为250 mA，当检查仪测量电阻时，实际检测电流小于6 mA，即使操作不当，流过被测弹药的电流由于远小于规定的安全电流，也能够确保检测时的绝对安全。

选择控制电路由波段开关、旋转开关、双位按钮和附属电路组成。其主要功用是选择功能位置，或是选择所需检测的电爆管、抛放弹、火药弹等火工品。指示仪表选用灵敏检流计，为防止平时移动检查仪时损坏灵敏检流计，仪器设计有锁定电路。当电路锁定时，表内形成封闭电路，因摆动产生的自感电势形成的电流，使表头的线框在磁场中运动受阻，减小了表头的强烈摆动，起到保护作用。

数值指示器采用一块高精度磁电式欧姆表，其主要功能是显示弹药的电阻值。指示器的量程选择是根据电爆管、抛放弹等火工品的阻值确定的。如电爆管的阻值范围为0.8～5 Ω，抛放弹的阻值范围为0.15～1.1 Ω，火药弹的阻值范围为0.5～2 Ω，干扰弹的阻值范围为1～4 Ω，火箭弹的阻值范围为0.8～2.25 Ω，因此数值指示器的量程为0～9 Ω。

适配器用于将检查仪与被测弹药连接起来，为减小接触电阻及线路电阻，检测插孔和测试电缆线均采用镀银处理，内部所有引线均采用1.5 mm的高温镀银线。

3.2　技术难点及解决方法

在研制过程中，便携式电爆管抛放弹检查仪中出现了电阻测量值不稳定的情况，导致测量精度不能满足要求，分析其原因主要是在使用过程中由于温度的变化而引起电阻值变化，进而引起测量值的变化，导致测量精度下降。通过在桥路中设计半导体温度补偿器补偿温度变化，解决了该问题。

4　结论

目前便携式电爆管抛放弹检查仪已经配备海航各个部队，使用表明，该检查仪设计合理、使用简单、测量准确，能够满足部队日常维护和排除故障工作的需求，较好地完成对电爆管、抛放弹等火工品电阻值的检测工作，确保了机载挂弹钩、挂架、航枪、航炮、弹射座椅的正常可靠工作。

参考文献

[1] 陈尚松. 电子测量与仪器 [M]. 北京：电子工业出版社，2012.

[2] 吕晓峰. 航空军械测试技术 [M]. 烟台：海军航空工程学院出版社，2015.

弹射试验弹载数据测量系统设计

张　兵，曹建平，王恒新

（海军航空大学青岛校区，山东青岛 266041）

摘　要： 本文介绍了一种用于航空导弹弹射系统试验的弹载数据测量系统的工作原理和设计，重点介绍了系统的基本原理、硬件电路系统设计和工作模式设计；该系统有望应用推广到多种航空导弹弹射系统的试验数据测量中。

关键词： 弹载数据测量系统　导弹弹射　航空导弹

0　引言

航空导弹弹射系统的研制大致需经历方案论证、详细设计、试验验证、定型和鉴定应用等阶段。其中的试验验证阶段需要进行大量的弹射试验来评估导弹及弹射系统的工作状况。通过对导弹弹射瞬间的各个关键参数进行测量分析，可以及时地发现和改进系统设计中存在的问题。实践经验表明，一个精准、高效、先进的弹载数据测量系统可以明显地提高弹射试验的效率，缩短试验周期[1]。另外，弹载数据测量系统所测得的第一手弹射数据还能为将来导弹弹射系统的战术使用提供有力的数据参考，为部队实战能力的提高奠定坚实的基础。

弹载数据测量系统在国内外都有着较为成功的应用案例。由美国陆军和美国国防部联合提出并由多家公司参与研制的强化超小型遥测传感器系统（HTSS）配备有多种小型化可抗高过载的传感器，应用范围较广，取得了良好的应用效果[2]。国内多家科研院所也研制了多型弹载测试设备，在弹载动态测试系统领域积累了许多宝贵的经验[3]。

本文拟在国内外弹载数据测量技术发展的基础上，讨论一种用于航空导弹弹射系统试验的弹载数据测量系统的工作原理和设计。

1　基本原理

弹载数据测量系统需要能够在弹射试验中实时地对被弹射导弹周围的各类环境参数、导弹本身的运动参数和导弹上电路参数进行测量、采集、编码和存储。同时，它还要能够在弹射试验结束后可靠地从数据存储模块中读取测量数据，从而对试验过程进行还原和分析。在设计中还要考虑系统的通用性与可靠性[4]。

为满足以上需求，系统在弹体内部设计了一系列的传感器和一个现场数据记录器，在地面设计了一个测量接口装置和一个主控计算机。系统工作时，首先由传感器感应各类参数、输出传感器信号；再由现场数据记录器对传感器信号进行调理和转换，从而得到最终测量参数并存储在内部的存储器模块中；最后，在弹射完成后，再由主控计算机控制测量接口装置读取现场数据记录器中存储的参数，完成测量过程。为满足系统自检的功能需求，还为测量接口装置设计了模拟传感器信号产生的功能，以便给现场数据记录器提供激励信号，实现系统的自检。系统的基本原理框图如图1所示。

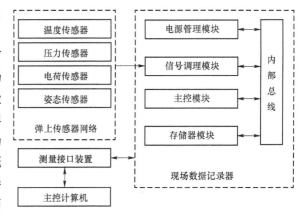

图1　系统的基本原理框图

2 硬件电路系统设计

弹射试验弹载数据测量系统的硬件电路系统主要由弹上传感器网络、现场数据记录器、测量接口装置以及主控计算机四部分构成。

2.1 弹上传感器网络

弹上传感器网络安装固定于导弹上的固定位置，其测量到的信号通过弹上电缆发送至同样在弹上固定的现场数据记录器，以供其调理、采集、编码和存储。

2.2 现场数据记录器

现场数据记录器的设计采用模块化设计思想和插卡式设计，按照其功能具体分为电源管理模块、信号调理模块、主控模块和存储器模块四部分。

2.2.1 电源管理模块

为保证弹射试验弹弹射过程不受外界影响，在弹射过程中将地面电缆连接完全断开，现场数据记录器由其内部电源临时供电。电源管理模块的功用是在地面电缆连接时为弹上锂离子电池充电，在地面电缆断开时管理弹上锂离子电池为弹上现场数据记录器和弹上传感器网络供电。为提高电源管理模块的可靠性，采用了两套互为备份的电池为系统供电。

2.2.2 信号调理模块

信号调理模块设计是现场数据记录器设计的重点，它的设计质量决定了弹上传感器网络信号测量采集的精度和系统的抗干扰能力。按照弹上传感器的不同，它又具体包括温度信号调理电路、压力信号调理电路、电荷信号调理电路、姿态信号调理电路四个子电路。

2.2.2.1 温度信号调理电路

温度信号调理电路如图 2 所示。温度传感器产生的电压信号范围在 0～60 mV，这个电压信号经 R1、R2 分压和电容 C1 滤波后输入 U1，其电压范围为 0～20 mV，经过 U1、U2A 两级放大后其输出能够满足后续 A/D 转换器件的输入电压要求[5]。

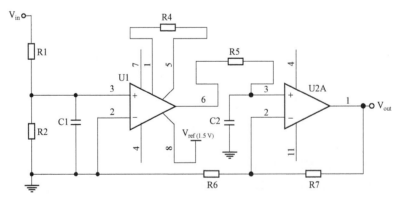

图 2　温度信号调理电路

2.2.2.2 压力信号调理电路

压力信号调理电路如图 3 所示。由于压力传感器内部已经集成了电压放大电路，其特性是输入电压范围可调、输出阻抗小和输出电压高。这里直接采用现场数据记录器的供电电压为传感器供电，传感器在其量程范围内输出的电压为 0～+6 V，范围较大，所以对该信号的处理比较简单。首先 R1、R2 组成的分压电路降压，再利用 C1 滤除高频干扰，C1 的取值根据压力传感器输出信号频率范围的不同而确定。其后的跟随电路的作用主要是增加测量电路的输入阻抗、减少对前序传感器放大电路的影响、提高测量精度。

2.2.2.3 电荷信号调理电路

电荷信号调理电路如图 4 所示。该调理电路用于高频震动传感器的信号调理。高频震动传感器的输出信号特点是输出阻抗极高。因此在设计它的信号调理电路时，重点考虑增大调理电路的输入阻抗，以减少电荷的泄漏，影响电路测量精度。此部分电路为典型的信号跟随器，其输出电压 U 与电路的输入电量 Q 相关，有 $U=Q/C$。R2 的作用是作为放大电路的负反馈，以克服电路的积分漂移问题。

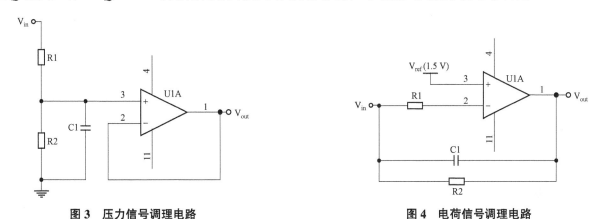

图 3　压力信号调理电路　　　　　　图 4　电荷信号调理电路

2.2.2.4 姿态信号调理电路

姿态信号调理电路如图 5 所示。姿态信号传感器的输出信号采用电压偏置设置，输出灵敏度为 20 mV/DPS，考虑到弹体姿态变化率，其输出电压范围在 ± 0.5 V 范围内。前端依然采用电阻分压和无源低通滤波设计，利用经典的运算放大电路提高后续电路的输入阻抗，并将输出电压范围提高到后续 AD 转换器的输入范围内。放大电路放大倍数由式 $\dfrac{V_{in} - V_{ref}}{1} = \dfrac{V_{out} - V_{in}}{2}$ 计算得出[6]。

2.2.3 主控模块

主控模块是现场数据记录器的核心模块，该模块包括指令通信、存储通信、备份存储、数据编码等功能。其原理框图如图 6 所示。

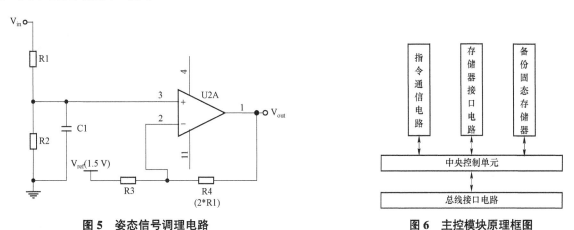

图 5　姿态信号调理电路　　　　　　图 6　主控模块原理框图

2.2.4 存储器模块

固态数据记录器随导弹从高空坠落撞击地面的过程中，记录器需承受较大的冲击与过载，并伴随产生较多的热量。为了保证试验数据不丢失，系统采用了双存储器模块互为备份的设计思想，即除了在主控模块上设计有 FLASH 存储器之外，还单独设计有一块可抗高过载的固态存储器单独连接在系统总线上。导弹落地后，在现场数据记录器没有损坏的情况下，可以通过通信电缆直接从 FLASH 存储器读取数据，而在 FLASH 存储器损坏的情况下，还可以将固态存储器拆下单独读取备份数据。

2.3　测量接口装置

测量接口装置在平时主要负责给现场数据记录器供电，从现场数据记录器读取测量数据；在自检状态下，测量接口装置内部信号源模块可以模拟产生传感器信号、指令信号、电路信号供现场数据记录器进行采集，并可以模拟控制整个弹射试验过程中现场数据记录器的各个工作状态，从而实现对现场数据记录器的全面自检测，增加系统的可靠性。其原理框图如图 7 所示。

2.4　主控计算机

主控计算机利用 USB（universal serial bus，通用串行总线）与测量接口装置实现与现场数据记录器的通信，主要完成系统工作状态转换控制、自检控制、数据读取和分析等功能。

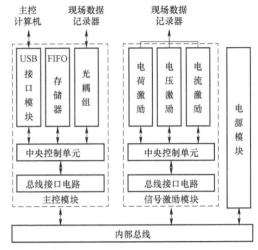

图 7　测量接口装置原理框图

3　工作模式设计

出于可靠性、可测试性的设计需求，弹载数据测量系统必须能够对自身系统的状态进行自检；弹载数据测量系统的核心功能是数据的测量和存储，数据测量模式是该系统的主要工作模式；测量完成后，还必须能够可靠地将测量数据读取出来以供分析参考，数据读取模式也是该系统工作模式的一种。综上，该测量系统的工作模式应有三种：自检模式、数据测量模式和数据读取模式。

3.1　自检模式

自检模式下的系统连接如图 8 所示。该模式下弹射试验弹载数据测量系统由主控计算机、测量接口装置和现场数据记录器形成闭环系统。地面检测平台模拟产生各种传感器信号、指令信号和电池电压信号供现场数据记录器采集，并提供启动信号和接收启动完成信号，模拟整个弹射试验过程中现场数据记录器的各个工作状态，对现场数据记录器各种状态进行功能验证。通过自检模式，可以进一步提高现场数据记录器的可靠性。

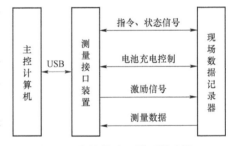

图 8　自检模式下的系统连接

3.2　数据测量模式

数据测量模式示意图如图 9 所示。在数据测量模式下，弹射数据测量系统的传感器网络和现场数据记录器均安装于弹体固定位置，系统中所有设备均由现场数据记录器内部的锂电池供电，弹上传感器组、各类指令信号和弹上供电电压的测量数据实时传送到现场数据记录器，现场数据记录器实时检测弹射数据测量系统工作状态，在弹射开始瞬间记为计时 10 s，保留弹射开始前 10 s 的数据，并完整记录至导弹落地后 10 s。

3.3　数据读取模式

数据读取模式示意图如图 10 所示。如果现场数据记录器的外部接口完好无损，可以通过测量接口装置与现场数据记录器直接相连读取数据，在现场数据记录器内部的 FLASH 存储器被损坏的情况下，可以将备份固态存储器取出直接连接主控计算机进行数据读取。

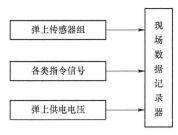

图9　数据测量模式示意图

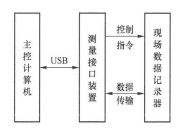

图10　数据读取模式示意图

4　结束语

笔者设计了一种用于航空导弹弹射系统试验的弹载数据测量系统的设计，重点讨论了系统设计的基本原理、硬件电路系统设计和工作模式设计。本弹射试验弹载数据测量系统能在不影响弹体自身工作的前提下，可靠地、自动地完成弹射导弹的弹射数据采集，很好地满足该测量系统的各项功能和技术指标要求，有效地保障弹射试验的效率，有望应用推广到多种航空导弹弹射系统的试验数据测量中。

参考文献

[1] 芮守祯，邢玉明．导弹发射动力系统发展研究［J］．战术导弹技术，2009（4）：04-09.

[2] 张文栋．存储测试系统的设计理论及其应用［M］．北京：高等教育出版社，2002：1-20.

[3] 马铁华．存储测试技术的发展与应用及特种传感器技术研究［R］．北京：北京理工大学．1999.

[4] 陈杰，黄鸿．传感器与检测技术［M］．北京：高等教育出版社，2002：289-293.

[5] AGARWAL A，LANG J H.模拟和数字电子电路基础［M］．北京：电子工业出版社，2008.552-556.

弹药单元化保障问题研究

杨 光

（国防大学联合勤务学院研究生二队，北京 010000）

摘 要：弹药保障是战时作战持续性的重要支撑力量，其单元化保障针对新形势下军队结构规模和力量结构编成改革后，作战力量与保障力量对接问题，突破传统弹药储、供、保模式，以提高保障效率和提升保障体系效能为目标，建立新型平战结合、战保一体、高效可靠的弹药保障形式。

关键词：弹药保障 单元化 模块化

0 引言

现代战争将是以信息化技术为主导的高速度、立体化、大纵深、快节奏的高技术战争，由多军兵种参加的联合体系对抗成为主要作战样式。受作战需求牵引，部队规模结构和力量编成也进行了重大调整，与作战力量模块化相适应，弹药保障的组织结构和保障方式也趋于模块化、单元化，以实现"快速、全维、精确"的目标要求。而我军现行弹药保障方式和能力仍有很大差距，品种批次多代并存、尺寸规格各形各样、运输装卸人搬肩扛等问题严重制约了应急保障能力的生成和提高。发展弹药单元化保障，是转变原始弹药保障方式、满足"高技术、高强度、高消耗"现代化联合作战的需求的重要对策。

1 弹药单元化保障的实际需求

长期以来，我军弹药保障重在日常管理和技术保障，保障方式单一，储、供、保手段落后，导致战时保障能力弱化，原有弹药保障理念难以适应现代作战体系，原有弹药保障结构难以融入体系保障，原有弹药保障方式难以满足新型作战样式的需求。

一是联合作战系统性要求。联合作战由兵种建制编组转变为力量模块编组，编组单元内武器平台种类多样、作战能力独立性强、作战消耗超常剧烈，与之相对应，对弹药保障提出了更高的要求。对整个作战体系内各个模块必须进行实时性、针对性、持续可靠的弹药供给，弹药保障方式也应与各模块单元作战任务和力量编成配套衔接，形成弹药单元对作战单元对应保障。

二是战场保障时效性要求。以往弹药保障以人力搬运装卸为主，保障初段费时费力、多库多垛抽组困难、收发作业"三查、四点、六清"末端耗时较长。一个陆军重型合成突击营作为基本作战模块，战时需要 23 种 2 867 箱弹药保障，且弹箱尺寸不一，大小、方圆、长短、轻重各异，最常用的 5.8 mm 普通弹就区分 95 式和 10 式分别采取了不同包装尺寸，搬运作业时每人每次只能搬运 1～2 箱，1 个营基数弹药不考虑转运时间也至少需 2 h 才能完成请领和分发工作，并需要大量人力保障转运装卸和分发，成为作战行动重要掣肘因素。

三是机动部署全域性要求。随着武器装备的发展，作战节奏加快、机动性增强，弹药保障持续供应能力必须紧随作战行动，跨海作战、海上作战及纵深特种作战兵力立体投送同时也要求弹药随即全域跟进，原有弹药包装方式怕潮、怕摔、怕颠，传统弹药保障方式到位慢、分发难、供给方式单一，已不能满足高速度、立体化、大纵深、快节奏现代化战争的实时、实地、实量即"零差"要求。

四是保障体系融合性要求。为满足联合作战体系需求，联合保障也要自成体系。各保障子系统相互融合，弹药保障必将逐步融入联合勤务保障系统之中，以弹种分类存储浪费空间、装卸耽误时间、运输消耗运力、防卫难度更大，拖累整个保障体系能力发挥。

2 弹药单元化保障的形式

弹药单元化保障主要结合部队战备训练弹药使用实际、战时任务编组弹药补充和特种情况单元使用等因素，按照"平战结合、紧贴作战、特情专保"思路，建立平时以基数保障为主、战时以订单供应为主的弹药单元化保障形式。

一是结合弹药基数标准的基本弹药单元。基本弹药单元以单装要素整体单元弹药基数为基本依据，其中包含作战装备及作战人员武器弹药基数，采用标准化 1 t 小型集装单元箱，单元箱内部区分弹种装入并固定。如某新型主战坦克基数为 125 mm 炮弹 39 发、5.8 mm 并列机枪弹 2 000 发、12.7 mm 机枪弹 500 发、抛射烟幕弹 8 发、3 名乘员手枪弹 120 发，共计约 1.8 t，则按每个基本弹药单元装入 0.5 个基数，作为该型主战坦克作战单元的基本弹药单元。

二是结合建制战备需要的模块弹药单元组。根据建制战备任务需要将基本弹药单元进行组合，建立营、连级建制模块弹药单元组，并区分携行和运行模块弹药单元组，携行模块弹药单元组作为应急战备弹药在旅团级战备弹药库存储，保障战备应急分队随时遂行任务；运行模块弹药单元组由上一级弹药库采取集装箱方式存储，部队遂行任务时从公路、铁路、水路和空中运输投送至指定地点，保障任务部队持续弹药补给。

三是贴合作战任务编组的任务弹药单元组。遂行作战任务时，可依据任务部队作战编组、战斗类型、作战任务、作战激烈程度、攻击目标类型、达成目标毁伤程度、可能战损情况及作战区域自然条件等因素生成作战任务弹药需求订单，根据订单调整弹药单元内配载的弹药种类及数量建立任务弹药单元组，为作战力量遂行任务实施精确战场弹药补充。

四是结合任务环境差异的专用弹药单元。按照保障任务部队作战环境差异，弹药单元包装集装箱采用不同材料和涂装，以适应战场环境需要，提供安全可靠弹药保障，使用海上弹药补给单元、空中投送弹药单元和适应高寒高热高湿的不同作战地域自然条件的专用弹药单元，满足部队全天候全域作战的弹药保障需求。

3 弹药单元化保障的主要特点

弹药单元化保障不但重在保障要素和保障对象之间的对应关系，更是着眼"战时能供"的根本目标要求，纵向提升后方基地－战场转运－部队分发流程运行效率，横向将弹药保障体系与作战任务体系及其他保障体系融会贯通。

一是有力支撑作战体系需求。弹药单元化保障使作战力量与保障要素由弹种对武器转变为单元对应模块的保障，并能随时以作战需求为动力，应保障对象的变化而自由组合变化，保障方式更加灵活高效，使保障体系与作战体系融合度更高。

二是有效提高保障作业效率。弹药单元在装卸载中可以发挥部队现役野战叉车、吊车等机械化作业工具的高效优势，改变了人抬肩扛的原始装卸方式。同时，统一标准化包装能更充分利用装载空间，使最为宝贵的运力资源发挥最大效能，实现弹药由保障基地到转运站再到作战单元全程机械作业，营级建制的弹药补给时间降至约 30 min，保障效率大幅提升。

三是大幅提升精准保障能力。在弹药单元上使用二维码技术、无线射频标签技术和物联网技术，弹药单元出入流转信息自动生成上报，使装备保障指挥员实时掌握弹药在筹、在储、在运信息及数量、质量和消耗情况，为作战指挥决策提供有效依据，为精确保障提供有力物化支撑。

四是便于全维提供持续保障。全域作战中作战力量从陆、海、空、天全域到达战场，弹药单元的集装设置使机械化作业工具军地通用、运载平台易于动员筹集、野战保障展开撤收迅速，通过公路汽车、铁路棚车、海上船舶及空中机载运输提升了战场全维投送和机动伴随保障能力。

五是提高弹药保障安全可靠性。弹药单元集装箱包装，内设卡环、吊环、固定捆扎装置和中间缓冲层，可有效减少弹药在储运过程中受到的冲击、振动和压力，外包装箱体除有与机械化作业相匹配和坚固抗压功能外，同时具有良好的密封、防潮、防水、防霉、防尘、防锈、防震、防静电、防射频、防爆、阻燃、隔热、防盗等性能，避免人力搬运时粗糙作业所造成的损坏，如人工搬运散装的箱装弹药冲击过载超过 100 g，集装箱集合包装装卸时冲击过载为 1～2 g，又提高了弹药野战化存储可靠性，可在开设前进保障基地进行弹药单元的战场预置，在规划设计战场建设布局和突出重点方向的战场建设上，提供更可靠的弹药储备和供应保障。

4 弹药单元化保障的几点思考

随着新技术应用和军民融合不断加深，弹药单元野战化、信息化、通用化水平也将逐步提升，保障速度和效率将开创新的局面。

一是新型材料和技术应用增强弹药单元野战化。随着新型材料的研发和应用，弹药单元在包装材料上可使用更为坚固轻便的材料节约包装成本，还可在高价值弹药投送时增加隐身技术提升战场生存能力和战略投送的隐蔽性。在单元展开和撤收环节使用尽量降低单兵操作时间，如德国新型全敞开式集装箱，一个人可在 40 s 内推开外罩，使其去除闭锁完成展开。

二是集成信息智能技术提高弹药单元保障信息化。通过将信息技术和智能技术集成于弹药单元，使弹药单元在存储、运输、供应、分发各保障环节信息随单元流转，建立灵敏高效的弹药保障信息系统，弹药保障需求智能预测、申请弹药清单自动生成、弹药单元结构智能优化、弹药运输线路智能选择、无人装备装载和运输弹药单元，实现弹药保障的全程可视和全资产可控。指挥员在指控平台上便可一人掌控调动千车万弹。

三是军地协作机制拓展弹药单元通用化。加强与地方政府交通部门联系，选择资质强、信用可靠的民营物流企业参与弹药保障，并掌握与弹药单元相配套的通用装卸机具设备及运力资源情况，择机利用部队演训进行军地一体弹药保障融合训练，切实建立一体保障机制。

5 结束语

通过外军弹药保障方式研究和技术条件分析，结合我军现行弹药箱装、装卸搬运人扛的现实情况，创新弹药单元化保障方式的基本形式，并进行特点分析和总结，目的是解决平战脱节、保障与作战不配套问题，提高弹药保障精准度和保障效率。

参考文献

[1] 沈寿林. 美军弹药保障研究 [M]. 北京：军事科学出版社，2010：136–138.
[2] 李良春，王洪卫，等. 弹药供应保障物流系统与托盘集合包装的诌议 [J]. 包装工程，2004，25（1）：89–90.
[3] 李文钊，田春雷，等. 基于战时保障的弹药单元化包装研究 [J]. 包装工程，2007，3（1）：108–109.
[4] 李良春. 基于包装的我国现代军事物流系统 [J]. 包装工程，2005，27（6）：63–65.

航空弹药随弹安全信息监测设备研究

李敬玉，周　雷，翟树峰，李奇志，马文国

（北京航空工程技术研究中心，江苏南京 210028）

摘　要：通过把温度、湿度、压力及三轴加速度等传感器整合在一起，研制出一款小型的环境参数监测仪，其主要用于监测制导弹药在贮存、搬运和运输过程（寿命周期内）中所经受的振动、冲击、过载及温湿度信息，为制导弹药寿命评估和质量分析提供环境参数影响依据。

关键词：航空弹药　安全　监测设备

0　引言

监测产品安全状态的装置在物流运输行业应用得比较广泛，主要包括数据记录仪、碰撞指示标签、机械式碰撞指示器等产品。数据记录仪主要包括内置加速度传感器的环境参数记录仪和碰撞记录仪两种，被广泛应用于大型货物运输中，该类产品主要采集冲击、振动过载、温湿度等环境参数，并且具有实时时钟功能，可定量、全程监控包装运输过程中的环境变化情况。

目前，在国际上已有专门监测运输过程的振动记录仪，如美国 ShockWatch 出品的 DSRD298 系列冲击振动环境记录仪，以及 Lansmont 公司生产的 SAVER 9X30 冲击及振动环境记录仪等产品。这些产品使用环境多为民用场所，内置传感器仅加载了振动、温度、湿度传感器，此外还存在价格昂贵、待机时间较短、体积大等缺点。

通常弹药寿命评估和质量分析主要从检测信息、勤务处理等方面进行，然而弹药所经历的环境应力对弹药寿命评估和质量分析亦有较大影响。库房环境温湿度的监测不代表弹药在全寿命周期所经历的环境应力情况，故弹药在全寿命周期所经历的环境应力数据往往是缺失的。本项目把温度、湿度、压力及三轴加速度等传感器整合在一起，研制出一款小型的环境参数记录仪，可安装在弹体周围用于监测弹药受到的环境应力情况，其待机时间长、价格适中。同时该产品具有电子履历存储功能，用户可以将电子文件存储在产品内部存储空间，通过 Micro USB 电缆与计算机连接，更方便读取数据。

1　监测仪的组成及主要功能

1.1　监测仪的组成

监测仪由结构件、数据采集记录单元、传感器单元和采编存储软件等四部分组成，监测仪外形安装尺寸示意图如图 1 所示，监测仪三维效果示意图如图 2 所示。

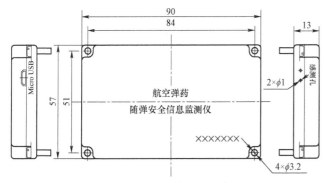

图 1　监测仪外形安装尺寸示意图

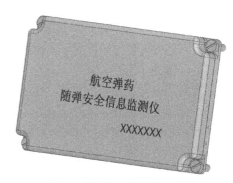

图 2　监测仪三维效果示意图

1.2 监测仪的主要功能

该监测仪适用于高价值的制导弹药，主要用于监测制导弹药在贮存、搬运和运输过程（寿命周期内）中所经受的振动、冲击、过载及温湿度信息，为制导弹药寿命评估和质量分析提供环境参数影响依据。

1.3 监测仪技术性能指标

监测仪主要技术指标如表 1 所示。

表 1 监测仪主要技术指标

序号	指标类型	指标名称		规格（技术要求）	备注
1	机械参数	重量		≤150 g	
2	环境参数指标要求	温度	采集范围	−40～＋70 ℃	
			采集精度	±2 ℃	
		湿度	采集范围	5%RH～95%RH	
			采集精度	5%RH～20%RH，±10%RH	
				20%RH～80%RH，±5%RH	
				80%RH～95%RH，±10%RH	
		压力	采集范围	30～110 kPa	
			采集精度	±1%FS	
		加速度	采集范围	X、Y、Z 三轴，±100 g	
			采集精度	±2%FS	
3	存储容量			1GB	
4	静态工作电流			≤90 μA（低功耗模式）	

注：数据采样频率为 1 次/小时，在此工况下工作时间为 2 年。

2 监测仪设计

2.1 硬件设计

该监测仪采用 MEMS（微机电系统）技术与微电子技术成果研制而成，由数据采集记录单元与传感器单元组成。监测仪内部逻辑框图如图 3 所示。

传感器单元包括温湿度传感器、压力传感器和三轴加速度传感器，其通过 I^2C 数据接口将制导弹药在贮存、装卸和运输过程（寿命周期内）中所经受的振动、冲击、过载及温湿度信息传输给数据采集记录单元。数据采集记录单元采用数字化数据采集与存储测试技术实现对各类传感器输出参数的存储、记录和再现。该单元由信号采编器和存储模块构成。其中，信号采编器完成对外部信号的采集和编码功能，存储模块完成数据记录功能。

监测仪采用电池供电，可持续工作时间不少于 2 年。监测仪使用了高转换效率的电源芯片、超低功耗的集成电路和超级功耗的电源管理。监测仪在正常工作模式下由内部电池供电，仅微控制器和三轴加速度传感器由电池直接供电，其余各模块处于关闭状态；当需要进行温度、湿度和压力测量时，开启传感器供电开关；当需要对 FLASH 进行操作时开启 FLASH 供电开关与 3 V 电源芯片开关（确保供电电压满足集成电路工作电压要求）。监测仪电源管理方案如图 4 所示。

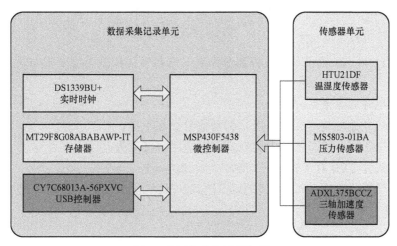

图 3　监测仪内部逻辑框图

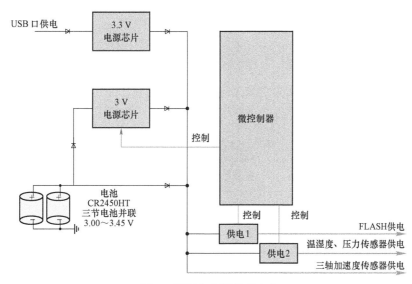

图 4　监测仪电源管理方案

2.2　软件设计

（1）设置"低功耗""采集"和"通信"三种工作模式。

（2）仅在必要的情况监测仪处于工作状态，其余时刻其均处于休眠状态以降低功耗。

（3）仅在需要用到外围电路时开启相应电路的供电电源，其余时刻外围电路均处于断电状态，当控制外围电路断电后，控制器 I/O 状态对应设置为输入状态或者输出低电平状态，避免漏电流。

2.3　性能设计

2.3.1　安全性设计

监测仪的安全性设计满足国家标准，在设计中采取以下措施。

（1）监测仪采用非易失性存储器，保证数据掉电不丢失。

（2）监测仪自主供电，在正常工作或发生故障时，对装备均无任何影响。

（3）监测仪结构紧凑重量轻，加装后装备主体设计结构不变，不影响装备正常使用。

（4）监测仪采用大容量电池供电，电池选用宽温度范围的电池，可在恶劣环境中保持优异的防泄漏性能，正常工作，可以保证监测仪使用过程中的用电安全，不对弹药存储、运输造成危险。

2.3.2 电磁兼容性设计

监测仪满足 GJB151B—2013《军用设备和分系统　电磁发射和敏感度要求与测量》要求，在监测仪设计中采取以下措施。

（1）监测仪内部电源单点接地。

（2）电路板按照信号处理流程顺序布线，抑制信号交互干扰。

（3）电路安装在密闭的金属壳体内，实现良好的电磁屏蔽效果。

（4）数据传输方式为 USB 有线传输方式对外无无线电干扰。

（5）监测仪为微功耗监测仪，对外辐射小，且与航空弹药无任何电气接口，对航空弹药无影响。

2.3.3 其他设计

对监测仪电源及重要信号线采用双点、双线设计，并且根据监测仪使用环境，监测仪结构件选择高可靠性材质，在电路板表面涂覆三防漆和硅胶，对接处进行防水、防潮设计。而可更换电池位于监测仪开口处，便于用户快速更换电池。另外，该监测仪结构小巧紧凑，具有良好的可拆装性，采用螺钉安装方式，确保安装可靠。

3　试验验证

抽取 10 台样机进行了验收检测，验收结果如表 2 所示，由表可见，各项数据均符合技术要求，并携样机赴某弹药大队进行了试装调试，监测仪亦满足使用要求。

表 2　验收试验检测报告

序号	检测项目			计量单位	规格（技术要求）	检测结果	判定
1	机械参数	重量		g	≤150	104～105	合格
2	环境参数指标要求	温度	采集范围	℃	−40～+70	−40～+70	合格
			采集精度	℃	±2	0.08～1.48	合格
		湿度	采集范围	%RH	5～95	5～95	合格
			采集精度	%RH	5～20，±10	0.14～1.79	合格
				%RH	20～80，±5	0.11～1.10	合格
				%RH	80～95，±10	0.22～2.56	合格
		压力	采集范围	kPa	30～110	30～110	合格
			采集精度	%FS	±2	0.02～0.51	合格
		加速度	采集范围	g	X、Y、Z 三轴，±100	±100	合格
			采集精度	%FS	±2	0.01～0.75	合格
3	存储容量			GB	1	1	合格
4	静态工作电流			μA	≤90（低功耗模式）	55～58	合格

抽取了其中 2 台监测仪进行环境试验，包括高低温工作试验、高低温贮存试验、振动试验、冲击试验等项试验，试验方法参照 GJB150A—2009《军用装备实验室环境试验方法》进行，试验结果合格，环境试验项目如表 3 所示。

表 3　环境试验项目

序号	试验项目	试验条件	试验判据	检测结果
1	高温工作试验	a）试验温度：+70 ℃； b）试验时间：2 h	a）监测仪试验前、试验中、试验后功能试验中能够正常采集到环境参数信息； b）产品试验前后应表面清洁，标识清晰、无划痕、毛刺，结构件应无锈蚀，涂镀层完好，无剥落，装配连接螺钉无松动	合格
2	低温工作试验	a）试验温度：−40 ℃； b）试验时间：2 h		合格
3	高温贮存试验	a）试验温度：+70 ℃； b）试验时间：48 h	a）监测仪试验前、试验后功能试验中能够正常采集到环境参数信息； b）产品试验前后应表面清洁，标识清晰、无划痕、毛刺，结构件应无锈蚀，涂镀层完好，无剥落，装配连接螺钉无松动	合格
4	低温贮存试验	a）试验温度：−40 ℃； b）试验时间：24 h		合格
5	振动试验	a）振动方向：$X/Y/Z$ 三向； b）施振时间：每轴向 5 min； c）通电检测：在随机振动期间监测仪保持带电工作状态，内部时钟不丢失	a）监测仪试验前、试验后功能试验中能够正常采集到环境参数信息； b）监测仪振动试验/冲击试验期间时钟信号不丢失； c）产品试验前后应表面清洁，标识清晰、无划痕、毛刺，结构件应无锈蚀，涂镀层完好，无剥落，装配连接螺钉无松动	合格
6	冲击试验	冲击方向：±X、±Y、±Z 向；峰值加速度/g：40；波形：后峰锯齿波；持续时间/ms：11；冲击次数：3 次/向，共 18 次		合格

4　使用、安装与校准

4.1　使用方法

（1）给监测仪安装新电池。
（2）将监测仪通过 Micro USB 电缆与计算机连接，运行数据处理软件。
（3）通过数据处理软件向监测仪设定环境参数采集周期、振动事件触发阈值等参数。
（4）拔掉 Micro USB 电缆后监测仪即可自动运行。

4.2　安装方式

当弹药有弹衣包裹时，监测仪加装在固定弹毂上，安装位置如图 5 所示。若弹药无弹衣，监测仪可放置在弹体周围固定安装。

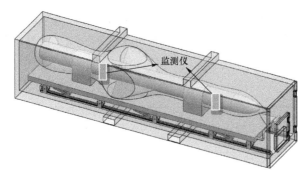

图 5　安装位置

4.3　校准及电池更换

在设计时可选用高精度数字量传感器，监测仪出厂时已经对传感器进行了校准，整个使用周期内无须再次校准。内部电池在 2 年（或 1 年）弹药定检时更换，更换电池示意图如图 6 所示。

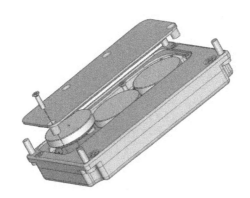

图 6　更换电池示意图

某型导弹电性能虚拟仪器检测技术

孔子华，李 青

（陆军工程大学石家庄校区导弹工程系，河北石家庄 050001）

摘 要： 本文设计开发了某型导弹控制设备的虚拟仪器检测平台，详细介绍了系统的硬件组成和基于 LabVIEW 语言的软件开发。本系统的研制，极大提高了弹药导弹检测系统的通用性与扩展性，实现了对某型导弹控制设备的智能自动化检测。

关键词： 虚拟仪器　控制设备　检测系统　导弹

0 引言

某型导弹控制设备是一种结构复杂的控制系统，传统的检测方法是使用多种专用测试仪器进行检查。在导弹检测和排故实际应用中，逐渐暴露了传统测试仪器的缺点：操作复杂，工作效率低，测试准确度不高，系统扩展性差。这给维护人员的使用及其维修和保养带来很多不便。虚拟仪器技术是目前测控领域中最为流行的技术之一，利用计算机软件的强大功能结合相应的硬件，大大突破了传统仪器在数据处理、显示、存储等方面的限制[1]。为此，本文介绍一种基于虚拟仪器技术的导弹控制设备性能检测系统。

1 系统硬件设计

1.1 虚拟仪器系统结构

传统的测试仪器通常由三大功能组成：信号的采集、产生与控制；信号的分析与处理；结果的表示与输出[2]。虚拟仪器把测试技术与计算机技术结合起来，将仪器的三大功能全部放在计算机上来实现，即可在计算机内插入数据采集卡或数据产生卡，经 A/D 或 D/A 变换器，用软件对其信号进行分析与处理，并在计算机屏幕上生成仪器面板，完成仪器的控制和显示，最终实现传统测试仪器的所有功能。

目前较为常用的虚拟仪器硬件系统有单机插卡式数据采集系统、GPIB（通用接口总线）仪器系统、VXI 仪器系统以及它们三者的组合。其中插卡式数据采集系统具有体积小、结构紧凑、易于操作使用、价格便宜等优点。一个好的数据采集系统不仅要具备良好的性能和较高的可靠性，还应提供便于连接的驱动程序和简单易用的高层语言接口，使用户能够较快地实现软、硬件间的通信。

1.2 硬件配置

本检测系统的硬件采用基于虚拟仪器技术的计算机数据采集控制系统，包括基础硬件平台和外围硬件设备。本系统的基础硬件平台选用的是一台工业控制计算机，外围硬件设备则主要包括计算机内置插卡和外置测试设备。

对被测设备检测需测试的信号有电压、电流、电阻、频率等多种；此外为保证导弹控制系统正常工作，还需引入信息信号、导引头信号、比相基准信号等状态模拟参数。经综合分析，得出检测和模拟所需要的接口有电流检测、电阻测量、用于电压检测的 A/D 量、用于通路检测和状态控制的 D/I 量和 D/O 量，以及用于信息信号、导引头信号、比相基准信号等模拟的 D/A 量。

以上接口中，I/O 接口（D/A、A/D、D/I、D/O）均由插入计算机主板扩展槽上的 PCI（外设部件互连标准）总线接口板提供，这部分接口连接了测试系统虚拟仪器的外围硬件设备。

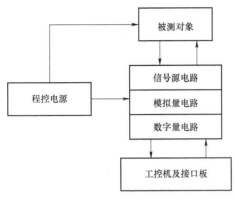

图 1　检测系统硬件组成

计算机系统提供的标准接口还需要一套接口电路与被测部件连接，用来完成被测部件的信号匹配、调理、信号模拟、信号驱动等。接口电路包括信号源电路、模拟量电路、数字量电路。检测系统硬件组成如图 1 所示。

信号源电路主要为导弹控制设备提供专用激励信号，包括信息信号、导引头信号和比相基准信号。

模拟量电路的主要功能是将被测信号转换为适合工控机 A/D 转换的电压，通过模拟开关送入工控机 A/D 端口进行测量。

数字量电路包括复位电路、口自检电路、开关量整形电路、自检电路、状态控制电路等。复位电路用于组合控制状态初始化，有上电、手动、程控三种复位方式。口自检采用各数字位两两"异或"再"与非"输出，由工控机 PD 口判别组合通信接口是否正常。开关量整形电路用于把所需测量信号整形为 TTL 电平，输出至 PC 口、PD 口，供工控机测量和面板指示灯驱动。

程控电源提供使被测设备工作所需的各种交、直流电压，同时对测试和被测设备的供电进行控制。

工控机和电源电路通过与接口电路的联结转换组成数据采集系统，它们组成的测试接口经输出，通过测试转接电缆与被测设备相连。测试接口设计主要考虑外部测试的需要，即从外部的被测设备来看，测试系统输出端口提供的是一套标准测试接口，这套接口不针对某一具体设备或部件，而只针对被检测信号的性质，所以，当构建出一套标准测试接口后，所有部件都可以共用同一套接口检测，从硬件上根本克服了传统检测仪器不通用的缺点，提高了系统的通用性，实现了对导弹控制系统的综合化检测。另外各个功能电路采用模块化结构，可靠性高，结构简单，易于维护，便于扩展和升级换代。

检测时被测设备经转换电缆与测试接口相连，检测所需交、直流电源，参数模拟信号由检测系统提供，在软件控制下送入被测设备，驱动设备工作。被测设备工作后，产生的反映被测设备工作状况的物理量信号经系统进行数据采集和处理，测量出被测信号性质、幅值，以波形和数值的形式显示在显示器的虚拟仪表面板中，如果需要，还可以报表的形式打印和存储，供维修人员判读并作为检修的依据。

2　系统软件设计

该软件平台的设计结构框架主要分为两大部分，一部分为用户面板，这一部分是根据被测对象的特点及用户的要求而编写的，主要完成显示测试结果、人机对话等任务。另一部分是硬件系统驱动程序，该部分完成对数据采集系统硬件模块的操作，并取得测试结果，然后把测试结果返回给软件面板，进行显示、分析及进一步的加工处理。

虚拟仪器软面板所提供的只是人机对话的窗口，它能否高效、准确地完成对被测对象的性能检测，则完全取决于其框图程序功能模块。根据数据采集系统硬件模块的功能特点以及被测对象的性能特点，该系统软件的整体结构框图如图 2 所示。

信号分析、处理、测量模块的设计实现是该软件系统的核心部分，该部分的功能是否强大、设计是否合理将直接影响该仪器的性能，该模块组对于实现装备的故障检测将发挥极为重要的作用。在 LabVIEW 环境下，实现对信号的分析处理及相关的波形测量比较容易，在编制系统软件时，对于许多数字信号的处理方法，在编程时不必对该种方法有特别深的了解，仅知道其函数模块的输入、输出功能即可。在编制该部分的程序时，主要利用了 LabVIEW 的 Singal Analysis.VI、Measurement.VI、Filters.VI、Windows.VI、Probability and Statistics.VI、Curve Fit.VI 等功能模块[3]。总体上，信号分析、处理子模块的主要功能包括时域分析、数据预处理、加窗处理、数字滤波、快速傅里叶变换、频域分析、相关分析、统计分析、曲线拟合等。在各个不同的功能模块之间进行切换处理时，主要是通过一个过渡模块 Global.VI 来完成各个功能模块之间的数据传送，在该模块的作用下，可以保证所采的数据在分步处理时，能够连续有效，而且可以节省系统的资源开销。

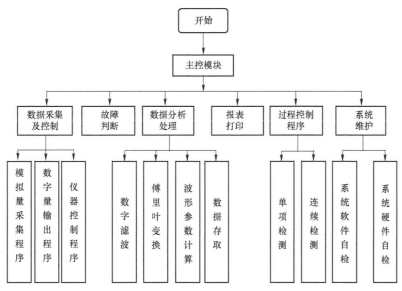

图 2　系统软件的整体结构框图

3　结束语

开发基于虚拟仪器结构的导弹控制设备检测系统，不仅具有自动化程度高、工作稳定可靠的优点，而且人机界面好、操作方便、测试精度高，整个系统易于维护。由于系统的通用性好，便于今后的扩展和升级换代，这在当今弹药导弹技术飞速发展、装备更新换代速度快的情况下具有特别重要的意义。

参考文献

[1] 乐德广. 虚拟仪器结构及其可视化编程的技术进展 [J]. 计算机自动测量与控制. 2001（1）：1-3.

[2] 陈光禹. 现代电子测试技术 [M]. 北京：国防工业出版社，2001.

某型导弹飞行状态数据监测系统设计

张自宾[1]，张永贵[2]，赵　慎[1]，王红云[1]

（1. 陆军工程大学石家庄校区导弹工程系，河北石家庄 050001；
2. 新疆军区防空第 84 旅导弹营，新疆乌鲁木齐 830000）

摘　要：本设计通过 PC-104 计算机、嵌入式 MCU（微控制单元）数据采集模块、FPGA（EP2C20F484C8）视频采集压缩模块，设计了集采集、记录、分析和显示多功能一体化的某型导弹飞行状态数据监测记录系统。本文介绍了该系统的总体设计思路、各模块硬件软件设计，重点介绍了视频采集压缩设计方法。

关键词：PC-104 计算机　数据记录仪　FPGA　视频采集

0　引言

导弹飞行状态数据监测记录装置用于实弹打靶训练过程中，对导弹发射全过程中导弹的飞行姿态视频、控制指令及相关的数据进行实时采集存储，并进行后期回放、分析，可及时发现故障征兆，确认导弹及地面控制设备的技术状态，对导弹发射的训练成绩进行分析评价，以提高部队训练水平。

1　系统总体设计架构

导弹飞行状态数据监测记录系统原理框图如图 1 所示。

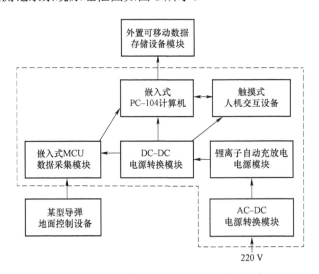

图 1　导弹飞行状态数据监测记录系统原理框图

硬件包括：采集、记录、分析和显示多功能一体化的便携式主机，包括嵌入式 PC-104 计算机、视频采集压缩模块、嵌入式 MCU 数据采集模块、锂离子自动充放电电源模块、DC-DC 电源转换模块、AC-DC 电源转换模块、触摸式人机交互设备；外置可移动数据存储设备模块。

软件包括：在 PC-104 计算机上运行的基于 WINDOWS2000 系统的 BCB++2006 高级程序语言开发的软件，在 ARM7 上运行的基于 uCOS-Ⅱ嵌入式实时系统，在 ADS1.2 编译环境开发的 C/C++和汇编语言混合编程的嵌入式软件，在 Quartus Ⅱ开发环境中基于 VHDL（硬件描述语言）设计语言开发配置

FPGA 的固件。

2 系统硬件设计

2.1 各功能模块简介

PC-104 计算机采用研华的 PCM-3370F-M0A1 嵌入式计算机板,采用 Intel® Celeron® 650 MHz Fanless 处理器和威盛的 VT8606 和 VT82C686B 芯片组,板载内存 256 MB,具有共享内存的 VGA/LCD 控制器和 PC/104 和 PC/104-Plus 数据总线,配备了 IDE 接口的 40 GB 硬盘。

连续场视频采集压缩模块基于 FPGA 技术和 USB 技术,由模拟视频行场同步控制、A/D 转换单元、数字图像压缩单元、非易失性程序存储器、静态图像数据缓冲存储器和 USB 高速数据传输单元组成,完成对导弹电视测角装置产生的模拟视频的数字化采集、压缩和缓冲传输功能[1]。

嵌入式 MCU 数据采集模块采用 PHILIP 的 RAM7 嵌入式 MCU 和配套外围电路,完成对导弹地面控制设备电视测角装置产生的弹标高低和方位角偏差信号、制导装置产生的导弹姿态控制信号、激光发射机产生的激光指令信号进行采集、缓存和传输功能。此模块由嵌入式 RAM7 MCU 单元、DC-DC 电源转换器、数据输入电平转换隔离单元和 USB 数据缓冲输出单元组成。

外置可移动数据存储设备模块,选用 USB 接口 500 GB 大容量的移动硬盘,对监测、记录和分析得到的发射控制数据和视频数据进行存储。

2.2 连续场视频采集压缩模块设计

连续场视频采集压缩模块组成框图如图 2 所示。

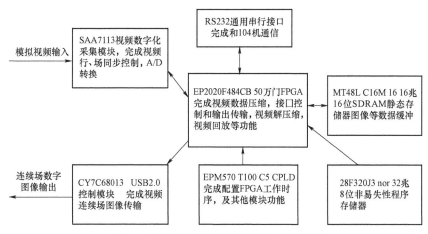

图 2 连续场视频采集压缩模块组成框图

连续场视频采集压缩模块主要基于 FPGA 技术和 USB 技术,由模拟视频行场同步及 A/D 转换单元、数字图像压缩单元、非易失性程序存储器、静态图像数据缓冲存储器和 USB 高速数据传输单元组成。

连续场视频采集压缩模块的工作流程为:系统上电复位后,CPLD(复杂可编程逻辑器件)读取 FLASH 中的配置程序段,完成对 FPGA 的配置,FPGA 的软内核开始工作,按照要求配置好 SAA7113 的寄存器,并为 SAA7113 在 SDRAM(同步动态随机存取内存)上开出两个图像数据缓冲区,为 FPGA 图像压缩在 SDRAM 上开出两个图像数据缓冲区,为 CY7C68013 再开出两个 FPGA 图像压缩的缓冲区共用的图像数据缓冲区,配置完成后,FPGA 的软内核处于等待状态并监听 RS232 串行口命令,等接到自检命令后,进行模块自检并发送自检好的代码,当接到采集命令时,通过 I2C 总线写入 SAA7113 的寄存器,开始模数转换,进行数字图像采集并写入缓冲区,当一场图像采集后,FPGA 的软内核从 SAA7113 的缓冲区内读取图像数据并对图像进行压缩处理,所用的压缩算法为 JEPG2000,压缩完成后写入 CY7C68013 的缓冲区，CY7C68013 的缓冲区写满一场图像数据后，FPGA 将此缓冲区的数据发送给 CY7C68013 的 FIFO，CY7C68013 将图像数据打包，发送给 PC-104 计算机[2]。此过程不断循环。当 FPGA 的软内核从 RS232 串行口接到停止采集命令后图像采集过程停止。

3　软件设计

软件主要介绍 PC-104 计算机软件，其软件流程图如图 3 所示。

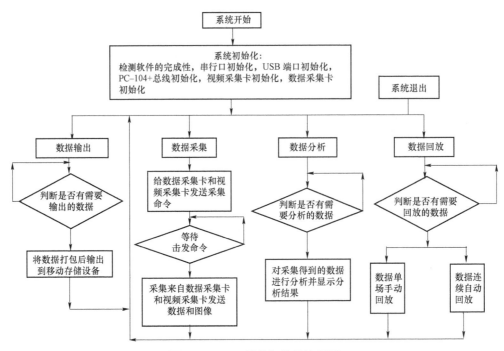

图 3　PC-104 计算机软件流程图

PC-104 计算机上运行的是基于 WINDOWS2000 系统的 BCB++2006 高级程序语言开发的软件，软件采用了 WINDOWS API 技术，动态连接库技术和 DBE 数据库技术，图像模板匹配并行算法实现弹标识别技术，软件进行了模块化设计，实时性、操作性好，可靠性高。软件主要完成了两个方面的功能。

（1）自检功能。能够对供电电源、数据采集模块、视频采集模块以及其通信回路进行自动自检，并显示自检结果。

（2）数据采集、分析和故障诊断功能。能够实时对导弹发射车导弹发射过程中多个装置产生的多路数据和视频进行实时采集，并将采集获取的原始数据进行编码转换、同步等处理，从中取出与导弹发射指令相关的数据。并从数据中分离出电视测角数据 UEY1、UEZ1，对采集得到的视频数据进行图像处理、匹配和识别，对弹标进行识别获得角偏差数据 UEY2、UEZ2，经过分析处理自动画出以瞄准线为基准轴线的导弹运动轨迹，并自动得出电视测角装置第一次捕获导弹弹标的时间；从采集得到的数据中分离出导弹控制数据，并经过分析处理自动画出以瞄准线为基准轴线的导弹控制曲线；从采集得到的数据中分离出导弹激光指令数据，并经过分析处理和制导电子箱产生的导弹控制数据对比，自动得出激光的误码率。

4　结语

系统通过采集监测导弹飞行状态数据和导弹飞行视频信号，解决了导弹视频图像处理过程中采集、压缩、判断和角偏差计算的实时性问题。实现了自动完成数据和视频记录、监测、回放以及故障诊断，解决了部队实弹射击中无法对导弹飞行状态监测的问题。据此可根据监测数据判断射击失败时是射手操作失误问题还是地面控制设备故障问题，实现了对装备质量状况好坏的全面监控和对射手导弹发射训练成绩进行分析评价，提高了部队射击训练水平，试用表明非常适合部队作战需要。

参考文献

[1] 石德乐. 月面巡视探测器的图像分割及识别方法 [J]. 吉林大学学报，2007，37（1）：212-217.

[2] 夏庆观. 零件多源图像特征提取和识别的研究 [J]. 机械设计与制造，2006（7）：13-15.

一种小型弹体转动惯量的测定方法研究

王文周，荀　爽，赵潇童

（中国人民解放军驻——九厂军代室，辽宁沈阳　110034）

摘　要： 本文阐述了一种测量小型弹体转动惯量的方法——对称式三线摆法的测量原理及该摆微角与大角摆动周期的计算方法，并对测量误差进行了分析。

关键词： 三线摆　转动惯量　测量误差

0　引言

许多机电产品及其零部件和某些巨型非均质不规则产品绕某轴的转动惯量，均可用三线摆测量。由于三线摆微角摆是简谐振动，所以到目前为止，国内外都采用微角摆动法测量转动惯量。而微角摆动往往不稳定、测量困难、误差大，为此本文推导了一种大角摆动测量方法。实践证明，这种方法稳定可靠、读数方便、测量误差小，测量结果与理论推导结果相符。

1　对称式三线摆结构原理

三线摆结构如图 1 所示。将 3 条伸展性极小的等长为 L 的金属线（摆线）一端分别固定在机架顶板的 3 个悬挂点上，由 3 个悬挂点构成一个水平的等边三角形，3 个悬挂点与该等边三角形中心的连线（上悬距）长度均为 γ，这 3 条连线的夹角（上悬角）互为 120°；把 3 条摆线的另一端分别固定在质量为 m 的摆盘的 3 个吊盘点上，由 3 个吊盘点构成一个水平的等边三角形，3 个吊盘点与此等边三角形中心连线的长度（下悬距）互为 120°。3 条摆线质量与摆盘质量相比较忽略不计。若使摆盘 3 个吊盘点所在的水平平面转动一个角度后再自由释放，则摆盘绕其中心线往复转动，从而构成了对称式三线摆（以下简称三线摆）。所谓对称就是三条摆线等长，上、下悬距分别相等，各悬角均相等。

2　摆动周期

在空气阻尼可以忽略的情况下，三线摆属于保守系统，总机械能不变，可根据机械能守恒定律建立其运动方程。当摆盘偏转 ψ 角时，各摆线偏转 α 角，3 个吊盘点均上升了 h，摆盘质心也沿 OX 轴上升了 h，如图 2 所示。

$$h = O'O_1 = BC - BC_1 = \frac{BC^2 - BC_1^2}{BC + BC_1}$$

$$\because \quad BC^2 = AB^2 - AC^2 = L^2 - (R-r)^2$$

$$BC_1^2 = BA_1^2 - A_1C_1^2 = L^2 - (R^2 + r^2 - 2Rr\cos\varphi)$$

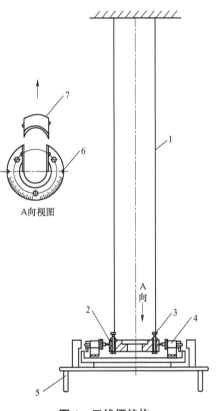

A向视图

图 1　三线摆结构

1—摆线；2—摆盘；3—调节螺钉、螺帽；

4—自动视放机构；5—工作台；

6—刻度盘；7—装卸卡块

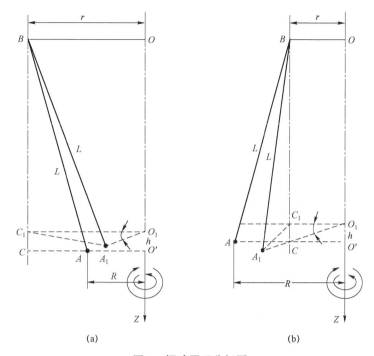

图2 摆动原理分析图

（a）当$r>R$；（b）当$r<R$

$$\therefore \quad h = 2Rr(1-\cos\varphi) \cdot \left\{ [L^2-(R-r)^2]^{\frac{1}{2}} + [L^2-(R^2+r^2-2Rr\cos\varphi)]^{\frac{1}{2}} \right\}^{-1}$$

同时摆的势能增加为

$$\dot{E}_p = 4mgRr\sin^2\frac{\varphi}{2} \cdot \left\{ [L^2-(R-r)^2]^{\frac{1}{2}} + [L^2-(R^2+r^2-2Rr\cos\varphi)]^{\frac{1}{2}} \right\}^{-1} \qquad （1）$$

根据柯西定理，三线摆的动能为

$$E_k = \frac{1}{2}I\dot{\varphi}^2 + \frac{1}{2}mv_c^2$$

式中：I为摆盘绕OZ轴的转动惯量；m为摆盘的质量；v_c为摆盘质心的运动速度。

因为摆盘质心沿OZ轴运动，所以$v_c = \dot{Z}_c$，

$$Z_c = BC_1 = (L^2-R^2-r^2+2Rr\cos\varphi)^{1/2}$$

所以：$v_c = \dot{Z}_c = Rr\sin\varphi \cdot \dot{\varphi}(L^2-R^2-r^2+2Rr\cos\varphi)^{-\frac{1}{2}}$

摆盘的动能为

$$E_k = \frac{1}{2}[I + mR^2r^2\sin\varphi \cdot (L^2-R^2-r^2+2Rr\cos\varphi)^{-1}] \cdot \dot{\varphi}^2 \qquad （2）$$

2.1 长摆线三线摆的摆动周期

若选取长摆线，使$L<30\max\{R,r\}$，则式（1）和式（2）分别为

$$E_p \approx 2mgRr\sin^2\frac{\varphi}{2} \cdot L^{-1} \qquad （3）$$

$$E_k \approx \frac{1}{2}(I + mR^2r^2\sin^2\varphi \cdot L^{-2}) \cdot \dot{\varphi}^2 \qquad （4）$$

将式（3）、式（4）代入拉格朗日方程的三线摆的运动方程：

$$\left[I+\frac{mR^2r^2}{L^2}\sin^2\varphi\right]\ddot{\varphi}+\frac{mR^2r^2}{L^2}\sin\varphi\cos\varphi\cdot\dot{\varphi}^2+\frac{mgRr}{L}\sin\varphi=0 \tag{5}$$

当三线摆微角摆动时，$\sin\varphi\approx\varphi$，式（5）简化为

$$I\ddot{\varphi}+\frac{mgRr}{L}\varphi=0 \tag{5a}$$

解此方程可得其解为简谐振动：

$$\varphi=\varphi_0\sin\sqrt{\frac{mgRr}{LI}}t$$

由此得其微角摆动周期为

$$T_0=2\pi\sqrt{\frac{LI}{mgRr}} \tag{6}$$

为了简化并求解方程（5），可分析三线摆得能量。由式（2）可知，三线摆的动能由转动动能 E_r 和移动动能 E_d 组成，即 $E_k=E_r+E_d$。$E_r=mgRrT_0^2\dot{\varphi}^2\cdot(8\pi^2L)^{-1}$，$E_d=mR^2r^2\sin^2\varphi\cdot\dot{\varphi}^2[2(L^2-R^2-r^2)+2Rr\cos\varphi]^{-1}$。可以证明，$E_r\gg E_d$，$E_d$ 可以忽略不计。此时

$$E_k\approx\frac{1}{2}I\dot{\varphi}^2$$

将此式和式（3）代入拉格朗日方程可得三线摆的简化运动方程：

$$I\ddot{\varphi}+mgRrL^{-1}\sin\varphi=0 \tag{5b}$$

当三线摆大角摆动时，三线摆属于非线性振动。为了求解式（5a），令 $\frac{mgRr}{L}=A$，则式（5b）为

$$I\ddot{\varphi}=-A\sin\varphi$$

将此式两端同乘以 $2\dot{\varphi}$ 并积分得

$$\dot{\varphi}^2=\frac{2A}{I}\cos\varphi+C$$

设当 $\varphi=\varphi_0$ 时，$\dot{\varphi}=0$，则 $C=-\frac{2A}{I}\cos\varphi_0$，于是

$$\dot{\varphi}^2=\frac{2A}{I}(\cos\varphi-\cos\varphi_0)$$

因为 $\cos\varphi=1-2\sin^2\frac{\varphi}{2}$，所以上式可写为

$$\dot{\varphi}=2\sqrt{\frac{A}{I}\left(\sin^2\frac{\varphi_0}{2}-\sin^2\frac{\varphi}{2}\right)}$$

引入变量 ϕ，使 $\sin\frac{\varphi}{2}=\sin\frac{\varphi_0}{2}\sin\phi$。将此式对 t 微分得 $\cos\frac{\varphi}{2}\cdot\frac{\dot{\varphi}}{2}=\sin\frac{\varphi_0}{2}\cos\phi\cdot\dot{\phi}$，因此得

$$\dot{\varphi}=2\sin\frac{\varphi_0}{2}\cos\phi\cdot\dot{\phi}/\cos\frac{\varphi}{2}$$

将此式代入上式得

$$2\sin\frac{\varphi_0}{2}\cos\phi\cdot\dot{\phi}/\sqrt{1-\sin\frac{\varphi_0}{2}\sin^2\phi}=2\sqrt{\frac{A}{I}}\sin\frac{\varphi_0}{2}\sqrt{1-\sin^2\phi}$$

化简后得 $\dot{\phi} = \sqrt{\dfrac{A}{I}} \cdot \sqrt{1 - \sin^2\dfrac{\varphi_0}{2}\sin^2\phi}$。令 $\sin^2\dfrac{\varphi_0}{2} = k^2$，则该式为

$$\frac{\mathrm{d}\phi}{\mathrm{d}t} = \sqrt{\frac{A}{I}} \cdot \sqrt{1 - k^2\sin^2\phi}$$

对此式积分后得

$$t - t_0 = \sqrt{\frac{A}{I}} \int_0^\phi \frac{\mathrm{d}\phi}{\sqrt{1 - k^2\sin^2\phi}}$$

式中：t_0 为三线摆在最低点的时间；当摆盘升到最高点时 $\phi = \dfrac{\pi}{2}$，所以周期的 1/4 由式（7）求出

$$T/4 = \sqrt{\frac{I}{A}} \int_0^{\frac{\pi}{2}} \frac{\mathrm{d}\phi}{\sqrt{1 - k^2\sin^2\phi}} \tag{7}$$

所以三线摆的摆动周期为

$$T = 4\sqrt{\frac{LI}{mgRr}} \int_0^{\frac{\pi}{2}} \frac{\mathrm{d}\phi}{\sqrt{1 - k^2\sin\phi}} = K_1 T_0$$

式中：$K_1 = \dfrac{2}{\pi} \displaystyle\int_0^{\frac{\pi}{2}} \dfrac{\mathrm{d}\phi}{\sqrt{1 - k^2\sin^2\phi}}$ 为第一类椭圆积分修正系数，可以查表求出，如表 1 所示；也可以用级数展开计算。因为

$$(1 - k^2\sin^2\phi)^{-\frac{1}{2}} = 1 + \frac{1}{2}k^2\sin^2\phi + \frac{1\times3}{2\times4}k^4\sin^4\phi + \cdots +$$

$$\frac{1\times3\times5\cdots(2n-1)}{2\times4\times6\cdots2n}k^{2n}\sin^{2n}\phi + \cdots$$

而 $\displaystyle\int_0^{\frac{\pi}{2}} \sin^{2n}\phi\,\mathrm{d}\phi = \dfrac{1\times3\times5\cdots(2n-1)}{2\times4\times6\cdots2n} \times \dfrac{\pi}{2}$

所以得

$$T = 2\pi\sqrt{\frac{LI}{mgRr}} \left\{ 1 + \left(\frac{1}{2}\right)^2 k^2 + \cdots + \left[\frac{1\times3\times5\cdots(2n-1)}{2\times4\times6\cdots2n}\right]^2 k^{2n} + \cdots \right\}$$

当摆角不太小时，此式近似为

$$T \approx 2\pi\sqrt{\frac{LI}{mgRr}} \left[1 + \left(\frac{1}{2}\right)^2\sin^2\frac{\varphi_0}{2} + \left(\frac{1\times3}{2\times4}\right)^2\sin^4\frac{\varphi_0}{2} + \cdots \right] = k_1 T_0 \tag{8}$$

当摆角小于 40° 时，T 近似为

$$T \approx 2\pi\sqrt{\frac{LI}{mgRr}} \left(1 + \frac{\varphi_0^2}{16} \right) = k_1 T_0 \tag{8a}$$

表 1　理论计算的摆动周期修正值

φ_0	第一类椭圆积分修正值		近似修正值	
	K_1	相对误差/%	K_1	相对误差/%
0°	1.000 00	0.000	1.000 00	0.000
5°	1.000 45	0.045	1.000 48	0.048

φ_0	第一类椭圆积分修正值		近似修正值	
	K_1	相对误差/%	K_1	相对误差/%
10°	1.001 90	0.190	1.001 90	0.190
20°	1.007 60	0.760	1.007 60	0.760
30°	1.017 40	1.740	1.017 10	1.710
40°	1.031 30	3.310	1.030 50	3.050
50°	1.049 80	4.980		
60°	1.073 20	7.320		
70°	1.102 10	10.210		
80°	1.137 50	13.750		
90°	1.180 36	18.040		
100°	1.232 20	23.220		
110°	1.295 30	29.530		
120°	1.372 90	37.290		
130°	1.469 80	46.980		

2.2 短摆线三线摆的摆动周期

若选取短摆线，使 $\sqrt{3}<L<20R$，宜采用平行摆线，即 $R=r$，故式（1）和式（2）分别为

$$E_p = mgL\left[1-\left(1-\frac{4R^2}{L^2}\sin^2\frac{\varphi}{2}\right)^{\frac{1}{2}}\right] \tag{9}$$

$$E_k = \frac{1}{2}\left[1+mR^4\sin^2\frac{\varphi}{2}\cdot\left(L^2-4R^2\sin\frac{\varphi}{2}\right)^{-1}\right]\dot{\varphi}^2 \tag{10}$$

当三线摆微角摆动时，动能、势能可用麦克劳林级数展开并取二级近似得

$$E_k \approx \frac{1}{2}I\dot{\varphi}^2$$

$$E_p \approx \frac{1}{2}mg\frac{R^2}{L}\varphi^2$$

根据拉格朗日方程，由动能、势能公式求得三线摆微角摆动方程同式（5a），其运动规律是简谐振动，微角摆动周期也用式（6）表示。

当短摆线三线摆大角摆动时，也属非线性振动。因 R/L 不很小，所以不能采用求解复摆运动方程的方法求解，可采用里亚诺夫–棱斯泰德求解有限振幅振动系统的方法求解。经求解可得出短线三线摆较大角摆动规律为

$$\varphi = \left\{ \varphi_0 + \left[\frac{29}{576} \left(\frac{1}{3} - \frac{R^2}{L^2} \right)^2 + \frac{1}{64} \left(\frac{1}{3} - \frac{R^2}{L^2} \right) \varphi_0^3 \right] \right\} \cos\tau - \frac{1}{64} \left(\frac{1}{3} - \frac{R^2}{L^2} \right) \varphi_0^3 \cos 3\tau$$

式中：$\tau = 2\pi t / T$。

振动周期为

$$T = 2\pi \sqrt{\frac{LI}{mgR^2}} \left[1 + \left(1 - \frac{3R^2}{L^2} \right) \frac{\varphi_0^2}{16} \right] = K_2 T_0 \qquad (11)$$

式中：$K_2 = 1 + \left(1 - \frac{3R^2}{L^2} \right) \frac{\varphi_0^2}{16}$ 为短摆线三线摆的周期修正系数，其量值可根据具体条件计算。

2.3 三线摆的摆动特点

由上述计算看出，三线摆的摆动过程具有如下性质：不管采用长摆线还是采用短摆线，其微角摆动规律均为简谐振动；当其大角摆动时，若用长摆线，其运动规律与复摆相同；若采用短摆线，其运动规律与复摆不同。实际上，当摆线长度 $L > 20R$ 时，若摆角 $\varphi_0 < \pi$，则大角摆动周期与微摆周期相比较要用第一类椭圆积分值进行修正；若 $\varphi_0 < 40°$，可用式（8a）修正。实际过程是当 $20° < \varphi_0 < 60°$ 时摆动最稳定；若选取非平行摆线（$R \neq r$），三线摆的运动规律也与复摆相同。但应选取 $r/R = 0.5 \sim 2$ 为宜；r 与 R 差值过大时，摆动会不稳定，增大误差。当摆线长度 $L < 20R$ 时，若摆角 $\varphi_0 < 57°$，其摆动周期可用式（11）表示。实验证明，若 $\varphi_0 < 57°$，随着摆角由小变大，摆动周期修正值趋向于第一类椭圆积分值；摆线越短，物件的回转半径 $\rho = \sqrt{I/m}$ 对摆动周期的误差影响越明显，ρ 变小会使摆动周期误差变大，只要 R/L 值和 ρ 选取合适，在 $\varphi_0 < 57°$ 时，摆角大小对摆动周期的影响可以忽略，这是三线摆不同于复摆的最大优点。尽管短摆线三线摆占据空间较小，但随 R/L 值增大，摆动越来越不稳定，扭力也大，易折断摆线，摆幅衰减快，误差增大，不利于进行较长构件转动惯量的测定。因此最好采用长摆线三线摆。应当指出，式（11）不适用于非平行短摆线三线摆的摆动周期。

实际影响摆动周期变化的主要因素：一是当用手动法释放摆盘时，因用力不均使构件质心偏离摆盘的旋转轴线，从而造成三线摆组合的缓慢摇摆现象，这种摇摆动能 E_s 远小于移动动能 E_t，完全可以忽略不计；但当用光电法测定摆动周期时，摆盘摇摆影响遮光片的运动轨迹，会增加测量误差，为此在基座上安装自动释放机构，保证各点同时释放。二是摆线弹力过强时，摆线不完全平直，将增加额外弹性扭矩，因三摆线扭力不均会造成摆动误差；应选用伸展度小的柔软金属丝做摆线，其直径要适合被测构件的重量；摆线要等长，构件需水平，各悬吊点要卡紧。在计算摆动周期时，应注意两种误差：一是夹具与被测构件间隙过大产生的间隙误差；二是被测构件重量引起摆线伸长造成的摆线误差，如采用直径 0.4 mm、长 3 900 mm 的 65Mn 弹簧钢丝做摆线，当夹具 + 摆盘 + 构件重 15 kg 时，摆线可伸长10 mm。

测量摆动周期可用光电法（图3），其触发电路如图4所示。当三线摆摆动时，在夹具（或构件）上安装的遮光片将从光源射入光电管的光线挡住。由于光线明暗相间的变化，光电管输出电脉冲信号并馈送到触发器。

触发器由放大器和双稳态电路组成，它的作用，一是将电脉冲信号放大；二是将四个周期时间合并一次测量，触发器的输出按数字频率计，从而测出摆动四个周期的时间和，然后算出一个周期的平均时间。应当注意，在测量周期时，遮光片的宽度会造成片宽误差，如图5所示，可以证明，实测的半周期 $\frac{t'}{2} = \frac{RQt}{2} (1 - \delta / RQ)$，式中 $t/2$ 为理论半周期，R 为光电管距回转中心的距离，θ 为摆角，δ 为遮光片宽度。该误差的大小与遮光片宽度 δ 成正比，与摆角 θ 与 R 成反比。

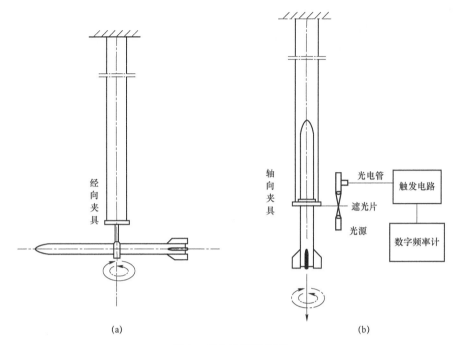

图 3　光电法摆示意图

（a）测绕径向惯性矩；（b）测绕轴向惯性矩

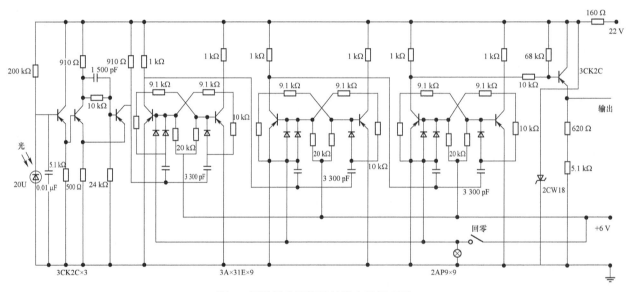

图 4　测量摆动周期的触发电路原理图

3　转动惯量的测定

在天平和质心仪上分别精确测定被测构件的质量与质心位置；根据测定构件绕某轴转动惯量的要求，选用径向或轴向夹具将构件安装在三线摆的摆盘上，测量大角摆动周期，由此计算构件的转动惯量。其方法有两种。

（1）相减法。由测量被测构件组合（构件＋夹具＋摆盘）的大角摆动周期 T，按式（12）计算构件的转动惯量：

$$I_x = \frac{MgR^2T^2}{4\pi^2LK^2} - I_0 \tag{12}$$

式中：M 为构件＋夹具＋摆盘的质量；I_0 为夹具＋摆盘的转动惯量；K 为大角摆动周期修正系数。

（2）比较法。将被测构件与标准样件相比较，由式（13）算出被测构件的转动惯量：

$$I_x = [(1 + M_2/M_0)(T_2/T_0)^2 - 1]I_1 / [(1 + M_1/M_0)(T_1/T_0)^2 - 1]$$

（13）

式中：I_1 为标准样件的转动惯量；M_0 为夹具+摆盘的质量；M_1 为标准样件的质量；M_2 为被测构件的质量；T_0 为夹具+摆盘的微摆周期；T_1 为标准样件+夹具+摆盘组合的微摆周期；T_2 为构件+夹具+摆盘组合的微摆周期。

若测定各摆动周期的摆角相同，则微摆周期比值 T_2/T_0、T_1/T_0 与大角摆动周期比值 T_2'/T_0'、T_1'/T_0' 相等，式（13）中的微摆周期值可用大角摆动周期值代替。

采用比较法可消除夹具形状不规则而造成的对测量准确度的影响。为了消除因标准样件与被测构件质量不同而引起摆线伸长不同，要保证标准样件与被测构件的质量相同或相近。

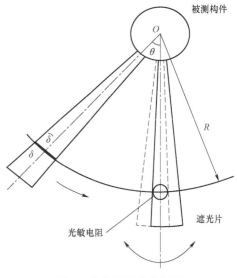

图 5　遮光片误差分析图

4　误差分析

由于转动惯量是几个独立参量的函数，因此直接测量各独立参量的误差会造成确定转动惯量的综合误差。根据式（8），由误差理论可知，若直接测量各独立参量的极限误差分别为 Δ_M、Δ_R、Δ_r、Δ_T、Δ_L 和 Δ_K，则测量转动惯量的相对极限误差为

$$\frac{\Delta I}{I} = \left[\left(\frac{\Delta_R}{R}\right)^2 + \left(\frac{\Delta_r}{r}\right)^2 + \left(2\frac{\Delta_T}{T}\right)^2 + \left(\frac{\Delta_L}{L}\right)^2 + \left(2\frac{\Delta_K}{K}\right)^2 + \left(\frac{\Delta_M}{M}\right)^2\right]^{1/2} \times 100\%$$

（14）

因为式（5）为非线性方程，在一定条件下做了近似，略去 R/L 的高次项，所以按照导出公式计算的转动惯量测试值要比其真值小。

空气阻尼与摆动速度、构件形状与迎风面积等有关。当采用长摆线时，对于实心金属构件，若忽略空气阻尼可得到较高的准确度；但对面向运动方向的面积较大的各类薄板构件、腔体等，需要按实际情况用实验方法进行阻尼误差修正。在短摆线情况下，要注意空气阻尼的影响。

参考文献

［1］郑英杰．复摆法测量弹体转动惯量的研究［D］．长春：长春理工大学，2013．

［2］穆继亮．基于扭摆法的弹体转动惯量测量系统及误差分析［J］．机械工程与自动化，2009（1）：103－105．

某型导弹点火具性能检测技术研究

陈小于，陈 敏

（中国人民解放军 73906 部队，江苏南京 210028）

摘 要：导弹点火具性能直接影响导弹效能的发挥，随着导弹存储时间加长，点火具导通阻值也会发生变化，如果阻值发生较大变化，将严重影响导弹的发射。如何精确监测测量这个电阻值呢？其检测原理很简单，用欧姆定律串联电阻分压原理就可进行测量，但实现方法并非想象的那么简单，有很多因素会影响小电阻值的精确测量，文中介绍了精确测量小电阻值的原理及具体工程实现技术。

关键词：点火具 导通电阻 监测

0 前言

在工程上，经常需要检测开关、按钮、电缆等通不通，特别是在检测导弹的发射按钮时，技术要求按钮触点通路电阻要小于 0.1 Ω，还有检测导弹的点火具电阻值，技术要求一般在小于 10 Ω 的这个范围内，如何能够精确测量这个电阻值呢？另外，根据欧姆定律串联电阻分压原理计算电阻时，必然要用到乘除法计算，而一般便携检测设备都是由单片机类 MCU 构成，乘除法计算能力很差，能否回避乘除法计算而且还能判断阻值是否合格呢？下面将详细介绍小电阻值精确测量原理和工程实现技巧。

1 导通电阻检测原理分析

导通电阻检测原理如图 1 所示，导通电阻检测是根据欧姆定律串联电阻分压原理测量的。根据已知电阻 $R1$ 和电源电压 VCC，由欧姆定律可得，被测电阻 Rx 为

$$Rx = \frac{R1 \cdot Vx}{VCC - Vx}$$

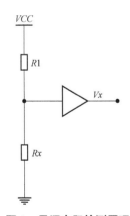

图 1 导通电阻检测原理

理论上可以这样求解计算，但它并不能用于工作实际[1]，原因一是：被测电阻值很小，要想在毫欧级的小电阻上产生一定能够采样到的压降 Vx，就要求增大串联电路的电流。比如当被测电阻为 0.1 Ω 时，产生 0.1 V 的 Vx 电压，电流就要达到 1 A，而被检对象如开关触点、点火具电阻等，对检测电流有一定限制，不能太高，否则可能引起触点烧坏、点火具引爆等重大事故。原因二是：由 Rx 计算公式可看出，影响 Rx 值的因素有 $R1$、VCC、Vx 三个参数，其中电阻值 $R1$ 一般比较稳定，其影响最小。电源电压 VCC 和采样电压 Vx 的波动都会引起被测阻值的较大变化。当被测电阻越小、检测电流越小、放大器的稳定性能及 A/D 采样精度越低时，都会造成被测电阻值的波动[2]。

针对上述因素，要想精确测量电阻值，必须采取以下措施：一是在可能的情况下尽量增大串联电路的电流，以提高被测小电阻上的压降，但要综合考虑功率消耗、被测电阻承受电流的能力等因素；二是提高 A/D 采样精度，例如，若 A/D 转换器为 8 位，采样的分辨率为 1/256，如果 A/D 转换器为 12 位，采样的分辨率则为 1/4 096，精度提高了一个数量级；三是增加采样电压放大电路；四是巧妙设计，消除采样电压放大器等不稳定引起的 Vx 波动和电源电压 VCC 波动的影响[3]。下面介绍具体实现方法。

2 导通电阻精密检测技术

增加校准电阻 Rs 来消除电源电压和运放等对测量精度的影响，如图 2 所示。在检测时，先使开关 S1 闭合而 S2 断开，采样 Vs 电压；然后使开关 S1 断开而 S2 闭合，采样 Vx 电压。通过两次采样，由欧姆定律可得

$$\frac{VCC-Vs}{R1}=\frac{Vs}{Rs}$$

$$\frac{VCC-Vx}{R1}=\frac{Vx}{Rx}$$

$$Rx=\frac{1}{\left(\dfrac{1}{Rs}+\dfrac{1}{R1}\right)\cdot\dfrac{Vs}{Vx}-\dfrac{1}{R1}}$$

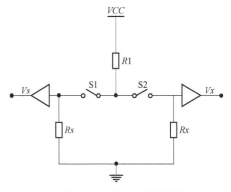

图 2　导通电阻检测工程实现原理

由被测阻值 Rx 关系式可以看出，Rx 与电源电压 VCC 和 Vs、Vx 无关，只与电阻 $R1$、Rs 阻值和 Vs/Vx 的比值有关，Vs/Vx 的比值项就消除了放大器及采样过程中引起的采样电压不稳定对测量结果的影响，因此可得到精确的测量结果。

3 工程应用

根据上述原理研制的某型导弹点火具导通电阻检测系统核心电路如图 3 所示。

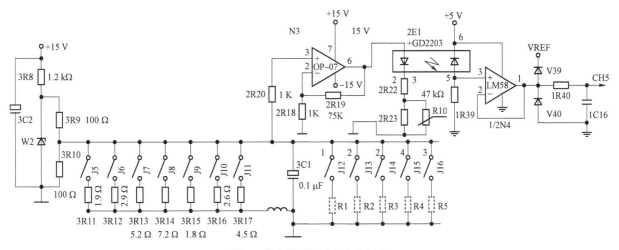

图 3　点火具导通电阻检测实例

图 3 中 R1～R5 为被测电阻，其阻值合格范围要求如表 1 所示。

表 1　被测电阻合格范围

被测电阻	R1	R2	R3	R4	R5
合格范围/Ω	1.9～2.9	5.2～7.2	1.8～2.6	1.8～2.6	<4.5

电源 +15 V 电压经稳压二极管 W2 将电压稳压在 +12 V，作为导通电阻测量的电源。由电阻 3R9、3R10 与 J5～J16 接通的标准电阻 3R11～3R17 和被测电阻 R1～R5 组成导通电阻测量电路。当测量电阻 R1 是否合格时，控制系统先接通继电器 J1 而其他继电器都断开，由 3R11 标准电阻和 3R10 并联后再和 3R9 串联分压，该分压值经 N3 放大器放大 75 倍，经 2E1 光耦 GD2203 隔离和 N4 射随器后送入 CH5 通道进行 A/D 转换，得到一个对应 1.9 Ω 标准电阻的电压值 V_{3R11}；同样再接通 J6 使标准电阻 3R12 与 3R10 并

联后得到一个对应 2.9 Ω 标准电阻的电压值 V_{3R12}；最后接通继电器 J12，使被测电阻 R1 与 3R10 并联后得到一个对应被测电阻 R1 的电压值 V_{R1}，并比较这个电压值是否在 $V_{3R11}\sim V_{3R12}$ 之间，电压的比较也就代表了电阻合格范围的比较，从而省去了阻值的乘除法计算，这对由单片机构成的控制系统来说尤为重要[4]。当然也可根据欧姆定律导出的下式计算出阻值：

$$R1 = \cfrac{1}{\left(\cfrac{1}{3R9}+\cfrac{1}{3R10}+\cfrac{1}{3R11}\right)\cdot\cfrac{V_{3R11}}{V_{R1}}-\cfrac{1}{3R9}-\cfrac{1}{3R10}}$$

4 结论

上述原理设计的某型导弹点火具性能监测系统在部队的试用表明，系统工作状态良好，用户满意，具有较大经济效益和军事效益。

参考文献

[1] 朱锡仁. 电路测试技术与仪器 [M]. 北京：清华大学出版社，1989.

[2] 魏蚰琨. 数字测量仪器 [M]. 天津：天津科学技术出版社，1982.

[3] 于开键. 电工仪表及电子仪表 [M]. 北京：中国铁道出版社，1985.

某型陆军导弹便携式综合测试系统研究

黄文斌，王正军，梁伟杰，张连武，李万领，毛向东

（陆军研究院特种勤务研究所）

（陆军军械技术研究所，河北石家庄 050003）

摘　要：针对目前后方仓库、战区陆军导弹维修机构没有编配某型陆军导弹测试设备，以及作战部队编配的某型陆军导弹测试系统采用箱式车载结构，其体积和质量都较大，不适宜空投、山地、特种作战等高机动作战需求等问题，本文开展了某型陆军导弹制导控制性能检测技术研究和检测系统开发设计，为完善某型陆军导弹装备保障效能、提高其战备完好性提供技术支撑。

关键词：陆军导弹　便携式　综合测试系统

0　引言

陆军导弹装备是我军主战装备之一，地位十分重要，随着科技的发展，其技术越来越先进，结构更加复杂。因此，为了保证陆军导弹的安全使用和可靠使用，迫切需要更加便捷、准确、安全的测试方法与手段[1]。

1　综合测试技术

1.1　研究现状

（1）国外军外情况分析。国外综合测试技术自 20 世纪 70 年代以来主要经历了三个阶段：专用仪器的组合阶段、基于 IEEE488 标准的商用仪器阶段和以 VXI 总线为标志的 COTS（商用现成品或技术）阶段[2]。20 世纪 80 年代，国外各军兵种分别启动了 ATS 发展计划。20 世纪 90 年代，美国国防部组织军方和有关企业进行顶层规划，提出了纵向集成测试和横向集成测试等一系列新概念和技术战略，着重加强 ATS 的标准化建设，标志着美军全面开始推进各军种 ATS 的通用化建设。典型系统就是海陆空三军共同参与的"下一代测试"（NxTest）系统。NxTest 的特点是通用、跨军种、跨武器平台，研制目标是降低费用，提高各军种 ATS 之间的通用性，轻小型化，提高测试质量。可见，国外军用装备测试技术的发展方向，是由专用设备转向通用化，由通用化逐步迈入标准化[3]。

（2）国内军内情况分析。国内导弹测试技术已基本完成了从 CAMAC、STD 总线向 VXI、PXI 总线，从积木式测试系统向模块化测试系统，从分立式物理设备向集中化虚拟仪器的过渡。已先后研制出数套实用的 VXI 总线测试系统，使我国的测控设备技术水平上了一个新的台阶。在导弹武器系统的某些使用计算机的单元系统中也设计了自检测试功能，而在实用测控设备中，网络化的实用设备面世[4]。

1.2　需求分析

导弹综合测试技术在导弹生产的各个阶段均有广阔的应用前景和需求，包括以下几个阶段。

（1）在导弹设计验证阶段，综合测试技术可用于检查导弹控制舱的设计正确性。该阶段测试要求涵盖范围最广、手段丰富，故障隔离度高，自实物样弹产生后所做的大部分地面和飞行试验中的导弹技术状态确认、产品转化阶段时的优化设计验证，都是由导弹测试技术开始进行的[5]。

（2）在导弹总装生产阶段，制导控制性能检测技术可用于评价导弹制导舱出厂质量。该阶段只需对导弹制导舱在静态和稳态运动激励情况下的部分电气性能和指标进行测试并判读即可，削减了研发阶段的地面试验和匹配测试需求[6]。

（3）在导弹储运阶段，制导控制性能检测技术可用于部队日常维护，评判导弹制导舱的作战效能和完好性，并满足现场可更换单元级别维修的测试要求。尽管该阶段测试需求减少到最低，但作为评判导弹制导舱作战效能和支持换件维修的必需工具和手段，制导控制性能检测的地位很重要[7]。

2 综合测试系统

根据某型导弹维修保障需求，尤其是为满足空降部队、山地部队、特种大队、战区陆军导弹维修机构、后方仓库等单位维修保障需要，某型导弹综合测试系统采用检测设备模块化、通用化、智能化、标准化四项要求，即总体结构模块化，检测功能系列化、通用化，测控方式自动化、智能化，技术实现标准化。该系统可完成某型导弹的性能参数测试，并为系统的扩展预留空间，研究方案如框图 1 所示。根据装备组成特点，系统由计算机、转台控制组合、某型导弹测试组合、发射机构测试组合、便携转台、气源（气瓶和气管）六部分组成。

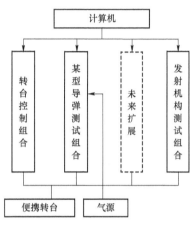

图 1 综合测试系统组成结构框图

2.1 硬件设计

该综合测试系统硬件主要由数据采集与测控组合、目标模拟转台、转台控制组合、某型导弹测试组合、发射机构测试组合、气源以及配套电缆等组成。

1）数据采集与测控组合

该组合采用笔记本电脑和 PC 卡的形式来完成数据采集与测控工作。笔记本电脑与数据采集卡的选择按最大容量配置，采集与控制资源共享。

2）目标模拟转台

该转台折叠时外形是一个箱子，可方便携带，展开时可以放置被测导弹。整个转台采用弹体固定、目标模拟光源运动的方式。目标模拟光源使用电阻丝或灯泡，前面放置微型平行光管，并具有遮光功能，测量时光源系统移动，弹体不动，模拟弹体姿态。后支撑可以通过人工进行上下调节并有锁死功能，用于调整系统对光。目标模拟转台能产生多种不同的水平角速度和光轴与弹轴零位的调整，水平位置角速度控制采用闭环随动角速度控制系统，可准确地实现要求的角速度，并且可以保证系统的安全可靠。

3）转台控制组合

该组合与折叠式便携转台构成测试转台控制系统，主要实现预设转速的控制和光源的开关等，并通过专用转台调试软件，可以方便地实现对转速的调整。该组合采用单片机控制系统，接受上位机控制指令，控制光源的移动，遮光板的动作。

4）某型导弹测试组合

该组合提供整个系统所需要的所有电源，包括产品电源与设备自身所需电源，拟采用开关电源并采取滤波措施，这样可大幅度减少重量和体积。

5）发射机构测试组合

发射机构测试组合，用以对某型导弹发射机构进行性能测试。由于发射机构测试组合与导弹测试组合相对独立，在标准的 USB 基础上，采用虚拟仪器开发平台 LabWindows/CVI 进行开发。应用软件安装在数据采集与测控组合中的笔记本电脑上，便可以开展发射机构性能测试[8]。

6）气源

本系统配备一个高压小型气瓶，初步考虑选用 3.2 L/30 MPa 的钢气瓶，配备压力表、减压阀与气管。

7）配套电缆

提供本系统测试必需的全套电缆，长度 15 m。

8）外包装箱

为本系统设计专用外包装箱，可将上述组合单独包装于便携背包，并集中放置在专用的包装运输储存箱内，该包装箱还可以作为野外测量的操作平台。

2.2 软件开发

1）导弹测试软件

测试软件同样采用了与测试组合对应的模块化设计方式，针对每个测试组合，都有一个专门的测试窗体，这种方式同样是为了提高系统扩展性能。测试软件结构框图如图 2 所示。在测试过程中可以根据选择进行数据的显示，可对所有测试数据进行保存，可随时调出查看，并具有设备自检功能。

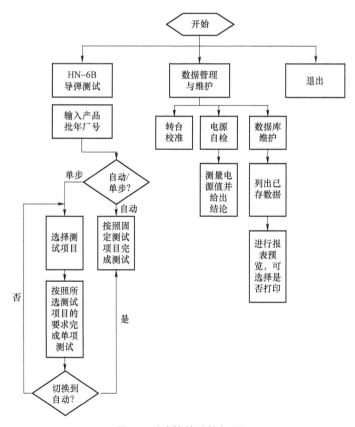

图 2　测试软件结构框图

2）发射机构测试软件

发射机构测试软件组成如图 3 所示，鉴于 C++Builder 和 LabWindows/CVI 两种软件开发平台各有长处，选用 C++Builder 开发系统数据库管理和浏览打印模块；选用 LabWindows/CVI 开发硬件访问和控制模块、状态监控模块、虚拟面板模块、系统自检模块、检测模块、故障诊断模块，采用 C++Builder 编写的程序被编译成动态链接库模块被主控程序调用[9]。

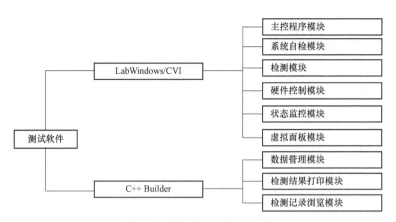

图 3　发射机构测试软件组成

3　结束语

该某型导弹制导控制性能检测系统针对性强、适用性好、费效比高，具有良好的推广应用前景。可配发到后方仓库，用于对库存导弹装备性能测试和技术维护；可配发到战区陆军导弹维修机构，用于在站中维修工装和野外支援修理、巡回检修的设备；可配发到空降部队的维修分队，随行空运、空降任务，在野战条件下对导弹进行性能测试。

参考文献

［1］孟涛，张仕念，易当祥，等．导弹贮存延寿技术概论［M］．北京：中国宇航出版社，2013：2-8.

［2］毕义明，杨萍，王莲芬，等．导弹生存能力运筹分析［M］．北京：国防工业出版社，2011：9-13.

［3］金振中，李晓斌．战术导弹试验设计［M］．北京：国防工业出版社，2013：21-40.

［4］周旭．导弹毁伤效能试验与评估［M］．北京：国防工业出版社，2014：2-6.

［5］武器装备质量管理条例［M］．北京：中国法制出版社，2010.

［6］弹药质量管理学［M］．北京：国防工业出版社.

［7］陶春虎，刘高远，恩云飞，等．军工产品失效分析技术手册［M］．北京：国防工业出版社，2009：329-334.

［8］DE SIMONE L. Aegis Ballistic missile defense：the way ahead. Missile Defense Agence，2011，（11）.

［9］ROURKE R O'. Navy DDG-51 and DDG-1000 destroyer programs：background and issues for congress［R］. CRS Report RS32109，2014.

基于图像法的冲击波波阵面传播规律研究

叶希洋，姬建荣，申景田

（西安近代化学研究所，陕西西安 710065）

摘　要： 为了研究不同形状装药在空气中爆炸形成的冲击波波阵面传播规律，本文提出了一种基于 MATLAB 的图像处理方法，获取了冲击波波阵面的演化过程，将得到的冲击波超压与传感器测试结果以及数值模拟结果分别进行对比。结果表明，采用该方法可以直观表示出冲击波近场演化过程，得到的冲击波超压与传感器测试结果的相对误差在 10% 以内，超压结果与数值模拟结果吻合较好。对于球形装药和长径比为 1:1 的柱形装药，当对比距离分别大于 $2.05\ \mathrm{m/kg^{1/3}}$ 和 $2.63\ \mathrm{m/kg^{1/3}}$ 时，其波阵面趋于理想的圆形。

关键词： 冲击波超压图像法　冲击波波阵面

0　引言

冲击波在介质中传播时，会导致介质的压强、密度等物理性质发生突跃式改变，介质原始状态和扰动状态的交界面就是冲击波波阵面。研究冲击波波阵面意义重大，一方面，通过波阵面的形状以及传播速度，可以了解冲击波传播规律，还可以推算出冲击波参数。另一方面，在考虑冲击波对目标的毁伤情况时，波阵面与目标的耦合情况对毁伤效果也是有影响的。

对于冲击波波阵面传播规律，国内外已开展大量研究，其采用的方法主要有数值模拟法、电测法和光测法。杨莉等[1]应用流体动力学分析软件建立沉底装药水下爆炸仿真计算模型，得到了沉底装药水下爆炸冲击波传播作用规律：沉底装药水下爆炸冲击波传播满足指数衰减规律。赵蓓蕾等[2]利用 ANSYSY/LS-DYNA 软件对炸药近地爆炸进行数值仿真，重点分析了不同高度的近地爆炸地面冲击波传播规律，仿真结果与叶晓华公式吻合较好。王荣波等[3]采用石英光纤探针阵列对一点起爆的爆轰波阵面进行了测量，测量到 3 条不同直径上的波形，并利用所测数据绘出爆轰波阵面的三维形状图。

光测法是目前测量波阵面最主要的方法，原理是通过高速相机记录爆轰过程，得到波阵面图像。谭多望等[4]利用高速扫描相机测量药柱中的爆轰波波阵面形状，分析了钝感炸药爆轰波的传播与波阵面曲率之间的关系。郭刘伟等[5]采用高速扫描照相技术及电探针测速技术获取了高温 60 ℃环境下 TATB（三氨基三硝茎苯）基顿感炸药三种直径药柱爆轰波形状和波速。J.G.Anderson[6]在爆心后方布置黑白相间的条形背景布，利用波阵面造成的光的折射现象，用高速相机拍摄到了波阵面的传播过程。

三种方法中，数值模拟法最为简单便捷，但是缺少实验数据支撑，因此只能用于理论分析。电测法应用过程中，需要布设大量的传感器，而且传感器易受环境的影响，数据采集可靠性不高，最终得到的建立波阵面模型的数据也是间断的。光测法是最主要的方法，可用于研究药柱中爆轰波的传播过程，但是不能直观看出冲击波传播过程及其变化规律，因此，本文提出了一种基于图像处理的光测法，可以为观测空气中冲击波波阵面提供一种新的思路。

1　实验

1.1　样品及仪器

试验装药为 TNT，装药形式为球形和柱形装药，装药质量为 1 kg，装药密度为 1.63 g/cm³。其中，柱形装药长径比为 1:1。试验装药为球形时，传爆药采用 5 g 的 C4 炸药，起爆方式为中心起爆；试验装药为柱形时，传爆药采用 20 g 的 JH14 传爆药柱，起爆方式为端部起爆，两者均采用 8 号雷管起爆。

高速摄影系统性能指标满足：采集帧频正面为 10 000 帧/s；存储长度可以完整记录火球起爆到湮灭整个过程。数据采集仪性能指标满足：单通道冲击波采样速率为 1 MS/s；单通道记录长度为 500 ms；A/D 分辨率为 14 bit。冲击波传感器性能指标满足：量程为 3 450 kPa；谐振频率≥500 kHz。

1.2 试验方案

试验时，采用自由场爆炸的方式，试验布局图如图 1 所示。将被测炸药试样放置在 3 m 高度的支架上，在距试样 100 m 处布设高速摄影仪。冲击波传播过程中，空气密度的增加会使光发生折射，导致高速摄影仪拍摄不够清晰。因此在试样背面距离试样 5 m 处布设高 7 m、宽 8 m 的条纹背景布，用于辅助拍摄爆炸冲击波的传播过程以及爆炸火球的变化过程。试验时沿 0°～90°范围内布设 12 个传感器，分 4 路放置在距爆心距离 1 m、2 m、3 m 处，4 路传感器之间的夹角为 30°。试验现场布局如图 2 所示。

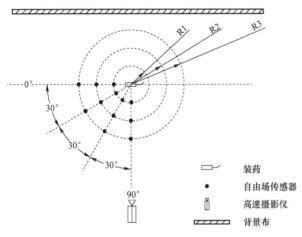

图 1 试验布局图　　　　　　　　　　　图 2 试验现场布局

2 数值模拟

2.1 数值计算模型

利用 Autodyn 对两种装药形式的 1 kg TNT 炸药爆炸过程进行数值模拟，由于是轴对称问题，因而采用 Autodyn-2D 中的对称模型进行计算。试验中爆心高度为 3 m，只观察冲击波到达地面之前的过程，因此建立的计算模型如图 3 所示（炸药半径相对太小显示不明显）。空气区域长度为 6 m，宽度为 3 m，球形装药爆心在中心位置，柱形装药爆心在左端。距爆心 0.3～2.8 m 范围内每隔 0.1 m 设一个监测点，共设了 26 个监测点，用于输出压力时程曲线。模型边界采用 Autodyn 特有的用于模拟无限域的外流边界条件，即所有物理量到边界处时变为 0，不产生反射作用。采用 mm-mg-ms 单位制。空气域共划分了 180 000 个网格，由于重点观察冲击波传播距离在 0.5～3 m 之间的传播过程，因此采用均布网格划分。

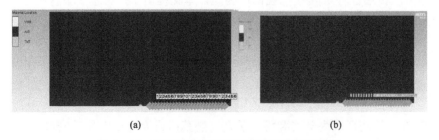

(a)　　　　　　　　　　　　　　　　(b)

图 3 1 kg 球形装药和柱形装药的对称数值模型

炸药爆轰产物的状态方程采用经典的 JWL 状态方程[7]，其一般形式为

$$P = A\left(1 - \frac{\omega}{R_1 V}\right)e^{-R_1 V} + B\left(1 - \frac{\omega}{R_2 V}\right)e^{-R_2 V} + \frac{\omega E_0}{V}$$

式中：P 为爆轰产物的压力；E_0 为爆轰产物的比内能；V 为爆轰产物比容；A、B、R_1、R_2、ω 为描述 JWL 状态方程的 5 个独立物理常数。TNT 炸药 JWL 状态方程参数如表 1 所示。

表 1　TNT 炸药 JWL 状态方程参数

参数名称	密度/($g \cdot cm^{-3}$)	常数 A/GPa	常数 B/GPa	常数 R_1	常数 R_2	常数 ω	内能 E_0/($kJ \cdot cm^{-3}$)	爆速 D_{CJ}/($km \cdot s^{-1}$)	爆压 P_C/GPa
TNT	1.63	374.00	3.70	4.15	0.90	0.35	6.00	6.93	21.00

2.2　数值模拟结果

数值模拟得到的波阵面传播过程如图 4 和图 5 所示。

图 4　球形装药模拟图像

图 5　柱形装药模拟图像

得到的所有监测点的时程曲线如图 6 所示。

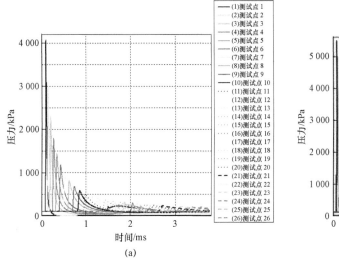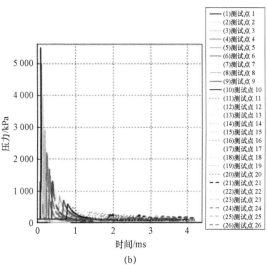

图 6　监测点时程曲线（书后附彩插）

（a）球形装药；（b）柱形装药

根据所有监测点的时程曲线，可以读出每个监测点的超压数据，从而绘制出超压随距离衰减曲线，如图 7 所示。

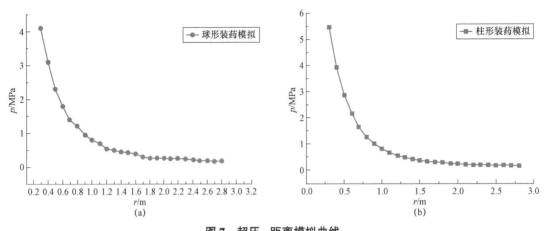

图 7 超压—距离模拟曲线

（a）球形装药；（b）柱形装药

由数值模拟可知，球形装药冲击波波阵面为规则的圆形，其压力随着距离的增加指数级衰减。柱形装药由于是端部起爆，冲击波传播距离很小时，其波阵面是不规则的圆形，但是随着传播距离的增加，波阵面也趋于规则的圆形，其压力也随距离的增加指数级衰减。

3 结果与分析

3.1 图像法测试结果分析

利用高速摄影系统得到两种装药爆炸火球变化图像，如图 8 和图 9 所示。

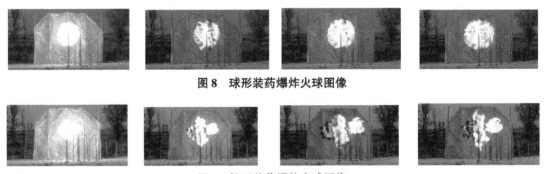

图 8 球形装药爆炸火球图像

图 9 柱形装药爆炸火球图像

本文所使用的图像法主要是利用 MATLAB 对高速摄影仪拍到的前后两张图像先进行二值化处理，再进行图像相减，检测出两幅图像的差异信息，从而得到波阵面轨迹。将图像相减后的结果进行后处理，只留下波阵面上的点，其结果如图 10 和图 11 所示。

图 10 球形装药后处理结果

图 11　柱形装药处理结果

对得到的图像进行分析，可以看出球形装药实际拍摄火球为理想的圆形，经过图像法处理得到的波阵面一开始不是很理想的圆形，当对比距离大于 2.05 m/kg$^{1/3}$ 时，其波阵面趋于理想的圆形。柱形装药实际拍摄火球形状很不规则，经过图像法处理得到的波阵面则是不理想的圆形，当对比距离大于 2.63 m/kg$^{1/3}$ 时，其波阵面趋于理想的圆形。据此可以看出，装药形式对波阵面是有影响的，这也与文献 [8] 中得到的结论"当比例距离小于一定值时，装药形式对于爆炸结果是有影响的"相符合，后续也会对这方面展开更深入的研究。

得到波阵面图像后，根据其对应的像素点代表的距离以及两张波阵面图像间隔时间，可以推算出冲击波速度，然后依据式（1），进一步得到冲击波波阵面超压：

$$P = \frac{7}{6}\left(\frac{D^2}{c^2} - 1\right)P_0 \tag{1}$$

式中，D 为根据图像法得到的波阵面速度；P_0 为空气压强；P 为冲击波波阵面超压。

由于高速摄影仪只能拍摄到 0° 方向的爆炸图像，因此只能得到 0° 方向的超压，其超压随距离衰减曲线如图 12 所示。

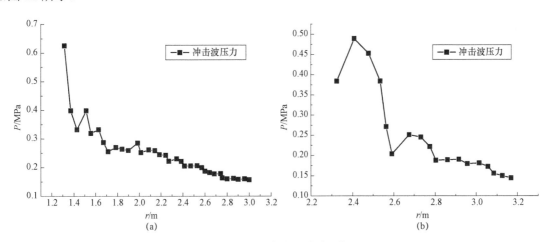

图 12　0° 方向自由场波阵面超压
（a）球形装药；（b）柱形装药

由于相机帧数限制以及强光影响，高速摄影仪没有拍摄到刚起爆的极短时间内火球的变化过程，因此球形装药只测得了距爆心 1.2 m 外的冲击波超压，柱状装药只测得了距爆心 2.3 m 外的冲击波超压。由图 12 可知，由图像法计算得到的冲击波超压去除不理想的数据后，其总体趋势是随着距离增加而指数衰减的，符合实际情况。

3.2　图像法与电测法对比分析

将基于图像法得到的 0° 方向的冲击波超压与传感器测得超压进行对比，如表 2 所示。

表2　超压对比

装药类型	距爆心距离/m	传感器超压/MPa	图像法超压/MPa	测量误差/%
球形	1	未测得	未测得	—
	2	0.248	0.269	7.3
	3	0.148	0.162	9.5
柱形	1	未测得	未测得	—
	2	0.512	未测得	—
	3	0.168	0.179	6.5

表2中，球形装药和柱形装药在距爆心 1 m 处的传感器超压数据均未测得，这与近场冲击波强度、热冲击影响和爆炸产物作用等有关。

两种方法测得的超压对比误差在 10%以内，而造成这种误差的一部分原因是高速摄影仪实际摆放位置不够准确，实际误差比测量误差更小，因此用图像法计算冲击波超压是可行的。

3.3　图像法与数值模拟对比分析

通过分析图像法所得波阵面可以看出，球形装药与柱形装药波阵面一开始是不理想的圆形，与模拟结果不是很吻合。造成这种差异的原因有许多，如装药不均匀、起爆位置不在正中心等。随着冲击波传播距离的增加，波阵面逐渐匀化，趋近于圆形，与模拟结果相吻合。可以看出，图像法所得到的波阵面图像是符合实际情况的，其传播规律与模拟结果基本吻合。

将图像法得到的超压随距离的衰减曲线与模拟得到的曲线进行对比，其对比图如图 13 所示。

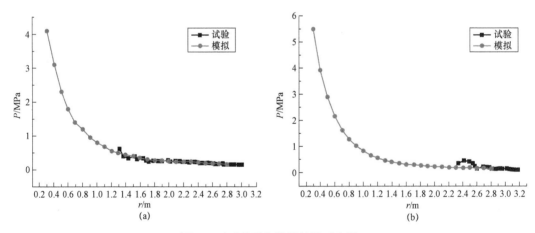

图 13　试验结果与模拟结果对比图

（a）球形装药；（b）柱形装药

由图 13 可以看出，球形装药爆炸过程中，由图像法得到的冲击波超压随距离的衰减曲线与数值模拟得到的曲线在 1.2～1.8 m 的范围内是基本吻合的，相同距离处的冲击波超压差值在 0.15 MPa 以内。随着距离的增加，实际的冲击波波阵面逐步匀化，两曲线吻合情况较好，相同距离处的冲击波超压差值在 0.05 MPa 以内。柱形装药爆炸过程中，在 2.3～2.6 m 范围内的两曲线吻合结果不是很理想，冲击波超压差值最大有 0.3 MPa，这种情况可能与实际起爆中的部分药柱的脱落有关。同样，随着距离的增加，二者基本一致。总体来看，两种方法得到的结果是比较接近的，而且图像法的结果更加符合实际情况。

4　结论

（1）通过图像法，可以直观地得到波阵面形状，分析波阵面的演化规律。对于球形装药，当对比距离大于 2.05 m/kg$^{1/3}$ 时，其波阵面趋于理想的圆形。对于长径比为 1:1 的柱形装药，当对比距离大于 2.63 m/kg$^{1/3}$ 时，其波阵面趋于理想的圆形。

（2）通过图像法得到的波阵面演化过程，可以利用爆轰物理相关公式推算出冲击波超压。其得到的超压与电测法相比有一定误差，但是误差在可允许范围内。

（3）通过将图像法与数值模拟进行比较，可以发现图像法得到的波阵面图像更加真实可靠，符合实际情况。

参考文献

［1］杨莉，汪玉，杜志鹏，等. 沉底装药水下爆炸冲击波传播规律 ［J］. 兵工学报，2013，34（1）：100－104.

［2］赵蓓蕾，崔村燕，陈景鹏，等. 近地爆炸地面冲击波传播规律的数值研究 ［J］. 四川兵工学报，2015，36（9）：45－48.

［3］王荣波，田建华，李泽仁，等. GI-920 炸药爆轰波阵面的光纤探针测量 ［J］. 火炸药学报，2006，29（2）：7　9，14.

［4］谭多望，方青，张光升，等. 钝感炸药直径效应实验研究 ［J］. 爆炸与冲击，2003，23（4）：300－304.

［5］郭刘伟，刘宇思，汪斌，等. 高温下 TATB 基钝感炸药爆轰波波阵面曲率效应实验研究 ［J］. 含能材料，2017，25（2）：138－143.

［6］ANDERSON J G, KATSELI G, CAPUTO C.Analysis of a generic warhead Part I: experimental and computational assessment of free field overpressure ［A］. Science & Technology，2003，187（1–3）：222–234.

［7］LEE E L.Adiabatic expansion of high explosive detonation products ［R］. UCBL－50422，1968.

［8］高轩能，吴彦捷. TNT 爆炸的数值计算及其影响因素 ［J］. 火炸药学报，2015（3）：32－39.

2. 弹药导弹储存寿命试验方法与技术

某型导弹探测器可靠性试验分析

荀　爽，赵潇童，宋佳祺

（中国人民解放军驻一一九厂军代室，辽宁沈阳 110034）

摘　要：导弹探测器的可靠性主要体现在探测器的使用要求上，也就是说一些参数的稳定性，如阻抗、探测器探测率、噪声、有效值以及启动和蓄冷时间等。这些参数指标可以作为探测器可靠性的评价要求。以光导型 InSb（锑化铟）探测器为例，对探测器的可靠性影响因素及可靠性设计验证试验内容进行分析。

关键词：探测器　InSb　可靠性

1　InSb 探测器的工作原理及工作特点

1.1　InSb 探测器的工作原理

半导体材料吸收入射光子后，半导体内有些电子和空穴从原来不导电的束缚状态转变到能导电的自由状态，半导体的电导率增加，这种现象被称为光电导效应，利用半导体这种效应制作的红外探测器被称为光导探测器。

InSb 探测器是利用半导体的光电导效应制成的红外探测器，适宜于 3～5 μm 波段，工作可靠，是红外检测系统的一个核心部件。

1.2　InSb 探测器的工作特点

InSb 探测器的工作特点比较鲜明，主要有以下几个方面。

（1）工作寿命短。其随导弹一起发射，工作时间一般达到几十秒，随着导弹命中目标后结束，从相关文献上知，一般的探测器从调试装配，到最后的靶试，通电时间不超过 1 h。

（2）储存寿命长。探测器不论是装配后还是单独存放，其储存寿命一般都超过 5 年。

（3）使用环境恶劣。探测器装配后，随弹体一起运动，尤其在导弹发射时，会承受较大的过载冲击。

（4）精度高。探测器本身体积小，光窗很小，要求探测器的装配精度要高，才能获得更加准确的目标信息。

（5）密封性要高，进而保证探测器内部光敏芯片的洁净度。

根据探测器的工作特点，InSb 的可靠性设计的基本内容由抗机械应力的可靠性设计、抗热应力的可靠性设计、器件使用稳定性设计和长寿命设计构成。对探测器可靠性的考察往往需要通过相关的可靠性试验进行评价，通过试验发现设计缺陷、工艺缺陷、装配缺陷，找出探测器设计的可靠性薄弱环节，通过改进措施，提高探测器的可靠性设计。

2　探测器可靠性影响因素分析

鉴于探测器使用环境复杂，受温度、振动、冲击影响大，结合产品的设计，对产品的影响因素简单介绍如下。

2.1 芯片

芯片是红外探测器的核心部件，是探测器制造的基础，其性能的稳定性直接影响探测器的使用。InSb 探测器芯片为一个光导型电阻元件，当有一与其波段响应对应的红外辐射投射在光敏元上时，其电导增大，通过偏置电路将其电导的改变转换成电压的改变。对入射信号进行调制即可获得一个交流的信号电压。

芯片材料和钝化层中的杂质、晶格缺陷、表面或界面等区域的电子状态，引起载流子数目或迁移率的涨落，从而构成了严重的噪声源。不仅要检测光电参数，同样要检查光敏元表面的缺陷。

光敏元的光电参数包括响应均匀性和芯片噪声。对于光电参数满足要求的光敏元，还需显微镜目检，检查芯片表面是否有金属化层缺陷、芯片裂纹及疵点、钝化层质量缺陷、扩散缺陷等，剔除不合格芯片。目检合格的芯片应进行高温储存筛选试验，不同材料芯片的试验温度和储存时间不同，对于 InSb 芯片，一般采用 80 ℃、24 h 的高温储存，激发芯片表面、体内和金属化层存在的潜在缺陷引起的失效，剔除光电参数漂移变化率超过规定值的芯片。

2.2 探测器红外滤光片及结构设计

红外滤光片，选用的是锗材料滤光片，其本身透过率达不到产品的透过率要求，因此在其表面采用镀增透膜的方式，提高透过率。镀的增透膜要耐摩擦、防腐蚀、耐潮湿等。合理布局滤光片和光敏元的位置可以有效保证探测器的视场角和灵敏度响应。这些都必须在设计时加以考虑。结合位标器双探测器的要求，InSb 探测器的前窗口应对 3.8～4.9 μm 的波长透过率要高，对 1～3 μm 的波长反射率要高。除了透过率与反射率要求外，每个产品的响应波长与透过率曲线，应一致性好。

2.3 探测器的整体结构设计

探测器由管壳、光敏芯片、光阑、前窗口滤光片及管帽封装而成，合理的结构设计是提高其稳定性与可靠性的关键。探测器在产品的封装上，将锗滤光片嵌入管帽上部的凹槽内，选用的胶的粘接强度要高，而且粘接性能稳定，粘接的工艺也要合理。光敏元、电极以及晶体管脚的金丝引线也要采用粘接固化，这样可以保证在强冲击、振动的环境下不受损坏，并且保证在振动环境下，光敏元的位置不发生变化。

2.4 焊接工艺

焊接工艺也是影响探测器可靠性的重要因素。焊接工艺合理，才能保证探测器性能稳定可靠，尤其是铟线的焊接、焊接后的结合力。

2.5 粘接胶

采用光学环氧胶粘接，虽能有效加固器件，提高抗过载冲击能力，但也带来了副作用，一是粘接胶易于挥发，造成污染；二是粘接胶容易老化，经长期储存后可能因失效而失去加固作用；三是探测器本身尺寸有限，导致粘接胶的面积小，容易出现粘接胶剂量不足的情况。这些都要求探测器在最初设计时，对粘接胶种类的选择、粘接的工艺可行性等都应有充分考虑。

探测器内部的光学环氧胶，在氮气条件下的挥发，直接影响探测器的性能，对这一性能的研究有助于确定探测器的储存年限到底是多少年。针对密封性问题，可随机抽样，进行破坏性解剖检测；或者通过环境试验，考察其质量本身变化，确定密封性的保持程度，以评价该批探测器的可用度。

粘接胶的老化失效问题。在目前普遍缺乏有效储存数据的情况下，应进行人工加速老化试验，以掌握其有效寿命。

2.6 蓄冷腔材料

国外探测器的蓄冷腔多采用镀锡的方式，增加其蓄冷保持能力。

2.7 冷屏

冷屏主要起到减少背景光通量、降低背景噪声作用。冷屏可以对进入其中的杂散光进行抑制，在探测器响应率不变的情况下，通过减少背景噪声，提高探测器的信噪比。评价冷屏的参数主要是冷屏效率，探测器所接收到的光的总能量与直接照射探测器光线能量的比值。

3 InSb 探测器可靠性失效分析

探测器可靠性失效分析可以从三个阶段进行，第一阶段是探测器的设计阶段，通过设计与试验分析探测器潜在的失效模式与相关产生原因，并提出未来预生成阶段的注意事项，建立有效的质量控制措施。第二阶段是探测器的预生成阶段，对工艺设计和生产过程故障模式进行分析和改进。第三阶段是探测器的生产阶段，通过相关的加速试验和环境试验，提高产品的可靠性。作为购买探测器的使用方，只能通过第三阶段的相关试验，来保证所购买探测器的可靠性，并通过可靠性试验结果的积累，为探测器制造者提供设计优化依据，提高探测器的可靠性。

对于探测器可靠性可采用故障模式与影响分析（FMEA）方法进行分析，根据探测器的结构、功能和特点可以看出，可能导致探测器可靠性失效的环节有三个，分别为光敏芯片、前窗口的滤光片以及元件的粘接和引线键合，只要其中任何一个环节出现问题，都会导致探测器无法正常工作。

潜在的失效可能在生产、储存与使用的任何一个过程出现，生产过程的失效可以通过出厂检验发现并剔除，而封装在导弹上的失效则无法检测和维修，一旦在储存和使用中发生失效，则会导致导弹的制导功能的失效。

探测器的失效按后果影响可分为完全失效和部分失效，完全失效指没有电信号输出，丧失制导功能；部分失效是虽然能工作，且有信息输出，但探测器的灵敏度降低，信号失真，导致对目标的探测器距离等信息计算出现偏差。

探测器潜在的失效模式包括裂纹、粘接、泄漏、变形、信号不好、无信号等。下面将结合探测器的可靠性影响因素对探测器的失效环节进行分析。

1）光敏芯片

光敏芯片失效将导致丧失探测功能，属于完全失效，其原因有：一是器件本身固有缺陷的自然失效；二是工作失效，因长期通电供气导致；三是老化失效，长期储存后，器件自身老化或者壳体密封失效使内部芯片受污染和腐蚀导致失效。

2）前窗口滤光片

滤光片裂纹如发生在生产过程中或储存期间，一般是因为其封装后内应力消除不彻底，由残余应力导致。其直接影响探测器的密封性和工作时的抗过载冲击能力。

滤光片裂纹会降低滤光片的透过率，导致探测器灵敏度降低，虽有信号输出，但信号失真，已部分失效。如果滤光片在较大过载的影响下破碎，可能会导致碎片卡滞轴承，导弹丧失制导功能。

3）壳体变形

壳体变形：一是壳体加工、封装等过程中残余内应力释放导致变形，二是导弹发射冲击力导致变形。内应力导致的变形往往会影响光窗平面度、影响光敏面到光窗的距离，甚至会导致光轴偏斜，雨滴位置出现偏斜，进而会影响探测精度。

4）元件的粘接和引线键合

元件的粘接失效主要是粘接强度不够导致，一是粘接材料选择不当，其耐高低温能力及抗剪切力差。二是粘接面小，粘接胶剂量不足。三是粘接胶老化，或者探测器多次返修，使胶氧化，粘接性能下降。

5）密封性失效

探测器对内部的洁净度要求很高。我们使用的探测器为充氮气封装，内容芯片和电路均处于氮气密封环境内，密封性失效有两种模式：一是导弹发射使探测器壳体变形或前窗口裂纹漏气，此时离器件工作至消亡的时间很短，不会产生大的影响，可视为部分失效。二是渐进失效。储存时间长，因使用环境变化及内应力导致壳体变形，使壳体内氮气逐步泄漏，内部芯片不能得到有效的保护，导致其腐蚀和污染，探测灵敏度下降。

6）粘接胶的挥发

探测器使用的粘接胶大都具有挥发性，其逐步挥发出来的物质颗粒在密封的壳体内，难免会附着在前窗口，影响透过率；附着在芯片表面造成污染，影响探测器的灵敏度。导致其密封性失效的原因主要是过载冲击力、残余内应力、老化和污染等，是持续渐进的渐变失效。这在验收阶段很难发现。

为了消除或减小失效模式对探测器可靠性的影响，可通过可靠性试验和加速试验激发缺陷。

4　InSb 探测器可靠性试验

探测器可靠性试验的目的是激发探测器在使用环境下的失效模式，研究失效机理，发现设计和工艺缺陷，改进设计和工艺。可靠性试验的内容主要分为两大部分，一部分与温度相关，一部分与环境应力相关。

4.1　温度相关试验

探测器在调试安装以及后续工作中，部分产品会经历数百次的低温 77 K 到常温的循环过程。本身探测器内部邻接的材料热膨胀系数不可能完全匹配，所以高低温循环会给器件带来较大的热应力和热冲击。这样，探测器潜在的缺陷会随着温度循环次数的增加而最终变为故障。

与温度相关的可靠性试验内容有温度循环试验、温度冲击试验、静态储存试验和高温储存试验以及高温工作试验。

4.2　环境应力试验

探测器可靠性试验内容除上述温度试验外，还应通过环境应力筛选，提高交付探测器的可靠性。借助环境应力的激发作用，将探测器在生产线上使用时才发生的故障，"提前"到验收交付时发生，并加以排除，可以提高探测器后期使用的可靠性。

探测器环境试验内容包括机械振动试验、机械冲击试验等。机械振动试验包括正弦振动试验和抗振强度试验。机械冲击试验包括一次冲击试验和多次冲击试验。

4.3　可靠性试验内容

可靠性试验的内容不同于我们验收协议中规定的相关试验内容，可靠性试验的条件更苛刻，更能激发探测器的失效模式。参考国外某类型探测器的可靠性试验，结合 InSb 探测器的工作特点，可靠性试验内容简单介绍如下。

（1）温度循环试验：温度变化范围：$-40\sim+60$ ℃；循环次数：200 次。

（2）静态储存试验：储存温度 $+50$ ℃，储存周期 $2\sim4$ 周。

（3）高温储存试验：300 d，80 ℃，相当于 10 年 30 ℃条件下，探测器的真空寿命。

（4）温度冲击试验：$-40\sim+70$ ℃，800 次。

（5）正弦振动试验：频率范围 $10\sim2\,000$ Hz，最大位移 1.5 mm，过渡频率 50 Hz，最大加速度 15 g。

（6）抗振强度试验：正弦振动频率范围 $10\sim2\,000$ Hz，能从低频向高频以及反方向不断变化（循环振动），循环周期 15 min。试验的总时间为 24 h，最大位移 1.5 mm，过渡频率 50 Hz，最大加速度 15 g。

（7）抗冲击强度试验：冲击次数 10 000 次，最大加速度 15 g。每次作用时间 $2\sim20$ ms。冲击频率为每分钟 40～120 次。

（8）一次冲击试验：最大加速度 120 g，作用时间为 2～6 ms。冲击速度的脉冲波形是半正弦波。

不同的可靠性试验内容针对不同的可靠性失效模式，对可靠性试验内容对应的可靠性失效模式简单介绍如表 1 所示。

表 1　可靠性试验失效模式

温度和环境压力	功能模块	影响的参数	失效模式
温度和热应力	光敏元	阻抗、噪声、光谱响应、探测器效率	性能退化
	滤光片	透过率	增透膜脱落、裂纹
	粘接胶	透过率、灵敏度	粘接胶挥发
	壳体	灵敏度	变形
	元件粘接和引线键合	噪声、密封性	性能退化
机械振动、机械冲击	光敏元	阻抗、噪声、光谱响应、探测器效率	性能退化
	滤光片	透过率	增透膜脱落、裂纹
	壳体	灵敏度	变形
	元件粘接和引线键合	噪声、密封性	性能退化

5　小结

借助 FMEA 方法对探测器可靠性进行研究，有助于生产者提高探测器的可靠性，有助于我们了解探测器的可靠性失效模式；对生产过程发生的探测器故障类型进行分类，可以明确哪些故障属于可靠性问题，及时反馈给生产厂家，从而提高探测器的可靠性水平。

参考文献

[1] 胡寿松. 自动控制原理［M］. 北京：国防工业出版社，2003.

[2] 叶尧卿. 便携式红外寻的防空导弹设计［M］. 北京：中国宇航出版社，1996.

[3] 钟任华. 飞航导弹红外导引头［M］. 北京：中国宇航出版社，2009.

ADT 在信息化弹药贮存可靠性中的应用分析

李慧志，穆希辉

（中国人民解放军 32181 部队，河北石家庄 050000）

摘　要： 加速退化试验（ADT）是快速评估产品可靠性的重要方法，弥补了加速寿命试验（ALT）在某些高可靠、长寿命、高价值的退化失效型产品可靠性评定中的局限性。本文概述了加速退化试验的研究现状，分析了加速退化试验的原理，介绍了加速退化试验的建模方法，并探讨它在信息化弹药贮存可靠性中的应用。

关键词： 加速退化试验　信息化弹药　贮存寿命　可靠性评估

0　引言

信息化弹药是长期贮存、一次使用的武器装备，其贮存可靠性关系到能否安全贮存和有效使用，又影响到能否科学报废和减少经济损失，因此摸清楚信息化弹药的贮存可靠性非常重要。信息化弹药在常规弹药的基础上增加了具有简易制导功能的控制舱。控制舱组成结构复杂，设备种类繁多，由复杂的橡胶、光电、电子、机电和机械类产品构成，其可靠性是信息化弹药中薄弱的环节。验证信息化弹药贮存可靠性主要有自然贮存和加速贮存两种途径，自然贮存试验方法比较成熟、结论准确，但是试验周期过长，有时候甚至来不及等到试验结束，信息化弹药就因为性能落后而被淘汰；而加速贮存试验的试验时间比较短、试验效率高，通过短期的加速贮存试验，就能评估出信息化弹药的贮存寿命等可靠性指标。对整弹进行加速贮存试验，需要根据信息化弹药的多种失效模式和多种失效机理，同时施加不同的加速应力，试验技术非常复杂，为了解决整弹加速贮存试验的难题，可以从信息化弹药薄弱环节入手，以实际贮存环境载荷剖面为基础，合理设计试验方案，开展加速寿命试验和加速退化试验等加速贮存试验。

信息化弹药贮存寿命要求高，即使是信息化弹药的可靠性薄弱组件也具有长寿命、高可靠性的特征。这些产品即使在加速寿命试验中也很难在短时间内失效，因此传统的可靠性评估方法有时也难以满足信息化弹药寿命评估的时效性要求。一些产品失效主要是由于某些性能指标退化造成的，这类产品可称为退化失效型产品，对其性能退化过程进行有效监测和统计分析，无须产品失效即可推断出可靠性信息，而且提升某些应力水平，如温度、湿度、振动、电应力、使用率等，会加快产品的退化失效过程[1]。因此，通过加速退化试验评估退化失效型产品的可靠性，可提高评估效率，对顺利完成信息化弹药寿命评估任务具有显著的工程应用价值。

1　加速试验研究现状

1.1　加速退化试验的优势

ALT 的目的是使用与可靠性（或寿命）有关的模型，通过比正常使用时所预期的更高的应力条件下的试验来度量可靠性（或寿命），以确定寿命多长。这种试验方法主要利用截尾法来结束试验，如果试验中没有出现失效，那么利用获得的截尾数据对产品的可靠性或寿命进行估计时，就会与产品实际的可靠性或寿命有较大的差距，一般情况下偏于保守。

对于某些高可靠、长寿命的产品来说，进行 ALT 时可能只有少量失效出现或者根本没有失效出现。在这种情况下，若仍然使用 ALT 来评估产品可靠性和寿命，一方面需要更多的样本和时间来进行试验，另一方面没有可信的失效数据来进行评估，这样得出的可靠性估计值与寿命的可信性程度将不高。

ADT 克服了 ALT 只记录产品失效时间，不管产品如何失效及失效的具体过程，更没有考虑产品的性能变化情况等不足，通过对加速退化数据的处理可以对高可靠、长寿命产品的可靠性及寿命进行较好的估计，给出满意的评估结果，从而弥补了 ALT 对失效数少或无失效试验数据处理方面的缺陷，是另外一种评估高可靠产品可靠性和寿命的有效方法，也是对 ALT 的有力补充。

1.2 加速退化试验适用条件

产品失效可以分为突发失效、退化失效和竞争失效三种[2]。在电子产品上突发失效体现为关键性能参数突然检测不到，无法读数；退化失效体现为某个关键性能参数逐渐退化（变大或变小）直至达到失效阈值；竞争失效可以是多个关键性能参数突发失效或退化失效，以及突发失效和退化失效共存。加速寿命试验原则上适用于所有失效类型的产品。加速退化试验适用于退化失效和存在退化的竞争失效类型的产品。产品的贮存失效类型可以通过自然贮存数据判断，也可以通过摸底试验判断，进而选择合适的加速贮存试验类型。

1.3 加速退化试验研究现状

国外对 ADT 的研究始于 20 世纪 80 年代[3]。随着加速试验设备性能和加速试验设计水平的提升，为了达到提高试验效率、节省时间和经费的目的，依次发展了恒定应力、步进应力、步降应力、序进应力等加速应力施加方法；为了更为真实地反映产品的实际使用环境及提高试验效率，已由最初的单应力加速退化试验发展到双应力、三应力综合加速退化试验[4-5]。随着失效物理分析技术和性能退化数据采集技术的改进，加速退化试验的对象已由材料级、元器件级产品，如发光二极管、橡胶密封圈、金属化膜电容器，拓展到组件级、整机级产品，如感应电动机、电连接器、智能电表等。

2 加速退化数据建模方法

可靠性评估的重点：一是通过加速试验获取试验数据；二是对试验数据的建模分析。加速退化数据可靠性建模的核心是合理建立性能退化模型及相关参数的加速模型[6]，建立性能退化模型的方法主要有四种：失效物理建模、退化量分布建模、退化轨迹建模、随机过程退化建模。

2.1 失效物理建模

失效物理的建模方法是在充分掌握产品失效机理的基础上，通过深入分析导致产品失效的物理或化学机理、变化规律以及产品失效与贮存环境应力的内在联系，建立相应的性能退化模型，可分为反应论模型、基于退化率模型和累积损伤模型等[7]。由于基于失效物理的建模方法是从产品的失效本质建立性能退化模型，因此具有较高的可信度，然而，大部分产品的失效机理比较复杂，难以掌握其失效物理过程，所以此类建模方法的适用范围较小。

2.2 退化量分布建模

退化量分布建模方法基于如下思想：产品性能退化量在不同测量时刻服从同一分布模型，该分布模型的参数往往与时间有关，能够反映出性能退化量的统计特征随时间的变化规律。此方法是对多个产品在每一测量时刻的退化量的分布规律进行建模，明显有别于其他对每个产品退化轨迹建模的方法。基于退化量分布的性能退化建模方法由于其独特的建模思想，在以下两种情况下优势明显。其一，各产品的性能退化轨迹差异较大，采用其他建模方法难以准确估计出性能退化模型的参数值。其二，产品的性能退化数据不能被重复测量，无法对每个产品的退化过程进行建模，如一些产品的测量过程具有破坏性，每个产品只能获取一个性能退化数据。然而，基于退化量分布的性能退化建模方法较为复杂，不但需要判断各个测量时刻退化量的分布模型，还要确定模型参数随时间和加速应力的变化关系。

常用的退化量分布模型主要有正态分布模型和 Weibull 分布模型。退化量分布模型应用范围较广，适用于大部分退化失效型产品，尤其是在一些失效机理不明确或失效机理十分复杂的系统级的可靠性建模过程中使用较多。

2.3　退化轨迹建模

基于退化轨迹拟合的方法是通过对产品在各测量时刻的退化数据进行拟合，建立性能退化模型。目前，退化轨迹拟合的方法分成两种：一种是采用直线型、幂律型、指数型等函数拟合退化轨迹，另一种是采用神经网络、时间序列、最小二乘向量机等智能算法拟合退化轨迹。广义退化建模方法的主要优点是建模过程简单，无须对产品进行深入的失效机理分析，参数估计容易，便于工程应用，可用于大部分退化失效型产品。其主要缺点是模型精度相对不高，而且容易发生产品伪寿命分布误指定的问题。

2.4　随机过程退化建模

产品的退化过程具有随机性，未来时刻的退化量具有不确定性，所以随机过程天生适合对产品性能退化过程进行建模。产品的性能退化是由于产品内部不断地损伤累积造成的，根据损伤过程的不同，性能退化过程可能是随机变化的，也可能是连续变化的，或两种方式都存在。根据损伤过程的不同，目前已有 Wiener 过程、Gamma 过程、Inverse Gaussian 过程、Inverse Gamma 过程等被广泛应用到产品性能退化建模中，并获得了很大的发展。随机过程由于具有优良的统计特性和很好的拟合能力，成为应用最广泛的性能退化建模方法。

3　总结

加速退化试验技术为评估产品可靠性提供了一种高效手段，并且已经在我国广泛用于产品的定寿、延寿等任务。对于退化失效型长寿命、高可靠性的信息化弹药部组件，利用加速退化试验获取退化数据，进行退化建模评估产品的贮存寿命等可靠性信息是工程实践中最优先的选择。随着制造水平和材料技术的进步，长寿命、高可靠性的产品将更广泛地运用于汽车、航空、航天、军工等领域，加速退化试验有广阔的运用前景，需要不断地深入研究。

参考文献

［1］WHITMORE G A，SCHENKELBERG F.Modelling accelerated degradation data using wiener diffusion with a time scale transformation ［J］. Lifetime Data Analysis，1997，3（1）：27−45.

［2］陈循，张春华. 加速试验技术的研究、应用与发展 ［J］. 机械工程学报，2009，45（8）：130−136.

［3］LU J C，PARK J，YANG Q. Statistical inference of a time-to-failure distribution derived from linear degradation data ［J］. Techno-metrics，1997，39（4）：391−400.

［4］汪亚顺，莫永强，张春华，等. 双应力步进加速退化试验统计分析研究−模型与方法 ［J］. 兵工学报，2009，30（4）：451−456.

［5］查国清，黄小凯，康锐. 基于多应力加速试验方法的智能电表寿命评估 ［J］. 北京航空航天大学学报，2015，41（12）：2217−2224.

［6］王浩伟，滕克难. 基于加速退化数据的可靠性评估技术综述 ［J］. 系统工程与电子技术，2017，39（12）：2877−2885.

［7］孙权，冯静，潘正强. 基于性能退化的长寿命产品寿命预测技术 ［M］. 北京. 科学出版社，2015：33−48.

3. 弹药导弹储存可靠性分析与评估方法

基于概率神经网络的导弹可靠度评估研究

程旭德，洪　光，冯　超，张　帅

（陆军工程大学军械士官学校，湖北武汉 430075）

摘　要：针对某型筒装导弹的特点，按同批次、不同批次、同一枚弹的不同阶段的历史测试数据进行分析，选取关键参数，进行归一化，运用概率神经网络确定参数权重，建立导弹测试数据与导弹可靠性之间的映射关系模型。实验结果显示，采用该方法，总体指标满足要求。

关键词：导弹　可靠度评估　概率神经网络

0　引言

筒装导弹测试采用的是整体测试技术。筒装导弹测试综合反映了导弹的性能状态，导弹的性能状态决定了导弹的可靠性，因此测试数据与导弹可靠性之间存在一定的映射关系。

本文通过大量的测试数据，按同批次、不同批次、同一枚弹的不同阶段的历史测试数据进行分析，提出了导弹测试数据与导弹可靠性之间的映射关系建模方法。

1　历史测试数据处理

导弹最主要信息来源于历史测试数据，测试数据主要来源于两个阶段：一是出厂阶段，二是发射前。从出厂阶段到发射前历时 2～5 年时间，包含了 10 余个测试项目几十个参数，涵盖了火工品、发动机、导引头、弹上计算机、惯性装置、弹体等。

1.1　同批次测试数据分析

经过对同一批次的出厂筒弹进行测试，分析其测试结果，将测试参数分为六类，电阻测试约占 40%，电压测试约占 1.5%，时间测试约占 1.5%，频率测试约占 4%，定性测试约占 40%，惯导系统参数测试约占 13%。惯导系统参数影响的是导弹的命中精度，定性测试不具有可比性，均不考虑。

电阻测试中，火工品测试参数均有标准值，与标准值比较可以发现，其中 80% 均小于标准值，偏差不足 1%；另有 20% 均大于标准值，偏差稳定在 6.31% 附近。这些参数都在算术平均值附近浮动，方差小于 0.01。筒弹无源测试参数，均无标准值，其中 70% 的参数都在算术平均值附近浮动，方差小于 0.02；剩余的 30% 参数浮动明显。

时间测试在标准值 10% 范围内浮动。频率测试在标准值 2% 范围内浮动。

对另外两批次的出厂筒弹测试结果进行分析，发现同一批次的筒弹参数特点一致；而不同批次的测试结果显示，火工品参数的偏差有较明显差异，而筒弹无源测试参数差异不明显。

从以上三批次测试数据可以得出，同一批次火工品测试参数之间差异不显著。筒弹无源测试参数中大部分测试参数之间差异不显著，仅 5 项参数变化显著，变化幅度达到 100%，记为 x_1，x_2，…，x_5。时间测试参数和频率测试参数变化均不显著。

1.2　不同批次测试数据分析

纵向对比不同批次测试数据，各批测试数据中火工品参数的算术平均值差异显著，筒弹无源测试参数中的大部分参数的算术平均值差异显著，x_1，x_2，…，x_5 变化显著。

1.3　同一枚筒弹不同阶段数据分析

短期阶段，从运输前、运输后、淋雨前、二次装载四个阶段测试数据来看，除 x_1，x_2，…，x_5 变化显著外，另有 10 项参数有明显变化，其中电阻类参数 6 个记为 x_6，x_7，…，x_{11}，电压类参数 1 个记为 x_{12}，频率类参数 3 个记为 x_{13}，x_{14}，x_{15}。

长期阶段，对比 2 年前后的测试数据来看，x_6，x_7，…，x_{15} 共 10 个参数有显著变化。

进一步分析，x_1，x_2，…，x_5 均属于绝缘电阻类参数，其变化与湿度和温度有关，而且不同批次之间、同一批次之间、同一枚弹不同阶段之间均存在差异，从其代表的意义来看，不宜作为关键参数进行分析，而将主要参数定位在 x_6，x_7，…，x_{15}。

根据测试数据的来源，每组数据根据测试项目分类，首先归一化处理，其次确定各参数权重，最后利用证据理论对参数融合确定该项目的测试价值。

1.4　测试数据归一化

对 x_6，x_7，…，x_{15} 共 10 个参数进行归一化处理，按照式（1）计算。

$$\Delta x_i = \frac{x_i - \frac{1}{n}\sum_{j=1}^{n} x_{ij}}{\sqrt{\frac{1}{n}\sum_{j=1}^{n}\left(x_i - \frac{1}{n}\sum_{j=1}^{n} x_{ij}\right)^2}} \tag{1}$$

1.5　基于神经网络的权重确定

x_6，x_7，…，x_{15} 共 10 个影响导弹可靠性的参数，因各参数的影响程度不同，因此，需要确定每个参数的权重。由于数据样本较大，本文采用基于神经网络确定各参数的权重。

Specht 等人从上述理论系统推导出了概率神经网络的 $\hat{\phi}(x)$ 模型，如式（2）～式（4）：

$$\hat{\phi}(x) = \frac{N(x)}{D(X)} \tag{2}$$

$$N(x) = \sum_{i=1}^{n} Y_i \exp\left[-\frac{(x-X_i)^T(x-X_i)}{2\sigma_n^2}\right] \tag{3}$$

$$D(x) = \sum_{i=1}^{n} \exp\left[-\frac{(x-X_i)^T(x-X_i)}{2\sigma_n^2}\right] \tag{4}$$

图 1 为预测网络结构图，其中 $N(x)$、$D(x)$ 依据上述式（3）和式（4）计算获得。

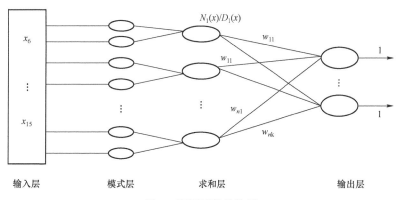

图 1　预测网络结构图

当网络运行时，用前 n 个出厂测试数据 $\{x_k, k=1,2,\cdots,n\}$ 分组进行训练，输出为 1，确定网络的权值。

2 可靠性参数评估

可靠性参数评估过程如下。

（1）处理历史数据，根据式（1）进行归一化。

（2）假设输出为 1，根据式（2）、式（3）、式（4）和预测模型确定各参数的权重。

（3）根据间隔 2 年的同一筒弹数据，将 2 年前的数据作为输入值，2 年后的数据作为理论计算值，与理论计算值比较，并计算误差。

（4）将输出变更为筒弹可靠度，根据预测模型计算出该枚导弹可靠性水平点估计。

试验数据如表 1 所示。

表 1　试验数据

测试序号	出厂可靠度	2 年后可靠度	理论计算值
1	1	0.964	0.975
2	1	0.978	0.974
3	1	0.961	0.974
4	1	0.977	0.974

3 结论

通过以上数据可以看出，最大误差不到 2%，说明该方法是可行的。

参考文献

［1］罗赟骞，夏靖波，陈天平. 网络性能评估中客观权重确定方法比较［J］. 计算机应用，2009，29（10）：2624-2626.

［2］徐泽水. 不确定多属性决策方法与应用［M］. 北京：清华大学出版社，2004：13-30.

［3］SPECHT D F. Probabilistic neural networks［J］. Neural networks，1990（1）：109-118.

战斗部舱体鼓包对使用性能的影响分析

翟树峰，刘恒春，周　雷，郭广文

（北京航空工程技术研究中心，江苏南京 210028）

摘　要： 本文针对某型导弹战斗部贮存期间，因装配预应力作用而产生的舱体鼓包问题，从舱体蠕变剩余强度、战斗部结构动态稳定性、子弹抛撒性能等方面，分析了舱体鼓包对导弹作战使用性能和贮存安全性的影响，得出了鼓包战斗部可继续监视使用的结论。

关键词： 导弹　战斗部　鼓包　蠕变

0　引言

某型导弹在贮存期间，其子母战斗部舱体表面普遍发生鼓包现象，鼓包在战斗部周向呈均匀分布，最大鼓包高度约 0.8 mm。

战斗部舱体出现局部鼓包，是由于子弹在装配过程中所受到的预紧力对舱体内壁长期压迫导致舱体材料蠕变而产生。从工艺性和经济性角度分析，该鼓包舱体是不适宜维修的，若继续服役，则须摸清鼓包是否影响导弹的使用性能和贮存安全性。

战斗部舱体鼓包问题对导弹使用性能的影响主要表现在三个方面：一是随着蠕变发展，舱体材料的强度和塑性下降，无法承受预应力和外载荷作用，造成舱体脆断或解体。二是随着鼓包高度增加，改变了战斗部原有装配结构的几何关系，致使战斗部结构失稳，造成舱内子弹松动甚至散落舱内。三是舱体鼓包影响开舱应力和子弹抛撒速度，进而影响子弹抛撒面积。

1　战斗部结构及舱体鼓包特征

该型战斗部由舱体、端盖、子弹以及中心爆管等组成，舱体由薄壁不锈钢焊接而成，中间为隔断层，将战斗部分为前后两舱，每舱各有 u 层子弹，每层有 v 个球形子弹沿舱壁紧密放置，相邻两层交错排列，如图 1 所示。靠近隔断层的子弹由隔断层上的球形凹坑定位，靠近端盖的子弹由端盖上对应的弹簧通过固定圈旋紧定位，并将弹簧预紧力向中间逐层传递，从而保持子弹紧贴舱体内壁。舱内沿战斗部轴线装有中心爆管，用于爆炸开舱并抛射子弹。

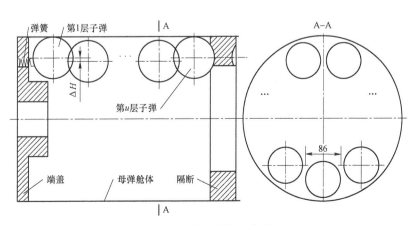

图 1　战斗部结构示意图

经检测，战斗部舱体鼓包具有如下特征。

（1）鼓包呈离散分布，鼓包点位于子弹和舱体内壁接触处，鼓包是舱体局部接触应力造成的蠕变。

（2）鼓包区域近似为球冠，边缘最大直径约 16 mm。

（3）第 u 层子弹受到隔断凹坑约束，与舱壁有细小的间隙，舱体在第 u 层子弹处无鼓包。舱体在第 1 层至第 $u-1$ 层子弹处均有鼓包。

（4）舱体材料基体与鼓包微区的化学成分、金相组织和强度、塑性等力学性能未发生明显变化。舱体材料为马氏体沉淀硬化不锈钢，断裂强度为 1 200 MPa，屈服强度 $\sigma_{0.2}$ 约为 1 190 MPa，断后伸长率为 12%，断面收缩率为 11.5%。

2 鼓包对战斗部舱体强度的影响分析

战斗部舱体作为导弹的承重舱，主要承受来自战斗部前舱段的惯性力所产生的动态弯矩和剪切力。战斗部舱体在挂飞状态下弯矩最大，弯矩最大截面位于舱体吊挂处。根据材料力学理论，弯曲应力与舱体截面惯性矩 I_x 成反比。I_x 由式（1）确定：

$$I_x = \frac{\pi}{64}(D_1^4 - D_2^4) \tag{1}$$

式中：D_1、D_2 为战斗部舱体的外径和内径。

因鼓包区域近似球冠，故鼓包边缘半径 R_g 由式（2）、式（3）确定（图 2）：

$$h = R_g \tan(\alpha / 2) \tag{2}$$

$$\sin \alpha = R_g / r \tag{3}$$

式中：h 为鼓包高度，为保守起见，假设鼓包高度达 2 mm；r 为子弹半径，47.5 mm；α 为鼓包边缘所构成的中心角之半。

假设鼓包处材料完全丧失了强度，如图 3 所示（为清晰起见，图中放大了舱体壁厚），则其截面惯性矩减小量 ΔI_x 为

$$\Delta I_x = S \times (y_1^2 + 2y_2^2 + 2y_3^2 + 2y_4^2 + 2y_5^2) = 4.5 \times S \times R^2 \tag{4}$$

$$y_1 \approx R$$

$$y_2 = R \times \cos \beta$$

$$y_3 = R \times \cos(2\beta)$$

$$y_4 = R \times \cos(3\beta / 2)$$

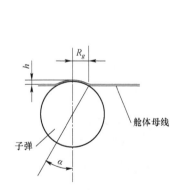

图 2　鼓包高度与边缘半径的关系

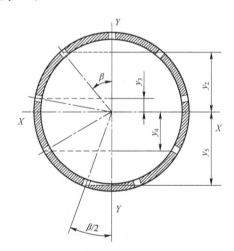

图 3　舱体截面惯性矩计算图

$$y_5 = R \times \cos(\beta / 2)$$

$$S = 2R_g b$$

式中：R 为战斗部舱体外径；b 为战斗部舱体壁厚；β 为相邻两个子弹球心所构成的中心角。

计算得，$\Delta I_x / I_x$ = 20.8%；亦即，鼓包导致舱体弯曲强度下降了 20.8%。战斗部舱体截面积减小了 ΔS，$\Delta S / S_0$ = 20.5%；亦即，鼓包导致舱体剪切强度下降了 20.5%。

战斗部舱体在挂飞状态下的弯曲应力 σ_1 和平均剪应力 τ 分别为

$$\sigma_1 = \frac{MR}{I_x} = \frac{m_q n_y L R}{I_x} \tag{5}$$

$$\tau = \frac{Q}{S_0} = \frac{m_q n_y}{S_0} \approx \frac{m_q n_y}{2\pi R b} \tag{6}$$

式中：m_q 为导弹前舱质量，取 $m_q = m_0/2 - m_1$；m_0 为导弹总质量（满油状态）；m_1 为战斗部质量；L 为导弹前舱质心至第 $u-1$ 层子弹中心的轴距，如图 4 所示；n_y 为法向过载系数。n_y 在载机机动飞行时最大，本文取机动飞行时外挂抖振试验均方根加速度的 3 倍，约 28.6 g，外挂抖振试验加速度谱密度如图 5 所示。导弹质心处和头部的加速度谱密度幅值分别取 0.5 g^2/Hz 和 2 g^2/Hz，其他部位幅值采用线性插值方法求取[1]。图 5 中的 f_n 为导弹（满油状态）一阶弯曲振动频率，由试验测得。

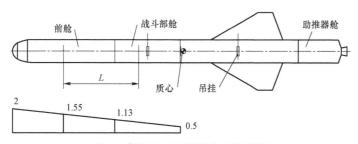

图 4 抖振加速度幅值分布示意图

计算得：σ_1 = 394 MPa，τ = 29 MPa，由第三强度理论确定的相当应力 σ^* 为

$$\sigma^* = \sqrt{(\sigma_1 + \sigma_2)^2 + 3\tau^2} = 447 \text{ MPa} \tag{7}$$

式中，σ_2 为战斗部舱体装配预应力，50 MPa。

安全系数 n = 1 190/447 = 2.66。

对于鼓包后的舱体，其安全系数下降为 2.66×（1−20.8%）= 2.11 > 1.875。

GJB 540.1—88《飞航导弹强度和刚度规范 总则》中第 6.6.1 条规定，机载、投放、弹射和发射情况的安全系数取 1.5；关键承力件的剩余强度系数取 1.25（或安全裕度取 0.25）；两者乘积为 1.875。因此，即使考虑最严重受载和最恶劣强度削弱的情况，战斗部舱体蠕变

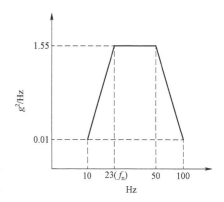

图 5 外挂抖振加速度谱密度（均方加速度为 9.54 g）

后的剩余强度仍然满足设计规范要求。实际上，战斗部舱体强度不是约束舱体结构设计的主要因素，舱体的薄壁焊接工艺要求和子弹抛撒速度要求才是主要约束因素。

此外，战斗部舱体是圆筒薄壁结构，存在结构弯曲失稳可能，其局部失稳临界应力 σ_{cr} 由式（8）确定[2]：

$$\sigma_{cr} = Eb^* / R\sqrt{3(1-\mu^2)} = 0.609Eb^* / R = 765 \text{ MPa} \tag{8}$$

式中：b^* 为考虑鼓包影响的舱体等效壁厚，取 $b^* = b$（1−$\Delta S/S_0$）；E 为舱体材料的弹性模量。

可见，战斗部舱体的失稳临界应力是最大弯曲压应力（$\sigma_1 - \sigma_2$ = 344 MPa）的 2.2 倍，且由于弯曲失稳

首先发生在最大压应力处，而在舱体危险截面上恰好避开了鼓包，因此使用中战斗部舱体不会发生结构失稳，这也是该型战斗部结构设计的精妙之处。

综上所述，战斗部舱体强度储备较大，鼓包对舱体强度的影响甚微。实际上，对于室温小应变蠕变，原子扩散引起的回复过程十分缓慢，材料位错密度降低不明显，小应变蠕变对材料强度和韧性的影响也是小的[3]。因此，在挂飞前，对舱体鼓包进行检查，只要鼓包处无可见裂纹且鼓包高度小于 2 mm，就可以正常使用。

3 鼓包对战斗部结构稳定性的影响分析

鼓包对战斗部结构稳定性的影响表现为：鼓包是否可能导致子弹松动甚至掉落下来，从而导致子弹装配结构彻底崩溃。

3.1 同层子弹脱落情况分析

对于同层子弹，舱体未鼓包时，子弹之间的间隙小于子弹直径尺寸，因此子弹不会从其相邻两个子弹之间的间隙滑落。子弹径向鼓包达 2 mm 时，子弹之间的间隙也仅有 89 mm，仍小于子弹直径，子弹不可能脱落砸向中心爆管，如图 6 所示。

因此，同层子弹虽有间隙，但子母弹装配结构所构成的几何关系，不会受鼓包影响导致子弹脱落。

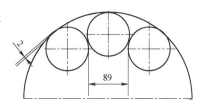

图 6　子弹装配结构图
（径向鼓包 2 mm 情况）

3.2 邻层子弹脱落情况分析

对于相邻两层子弹，邻层子弹球心约有 $\Delta H = 8.5$ mm 的高度差（图 1），使得当前层子弹在母弹轴向受到邻层子弹的约束，而不可能脱落砸向中心爆管。要使子弹脱落，图 7 中 L 须大于 $\sqrt{3}r = 82.3$ mm（即 $e = r$ 时），而在未鼓包时其只有 81.8 mm；鼓包时 L_0 将进一步缩短为 L。

$$\Delta H = (R - r)(1 - \sin\theta) = 8.5 \tag{9}$$

$$L_0 = \sqrt{4r^2 - (R - r)^2 \cos^2\theta} = 81.8 \tag{10}$$

$$L = \sqrt{4r^2 - (R - r + h)^2 \cos^2\theta} \tag{11}$$

式中：L_0、L 分别为未鼓包和鼓包时的邻层子弹间距。

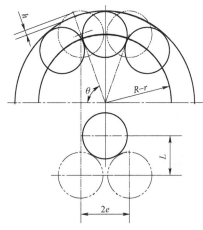

图 7　邻层子弹间距计算示意图
（虚线为邻层子弹）

经检测，子弹直径的标准差为 0.1 mm。因此，鼓包只会导致邻层子弹的间距缩短，即使考虑子弹制造偏差，也不会导致子弹脱落。

3.3 动态下子弹松动情况分析

舱体未鼓包时，由于弹簧处于完全压缩状态，在动态载荷作用下子弹难以松动。舱体鼓包时，邻层子弹的间距缩短，弹簧处于不完全压缩状态，在动态载荷作用下，子弹有可能克服弹簧预紧力而松动。

（1）Y 向（弹体坐标系）振动时，子弹的受力状况比较复杂，不同位置的子弹的惯性力的传递路径有较大差异，惯性力足够大时可能导致子弹窜动。

对于 Y 向振动，靠近端盖的顶部子弹所受的惯性力须克服弹簧预紧力才能使得子弹在轴向产生微小窜动，此时母弹舱体对子弹的作用力 N_r 消失，如图 8 所示。

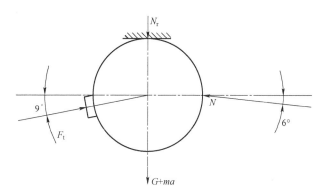

图8 顶部子弹受力示意图（法向过载情况）

$$G + ma = F_t \cos 9°(\tan 9° + \tan 6°) \tag{12}$$

$$F_t = c \times (\delta - h) \tag{13}$$

式中：m 为子弹质量；a 为最大法向加速度；c 为弹簧刚度系数；δ 为弹簧最大压缩量。

当鼓包高度 $h = 2$ mm 时，计算得 $a = 24$ g。

靠近战斗部端盖侧面子弹所受的法向惯性力须克服弹簧预紧力才能使得子弹在轴向产生微小窜动，此时上层子弹的作用力 N_2 消失，如图9所示。

$$G + ma = N_1 \sin 30° \tag{14}$$

$$N_1 \cos 30° = F_{t1} = F_t \cos 9° \tag{15}$$

当鼓包高度 $h = 2$ mm 时，计算得 $a = 55$ g。

其他位置的子弹受力状况介于图8与图9之间。进一步分析可知，图8的受力状况是最恶劣的（克服弹簧预紧力所需的加速度最小）。

（2）对于 X 向振动，战斗部的前后舱子弹交替压缩各自的弹簧，子弹所受的惯性力须克服弹簧预紧力和摩擦力才能使得子弹在轴向产生窜动，如图10所示。

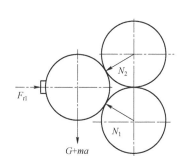

图9 侧面子弹受力示意图（法向过载情况）

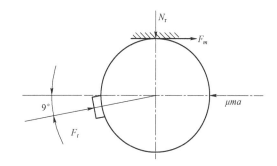

图10 子弹受力示意图（X向激振）

$$\mu ma = F_t \cos 9° + F_m \tag{16}$$

$$F_m = F_t \sin 9° \times \mu \tag{17}$$

式中：μ 为子弹与舱壁之间的静摩擦系数，取 $\mu = 0.15$[2]。

当鼓包高度 $h = 2$ mm 时，计算得 $a = 20$ g。

因此，使用时若舱体径向加速度不超过 24 g 或轴向加速度不超过 20 g，就可以保证子弹不松动。若舱体加速度超过上述阈值，子弹在惯性力的作用下将产生窜动，进一步压缩弹簧，直至弹簧处于完全压缩状态。

综上所述，战斗部的几何结构属性，理论上不会因鼓包而导致子弹脱落，在弹簧预紧力的作用下，每一颗子弹与弹簧垫、邻层的 2 颗或 4 颗子弹、隔段等紧密接触，在轴向没有间隙，战斗部装配结构具有很好的本质稳定性。

4 鼓包对子弹抛撒速度的影响分析

在中心爆管装药量和装药性质不变的情况下，子弹抛撒速度是由母弹舱体结构及舱体材料的断裂强度决定的。舱体由 4 块一定厚度的马氏体沉淀硬化不锈钢板沿弹体轴向焊接而成，其 4 条轴向对称分布的焊缝就是所设计的开舱位置。

由于马氏体沉淀硬化不锈钢具有强烈的淬硬和冷裂倾向，舱体材料在焊缝处存在较大的应力集中，其破断强度较基体材料下降 20%～25%[2]。在中心爆管装药爆轰气体压力作用下，舱体材料处于二向应力状态：

$$\sigma_z = \frac{R}{2b}p \tag{18}$$

$$\sigma_r = \frac{R}{b}p = 2\sigma_z \tag{19}$$

式中，σ_z、σ_r、p 分别为舱体所受的轴向应力、周向应力和爆轰气体压力。显然，周向应力 σ_r 大于轴向应力 σ_z，因此，在焊接工艺相同的情况下，舱体轴向焊缝较周向焊缝先断裂，轴向焊缝是舱体的薄弱环节。在周向应力 σ_r 的作用下，舱体轴向焊缝受拉，舱体最先在此焊缝处断裂，从而实现开舱。

从图 11 可见，子弹装配时均没有与焊缝接触，亦即鼓包点不在焊缝上，焊缝强度基本不受鼓包的影响。舱体在通过鼓包点且与焊缝平行的 A—A 剖面上，当鼓包高度为 2 mm 时，若忽略鼓包处材料对强度的贡献，则该剖面上的周向应力将上升 11%，见式（20）。

$$\sigma_{r1} = \frac{Rp}{b} \times \frac{L_z}{L_z - 4R_g} = 1.11\sigma_r \tag{20}$$

展开图

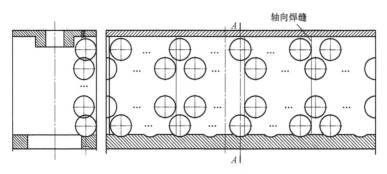

图 11　舱体焊缝位置示意图

式中：L_z 为舱体轴向焊缝长度。

可见，即使不考虑鼓包处的材料蠕变剩余强度，其应力增加幅度也小于焊缝处的材料强度降低幅度，在 σ_r 的作用下，舱体仍然最先在 4 条轴向焊缝处断裂。因此，舱体鼓包没有改变子弹抛撒机理和开舱应力。

综上所述，舱体鼓包对子弹抛撒性能基本没有影响。

5 结论

（1）战斗部舱体具有较高的强度储备，鼓包高度达 2 mm 时舱体强度仍满足 GJB 540.1—88《飞航导弹强度和刚度规范　总则》第 6.6.1 条和 6.7.2 条规定的安全系数和安全裕度要求。

（2）战斗部装配结构具有很好的本质稳定性，舱体鼓包不会导致子弹脱落；使用中当舱体径向加速度或轴向加速度超过某一临界值时，子弹有可能产生微小窜动，但不会改变子弹装配时的姿态，不影响子弹引信发火。

（3）母弹利用战斗部舱体的 4 条轴向焊缝实施开舱，而鼓包区域恰好避开了焊缝，鼓包对焊缝强度基本没有影响；且当前鼓包基体强度虽因蠕变而降低，但仍高于焊缝强度，鼓包没有改变子弹抛撒机理和开舱应力，对子弹抛撒性能基本没有影响。

（4）结合导弹返厂修理时对子母战斗部舱段的鼓包状态进行监测，在确认鼓包高度不超过 2 mm 和可见裂纹的情况下，该型导弹可继续服役使用。

参考文献

［1］军用装备实验室环境试验方法　第 16 部分：振动试验：GJB150.16A—2009［S］.

［2］余旭东，葛金玉，段德高. 导弹现代结构设计［M］. 北京：国防工业出版社，2007：241.

［3］张俊善. 材料强度学［M］. 哈尔滨：哈尔滨工业大学出版社，2014：67.

可靠性试验数据处理方法与工程实现

刘宏涛，袁　帅

摘　要：电子装备在生产过程中都需要进行可靠性评估，而借助各类实验数据则能够进一步确保其可靠性评估的重要性与价值，所以说，可靠性试验数据处理方法对于工程实现有着较为显著的影响，而本文也是基于此进行了具体的分析与研究。

关键词：可靠性试验　数据处理方法　工程实现

0　引言

在社会不断发展过程中，电子装备也变得越来越复杂，同样地市场对于装备的需求以及可靠性也变得越来越高。为此，可靠性试验也就需要确保其效果，因为可靠性实验数据本身就和工程实现有着较为紧密的联系，会直接对装备设计、研究以及可靠性评估等多方面造成影响，可以说其是可靠性评估过程中的重要指标与基础。所以说，在工程实现之前大多会采集大量原始数据来进行预处理，可是如果是人工采集的话效率以及质量都很难保障，而 MATLAB 软件、VC++的应用则能很好地改善这一现象，可以说是软件编程最佳选择。

1　可靠性试验原始数据处理方法

可靠性试验原始数据在获得之后，是无法直接进行可靠性分析以及评估的，还需要就其实验类型、对象以及信号类型等多方面进行分析，然后针对实际情况选择不一样的数据处理标准，具体来说，在对原始试验数据进行处理的过程中，其主要涉及以下几点。

1.1　特征参数提取

特征参数提取主要指的是，将试验过程中所采集到的原始数据在应力条件下进行分析，以此来用作可靠性评估特征参数提取。例如，要对某型雷达装备 20 kHz 信号板进行可靠性研究的话，假设其信号板最终输出为 20 kHz 的正弦信号，这个时候其周期、频率以及幅度从某些方面来说是可以直接反映出该信号板是否能够完善规定功能，也能将其作为评估故障的重要参数之一。所以说，可靠性试验数据处理方式，就是在实际工作过程中提取幅度、信号频率等一系列参数，然后将其进行适当整理，以此来作为可以进行可靠性评估的参数，而在这一过程中不同形式的试验数据，其本身提取方式也会存在差异性，具体表现为以下几点。

（1）非线性数据拟合法。这一种方式在使用过程中，基本原理就是已知一组测定的数据点，然后对其自变量以及因变量的一个近似解析表达式进行求解。在使用这一方式的过程中，经常会使用到最小二乘法原理。非线性数据拟合法在实际应用过程中，经常会用在一些较为简单的信号，或者是存在具体参数函数模型的信号之中，像是三角波、正弦波、方波等。

（2）小波分析法。在进行参数提取的过程中，假设信号本身较为复杂，不存在任何具体的函数模型，这个时候也就无法使用非线性数据拟合法对其进行参数提取，像是在可靠性试验中施加振动应力试验的话，就需要对振动信号进行参数提取以及分析，而这类参数提取是无法使用非线性数据拟合法的，这个时候小波分析法就能够起到较为良好的作用。小波分析法在对数据进行处理的过程中，主要有两个特征，分别是小波降噪、小波包能量距提取。其中，小波降噪这一原理主要是因为小波变换本身就存在去相关性等特征，所以在使用过程中也就具备较为良好的降噪功能。而基于小波包特征参数提取这一手段主要有五个步骤：其一，需要对信号进行小波降噪处理，以此来获得有价值的信号；其二，需要对已经经过降噪处理的信号，通过恰当的小波来进行合适尺度分解，以此来获得不同频带的分解系数；其三，对于不同频带的分解系数一定要进行分别的信号重构，以此来获得一组全新的时间序列；其四，对于所获得的重构信号还需要对其进行希尔伯特变换，以此来获得包络，同时还需要对包络进行小波降噪处理；其五，对于不用频带的信号还需要进行分别求包络谱处理，同时还需要对不同包络谱能量进行合理的计算，然后以能量作为元素构造信号特征向量。

1.2　绘制可靠性数据频率分布图

可靠性试验数据处理方式在实际应用过程中，还需要绘制出可靠性数据频率分布图，而对于这一步骤，首先需要将原始数据进行大小分组，并且按照散布在各组的数据个数来作为分布图，而这一种图形我们就可以将其作为频率分布图。对于那些随机分布的数据，我们可以使用统计频数条形图这一方式来对其进行简单且形象的描述。其次，则需要将系统可靠性数据读入 MATLAB 工作空间之中，这样也就能够实现绘制可靠性数据频数分布图这一目的。MATLAB 统计工具箱之中本身就有提供 hist 函数，所以在实际应用过程中可以将其作为分布图的 MATLAB 命令，其命令格式主要是 hist（data，k），其中 data 主要指的是原始数据，而 k 则主要指的是所分小区间数。

1.3　参数估计

可靠性试验数据处理方式在实际应用过程中，最后还需要经历参数估计这一步骤，这一步骤主要是按照所绘制出来的分布图形状，对可靠性数据服从某一分布进行假设，通常情况下可靠性数据大多会服从负指数分布。负指数分布参数估计过程中，我们可以使用命令 expfit 的方式来进行估计，这一种命令在使用过程中，能够用其极大似然法给出常用的概率分布参数点估计、区域估计值，而其命令格式则主要如下：［muhat，muci］=expfit（data），其中 muhat 主要指的是参数的估计值；muci 则主要指的是参数的估计置信区间。而对于正态分布情况则可以借助命令 normfit 的方式来进行参数估计，这一种命令格式主要如下：［muhat，sigmahat，muci，sigmaci］=normfit（data），其中，muhat 主要指的是参数的估计值，muci 依然也指的是参数的估计置信区间；而 sigmaci 则主要指的是参数置信区间。

2　工程实现

可靠性试验数据处理方法在实际应用过程中，会因为试验类型、对象的不同，而选择不一样的特征量参数，所以为了能够确保工程的有效实现，笔者也提出了以下方案：在进行方案选择的过程中，可以初步使用 MATLAB 来进行数据处理，而在进行人机交互界面设计的过程中，则可以使用 VC 来实现，通过这两种方式的应用则能有效地保障 MATLAB 和 VC 接口的实现。而将这两种方式进行混合编程的方式主要有以下几种：①使用 MATLAB 引擎，因为借助这一方式能够有效地支持所有 MATLAB 函数。可是这一方式在使用过程中也存在缺点，具体表现为在进行混合编程之后，其可执行程序无法脱离 MATLAB 运行环境。②借助 MATLAB 本身自带的 mcc 编译器俩进行混合编程。③借助 Matcom 进行编译。通过这一方式来进行转换能够达到较为方便且简单的效果，而且这一方式生成的代码本身就具备较高的可读性，再加上 C 编译器在编译之后代码执行效率也十分的高，所以也受到了广泛应用。可是，这一方式在实际应用过程中同样存在缺点，主要表现为不能支持所有的 MATLAB 工具箱函数。④借助 MATLAB COMBuilder。COM 生成器简称 COMBuilder，是 MATLAB 所提供的，也可以将其作为工程实现手段之一。

3　结语

综上所述，本文主要使用了 MATLAB 引擎方式以及 VC++混合编程方式来对可靠性试验数据进行处理，以此来进一步提高可靠性试验数据处理方式的效率与价值，确保工程的有效实现，同时也能起到节约资源、缩短软件开发时间的作用。

参考文献

［1］张国龙，梁玉英，巴宁. 基于 MATLAB 和 VC＋＋实现可靠性试验原始数据处理系统［J］. 电子产品可靠性与环境试验，2010，28（5）：33－36.

［2］吴杰，何劼，包堂堂. 爆破阀可靠性试验数据处理方法研究［J］. 发电设备，2016，30（6）：412－416.

［3］吴畏，赵锋. 反舰导弹可靠性试验信息处理与综合方法研究［J］. 舰船电子工程，2013，33（12）：130－133.

火工品在步进应力加速寿命试验中的数据处理与寿命评估

郑　波，姜志保

（特种装备研究所石家庄营区，河北石家庄 050000）

摘　要： 本文在简述步进应力加速寿命试验原理的基础上，依据对某火工品失效机理分析和模拟试验，确定了进行该弹药步进应力加速寿命试验的应力和应力水平，针对加速寿命试验数据进行了试验数据的统计分析处理以及贮存寿命评估。

关键词： 步进应力　加速寿命试验　火工品　数据处理　寿命评估

0　引言

火工品作为弹药的关键部件和薄弱环节，属于长期贮存、一次性使用的物资。在贮存过程中，由于受到贮存环境应力的影响，其性能必然要发生变化，经过一段时间贮存的产品，能否有效地使用？可靠性多大？贮存寿命多长？这是人们十分关注的问题。多少年来，我们都是用长期自然贮存试验方法（或贮存可靠性试验方法）来确定火工品失效分布和贮存寿命，尽管这种方法能够得到较为真实的贮存寿命，但所用的时间太长，对有些火工品来讲，甚至来不及做完寿命试验，该弹药就被淘汰了，这种方法与当前迅速发展的科学技术水平很不适应。采用加大应力水平、加快火工品失效的加速寿命试验方法，在较短的时间周期内，弄清楚火工品（尤其是新型火工品）在正常贮存条件下的质量变化规律，进行可靠性分析，显然十分必要。前几年，我们曾应用步进应力加速寿命试验方法进行某火工品的贮存可靠性分析，取得了良好的效果。下面本文就有关的加速寿命试验原理、试验应力、应力水平、数学模型和可靠贮存寿命预测方法做介绍。

1　试验原理

进行步进应力加速寿命试验，首先要选定一组应力水平 T_1, T_2, $\cdots$, T_l，它们都高于正常贮存条件下的应力水平 T_0，试验开始时把试验样品在应力水平 T_1 下进行试验，经过一段时间，如 t_1 小时后，把应力水平提高到 T_2，$\cdots$，如此继续下去，直至有一定数量的样品发生失效为止。其试验原理如图 1 所示。

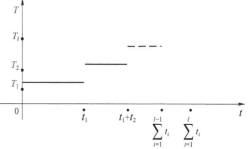

图 1　步进应力加速寿命试验原理

2　试验应力与应力水平

2.1　试验应力

由弹药理论及工程经验知，温度和相对湿度是影响弹药性能的最主要因素。因此应选择温度和相对湿度作为加速寿命试验应力。但实际上，由于该弹药在平时贮存时被金属筒密封包装，透温不透湿，相对湿度应力不起作用，因而加速寿命试验的试验应力确定为温度应力。

2.2　应力水平

试验应力确定之后，如何确定试验应力水平是整个加速寿命试验成败的关键。加速应力水平确定原则为：诸应力水平下产品的失效机理与正常应力水平下的失效机理相同。因为如果失效机理发生变化，那么整个加速试验将毫无意义。经多次摸底试验和失效机理分析，该弹药加速寿命试验最高应力水平为温度 353 K（80 ℃），其他几个应力水平是根据温度值等间隔的原则确定的，具体分布如下：

温度应力水平：338 K（65 ℃）、343 K（70 ℃）、348 K（75 ℃）、353 K（80 ℃）。

3 数学模型

3.1 基本假定

根据弹药及弹药工程理论[1]与实践经验提出下列基本假设。

假设 1：火工品贮存寿命服从威布尔分布[2]，即

$$F_i(t) = 1 - e^{-\left(\frac{t}{\eta_i}\right)^{m_i}}, \quad t \geqslant 0, \ i = 0, 1, \cdots \tag{1}$$

式中：m_i 为形状参数；η_i 为特征寿命。

假设 2：进行加速寿命试验，要求试验样品在各个应力水平下试验时失效机理保持不变，由于弹药服从威布尔分布，所以从数学角度上看就是形状参数保持不变，即

$$m_0 = m_1 = \cdots = m_4 \tag{2}$$

假设 3：在不同的应力水平 T_i 下，有不同的特征寿命 η_i，η_i 与 T_i 符合阿伦尼斯模型，即

$$\eta_i = e^{a + b/T_i} \tag{3}$$

式中：a、b 为待估参数；T_i 为绝对温度，K。

假设 4：在进行步进应力加速寿命试验过程中，产品在高应力水平 T_{i+1} 下试验时，已在低于该应力水平 T_i 下试验了一段时间，根据 Nelson 原理[3]，产品的剩余贮存寿命仅仅依赖于当时已累积失效部分和当时的应力水平，而与累积方式无关。

3.2 参数估计

3.2.1 过渡参数估计

由基本假定，可推导出步进应力加速试验条件下某弹药贮存寿命的"折算"分布。

样品首先在 T_1 下进行试验，时间为 t_1；然后将温度提高到 T_2，试验时间为 $t_2 - t_1$；再在 T_3 下试验 $t_3 - t_2$，在 T_4 下试验 $t_4 - t_3$，试验在 t_4 时刻结束。按基本假定，在时间段 $[0, t_1]$ 上样品寿命分布为

$$F(t) = F_1(t) = 1 - e^{-\left(\frac{t}{\eta_1}\right)^m}, \quad 0 \leqslant t \leqslant t_1 \tag{4}$$

在时间 $[t_1, t_2]$ 上，当在 T_2 下进行试验时，样品曾在 T_1 下进行过一段试验，不能忽略，因而必须把这一段时间折算成 T_2 下的相当一段时间，设相当的时间为 S_1，于是在 $[t_1, t_2]$ 上样品的寿命分布为

$$F(t) = F_2(s_1 + (t - t_1)), \quad t_1 < t \leqslant t_2 \tag{5}$$

由基本假定 4，有

$$F_1(t_1) = F_2(s_1) \tag{6}$$

由式（6）解得 S_1，代入式（5）得

$$F(t) = F_2(t) = 1 - e^{-\left(\frac{t_1}{\eta_1} + \frac{t - t_1}{\eta_2}\right)^m}, \quad t_1 < t \leqslant t_2 \tag{7}$$

同理，有 S_2 满足

$$F_3(S_2) = F_2(S_1 + (t_2 - t_1)) \tag{8}$$

且有

$$F(t) = F_3(S_2 + (t - t_2)), \quad t_2 < t \leqslant t_3 \tag{9}$$

即

$$F(t) = 1 - e^{-\left(\frac{t-t_2}{\eta_3} + \frac{t_2-t_1}{\eta_2} + \frac{t_1}{\eta_1}\right)^m}, \qquad t_2 < t \leqslant t_3 \tag{10}$$

经过类似运算得到

$$F(t) = 1 - e^{-\left(\frac{t-t_3}{\eta_4} + \frac{t_3-t_2}{\eta_3} + \frac{t_2-t_1}{\mu_2} + \frac{t_1}{\eta_1}\right)^m}, \qquad t_3 < t \leqslant t_4 \tag{11}$$

把上面的结果，统一用一个式子表达，就有

$$F(t) = 1 - e^{-\left(\frac{t-t_{i-1}}{\eta_i} + \sum_{k=1}^{i-1} \frac{t_k-t_{k-1}}{\eta_k}\right)^m}, \qquad t \geqslant 0, \ t_{i-1} < t < t_i, \ i = 1, 2, \cdots, 4 \tag{12}$$

式（12）即是经过折算后得到的对应温度步进加速试验的失效分布函数。

由式（12）不难得到样本的似然函数为

$$L(a, b, m) = \prod_{i=1}^{4} \left[F\left(\sum_{k=1}^{i} t_k \right) \right]^{r_i} \cdot \left[1 - F\left(\sum_{k=1}^{i} t_k \right) \right]^{m_i - r_i} \tag{13}$$

其中，$F(t)$ 中的 η_i 要用关系式 $\eta_i = e^{a+b/T_i}$ 代入，将 $F(t)$ 化为 (a, b, m) 的函数。由数值解法，可分别求得 a, b, m 的极大似然估计 $\hat{a}, \hat{b}, \hat{m}$。

3.2.2 特征寿命的估计

由加速方程（3）可求得在正常温度应力水平 T_0 下的特征寿命 η_0 的估计值 $\hat{\eta}_0$。

$$\hat{\eta}_0 = e^{\hat{a} + \hat{b}/T_0} \tag{14}$$

4 可靠贮存寿命预测[4-5]

正常贮存环境条件下可靠性分布函数为

$$R(t) = 1 - F(t) = e^{-\left(\frac{t}{\eta_0}\right)^{m_0}} \tag{15}$$

设 R_L 为给定的贮存可靠度下限，$1 - \gamma$ 为置信水平，也就是要求贮存寿命 T_s，使

$$P\{R(T_s) \geqslant R_L\} = 1 - \gamma \tag{16}$$

由于样本量较大，可以认为 $\hat{R}(t)$ 近似服从均值为 $R(t)$、方差为 $D(\hat{R}(t))$ 的正态分布。由式（16）可得

$$P\left\{ \frac{\hat{R}(T_s) - R(T_s)}{\sqrt{D(\hat{R}(T_s))}} \leqslant \frac{(\hat{R}(T_s) - R_L)}{\sqrt{D(\hat{R}(T_s))}} \right\} = 1 - \gamma \tag{17}$$

设 μ_γ 为标准正态分布的 γ 上侧分位点，于是 T_s 满足

$$\hat{R}(T_s) - \mu_\gamma \sqrt{D(\hat{R}(T_s))} = R_L \tag{18}$$

将 $\hat{m}$、$\hat{\eta}_0$、R_L、γ、μ_γ 代入，用数值迭代法即可求出在正常贮存环境条件下的贮存寿命。

5 应用实例

前些年，我们对某火工品进行了上述 4 个应力水平下的步进应力加速寿命试验，试验时间 240 d，试验过程中对样品进行了 16 次检测，原始试验结果如表 1 所示。

表 1 原始试验结果

应力水平	338 K（65 ℃）				343 K（70 ℃）				348 K（75 ℃）				353 K（80 ℃）			
检测时点/d	20	40	60	80	100	120	140	160	170	180	190	200	210	220	230	240
样本容量/发	90	90	90	90	90	90	90	90	90	90	90	90	90	90	90	90
失效数/发	0	0	1	1	0	1	0	2	1	2	2	3	5	6	9	12

针对表中的试验结果，设 $1-\gamma=0.90$，$R_L=0.90$，则依据上述数据处理方法，计算出该弹药的贮存寿命 $T_s=17.3$ 年。这意味着在置信水平为 90% 的条件下，该弹药在正常应力水平下贮存 17 年，其贮存可靠度不低于 0.9。

参考文献

［1］ ZHENG B. Product storage life forecast based on stepping stress acceleration life test ［J］. Contemporary innovation and development in management science，2016，7：277－280.

［2］ 李明伦，李东阳，郑波. 弹药贮存可靠性［M］. 北京：国防工业出版社，1997：101－179.

［3］ NELSON W. Accelerated life testing-step-stress models and data analysis［J］. IEEE Transactions on Reliability，1980，29（2）：83－85.

［4］ 茆诗松，周纪芗. 概率论与数理统计［M］. 北京：中国统计出版社，1990：109－122.

［5］ 戴树森. 可靠性试验及其统计分析［M］. 北京：国防工业出版社，1984：42－46.

陆军通用导弹贮存质量变化规律分析方法研究

宋祥君，李 宁，刘彦宏，王振生，刘宏涛

摘 要：本文概述了陆军通用导弹贮存质量变化规律的内容和特点，总结了研究陆军通用导弹贮存质量变化规律分析方法的数据统计，提出了更为有效的基于多源数据融合的大数据分析方法，为制定、优化导弹质量监测方案、统计标准、修理或延寿方案提供了有力依据。

关键词：导弹 贮存 质量 规律

0 引言

陆军通用导弹贮存质量不仅标志着一个国家的素质和实力，更标志着一个民族的风貌和生命力。在看到我国陆军通用导弹贮存质量建设进步之时，必须保持清醒的头脑。面对世界经济和军事发展的趋势，我们应该全面反思我国陆军通用导弹贮存质量现状及其与世界发达国家存在的差距，分析面临的挑战，用更精准的分析方法找出影响质量的主导因素，对症下药，真正使陆军通用导弹贮存质量建设取得更大的进步并适应形势发展的要求。

陆军通用导弹贮存质量的核心，便是精准找出其质量变化规律，全面提高导弹质量，为打胜仗做准备。然而，目前导弹高技术含量增加，系统越来越复杂，功能项增多，零部件、元器件数量加大，导致可靠性下降、维修复杂、保障难度越来越大；软件大量采用，软件生产尚未工程化，由此带来许多问题；导弹体系庞大，系统之间互通互联操作要求高，接口要求高、通用化程度要求高，因而对可靠性、维修性和保障性的要求越来越高。与此同时，对导弹质量变化规律的分析方法有着更高的要求。因此，陆军通用导弹贮存质量变化规律分析方法研究越来越成为我们面临的重要问题。

1 陆军通用导弹贮存质量

导弹贮存阶段的质量，即导弹在部队的贮存过程中所表现出来的固有特性满足要求的程度，它受保障资源的适用性和贮存阶段工作质量的影响和制约。保障资源包括：人员人力，保障设备，保障设施，备件，技术资料，训练与训练保障，计算机资源保障，与包装、装卸、保管（贮存）、运输有关的资源等，这些要素与导弹的贮存过程都或多或少地有关系；导弹贮存阶段的质量管理为导弹质量提供保证。

由于导弹属于长期贮存、一次使用的特殊装备，在其贮存阶段的各环节中导弹的贮存时间占导弹全寿命的绝大部分，因此，做好导弹贮存阶段的质量管理重点是开展导弹贮存质量监控，通过系统地实施导弹的质量检测、适时地评定导弹质量状态、有针对性地开展贮存质量控制措施，从而确保贮存导弹的质量完好。

因此，陆军通用导弹的贮存质量问题也就演变为几乎是所有导弹经常遇到的普遍性问题，即保障问题。导弹的保障问题更为复杂，因为现代的导弹本身就越来越复杂，特别是大型武器系统常常是由主战导弹、电子信息系统和保障系统构成的一个体系。

1.1 导弹贮存阶段的内容

贮存阶段是导弹固有质量表现和发挥作用的阶段，是指从导弹出厂直至导弹退役报废的整个过程，由接装、战备贮存、部署、动用、保管（贮存）、保养、修理、报废等环节组成，如图1所示。

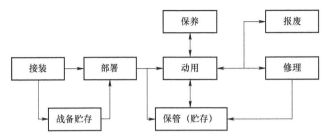

图 1 导弹贮存阶段的组成

接装是指导弹从出厂验收到战备贮存或部署到部队为止的过程。它包括导弹的验收、输送及相应的人员培训。战备贮存指按国家战备工作规划将导弹放在战备仓库长期存储的过程，包括导弹的封存，贮存期间的检查、维护和管理以及启封等活动。部署是指首批新导弹投入现场使用到初步形成战斗力的过程，使导弹能较快地达到规定的战备完好性水平，使接装部队能够迅速地转入正常的战备与训练。动用是指导弹遂行作战或训练任务的过程。在此过程中要求导弹能够充分发挥其战术技术性能。保养是指定期或不定期（视情）对导弹进行维护的过程，其目的是保持导弹战术技术性能。修理是指定期或不定期（视情）对导弹进行修理的过程，其目的是恢复或改进导弹战术技术性能。保管（贮存）是指将不动用的导弹进行贮存保管的过程，包括导弹贮存前的技术检查鉴定、封存保养、贮存期间的管理和导弹启封等活动。报废是指将贮存期满或因战损等原因不能继续贮存的导弹按规定进行处置的过程。

1.2 导弹贮存阶段的特点

导弹的使用过程涉及许多方面的工作。由于不同导弹的特点不同，其使用过程也各具特点。导弹贮存阶段与生产制造阶段相比，质量受多种因素的影响。须注意由此带来的一系列特点。

1）贮存环境复杂多变

导弹需要在不同条件下作战与训练，部队需要经常地随同导弹换防与转场。导弹的使用环境变化很复杂，限于人们的认识和不可预见等因素，在导弹论证和研制时不可能完全考虑周到。另外，我国幅员辽阔，在一个地区使用合格的导弹，到另一个地区则可能不合格或需要改变使用规范，否则不能满足贮存阶段对导弹质量的要求。

2）使用人员素质变动较大

导弹的设计制造是由基本固定的工作人员批量地进行的。而导弹的使用人员（干部和战士）则受到贮存年限限制，需要经常轮换。他们虽然经过培训，但人员的技术能力和素质有时差异很大，导致对导弹的使用与管理水平存在着显著不同，影响了贮存阶段的导弹质量。

3）任务强度变化很大

导弹需要执行的任务复杂，如导弹的搬运与装卸、贮存与保管、维护与修理、携行与使用等，都与论证设计阶段预想的条件差别很大。导弹有时要承受无法预计的各种负荷，从而影响导弹在贮存阶段的质量。

4）导弹贮存与维修的物质条件不稳定

导弹动用与维修的备件、原材料和消耗品由于订货渠道不一、供货批次参差，本身质量就存在差别。使用与维修所需要的保障设备和保管（贮存）、运输条件也处于经常变动的状态，与固定条件极不相同，必然对导弹贮存阶段的质量产生较大影响。

上述特点充分反映了导弹贮存的动态特性，它们不同程度地影响着导弹性能的发挥、保持、恢复与改善，同样也反映到导弹在贮存阶段的质量上去。在研究导弹贮存阶段质量时，必须逐项做出仔细分析，采取措施，适时监测和控制导弹质量。

部队对导弹使用的总要求，是在平时能满足战备完好性要求，随时准备开始执行作战任务，并在作战使用中满足任务成功性要求。导弹性能是满足导弹使用要求的基础，因此，装备贮存阶段的质量要求就是充分发挥、保持、恢复和改善导弹性能。

2 陆军通用导弹质量信息数据统计

在导弹贮存阶段质量信息的收集中，应特别强调对导弹故障信息、维修信息和备件信息的收集。因为通过对这些信息的收集与分析，可以准确掌握导弹的可靠性状况和故障规律，了解导弹维修和器材保障方面存在的问题，发现导弹质量缺陷，找出原因和薄弱环节，有针对性地对导弹使用和维修工作中存在的问题采取措施，并反馈至设计研制生产部门，以防止故障的重复发生，从而提高导弹的可靠性水平。导弹贮存阶段质量信息的主要内容如图 2 所示。

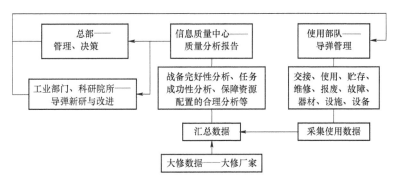

图 2 导弹贮存阶段质量信息的主要内容

2.1 贮存质量信息数据处理

要想获得准确的可靠性数据，必须注意所收集的原始数据的真实性和信息量。因为可靠性数据是经过大量的统计试验或长期观测得到的，只有在原始数据真实并达到一定信息量以后，才能通过数据处理得到较准确的可靠性特征值。另外，统计分析方法的合理性，也是获得可靠性数据的必要条件。这是由于可靠性试验的观察结果往往具有一定的随机性，同一产品多次重复试验的观察值或同一批产品的多次观察结果，往往参差不齐。数据处理的合理性和统计分析的置信度是获得准确的可靠性信息的关键。

2.2 影响导弹质量变化的因素

从导弹的贮存过程和所经历的环境角度分析，影响导弹质量变化规律的因素是多方面的，有导弹本身特性决定的内在因素，也有环境和人为作用决定的外部因素，如图 3 所示。这些因素的共同作用，使得导弹质量在不断地发生变化。

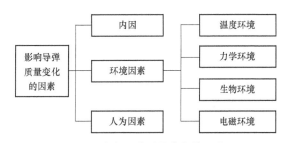

图 3 影响导弹质量变化的因素

2.3 通用导弹质量变化规律分析的依据

导弹的质量变化规律研究，实际上就是导弹可靠性变化规律研究。首先需要掌握导弹的可靠性信息，这些信息一般包括导弹设计的固有可靠性信息，导弹贮存期间的技术维护、技术检查、飞行打靶等信息，以及通过专项可靠性试验获取的信息等。这些可靠性信息，是研究导弹可靠性变化规律的依据，是选择导弹可靠性评定方法的基础。陆军通用导弹贮存质量信息分析依据如图4所示。

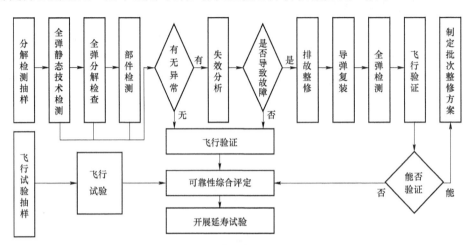

图4 陆军通用导弹贮存质量信息分析依据

3 导弹质量变化规律分析方法

导弹武器系统自身结构复杂，在复杂多变的贮存环境下，其监测到的融合数据也受到一定的影响。因此获取的数据，偏离真值的程度不一。显然传统的数据处理方法已经无法全面地表达导弹的质量，更无法较好地分析导弹的质量变化规律。大数据技术的发展，为导弹质量变化规律的获取提供了新的研究方向。

3.1 多源可靠性信息融合

对于不同来源的可靠性信息，在融合过程中除了要选用合适的融合方法外，还应根据导弹武器系统的实际选择适当的融合模式。融合模式是指以什么方式实施数据间的融合过程，下面对多源可靠性信息的常见模式分别加以介绍。并行融合模式是可靠性评估过程中最常见的一类融合模式。多源可靠性信息并行融合模式的基本思路是：首先将来自不同信息源的可靠性信息分别做相应处理，然后传递到一个统一的融合中心，在融合中心采用适当的方法综合各种信息得到最终的决策。串行融合模式是首先将两个信息源的信息进行一次融合，再将上述融合结果与另一个信息源的信息进行融合，依次进行下去，直到所有信息源的信息都融合完为止。串行融合模式实际上是两个信息源并行融合模式的多级形式。

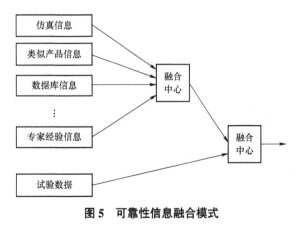

图5 可靠性信息融合模式

混合融合模式是串行融合和并行融合模式的结合。混合融合模式在可靠性评估中也经常被采用，如在大型复杂系统的可靠性评估中，除了小样本的试验数据以外往往还存在着多源先验可靠性信息，如专家经验信息、历史信息、仿真信息和相似产品可靠性信息等。为了综合上述包括小样本试验数据在内的所有可靠性信息，通常需要采用混合融合模式：首先将不同来源的先验信息通过并行融合模式进行处理，得到一个最终的先验分布，该先验分布综合了所有的先验信息；然后再将先验分布与小样本试验数据进行融合得到一个最终的综合结果，如图5所示。

3.2 大数据处理

3.2.1 大数据概述

大数据主要研究怎样从繁杂、海量的数据中快速获取有价值的信息；广义上讲，大数据包含大数据技术、大数据工程、大数据科学和大数据应用等领域。其处理数据规模大、数据种类多、处理速度快和数据价值密度低，需要借助新的处理模式才能拥有更强的决策能力、洞察发现力和流程优化能力。

3.2.2 大数据处理在导弹贮存质量变化规律分析中的应用

在信息化战争理念逐步深化的大背景下，导弹一次命中的高要求必定是未来战场上的一种新的作战模式。这就必须依靠准确、实时的数据作为支持，时刻保持陆军通用导弹的质量完好性。

对于通用导弹质量变化规律，势必要有可靠的数据分析，才能更准确地还原其特性，分析其质量。大数据有三个层：数据采集、数据存储、数据计算应用。数据采集层以 App 为代表进行服务；数据存储层，云存储，可以利用的技术有 HBase、Hive、Sqoop；数据计算应用层以数据为基础，对导弹质量监测到的数据进行统计分析。这里不仅仅是电学意义上的数据，还有各种环境因素的概率分析，以及人工智能网络下的逻辑数据判断。但也不能理所当然地认为大数据是万能的，这是因为数字无法描述人为情感，错误、虚假和干扰数据产生的危害也是不可估量的，因此大数据应用到导弹质量变化规律的分析中，也是有一定风险的。其总体处理过程如图 6 所示。

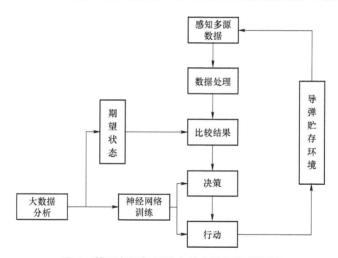

图 6　基于多源数据融合的大数据处理框图

基于多源融合大数据处理方法的提出，选用陆军某型通用导弹 10 个批次，共 100 枚导弹，该型导弹贮存年限为 5 年，实际已达到贮存年限 10 年。经过静态数据监测和动态数据监测得到的结果，选取置信度 0.9 为判据，依据影响导弹贮存质量变化规律的因素进行多源融合综合分析，以及引入大数据处理，导弹质量变化规律分析方法的对比结果如图 7 所示。这里大数据采用 Hadoop Database 存储系统，根据导弹贮存质量多源信息搭建结构化存储集群，引起 Pig 和 Hive 高层语言支持。以第一年贮存年限为例，多源融合方法所得可靠度相对误差为 0.078，而引入大数据处理后，相对误差为 0.013，提高了 0.065 个百分点。在导弹贮存可靠度期望值恒定的情况下，引入大数据明显更加贴近期望值，因此该方法是行之有效的。

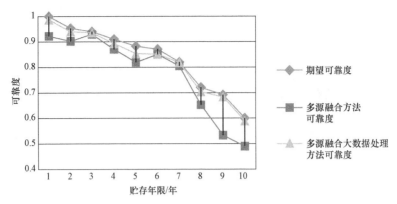

图7　某型导弹质量变化规律分析方法对比结果

4　结论

通过对影响陆军通用导弹贮存质量的因素进行分析、统计、总结，给出了更为精确反映导弹贮存质量变化规律的方法。即在多源数据融合基础上，引入大数据处理，在采集、存储、计算上加入高级语言支持，明显提高了计算精度，为制定、优化导弹质量监测方案、统计标准、修理或延寿方案提供了有力依据。但是该方法计算复杂，停留在理论研究阶段，其中某些关键技术环节，如简便算法的研究上有待进一步提高，以减少计算干扰误差，使得分析结果更加接近真值。

参考文献

［1］王菊，刘付显，靳春杰. 大数据技术在美军中的现状分析［J］. 飞航导弹，2018（4）：8－11.

［2］王永南，穆稀辉，牛跃听，等. 基于信息融合的弹载控制系统可靠性评估概述［J］. 飞航导弹，2015（7）：71－74.

［3］姚宏宇，田溯宁. 云计算——大数据时代的系统工程［M］. 北京：电子工业出版社，2013：8－36.

［4］庄林，沈彬. 美国国防部大数据项目研发与应用［J］. 国防科技，2013，34（3）：58－61.

［5］刘春和，陆祖建. 武器装备可靠性评定方法［M］. 北京：中国宇航出版社，2009：4－19.

第二部分　弹药导弹安全性监测与评估

1. 弹药导弹含能材料安全性监测理论与技术

LLM-105 在密封体系下气体释放机制的二维红外光谱分析

肖 茜[1,2]，于 谦[1]，陈 捷[1]，银 颖[1]，

巨 新[2]，孙 杰[1]，睢贺良[1]

（1. 中国工程物理研究院化工材料研究所，四川绵阳 621900；

2. 北京科技大学物理系，北京 100083）

摘　要： 本文采用密封原位反应池和红外光谱仪开展了 LLM-105 的热分解气体释放机制研究，采用移动窗口谱图发现 LLM-105 在升温过程中存在四个热分解阶段；进一步采用二维相关红外光谱技术研究每一阶段的密封体系气体浓度的变化。研究结果表明，四个热分解阶段的密封体系下的气体浓度变化有较大差异。二维相关红外光谱被验证为一种非常灵敏的检测热分解机制和密封体系气体变化监测的有效分析方法。

关键词： LLM-105　热分解　二维相关红外光谱

1　引用

2，6-二氨基-3，5-二硝基-1-氧吡嗪（代号LLM-105）是新型高能、低感、耐热单质火药之一。LLM-105 是一种相当钝感的含能材料[1-2]，引起了国际炸药界的极大兴趣，国外已经研究了近 10 种 LLM-105 混合炸药配方[3-15]，已被美国国防部和 LLNL 列为研究计划中的重点目标之一[7]，有望成为武器战斗部系统中的含能毁伤材料之一。LLM-105 由于优异的综合性能，在钝感传爆药、主装药、超高温射孔弹装药、固体火箭推进剂等领域有着广阔的应用前景[8-10]。考虑到其潜在应用环境的复杂性，对 LLM-105 在极端条件下的热分解效应的研究是评估其环境适应性和安全可靠性的要素。

目前对 LLM-105 的热稳定性及热分解反应动力学参数等进行了较多研究，对热分解产物及其机理的研究很少。然而，现有的研究结果表明，含能材料在热老化分解过程中通常会产生 H_2O、CO、CO_2、NO_x 等无机气体以及乙醇、乙酸等有机成分[11-13]，若在相对封闭狭小的空间中积聚，在一定湿度和温度条件下，可能会形成腐蚀性微环境，致使其功能丧失，对于整个系统的电子元器件的影响较大；另外，含能材料的热分解也可能会导致含能材料本身的能量与安全特性发生变化。LLM-105 是未来最具潜力的应用于极端环境下的高能钝感含能材料，自近年来被合成以来，尚未系统开展过其热分解产物及机理研究。研究 LLM-105 的热分解效应，掌握分解产物和分解机理，对于 LLM-105 未来在极端高热环境下的应用具有重要指导意义。

原位红外光谱是通过在红外光谱仪上添加一个原位反应装置，测量在不同外扰条件下的红外光谱图。原位红外光谱可有效研究材料热应力下化学结构的演化过程，但是原位红外光谱在分析上有以下两个不足：一是利用原位红外光谱不方便分析微软吸光强度变化，这些变化都对应了材料结构的改变；二是仅仅利用原位红外光谱，难以分析重叠峰和各特征峰变化的优先顺序，而这对于研究材料结构演变过程是很有用的。利用移动窗口技术和二维相关红外光谱技术可以弥补以上原位红外光谱的两个不足。

2 实验部分

2.1 实验样品

本文使用实验材料 LLM-105 由中国工程物理研究院化工材料研究所自制,晶体密度 1.908 g · cm^{-3},淡黄色固体粉末。

2.2 红外光谱分析

采用傅里叶变换红外原位光谱分析技术进行 LLM-105 在不同温度条件下的红外光谱分析,仪器:PerkinElmer FT-IR Spectrometer Frontier,扫描范围 600~4 000 cm^{-1},扫描次数 4 次,分辨率 4 cm^{-1}。

原位红外光谱的加热装置如图 1、图 2 所示,原位加热装置采用热电阻丝进行加热,利用热电偶对实时温度进行检测,温度控制装置可以按照设定的指令(升温速度、恒温时间可调)对样品进行加热。气相红外光谱实验均为将测试样品置于热分析(DSC)仪器的密封样品池中,在样品池盖上戳一个小孔,

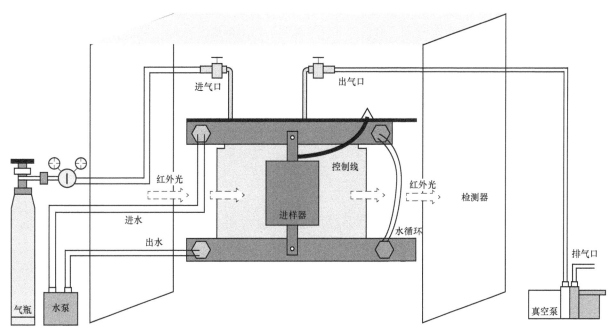

图 1 原位红外裂解装置原理图

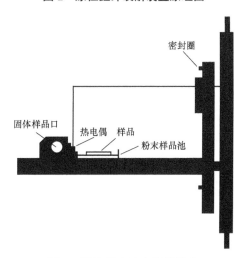

图 2 原位反应池内部样品台

并置于快速热裂解原位反应池中，用 TimeBase 软件，得到测试样品在线性升温条件下受热分解过程中气相产物红外光谱。气相升温红外光谱测试参数：升温温度范围为 250～430 ℃，升温速率 1 ℃/min，每 1 ℃采集一次谱图。

2.3　二维相关分析

本部分参考了 Noda 的二维相关光谱中不等间隔数据的计算方法[14]和 Mike Thomas、Hugh H.Richardson 的移动窗口理论[15]利用 Matlab 编写二维相关光谱技术和移动窗口技术的计算程序。以平均光谱作为参考谱，以所测谱图与平均谱的差作为动态谱。在二维相关谱图中，蓝色代表负值，红色或者黄色代表正值。计算同步谱和异步谱时，绘制了 40 条等高线。

3　研究结果与讨论

3.1　LLM-105 的在线红外光谱气相产物分析

将 LLM-105 置于裂解池中，利用红外光谱监测到的部分在线裂解的气相产物的红外光谱图如图 3 所示。查阅相关文献，可以得到图 3 中典型的红外特征峰的归属如表 1 所示。原位红外光谱表明，在升温过程中伴随有 CO_2、H_2O、NH_3、HCN 等气体产物产生。原位红外光谱特征峰数量很多，LLM-105 在热刺激过程中所产生的分解信号可能都湮没在众多的细小特征峰中，直观地去分析红外光谱可能很难得到有用的信息。

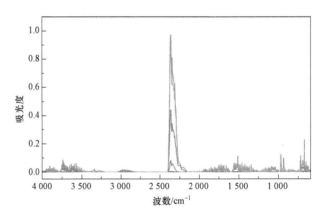

图 3　部分在线裂解的气相产物的红外光谱图（书后附彩插）

表 1　气相产物红外特征峰归属

波数/cm^{-1}	振动模式
3 950～3 500	H_2O（$\nu_{振-转}$）
2 360	CO_2（ν_{as}）
2 343	CO_2（ν_{as}）
2 250	HCN 的 C≡N（ν）
2 000～1 300	H_2O（ν_δ）
965	NH_3（ν）
714	HCN 的 C-H（$\nu_{摇摆}$）

3.2 LLM-105 的移动窗口谱图分析

采用了 Matlab 编写的 MW2D 程序对以上原位光谱图进行了计算，结果如图 4（a）所示。可以看出，从 250 ℃升温至 430 ℃，有两个明显的变化区间，340～360 ℃和 360～372 ℃。考虑到 340 ℃以前以及372 ℃以后仍有微弱的气体产物的变化，因此由图 4（a）可以将 LLM-105 的热分解分为四个阶段：分解Ⅰ阶段、分解Ⅱ阶段、分解Ⅲ阶段以及分解Ⅳ阶段。以 1 ℃/min 升温速率测得的 DSC 和 DTG 曲线如图 5 所示，我们发现其同样出现了两个峰值，分别为 597 K（314 ℃）和 609 K（336 ℃）。这两个分解区间也与在移动窗口中获得的分解阶段相符。图 4（b）为 CO_2 特征峰吸光度随着温度变化的关系图，该曲线很难看出 LLM-105 的热分解有四个阶段。可见移动窗口谱图在分析炸药的热分解原位红外光谱数据中具有较强的优势。

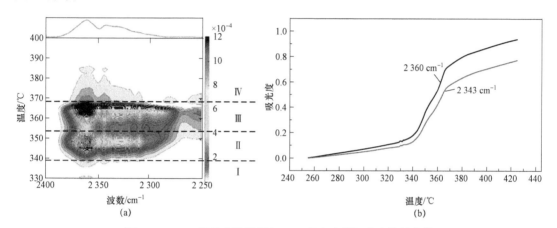

图 4　MW2D 相关光谱结果与 CO_2 吸光度随温度变化的曲线

（a）MW2D 相关光谱结果；（b）CO_2 吸光度随温度变化的曲线

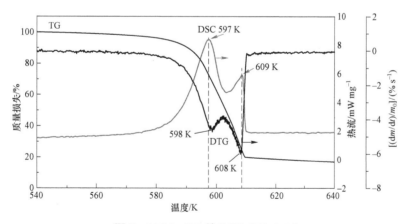

图 5　LLM-105 的 DSC-TG-DTG

3.3 分解Ⅰ阶段二维相关红外分析

为了进一步分析各个分解阶段的分解过程的差异性，采用二维相关红外光谱分析了不同特征峰在升温过程中变化的前后顺序，这与 LLM-105 所释放出来的气体产物的先后顺序是直接相关的。图 6 为分解Ⅰ阶段的二维相关红外光谱的异步谱图（同步谱图所有特征峰均表现为正相关）。从图 6（a）中可以看到，2 290 cm⁻¹、2 250 cm⁻¹ 处的特征峰的变化与 2 360 cm⁻¹ 等二氧化碳的特征峰的变化有较大差异，可见 2 290 cm⁻¹、2 250 cm⁻¹ 的特征峰属于非 CO_2 特征峰，经过查阅相关谱图数据库得到 2 290 cm⁻¹ 为 N_2O 的特征峰，2 050 cm⁻¹ 为 HCN 的 C≡N 伸缩特征峰。本文以 2 360 cm⁻¹ 代表 CO_2，1 700 cm⁻¹ 附近的大量

特征峰代表 H_2O，965 cm^{-1} 附近的特征峰代表 NH_3，2 250 cm^{-1}/714 cm^{-1} 处的特征峰代表 HCN，依据二维相关红外的分析方法得到了分解 I 阶段 LLM-105 的热分解的特征峰的变化顺序，如表 2 所示，H_2O→NH_3→CO_2→HCN≈N_2O。LLM-105 在合成过程中都会用到水和氨水，LLM-105 在结晶过程中会束缚在晶体内部，在高温情况下炸药分子尚未分解时首先从晶体内部释放出来；另外，LLM-105 初步分解时会放出 CO_2，伴随着会放出 HCN、N_2O。

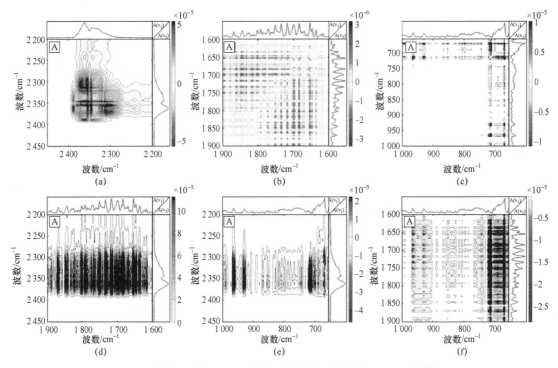

图 6 分解 I 阶段不同区域的二维相关红外光谱图——异步谱

表 2 分解 I 阶段二维相关分析的结果

气体种类	特征峰/cm^{-1}	CO_2	N_2O	HCN	H_2O	NH_3
		2 360	2 290	2 250	1 700	965
CO_2	2 360	0	负	负	正	正
N_2O	2 290		0	0	正	正
HCN	2 250			0	正	正
H_2O	1 700				0	负
NH_3	965					0

3.4 分解 II 阶段二维相关红外分析

LLM-105 的热分解 II 阶段与 I 阶段相比，释放出气体的速率更快。针对分解 II 阶段的原位红外光谱进行了二维相关红外分析，其中同步谱中所有的特征峰的变化均为正相关，异步谱的计算结果如图 7 所示。从图 7 的六张图中可以看到新的变化。其中图 7（a）在 2 250 cm^{-1} 处出现与 CO_2 的变化负相关的特征峰，查阅谱图得到 2 250 cm^{-1} 为 N_2O 的特征吸收峰；图 7（d）在 1 880 cm^{-1} 附近有明显的异常相关峰出现，该位置的红外吸收峰为 NO 的特征信号。图 7（d）在 1 630 cm^{-1} 处出现与 CO_2 的变化负相关的异步谱信号，而其他区域均为正相关，表明在该阶段 1 630 cm^{-1} 处的变化为分解 II 阶段的新的变化，经过查阅相关谱图数据库发现 1 630 cm^{-1} 为 NO_2 的特征信号。以上结果表明，在 LLM-105 的分解 II 阶段产生了两种典型的氮氧化物，即 NO_2、NO。经过读谱规则解析，二维相关分析的结果如表 3 所示，通过分析得到各种气体产物浓度变化的先后顺序为 $H_2O \rightarrow CO_2 \rightarrow NO \approx N_2O \approx HCN \approx NO_2 \approx NH_3$。可见，在 II 阶段仍首先放出 H_2O，但是不能确认是来自分子内部分解水还是来自内体内部的释出水；分子内部分解首先会释放出 CO_2，随后会伴随着 NO、N_2O、HCN、NO_2、NH_3 等气体产物协同产生。

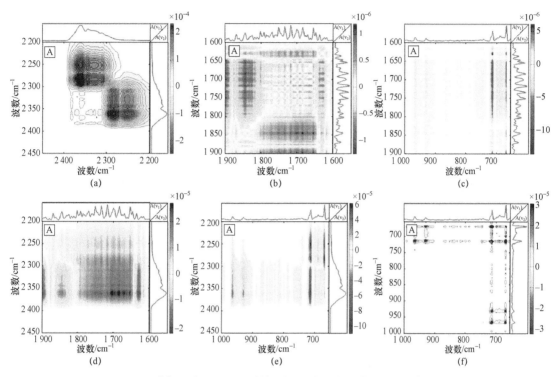

图 7　分解 II 阶段不同区域的二维相关红外光谱图——异步谱

表 3　分解 II 阶段二维相关分析异步谱的结果

| 气体种类 | 特征峰/cm⁻¹ | CO_2 | N_2O | HCN | NO | H_2O | NO_2 | NH_3 |
		2 360	2 290	2 250	1 880	1 700	1 630	965
CO_2	2 360	0	负	负	负	正	负	负
N_2O	2 290		0	0	0	正	0	0
HCN	2 250			0		正	0	0
NO	1 880				0	正	0	0
H_2O	1 700					0	负	负
NO_2	1 630						0	0
NH_3	965							0

3.5　分解 III 阶段二维相关红外分析

LLM-105 的热分解 III 阶段的二维相关红外分析如图 8、图 9 所示，其中同步谱中发生了明显的变化，HCN、NO_2 特征峰与 CO_2 的特征峰发生负相关，表明这三种组分的浓度有所降低。原位反应池是一种密封的结构体系，说明这三种气体在原位反应池内部发生化学反应被有所消耗。经过读谱规则解析，二维相关分析的结果如表 4、表 5 所示，第 III 阶段的分解，N_2O、NO 几乎不发生变化了，通过分析得到各种气体产物的浓度变化的先后顺序为：$CO_2 \rightarrow NH_3 \rightarrow HCN \rightarrow NO_2 \rightarrow H_2O$。可见 LLM-105 会产生 CO_2 和 NH_3，

HCN 因呈现酸性，逐渐与反应池的金属发生反应被消耗，NO_2 因反应活性较高，也会逐渐在密封池中发生反应被消耗，但比 HCN 消耗得慢，密封池中的 H_2O 的浓度伴随着增加。

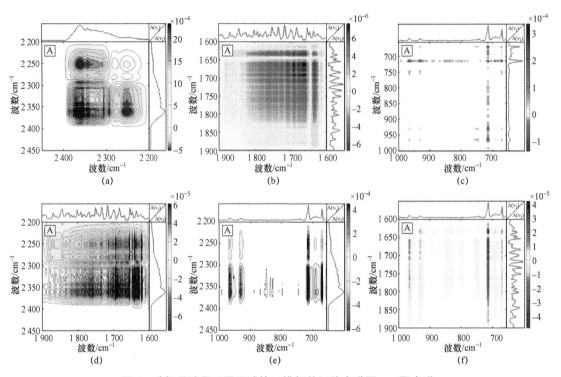

图 8　分解Ⅲ阶段不同区域的二维相关红外光谱图——同步谱

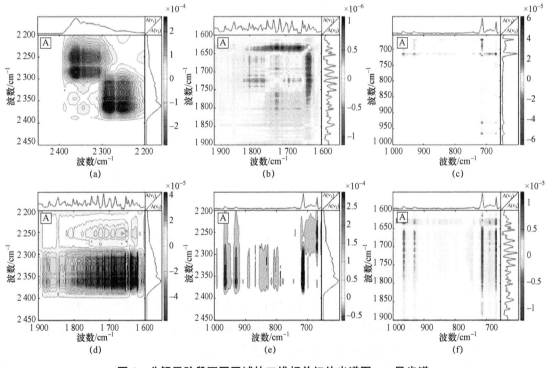

图 9　分解Ⅲ阶段不同区域的二维相关红外光谱图——异步谱

表4 分解Ⅲ阶段二维相关分析同步谱的结果

气体种类	特征峰/cm⁻¹	CO₂	HCN	H₂O	NO₂	NH₃
		2 360	2 250	1 700	1 630	965
CO_2	2 360	0	负	正	负	正
HCN	2 250		0	负	正	负
H_2O	1 700			0	负	正
NO_2	1 630				0	负
NH_3	965					0

表5 分解Ⅲ阶段二维相关分析异步谱的结果

气体种类	特征峰/cm⁻¹	CO₂	HCN	H₂O	NO₂	NH₃
		2 360	2 250	1 700	1 630	965
CO_2	2 360	0	正	负	正	负
HCN	2 250		0	正	负	负
H_2O	1 700			0	负	正
NO_2	1 630				0	负
NH_3	965					0

3.6 分解Ⅳ阶段二维相关红外分析

LLM-105 的热分解Ⅳ阶段的二维相关红外分析如图 10、图 11 所示，由同步谱可以知道密封池中的 N_2O、NO、H_2O、NO_2 已经几乎不发生变化了。CO_2、NH_3 的浓度仍在轻微增加，HCN 的浓度仍在进一

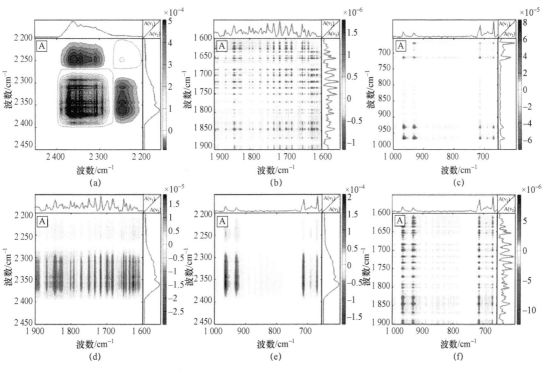

图 10 分解Ⅳ阶段不同区域的二维相关红外光谱图——同步谱

步降低。经过读谱规则解析，二维相关分析的结果如表 6、表 7 所示，通过分析得到各种气体产物的浓度变化的先后顺序为：HCN→CO_2→NH_3。在分解Ⅳ阶段密封池的 HCN 消耗速率加剧，仍会继续产生轻微的 CO_2 和 NH_3。

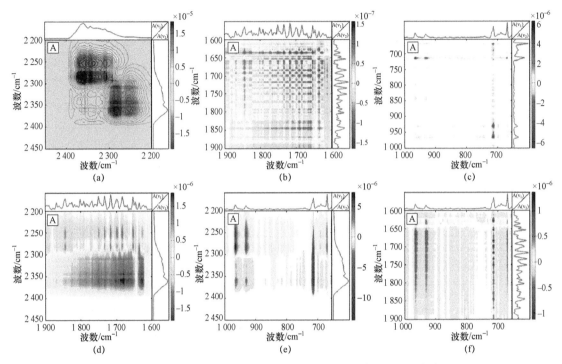

图 11　分解Ⅳ阶段不同区域的二维相关红外光谱图——异步谱

表 6　分解Ⅳ阶段二维相关分析同步谱的结果

气体种类	特征峰/cm^{-1}	CO_2	HCN	NH_3
		2 360	2 250	965
CO_2	2 360	0	负	正
HCN	2 250		0	负
NH_3	965			0

表 7　分解Ⅳ阶段二维相关分析异步谱的结果

气体种类	特征峰/cm^{-1}	CO_2	HCN	NH_3
		2 360	2 250	965
CO_2	2 360	0	负	负
HCN	2 250		0	正
NH_3	965			0

4　结论

本文采用高温密封原位反应池和红外光谱仪开展了 LLM-105 的热分解过程研究，采用移动窗口谱图发现 LLM-105 在升温过程中存在 4 个热分解阶段；进一步采用二维相关红外光谱技术研究每一阶段的热分解产物变化的先后顺序。发现在分解Ⅰ阶段，LLM-105 首先会释放出 H_2O，然后释放出 NH_3，随后放出 CO_2。研究发现在第一阶段 LLM-105 以释放池 H_2O、NH_3 为主，分子结构初步分解释放出 CO_2、

HCN、N_2O 等气体产物；分解Ⅱ阶段，LLM-105 的分解反应加剧，除了会释放出 H_2O，炸药分子先发生释放 CO_2 的分解反应，随后发生分解产出 NO、N_2O、HCN、NH_3 等释氮的化学反应；分解Ⅲ阶段，密封体系内 NO、N_2O 的浓度几乎不变，分解过程以释放出 CO_2 和 NH_3 为主，HCN 和 NO_2 的浓度在后期发生降低；热分解Ⅳ阶段，HCN 的消耗速率加剧，仍会有 CO_2 和 NH_3 产生。

参考文献

［1］ SLAPE R J. IHE material qualification tests description and criteria［R］. 1984.

［2］ SIMPSON R L, PAGORIA P F, MITCHELL A R, et al.Synthesis, properties and performance of the high explosive ANTA［J］. Propellants explosives pyrotechnics, 2010, 19（4）：174-179.

［3］ TRAN T D, PAGORIA P F, HOFFMAN D M, et al. Small-scale safety and performance characterization of new plastic bonded explosives containing LLM-105［J］. 2002.

［4］ WEESE R K, BURNHAM A K, TURNER H C, et al.Exploring the physical, chemical and thermal characteristics of a new potentially insensitive high explosive RX-55-AE-5［J］. Journal of thermal analysis & calorimetry, 2007, 89（2）：465-473.

［5］ WEESE R K, BURNHAM A K, TURNER H C, et al.Physical characterization of RX-55-AE-5 a formulation of 97.5%2, 6-diamino-3, 5-dinitropyrazine-1-oxide（LLM-105）and 2.5%viton A［R］//Office of Scientific & Technical Information Technical Reports, 2005.

［6］ DEHOPE A, ZHANG M, LORENZ K T, et al.Synthesis and small-scale performance characterization of new insensitive energetic compounds［R］. 2015.

［7］ TRAN T D, PAGORIA P F, HOFFMAN D M, et al.Characterization of 2, 6-diamino-3, 5-dinitropyrazine-1-oxide（LLM-105）as an insensitive high explosive material［R］. 2002.

［8］ 李玉斌，黄辉，李金山，等. 一种含 LLM-105 的 HMX 基低感高能 PBX 炸药［J］. 火炸药学报，2008，31（5）：1-4.

［9］ 左玉芬，熊鹰，房永曦，等. JOB-9003 炸药热老化寿命评估及其结构表征［J］. 化学研究与应用，2010，22（2）：152-155.

［10］ 付秋菠，舒远杰，黄奕刚，等. FOX-7 的热分解动力学［J］. 兵器装备工程学报，2009，30（6）：15-17.

［11］ PENG D J, CHANG C M, CHIU M.Thermal reactive hazards of HMX with contaminants［J］. Journal of hazardous materials, 2004, 114（1）：1-13.

［12］ HOBBS M L.HMX decomposition model to characterize thermal damage［J］. Thermochimica acta, 2002, 384（1）：291-301.

［13］ STEPANOV R S, KRUGLYAKOVA L A, ASTAKHOV A M, et al.Effect of metal formiates and oxalates on HMX decomposition［J］.Combustion explosion & shock waves, 2004, 40（5）：576-579.

［14］ NODA I.Two-dimensional correlation analysis of unevenly spaced spectral data［J］. Applied spectroscopy, 2003, 57（8）：1049-51.

［15］ THOMAS M, RICHARDSON H H. Two-dimensional FT-IR correlation analysis of the phase transitions in a liquid crystal, 4'-n-octyl-4-cyanobiphenyl（8CB）［J］. Vibrational spectroscopy, 2000, 24（1）：137-46.

黑索金拉曼光谱的密度泛函方法研究

张洋洋[1]，陈明华[1]，黄伟佳[2]，肖　程[2]，曹庆国[3]，贾昊楠[1]

（1. 32181 部队，河北石家庄 050003；2. 陆军工程大学，河北石家庄 050003；
3. 73906 部队，江苏南京 210041）

摘　要：本文研究了黑索金（RDX）的常规拉曼散射（NRS）光谱，采用密度泛函理论（DFT），在 B3LYP/6-311++G（d，p）水平上，对 RDX 分子进行几何结构优化，在此基础上计算了 RDX 分子的拉曼光谱，并和实验值以及多篇参考文献中报道的拉曼光谱数据进行比对。结果表明：在频率小于 $2\,500\ cm^{-1}$ 时，模拟结果与实验良好相符，可靠性较高；但当频率大于 $2\,500\ cm^{-1}$ 时，误差较大，模拟的准确度有所降低。

关键词：黑索金　密度泛函理论　常规拉曼光谱　模拟计算

0　引言

当前日益增长的恐怖事件严重威胁着人们的安全，环三甲撑三硝胺即黑索金[1-3]作为使用广泛的典型炸药，迫切需要准确灵敏的检测手段获取其物质结构。拉曼光谱是一种十分重要的物质结构分析手段，具有专属性强、稳定性好等特点[3]。这种有效手段可以在特征振动指纹区（$200\sim3\,000\ cm^{-1}$）内检测和表征 RDX 与 NG 销化甘油及其衍生物[4-13]。

通常采用密度泛函理论计算分子的结构和振动光谱。W.A.Al-Saidi[1]采用 B3P86/6-31g 对 RDX 分子结构进行了优化计算，分析了 RDX 分子结构及振动光谱。R.Meenakshi[2]采用 B3LYP/6-311G 对 NG 分子结构和振动光谱进行了研究。在密度泛函理论中，目前，最常用且最好的方法是 B3LYP 方法。该方法所需的计算资源较少，但得到的计算结果精度较高。因此，本文在计算 RDX 和 NG 的拉曼光谱时，采用的是密度泛函理论的 B3LYP 方法。借助 Gauss View 可视化软件，结合多篇文献中提到的实验值，将计算结果与实验值进行对比，来考察计算方法的模拟可靠性。

1　实验与模拟部分

1.1　计算方法

本文理论计算的过程中，建模采用的是 Gauss View5.0 可视化软件；对建好的模型进行计算采用的是 Gaussian 09 程序包，最后再通过借助可视化软件 Gauss View5.0 来完成对分子振动频率的归属。在整个理论模拟的过程中，我们采用密度泛函 B3LYP/6-311++G（d，p）方法计算 RDX 和 NG 的拉曼光谱。

1.2　实验部分

将一定量的 RDX 粉体颗粒置于载玻片上，采用拉曼光谱仪（型号：RENISHAW In Via，激光功率 100%，扫描范围 $200\sim3\,500\ cm^{-1}$）进行测试。

2　分析与讨论

图 1 为优化好的 RDX 分子结构模型。在对 RDX 分子结构优化后的结果中没有出现虚频，这能够充分说明我们已经通过优化得到了 RDX 分子能量最小值（稳定）结构。

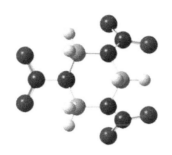

图 1　优化好的 RDX 分子结构模型

本次计算所得的拉曼光谱如图 2 所示。从图中可以看出，当频率为 895.93 cm^{-1}、1 230.27 cm^{-1}、1 337.39 cm^{-1}、1 467.48 cm^{-1}、1 667.65 cm^{-1}、3 016.02 cm^{-1}、3 081.17 cm^{-1}、3 205.40 cm^{-1} 时，光谱图中存在明显的峰值，其各自对应的振动模式总结于表 1。

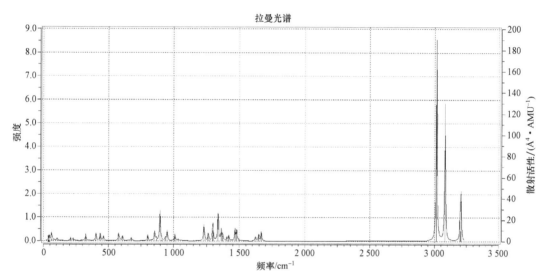

图 2　计算所得 RDX 拉曼光谱

表 1　RDX 拉曼光谱的峰值频率及其对应的振动模式

频率/cm^{-1}	振动模式
895.93	N-NO$_2$ 的伸缩、C-N 六元环的平面伸缩
1 230.27	CH$_2$ 垂直于六元环旋转
1 337.39	CH$_2$ 平行于六元环旋转
1 467.48	C-H 的拉伸和 H 的旋转
1 667.65	N-O 键的伸缩
3 016.02	对称的 C-H 键的拉伸
3 081.17	C-H 键的拉伸
3 205.40	C-H 键的伸缩变形

实验所得拉曼光谱图如图 3 所示。由实验数据结合光谱图可知，当频率为 110.57 cm^{-1}、146.05 cm^{-1}、223.63 cm^{-1}、279.64 cm^{-1}、347.42 cm^{-1}、416.41 cm^{-1}、464.39 cm^{-1}、603.41 cm^{-1}、668.76 cm^{-1}、788.14 cm^{-1}、848.86 cm^{-1}、884.76 cm^{-1}、946.41 cm^{-1}、1 030.07 cm^{-1}、1 216.91 cm^{-1}、1 273.10 cm^{-1}、1 310.35 cm^{-1}、1 347.43 cm^{-1}、1 387.42 cm^{-1}、1 431.80 cm^{-1}、1 539.45 cm^{-1}、1 572.52 cm^{-1}、1 596.49 cm^{-1}、2 907.17 cm^{-1}、

2 947.50 cm⁻¹、3 001.35 cm⁻¹、3 073.37 cm⁻¹时，光谱图中存在明显的峰值。由计算所得的光谱图结果可知，模拟结果与实验结果较为一致，验证了计算方法的可靠性。为进一步说明此问题，详细数据及分析如表 2 所示。

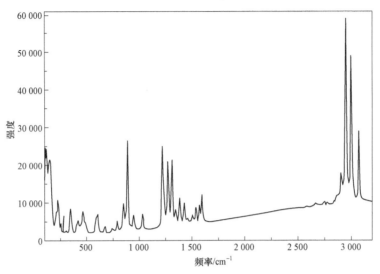

图 3   实验所得 RDX 拉曼光谱

表 2   RDX 拉曼光谱的频率、拉曼强度及实验值

频率/cm⁻¹	拉曼活性/(Å⁴·AMU⁻¹)	实验值					
		本次实验结果	文献［4］	文献［5］	文献［6-8］	文献［9］	文献［10］
106.38	1.48	110.57	106				148
209.37	1.73		205				
227.42	1.55	223.63	224				
325.48	3.67	347.42	347	350			
405.55	3.96	416.41	414	418			
438.05	4.36		440				
462.57	2.95	464.39	463	466	460		
588.09	1.27		589	594			
609.33	3.17	603.41	605	609	602		
676.19	1.92	668.76	669	672			
802.63	3.58	788.14	786	790		791	
854.89	6.61	848.86	855	851	844	850	
895.93	19.57	884.76	884	887	881		884
937.06	2.11		920		941		
950.62	6.662 6	946.41	943	947		950	
1 011.03	4.36					1 018	
1 035.52	1.45	1 030.07	1 029	1 034		1 042	
1 230.27	10.92	1 216.91	1 214		1 213	1 214	1 214
1 263.11	5.29					1 266	
1 269.30	0.31	1 273.10	1 273		1 270		1 273

续表

频率/cm^{-1}	拉曼活性/ (Å^4·AMU^{-1})	实验值					
		本次实验结果	文献[4]	文献[5]	文献[6-8]	文献[9]	文献[10]
1 298.66	9.52	1 310.35	1 309		1 307		1 309
1 337.39	21.21	1 347.43	1 346				
1 373.42	4.54	1 387.42	1 377			1 347	
1 419.84	3.82	1 431.80	1 422		1 432		
1 467.48	8.38		1 456				
1 495.15	1.05		1 508			1 504	
1 623.19	3.40	1 596.49	1 593		1 591	1 582	
3 014.71	16.65	3 001.35	2 949				
3 016.02	189.97		3 001				
3 081.17	129.70	3 073.37	3 075				
3 205.40	45.42						

从表 2 中可以看出，本次实验结果与理论计算所得结果较为接近，误差的绝对值最大为 26.7 cm^{-1}，出现在 1 623.19 cm^{-1} 处，最小仅为 1.82 cm^{-1}，出现在 462.57 cm^{-1} 处，表明实验和模拟的结果比较吻合。

参考已报道的文献[3-9]值，比对多组数值，可以发现，在 100～2 500 cm^{-1} 范围内，此次计算值与实验值的最大误差为 41.62 cm^{-1}，出现在 106.38 cm^{-1} 处，最小误差为 0.11 cm^{-1}，出现在 854.89 cm^{-1} 处，计算值与实验值比较吻合，误差在可接受的范围内。但在大于 2 500 cm^{-1} 时，在 3 014.71 cm^{-1} 处，最大误差超过了 50 cm^{-1}，达到了 65.71 cm^{-1}。

上述分析表明，在 100～2 500 cm^{-1} 内，模拟结果与实验结果非常接近，可靠性较高；但当频率大于 2 500 cm^{-1} 时，误差较大，计算结果的准确度略有降低。

3 总结

用密度泛函方法（DFT-B3LYP/6-311++G）进行模拟得到 RDX 的拉曼光谱，当频率小于 2 500 cm^{-1} 时，光谱峰值与实验值比较接近，说明此时该方法比较可靠。但当频率大于 2 500 cm^{-1} 时，二者的误差有所增大，模拟的精确度略微降低。

参考文献

[1] 肖继军，姬广富，杨栋，等. 环三甲撑三硝胺（RDX）结构和性质的 DFT 研究 [J]. 结构化学，2002，21（4）：437-441.

[2] 王俊生. 基于拉曼光谱技术的炸药检测研究 [D]. 南京：南京理工大学，2015.

[3] 蒋林华，沈俊，余治昊，等. 基于 PCA-SVM 融合离子迁移谱与拉曼光谱的毒品鉴别方法 [J]. 光学仪器，2018，40（2）：31-37.

[4] REY-LAFON M，BONJOUR E. Étude de la Chaleur Specifique de la Trinitro-1，3，5 Hexahydro-s-triazine Cristallisée Détermination Experimentale et Calcul à Partir des Fréquences de Vibration Infrarouges et Raman [J]. Molecular crystals and liquid crystals，1973，24：191-199.

[5] YU GUOYANG，ZENG YANGYANG，GUO WENCAN，et al.Visualizing intramolecular vibrational redistribution in cyclotrimethylene trinitramine（RDX）crystal by multiplex coherent anti-stokes Raman Scattering [J]. The journal of physical chemistry A，2017，121：2565-2571.

[6] Al-SAIDI W A，ASHER S A，NORMAN P J. Resonance Raman Spectra of TNT and RDX Using

Vibronic Theory，Excited-State Gradient，and Complex Polarizability Approximations[J]. The journal of physical chemistry A，2012，116：7862－7872.

[7] LIN-VIEN D，COLTHUP N B，FATELEY W G，et al.The handbook of infrared and Raman characteristic frequencies of organic molecules [M]. San Diego：Academic Press，1991.

[8] BOTTI S，ALMAVIVA S，CANTARINI L，et al.Trace level detection and identification of nitro-based explosives by surface-enhanced Raman spectroscopy [J]. Journal of Raman Spectroscopy，2013，44：463－468.

[9] GELU C，CHARLES K M，JACOB G，et al.Identification of explosives with two-dimensional Ultraviolet Resonance Raman Spectroscopy [J]. Applied spectroscopy，2008，62（8）：833－839.

[10] FELL N F，WIDDER J M，MEDLIN S V，et al.Fourier transform Raman（FTR）Spectroscopy of Some energetic materials and propellant formulations Ⅱ[J].Journal of Raman Spectroscopy，1996，27：97－104.

[11] MEENAKSHI R，JAGANATHAN L，GUNASEKARAN S，et al.Molecular structure and vibrational spectroscopic investigation of nitroglycerin using DFT calculations[J].Molecular Simulation，2012，38（3）：204－210.

[12] ZENG YANGYANG，SONG YUNFEI，YU GUOYANG，et al.A comparative study of 1，3，5－Trinitroperhydro－1，3，5－triazine（RDX）and ctahydro－1，3，5，7－tetranitro－1，3，5，7－tetrazocine（HMX）underhigh pressures using Raman spectroscopy and DFT calculations [J]. Journal of molecular structure.2016，1119：240－249.

[13] ZAPATA F，GARCÍA-RUIZ C.Determination of nanogram microparticles from explosives after real open-air explosions by Confocal Raman Microscopy [J]. Analytical Chemistry 2016，88：6726－6733.

2. 弹药导弹储存与使用安全性评价方法

TATB 基 PBX 与高分子材料的老化相容性

陈　捷，池　钰，熊　鹰，涂小珍，于　谦，陈建波，

左玉芬，彭　强，睢贺良，韦兴文，刘　渝

（中国工程物理研究院化工材料研究所，四川绵阳 621900）

摘　要：本文采用 X-射线衍射、红外、材料试验机等方法对 TATB 基 PBX（高聚物粘贴）炸药试件与硅泡沫垫层、聚氨酯泡沫塑料的接触、非接触体系在不同温湿度和辐照条件下加速老化后的性能进行了表征，同时采用化学反应性分析系统和微热量热仪对混合体系的相容性进行了在线检测，结果显示：TATB 基 PBX 炸药与硅泡沫垫层及聚氨酯泡沫塑料接触体系不同条件下老化前后，化学结构和力学性能等没有显著性变化，表明各试件的稳定性及彼此的相容性均好。

关键词：物理化学　TATB 基 PBX　高分子材料　老化　相容性

0　引言

武器是由许多不同材料和相互联系的部件组成的复杂系统，在整个寿命周期内，绝大部分时间处于库存阶段，各部件中的材料在库存过程中其性能会逐步发生变化，这些变化会导致材料相容性和部组件相容性发生变化，从而影响武器材料的贮存寿命。左玉芬[1]等曾针对 HMX（奥克托今）基 PBX 炸药与高分子材料间相容性的时温效应开展了研究，同时采用热分析与表界面分析技术研究了 TATB 基 PBX 与硬质聚氨酯泡沫塑料的相容性[2]，为了进一步考察武器用各材料部件在多因素复合环境条件下的老化与相容性，开展了本项目试验研究，通过不同温湿度和辐照条件下 TATB 基 PBX 炸药试件与硅泡沫垫层、聚氨酯泡沫塑料的接触、非接触体系的加速老化试验以及定期取出进行的微观与宏观性能分析，加之经典的量气法[3]和量热法相容性在线检测技术研究，给出了各状态下 TATB 基 PBX 炸药试件与硅泡沫垫层、聚氨酯泡沫塑料间相容性情况，为评估该多元体系在真实环境条件下老化相容性提供了基础数据。

1　试验

1.1　试件

TATB 基 PBX 炸药（造型粉，$\phi 20$ mm×4 mm 或 $\phi 20$ mm×20 mm，本所自制）；硅泡沫垫层（65 mm×12 mm×0.7 mm 或 $\phi 20$ mm×0.7 mm，本所自制）；聚氨酯泡沫塑料（$\phi 20$ mm×4 mm 或 $\phi 20$ mm×20 mm，本所自制）。

1.2　仪器设备和实验条件

红外光谱仪（FTIR，美国 Nicolet 公司 710 型），分辨率为 4 cm^{-1}；X-射线粉末衍射仪（德国 Bruker 公司 D8 Advanced），Cu Kα 射线为衍射源，扫描范围 5°～50°，步长 0.02°/0.1 s；化学反应性分析系统，30～200 ℃，湿度 0～100%RH，压应力 0～250 N，气体检测压力 0～1 000 kPa，检测限 ppm 级；微热量热仪（法国 SETARAM 公司，BT2.15 型）；电子天平（梅特勒），分度值 0.1 mg；材料试验机（INSTRON 5582）。

1.3 实验方法

将 TATB 基 PBX 炸药（$\phi 20\,mm \times 20\,mm$ 或 $\phi 20\,mm \times 4\,mm$）和聚氨酯泡沫塑料（$\phi 20\,mm \times 20\,mm$ 或 $\phi 20\,mm \times 4\,mm$）单独或两两端面接触（接触体系再外包 65 mm×12 mm×0.7 mm 硅泡沫垫层）置于高型称量瓶中（其中一些称量瓶中放装有 50%甘油水溶液的小玻璃管，并用封口胶将称量瓶口密封，以保持 80%相对湿度环境），分别于 65 ℃、71 ℃、75 ℃下进行加速老化试验，定期取出，冷却至室温，将炸药件送检密度后，与硅泡沫垫层和聚氨酯泡沫塑料一并送检压缩性能，同时对加速老化前后的样品进行表面结构等性能测试。同时，将上述单独或接触体系进行 γ 射线（累积剂量 $8.56 \times 10^4\,Gy$）和中子（注量为 $3.02 \times 10^{13}\,n/cm^2$）辐照老化试验并检测理化性能。

将 TATB 基 PBX 炸药试件（$\phi 20\,mm \times 4\,mm$）与硅泡沫垫层（$\phi 20\,mm \times 0.7\,mm$）单独及两者混合叠放体系（按质量比 1:1）分别置于多因素相容性实验装置的反应器中，在 120 ℃、He 气氛、加压或不加压应力下连续恒温加热数天，定期在线采气，采用气相色谱法，对分解产生的气体组分进行定性和定量分析。同时将 TATB 基 PBX 炸药造型粉、硅泡沫垫层（剪成碎屑）、聚氨酯泡沫塑料（掰成碎块）单独及混合（按 1:1 或 1:1:1 比例混合）分别放进微热量热仪反应池，在一定温度下（140 ℃）测试其在一定反应周期内的热焓变化。

2 结果与讨论

2.1 不同温湿度条件下 TATB 基 PBX 炸药与高分子材料的相容性

TATB 基 PBX 炸药与聚氨酯泡沫塑料及硅泡沫垫层（单独或接触体系）在不同温湿度条件下加速老化 4 年后的晶体结构分析结果如图 1 所示。

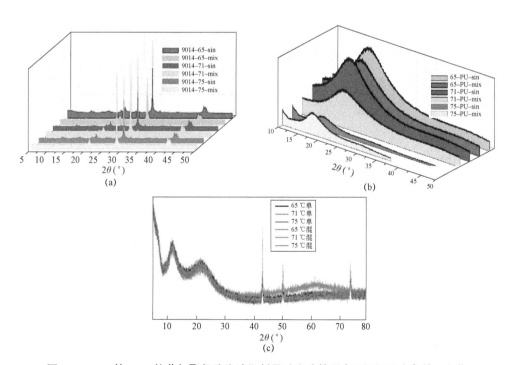

图 1　TATB 基 PBX 炸药与聚氨酯泡沫塑料及硅泡沫垫层在不同温湿度条件下老化 4 年后的晶体结构分析结果（书后附彩插）

（a）TATB 基 PBX；（b）聚氨酯泡沫塑料；（c）硅泡沫垫层

由图 1（a）可知，单独贮存的 PBX 炸药在 65 ℃、71 ℃和 75 ℃老化温度以及 80%RH 湿度情况下，其衍射图谱的峰形和峰位基本吻合，说明晶体结构的变化较小，但是在 $2\theta=28.4°$（001 晶面）其衍射峰强度略有变化，随着温度的升高，其衍射峰强度略有升高，说明其内应力受热膨胀影响有所增大，导致衍射峰强度发生变化。而与硅泡沫垫层以及聚氨酯泡沫塑料（PU）接触贮存老化的 PBX 炸药，其衍射图谱和单独老化的基本相似，且绝大部分峰位和峰强重合，说明三者混合后对 PBX 炸药本身的晶体结构影响不大，从晶体结构方面而言，TATB 基 PBX 炸药与垫层和 PU 的相容性均好。由图 1（b）、（c）也可知，聚氨酯泡沫塑料、硅泡沫垫层接触老化与否，晶体结构也无显著性差异，同样表明混合体系中各试件的相容性均好。

TATB 基 PBX 炸药与聚氨酯泡沫塑料及硅泡沫垫层（单独或接触体系）在不同温湿度条件下加速老化 4 年后的分子结构分析结果如图 2 所示。

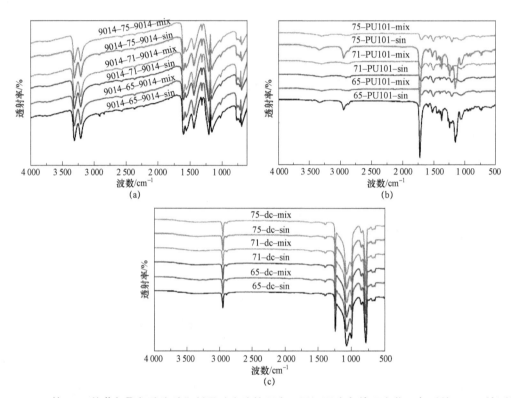

图 2　TATB 基 PBX 炸药与聚氨酯泡沫塑料及硅泡沫垫层在不同温湿度条件下老化 4 年后的 FTIR 检测结果

（a）TATB 基 PBX；（b）聚氨酯泡沫塑料；（c）硅泡沫垫层

由图 2（a）可以看出，单独贮存条件下，PBX 炸药在加速老化试验后的分子结构变化不明显，仅发现在 2 925 cm^{-1} 和 2 840 cm^{-1} 为黏结剂中饱和碳 CH$_2$ 的 C-H 伸缩振动峰的透光强度略有变化，但通过对照接触体系的红外图谱，基本可以认为是所取样品区域的含量差异导致。接触贮存条件下 PBX 炸药在不同温度下的分子结构变化也不明显。图中 3 445 cm^{-1} 为 TATB 中的 NH$_2$ 的反对称伸缩振动峰，3 315 cm^{-1} 和 3 210 cm^{-1} 为 NH$_2$ 的对称伸缩振动峰，16 050 cm^{-1}～1 565 cm^{-1} 和 1 320 cm^{-1} 分别为 TATB 的 C-NO$_2$ 的 NO$_2$ 反对称和对称伸缩振动峰，1 445 cm^{-1} 为 TATB 中的苯环的 C=C 伸缩振动峰，1 220 cm^{-1} 和 1 175 cm^{-1} 为氟橡胶的 C-F 的伸缩振动峰，整体光谱图较为相似，说明 PBX 炸药在不同温度、湿度变化和不同体系下，基本结构保持不变，同时也说明 TATB 基 PBX 炸药与垫层和 PU 的相容性均好。由图 2（b）、（c）也可知，聚氨酯泡沫塑料、硅泡沫垫层接触老化与否，分子结构也无显著性差异，同样表明混合体系中各试件的相容性均好。

TATB 基 PBX 炸药与聚氨酯泡沫塑料及硅泡沫垫层（单独或接触体系）在不同温湿度条件下加速老化 4 年后的力学性能测试结果如表 1～表 3 所示。

表1 TATB 基 PBX 炸药加速老化后的压缩力学性能

贮存状态	贮存条件	破坏强度/MPa	压缩应变/%	模量/GPa
单独贮存	65 ℃	26.94	1.403	7.16
	71 ℃	27.26	1.378	6.93
	75 ℃	27.60	1.425	7.15
	75 ℃＋80%	27.33	1.381	7.73
接触贮存	65 ℃	26.72	1.435	7.30
	71 ℃	28.02	1.363	7.14
	75 ℃	28.13	1.505	7.21
	75 ℃＋80%	26.71	1.428	7.88

表2 聚氨酯泡沫塑料加速老化后的压缩力学性能

贮存状态	贮存条件	破坏强度/MPa	压缩应变/MPa	模量/GPa
单独贮存	65 ℃	17.73	6.61	0.663
	71 ℃	17.72	6.40	0.641
	75 ℃	17.94	6.57	0.654
接触贮存	65 ℃	16.90	6.19	0.618
	71 ℃	16.93	6.22	0.624
	75 ℃	18.68	7.06	0.706
	75 ℃＋80%	16.82	6.23	0.625

表3 硅泡沫垫层加速老化后的压缩力学性能

贮存状态	贮存条件	压缩应变/%				40%/MPa
		0.31 MPa	0.45 MPa	0.52 MPa	1.92 MPa	
单独贮存	65 ℃	44.43	48.51	49.89	57.75	0.224
	71 ℃	45.01	48.88	50.18	57.89	0.217
	75 ℃	44.60	48.63	49.99	58.02	0.224
接触贮存	65 ℃	41.33	45.74	47.21	56.06	0.283
	71 ℃	45.35	49.51	50.77	59.68	0.222
	75 ℃	41.92	46.39	47.89	57.12	0.272
	75 ℃＋80%	43.41	47.70	49.13	58.02	0.250

从表1～表3 数据可以看出，TATB 基 PBX 炸药、聚氨酯泡沫塑料、硅泡沫垫层三者接触、非接触体系在 65 ℃、71 ℃、75 ℃以及 75 ℃&80%RH 下加速老化 4 年后，各自力学性能没有显著差异，说明三者热稳定性以及湿热稳定性均好，且彼此的相容性也好。

2.2 不同辐照条件下 TATB 基 PBX 炸药与高分子材料的相容性

TATB 基 PBX 不同条件辐照前后的外观如图 3 所示。

图 3　TATB 基 PBX 不同条件辐照前后的外观（书后附彩插）
（从左至右依次为 γ 辐照后、中子辐照后和原始试件）

从图 3 可以看出，中子和 γ 射线对 TATB 基 PBX 炸药的辐照效应有所不同，经高剂量中子辐照前后，PBX 没有出现变色现象，但经高剂量 γ 射线辐照后，PBX 由黄色变为绿色，通过对比 TATB 的不同辐照实验结果可知，PBX 变色是由于其中的 TATB 辐照变色所致。

TATB 及其 PBX 炸药（单独或接触体系）不同条件辐照前后的表界面结构分析结果如图 4 所示。

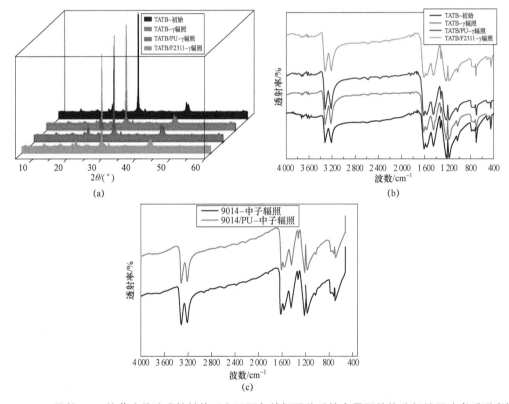

图 4　TATB 及其 PBX 炸药（单独或接触体系）不同条件辐照前后的表界面结构分析结果（书后附彩插）
（a）TATB 经 γ 辐照前后的 XRD 谱图；（b）TATB 经 γ 辐照前后的红外谱图；（c）TATB 基 PBX 经中子辐照前后的红外谱图

通过图 4 可以看出，无论是中子辐照还是 γ 射线辐照，TATB 及其 PBX 炸药（接触与未接触高分子材料）的结构并无明显变化，说明其稳定性较好，且与接触材料的相容性也好。

2.3　TATB 基 PBX 炸药与高分子材料的老化相容性在线检测

采用化学反应性分析系统和微热量热仪对 TATB 基 PBX 炸药与高分子混合体系的老化相容性进行了在线检测研究，结果如图 5 所示。

从图 5（a）可以看出，PBX 炸药/垫层混合体系在 120 ℃ 下未有氮氧化物释出，其 CO_2 释出量均随着加热时间的延长而不断增加，在相同的温度和气氛环境条件下，对于炸药试件单独体系，加压与否，在一定时间内 CO_2 释出量没有显著性差异，而在加热 600 h 以后，加压状态下的炸药 CO_2 释出量略有增加；对于垫层单独体系，CO_2 释出量明显大于炸药的释出量，300 h 以后，加压状态下的垫层 CO_2 释出量

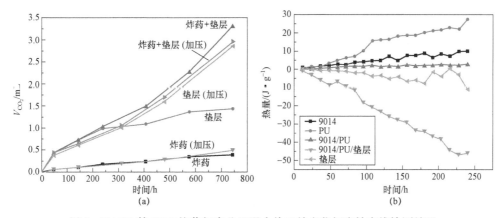

图 5　TATB 基 PBX 炸药与高分子混合体系的老化相容性在线检测结果

（a）PBX/垫层在氮气气氛、100 N、120 ℃下释出 CO_2 测试结果；（b）PBX/PU/垫层 140 ℃下不同时间周期的量热曲线图

明显增加，可能是加压有助于将吸附在垫层泡孔中的气体挤出；而对于炸药试件与垫层混合体系，未加压状态下加热 240 h 之内，其 CO_2 的释出量基本上是两者单独体系在相同时间内 CO_2 释出量的叠加，随着加热时间的继续延长，炸药试件与垫层混合体系的净增放气量有增加的趋势，但加压后，垫层的放气量明显增加，接触体系的总放气量没有明显增加，反而使净增放气量有减小的趋势，因此表明，力热复合环境条件对炸药与垫层的相容性没有影响。从图 5（b）可以看出，PBX、聚氨酯泡沫塑料及二者的接触体系在 140 ℃下不同受热时间周期，均表现为吸热现象，说明 PBX 与聚氨酯二者之间未发生相互作用。从图 5（b）中可看出，垫层在 140 ℃下不同受热时间周期均表现为放热，放热量随着受热时间的增加不断增大。PBX/聚氨酯泡沫塑料/垫层三者混合体系也在不同受热时间周期表现为放热，且在受热时间前 180 h 内随着受热时间的增加放热量不断增大，但其净增放热量小于零，说明 PBX/聚氨酯泡沫塑料/垫层三者之间也未发生相互作用。同样表明 TATB 基 PBX 炸药与高分子材料的相容性好。

3　结论

（1）对 TATB 基 PBX 炸药及其接触体系不同温湿度和辐照加速老化后炸药及高分子件的微观结构和宏观力学分析结果表明，炸药件与硅泡沫垫层基聚氨酯泡沫塑料的结构和性能未发现显著变化，材料及部组件间相容性良好。

（2）采用化学反应性试验和微热量热法对 TATB 基 PBX 炸药/硅泡沫垫层/聚氨酯泡沫塑料多元体系相容性的在线检测研究结果表明，接触体系净增放气量与放热量均较小，说明相容性好。

参考文献

［1］左玉芬，熊鹰，陈捷，等．塑料粘接炸药试件与聚合物之间的时温效应研究［J］．化学研究与应用，2011，23（12）：1616−1620．

［2］左玉芬，陈捷，熊鹰，等．TATB 基 PBX 与硬质聚氨酯泡沫塑料的相容性［J］．含能材料，2013，21（6）：754−759．

［3］陈捷，彭强，钱文，等．HMX 基 PBX 试件的热安全性及与高分子材料的相容性［J］．含能材料，2011，（6）：661−663．

基于热分解动力学模型对含能材料的热安全性评估：
以 CL-20/HMX 共晶为例

银　颖，赵　浪，睢贺良，于　谦，孙　杰

（中国工程物理研究院化工材料研究所，四川绵阳 621900）

摘　要：含能材料的热安全性是贯穿于其生产、贮存和使用全过程的关键性质之一，基于热分解动力学模型的热安全性评估方法具有高效、低成本和通用性强等优点，已逐渐发展为与传统大型实验方法互为补充的重要评估手段。本文以 CL-20/HMX 共晶为典型的新型含能材料，通过等温和非等温 DSC（差示扫描量热法）实验分析、反应模型确定和非线性优化拟合，确定了可准确描述 CL-20/HMX 共晶热分解行为的动力学模型。在此基础上，对 CL-20/HMX 共晶在绝热环境下的热安全性参量进行计算，理论模拟的结果表明，共晶样品的 $T_{d,24}$ 为 151.46 ℃，计算获得的 1 000 s 临界温度约为 196 ℃，与实验结果基本一致。通过联立体系-环境热平衡建模，对大批量 CL-20/HMX 共晶的包装整贮安全性进行预估，发现对于 5 kg 和 50 kg 的 CL-20/HMX 共晶样品，其包装材料对 SADT（自加速分解温度）的影响不大，但样品的批量对于其整贮安全性有较大影响，批量增加将使得其热风险性明显提高。

关键词：热分解动力学模型　热安全性评估　CL-20/HMX 共晶

0　引言

热安全性评价是确保危险化学品在制备、运输和储存过程安全性的重要手段[1-4]，通过热安全性评价有利于建立对安全撤离时间的合理评估体系，消除或减少热爆炸造成的人员、经济损失。同时，建立合理的安全评估体系对化工工艺的优化设计、材料储存条件等方面也有着指导意义。

热安全性评价的目标在于确定热失控的临界条件以及发生热失控前所经历的时间，上述参数可通过两种方法进行确定：热爆炸实验方法和基于热分解动力学的模拟方法。其中，热爆炸实验的结果可靠性高，但实验过程危险系数大，时间和经济成本高，所需样品量大，更为重要的是，热爆炸实验结果一般只能适用于特定样品（特定包装及尺寸）在某种温度条件下的热安全性评价，具有相当的局限性，难以满足复杂环境下危化品的热风险评估需求[1]。因此，基于热分解动力学的模拟方法受到了研究和工程领域的高度关注，逐渐发展成为传统实验方法的重要补充[2-4]。相对于传统热爆炸实验，该方法仍需通过开展部分实验求解动力学参数，但所需样品量大大减少（克量级），实验周期也大为缩短。不仅如此，基于热分解动力学的模拟方法的最大优势在于，一旦建立起准确的动力学参数或模型，结合体系-环境的热平衡条件，就可以对不同温度条件下的危化品进行热风险评估[5-6]。对于新型含能材料，基于热分解动力学的模拟方法进行热安全性评价是一种必要的手段，因为新型含能材料一般处于实验室研究阶段，合成量十分有限，无法开展大批量热安全性实验，因而理论模拟方法对于这一阶段的含能材料评估具有更好的适用性。

CL-20/HMX 共晶是近年来获得极大关注的一种新型含能材料[7-8]，它在能量和感度上可以调和 CL-20 和 HMX 单质的特性，同时克服了两类单质晶体存在转晶的本征问题，具有极大的应用前景。然而，目前未见针对 CL-20/HMX 共晶的热安全性评估报道，为此，本文将借助热安全性分析专业软件 Thermal Safety Series（TSS），通过等温与非等温实验确定 CL-20/HMX 共晶的热分解动力学参数及其模型，并基于热分解动力学的模拟方法对 CL-20/HMX 共晶在绝热条件下热安全性进行预估，同时通过体系–环境热平衡建模对 CL-20/HMX 共晶的包装整贮安全性进行初步预测。

1 实验部分

1.1 样品制备

CL-20/HMX 共晶样品由中国工程物理研究院化工材料研究所提供，详细制备方法参见文献［8］，共晶样品纯度为 96%。

1.2 测试表征

非等温 DSC 实验在 PHOENIX DSC 204 HP 仪器上进行，使用 40 μL 铝坩埚，升温速率分别为 0.2 ℃·min⁻¹、0.4 ℃·min⁻¹、0.6 ℃·min⁻¹、0.8 ℃·min⁻¹、1.0 ℃·min⁻¹，样品质量根据不同扫描速率在 0.8～1.5 mg 范围内调整，测试过程中进行高纯氮气（99.999%）保护。等温 DSC 实验在 PerKinElmer，DSC 8500 仪器上进行测试，温度分别取 232 ℃和 240 ℃，样品质量为 1 mg，测试过程中进行高纯氮气（99.999%）保护。等温加速量热（ARC）实验是利用 THT 公司的加速量热仪（es-ARC）的恒温模式进行实验，实验过程中保持腔体密闭，并记录气体压力。

2 研究结果与讨论

2.1 等温实验分析

首先，为确定 CL-20/HMX 共晶的热分解行为为 N 级反应还是自催化反应，进行了样品的等温 DSC 实验，结果如图 1（a）所示。可以发现，在接近 CL-20/HMX 共晶起始分解温度的 232 ℃和 240 ℃时，样品的放热速率呈现"钟形"曲线特征[9]，即样品在等温情况下总是需要经过一段诱导期才达到最高放热速率，这一特点是自催化反应行为的典型特征，这是由于样品在分解过程中，产物不断积累并参与催化分解过程，导致分解速率逐渐加快，在一定时间后达到峰值，并随后因反应物消耗其分解速率逐渐下降，形成"钟形"曲线特征。为进一步确认其自催化反应行为，进行了等温 ARC 实验，利用共晶样品在分解过程中的产气速率来了解其分解反应特征，由图 1（b）可见，在 185 ℃条件下，样品即可发生分解反应释放气体，对气体压力–时间曲线（P-t）进行微分，可获得放气速率随时间的变化曲线（dP/dt-t），如图 1（b）中插图所示，可以发现，与放热速率类似地，放气速率曲线同样经历一段时间的诱导期后达到最大值，随后逐渐降低，体现为"钟形"特征。因此，通过等温实验，可以确定 CL-20/HMX 共晶的热分解应为自催化反应。

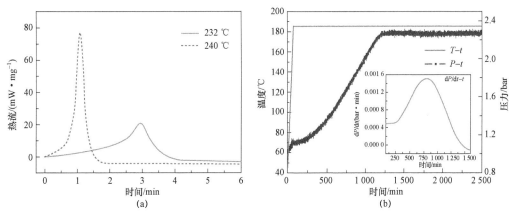

图 1　CL-20/HMX 共晶的等温实验结果

（a）等温 DSC 实验；（b）等温 ARC 实验（其中插图为等温 ARC 放气阶段的微分曲线）

2.2 非等温实验与热分解动力学分析

图 2 为不同升温速率（0.2 ℃·min⁻¹、0.4 ℃·min⁻¹、0.6 ℃·min⁻¹、0.8 ℃·min⁻¹、1.0 ℃·min⁻¹）下 CL-20/HMX 共晶热分解放热随时间的变化关系。由图 2（a）可以看出，随着升温速率的提高，样品放热速率最大值增加，在时间上逐渐提前。图 2（b）给出了不同升温速率下的放热量随时间的变化关系，可以发现，放热量随升温速率的提高而不断降低，升温速率 0.2 ℃/min、0.4 ℃/min、0.6 ℃/min、0.8 ℃/min、1.0 ℃/min 下的放热量分别为 2 252 J/g、2 203 J/g、2 108 J/g、2 084 J/g、2 010 J/g。这一特点与许多材料的热分解行为不同，一般而言，单位质量材料的热分解放热总量为恒定值，不随升温速率的改变而改变，这表明 CL-20/HMX 共晶的热分解反应不能通过单一反应路径来进行描述，而是存在平行的反应路径，当升温速率增加时，样品进入高温区的时间提前，引起不同路径的反应发生，从而导致放热量的改变。因此，综合图 1 中的讨论，选择了两个具有自催化特性的平行反应来描述 CL-20/HMX 共晶的热分解行为，通过非线性优化方法对非等温 DSC 实验数据进行拟合，得到拟合效果最佳的动力学参数，并以此建立 CL-20/HMX 共晶的热分解动力学模型。

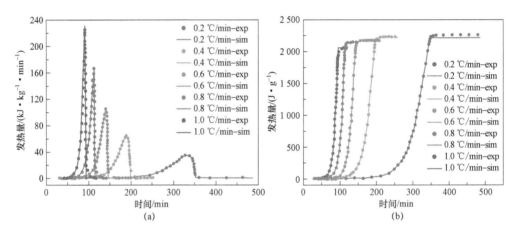

图 2　CL-20/HMX 共晶的非等温实验结果（书后附彩插）
（a）放热速率；（b）单位质量放热量随时间变化关系

两个自催化平行反应的表达形式如下：

$$r_i = k_0 P^m e^{-E/RT} (1-\alpha)^{n_1} (z_0 e^{-E_z/RT} + \alpha_i^{n_2}) \tag{1}$$

其中，$i=1, 2$；k_0 为指前因子；E 为活化能。将式（1）代入实验数据并进行非线性优化拟合，最终得到对非等温实验进行拟合最佳的动力学参数，拟合结果如图 2 所示，并将所得到的动力学参数在表 1 列出。

表 1　两个自催化平行反应的动力学参数

反应 1：A→B			反应 2：A→C		
参数	单位	值	参数	单位	值
$\ln(k_0)$	$\ln(1/s)$	56.816 2	$\ln(k_0)$	$\ln(1/s)$	36.179 0
E	kJ/mol	245.681 9	E	kJ/mol	177.410 5
n_1	—	1.083 5	n_1	—	0.388 7
n_2	—	1.651 7	n_2	—	0.418 2
$\ln(z_0)$	—	−3.214 8	$\ln(z_0)$	—	−3.910
E_z	kJ/mol	21.988 5	E_z	kJ/mol	2.259 2
m	—	0.05	m	—	0.05
Q	kJ/kg	1 226.492 0	Q	kJ/kg	2 186.688 2

基于上述热分解动力学模型，可以在 TSS 软件环境下对 CL-20/HMX 共晶在绝热条件下的热安全性进行理论预估。图 3 给出了基于 CL-20/HMX 共晶热分解动力学模型的热安全性预测，其中图 3（a）为共晶样品到达最大绝热温升速率所用时间 TMR 的理论预测结果，可以看到，随着温度的提高，TMR 显著降低，计算得到共晶样品的 $T_{d,24}$（24 小时到达最大绝热温升所对应的初始温度）为 151.46 ℃，另外，经理论计算获得的 1 000 s 临界温度约为 196 ℃，这一数值与实验结果 199 ℃十分接近，误差仅为 1.5%，表明理论预测值具有较高的可靠性。图 3（b）给出了在指定的不同极限转化率下样品所用时间 TCL 随温度的变化曲线，以 70 ℃为例，共晶样品达到 10% 和 5% 转化率所需时间均超过 1 000 年，若以 1%、0.5% 和 0.1% 为极限转化率，则所需时间分别为 350 年、195 年和 96 年，表明共晶样品具有很高的稳定性。上述理论预估为共晶样品的使用和贮存提供了一定的指导作用。

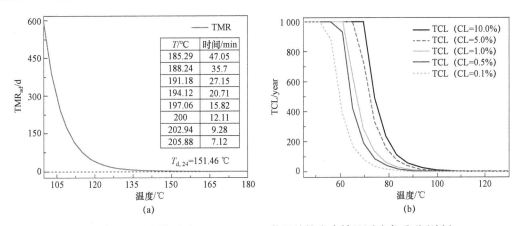

图 3　基于动力学模型对 CL-20/HMX 共晶的热安全性预测（书后附彩插）

（a）到达最大绝热温升速率所用时间 TMR；（b）到达转化极限所用时间 TCL 随温度的关系

基于动力学模型和体系-环境热平衡建模，可以在 TSS 软件辅助下进一步对大批量 CL-20/HMX 共晶在包装条件下的整贮安全性进行初步预估，这里，以自加速分解温度作为衡量其热安全性的参量。图 4 为建模一般步骤的示意图，本文选择圆筒容器作为包装容器，考虑到实际情况中样品填装一般会有一定空余空间，因此选择填装的 CL-20/HMX 共晶样品体积占比为 90%，基于共晶的晶体密度可以计算确定 5 kg 和 50 kg 样品填装条件下容器的基本尺寸，同时输入样品的热导率、比热容和热交换系数，容器的壁厚等参数。表 2 展示了在不同包装、不同批量条件下 CL-20/HMX 共晶的理论计算 SADT 数值，可以

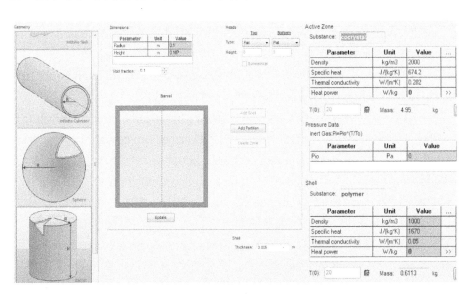

图 4　基于动力学模型和体系-环境热平衡对大批量 CL-20/HMX 共晶包装整贮的安全性初步预估

看到，对于同一批量的样品，其包装材料对 SADT 的影响不大，而当样品批量由 5 kg 增加至 50 kg 时，SADT 由 146 ℃降低至 140 ℃，这表明样品的批量对于其整贮安全性有较大影响，批量增加将导致其热安全性降低，风险增加。

表 2　不同批量（质量）CL-20/HMX 共晶包装整贮的自加速分解温度（SADT）初步预估

样品量	包装材料	SADT/℃
5 kg	包装 1：聚合物	146
	包装 2：铁	146
50 kg	包装 1：聚合物	140
	包装 2：铁	140
	包装 3：纤维	140

3　结论

通过等温和非等温 DSC 实验，发现 CL-20/HMX 共晶的热分解行为可以通过两个平行自催化反应进行描述，通过确定和建立合理的热分解动力学模型，利用理论模拟方法可对 CL-20/HMX 共晶在绝热条件下热安全性进行较好的预测，理论模拟的结果表明，共晶样品的 $T_{d, 24}$ 为 151.46 ℃，理论计算获得的 1 000 s 临界温度为约 196 ℃，与实验结果十分接近。进一步地，通过联立体系-环境热平衡建模，可以对大批量 CL-20/HMX 共晶的包装整贮安全性进行预估，计算结果表明，对于 5 kg 和 50 kg 的 CL-20/HMX 共晶样品，其包装材料对 SADT 的影响不大，但样品的批量对于其整贮安全性有较大影响，SADT 由 146 ℃（5 kg）降低至 140 ℃（50 kg），批量增大将使得热风险性明显增加。

参考文献

［1］MALOW M，MICHAEL-SCHULZ H，WEHRSTEDT K D.Evaluative comparison of two methods for SADT determination（UN H.1 and H.4)[J].Journal of loss prevention in the process industries，2010，23（6）：740-744.

［2］KOSSOY A，YU A.Identification of kinetic models for the assessment of reaction hazards[J].Process safety progress，2010，26（3）：209-220.

［3］KOSSOY A A，BELOKHVOSTOV V M，KOLUDAROVA E Y.Thermal decomposition of AIBN：Part D：Verification of simulation method for SADT determination based on AIBN benchmark [J].Thermochimica acta，2015，621：36-43.

［4］MOUKHINA E.Thermal decomposition of AIBN Part C：SADT calculation of AIBN based on DSC experiments [J].Thermochimica acta，2015，621：25-35.

［5］WANG S Y，KOSSOY A A，YAO Y D，et al.Kinetics-based simulation approach to evaluate thermal hazards of benzaldehyde oxime by DSC tests [J].Thermochimica acta，2017，655：319-325.

［6］DAS M，SHU C M.A green approach towards adoption of chemical reaction model on 2，5-dimethyl-2，5-di-（tert-butylperoxy）hexane decomposition by differential isoconversional kinetic analysis [J].Journal of hazardous materials，2016，301（4）：222.

［7］郭长艳，张浩斌，王晓川，等．共晶炸药研究进展 [J]．材料导报，2012，26（19）：49-53.

［8］SUN S H，ZHANG H B，SUN J，et al.Transitions from separately crystalized CL-20 and HMX to CL-20/HMX cocrystal based on solvent media [J].Crystal growth & design，2018，18（1）：77-84.

［9］YANG T，CHEN L P，CHEN W H，et al.Experimental method on rapid identification of autocatalysis in decomposition reactions [J].Acta physico-chimica sinica，2014，30（7）：155-184.

烤燃试验研究高固含量推进剂热安全

梁　忆，丁　黎，王江宁，郑　伟

（西安近代化学研究所，陕西西安 710065）

摘　要： 本文采用非限定烤燃试验对添加大量的 RDX 的高固体含量推进剂在不同温度条件下的热安全性进行了研究，采用非限定烤燃试验，测定了不同尺寸改性双基推进剂药柱的热爆炸临界温度，得到不同尺寸药柱热爆炸临界温度。从推进剂药柱临界温度和药柱尺寸的数据中得到长径比为 1 的推进剂药柱临界温度与直径的对数呈线性关系。

关键词： 高固体含量推进剂　热安全性　热爆炸临界温度

热爆炸理论广泛用于危险性放热材料的安全问题[1-7]，添加大量的 RDX 的高能量物质形成的高固体含量推进剂，是当今世界各国竞相发展的高能推进剂新品种。为了研究这种高能推进剂的安全性，采用自行设计的烤燃试验装置，开展恒定环境温度下推进剂的烤燃试验。试验进行了不同尺寸的推进剂药柱的热爆炸临界温度试验，得到的热爆炸特征量随尺寸的变化规律，为推进剂在生产、加工过程中的热危险性和可靠性评价提供了参考。

1　试验

热爆炸临界温度试验装置，自行设计研制，测温范围为 0～300 ℃。恒温模式对试样加热，测定试样发生燃烧或爆炸时的温度、时间，并自动采集、保存、处理试验数据及影像。

2　方法

在小型爆炸塔中将试验用的样品放置在恒温爆炸炉（图 1）测试仪中。用恒温模式对试样加热，测定试样发生燃烧或爆炸时的温度、时间。在某一环境温度下，若超过 10 h（3 600 s）物料仍未发生燃烧或热爆炸，则判定环境温度未达到临界温度，再提高环境温度进行试验直至发生热爆炸。在不同温度下进行加热试验，测试完全分解或热爆炸的时间。

图 1　爆炸炉

3　结果

3.1　热爆炸临界温度

在热爆炸临界温度试验装置中，对长径比为 1∶1 不同尺寸的推进剂药柱，升高温度，在设定的温度条件下经过一定时间推进剂药柱发生了燃烧，表 1 中结果可以看出当环境温度高于临界温度时，在一定时间内必然会发生燃烧或热爆炸现象。热爆炸试验燃烧影像如图 2 所示。

表 1 推进剂药柱的热爆炸试验结果

尺寸/mm	环境温度 T/℃	延滞时间 t/min	现象	热爆炸临界温度/T_{cr}/℃
$\Phi 10 \times 10$	154.9 157.3 159.0 165.3	— 11.2 10.8 10.2	分解 燃烧 燃烧 燃烧	156.1
$\Phi 20 \times 20$	143.3 144.4 148.3 155.0 160.8	— 24.3 23.4 18.7 16.2	分解 燃烧 燃烧 燃烧 燃烧	143.8
$\Phi 30 \times 30$	133.0 136.0 142.5 146.1	— 81.2 53.4 47.3	分解 燃烧 燃烧 燃烧	134.5
$\Phi 40 \times 40$	125.7 128.7 131.1 139.4	— 131.2 99.4 47.4	分解 燃烧 燃烧 燃烧	127.2
$\Phi 50 \times 50$	118.8 123.2 126.5 135.6	— 162.5 134.3 58.7	分解 燃烧 燃烧 燃烧	121.0

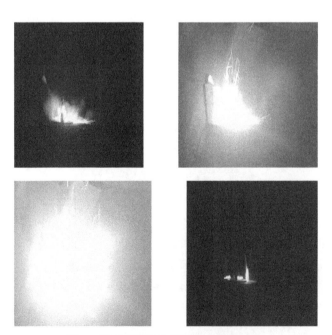

图 2 推进剂药柱热爆炸试验燃烧图像

热爆炸反应发生的时间即温度–时间曲线上记录的放热时间为延滞时间。表 1 中热爆炸临界温度是指发生热爆炸的最低环境温度与没有发生热爆炸的最高环境温度相差不超过 5 ℃时的平均值。

对表 1 中热爆炸临界温度进行比较可以看出，环境温度对推进剂热爆炸延滞期和反应剧烈程度影响较大。尺寸小的药柱临界温度较高，稍大尺寸推进剂药柱临界温度相对低，燃烧反应持续时间较长。

3.2 延滞期方程

引用 semenov 方程[8-9]：$\ln t_i = -\ln A_a + E_a/RT_i$，依据 $\ln t \sim 1/T$ 关系，由最小二乘法算得延滞期与温度回归方程（表2）。从中得到热爆炸温度卜推进剂约柱经多长时间会发生燃烧。

表 2　不同尺寸药柱的延滞期方程

尺寸/mm	延滞期方程	R^2
$\Phi 10 \times 10$	$\ln t = 4\,166/T - 7.315$	0.944
$\Phi 20 \times 20$	$\ln t = 6\,918/T - 13.41$	0.981
$\Phi 30 \times 30$	$\ln t = 8\,787/T - 17.13$	0.987
$\Phi 40 \times 40$	$\ln t = 15\,610/T - 34.02$	0.996
$\Phi 50 \times 50$	$\ln t = 13\,610/T - 29.24$	0.991

3.3 热爆炸临界温度的尺寸效应

热爆炸试验可以确定小药量推进剂自加热爆炸临界温度，为了得到实际应用中的大尺寸药柱的热爆炸参数，将药柱直径与临界温度分别进行对数、指数、二项式线性拟合，从相关系数比较更符合对数关系，即长径比为 1 的推进剂药柱临界温度与直径的对数呈线性关系（图3）。关系式为（1）。

$$\ln d = A/T + B \tag{1}$$

式中：T 为热爆炸临界温度，℃；d 为药柱直径，mm。

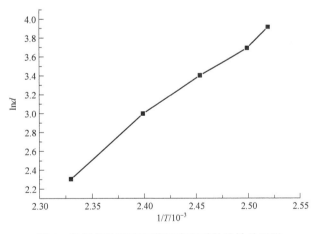

图 3　临界爆炸温度与药柱直径对数线性关系图

由不同尺寸药柱临界温度，得到推进剂药柱临界温度与药柱尺寸的预估热爆炸温度的相关性结果为 $\ln d = 7\,684/T - 17.78$。

通过得到的数据结果，可外推获得较大直径的药柱热爆炸临界温度，推测大尺寸装药的热爆炸危险性。

4　结论

烤燃试验能够以一定尺寸的药柱为试验对象，模拟真实环境下的热积累引发的热爆炸现象，试验结果接近推进剂生产过程中热刺激的真实情况。因此，烤燃试验是热安全研究中必不可少的手段。

烤燃试验获得了推进剂药柱 ϕ 10 mm×10 mm 尺寸，热爆炸临界温度为 156.1 ℃。ϕ 20 mm×20 mm 尺寸，热爆炸临界温度为 143.8 ℃。ϕ 30 mm×30 mm 尺寸，热爆炸临界温度为 134.5 ℃。ϕ 40 mm×40 mm 尺寸，热爆炸临界温度为 127.2 ℃。ϕ 50 mm×50 mm 尺寸，热爆炸临界温度为 121.0 ℃。试验获得了 ϕ 10 mm×10 mm～ϕ 50 mm×50 mm 几种尺寸推进剂药柱的热爆炸临界温度，拟合得到了药柱临界温度与直径的对数关系式，可从中推测较大直径的药柱热爆炸临界温度。

参考文献

［1］楚士晋. 炸药热分析［M］. 北京：科学出版社，1994.

［2］郭明朝. 高能炸药药柱试验热爆炸的方法和结果［J］. 爆炸与冲击，1995（2）：107-115.

［3］冯长根. 热爆炸理论［M］. 北京：科学出版社，1988.

［4］冯长根，张蕊，陈朗. RDX 炸药热烤（cook-off）实验及数值模拟［J］. 含能材料，2004，12（4）：193-198.

［5］丁黎，王琼，王江宁，等. 高固含量改性双基推进剂的烤燃试验研究［J］. 固体火箭技术，2014，37（6）：829-832.

［6］高大元，张孝仪，韦力元，等. 炸药柱非限定热爆炸实验研究［J］. 爆炸与冲击，2000，20（3）：253-256.

［7］楚士晋，郭明朝，冯长根，等. 非限定药柱热爆炸研究［J］. 含能材料，1994，2（1）：1-6.

［8］胡荣祖，赵凤起，高红旭，等. 用小药量至爆时间试验研究炸药爆发分解反应动力学［J］. 火炸药学报，2009，32（5）：11-17.

［9］秦沛文，赵孝彬，李军，等. NEPE 推进剂热安全性的尺寸效应［J］. 含能材料，2016，39（1）：84-88.

某型发射装药储存失效研究

郭　宁，陈雪礼，王建锋

摘　要：本文基于失效分析理论，运用失效树分析法，对发射装药组成部分在储存管理过程中可能出现的失效模式进行研究，构建失效树，通过对失效树定性分析查找引起发射装药失效的原因，为弹药储存管理提供更好的依据。

关键词：发射装药　储存失效　失效树　失效分析

发射装药是弹药五大元件之一，长期储存过程中，各组成单元可能因长时间受环境应力作用而失效，发射装药各种模式的失效会直接影响弹丸后续效能的发挥，进而影响战争态势。近年来，常规弹药与高新技术的结合对发射装药提出了更高的要求，研究发射装药储存失效的影响对弹药整体作战效能的发挥至关重要，本文主要针对某型发射装药中各种组成在储存过程中可能出现的失效模式，在失效分析理论研究的基础上运用失效树分析法对发射装药储存失效进行分析研究，目的在于找到导致失效的各种原因，对改善弹药储存环境具有一定的指导意义。

1　弹药储存失效分析的基础理论

1.1　弹药储存失效的概念

弹药储存失效是指弹药在长期的储存过程中，由于储存环境中各种应力的影响，弹药可能丧失部分或者全部功能。例如，由于储存环境中温、湿度作用，弹药底火中用于起爆的起爆药吸湿受潮后不能被点燃，底火瞎火，就是典型的储存失效。其实弹药的储存失效并不是都能够在储存状态下表现出来，如瞎火、早炸、近炸等失效现象只有在使用过程中才能表现出来，有的失效现象甚至需要通过专门的性能检测才能被发现。

1.2　弹药储存失效的主要内容

弹药储存失效的主要内容包括以下四个方面。一是失效模式分析，包括弹药常见失效模式统计分析和可能出现的失效模式分析，目的是查找弹药薄弱环节，确定常见失效模式；二是失效原因分析，针对某些综合失效模式（如膛炸、早炸等）进行原因分析，找到引起失效的具体环节和环境应力，以便更好地改善和改进储存条件；三是失效后果分析，对弹药的失效模式可能产生的后果进行分析，从而确定失效危害度，为合理安排弹药使用和弹药质量状况评定提供依据；四是失效规律分析，通过对弹药失效规律进行研究，找出弹药失效的规律性，可以对弹药储存可靠度随储存时间的变化、可靠储存寿命长短等做出分析和预测。

2　某型弹药发射装药的储存失效分析

2.1　发射装药的构成及作用过程

该型弹药发射装药主要由发射药、可燃传火管、传火管、护膛衬里、除铜剂、消焰药包、附加药包、支筒、紧塞盖、钢制密封盖等组成。发射药是使弹丸获得一定初速的能源，是发射装药的基本部件，该型弹药采用的是三肟发射药，这种发射药的优点在于不仅能够为弹丸提供需要的初速，而且燃烧温度稍低，减轻对炮膛的烧蚀，延长身管使用寿命。使用传火管和可燃传火管，一是可以径向传播火药燃气，减少轴向压力波；二是可以降低炮口火焰和膛压及初速对温度变化的敏感性；三是传火管内装点火药为黑火药，具有燃速快、火焰力强等特点，能够使发射药迅速、均匀地着火，并迅速点燃装药的全部单个药粒的所有表面。护膛衬里、除铜剂、消焰药包等作为辅助药剂可以很好地起到保护炮膛和消除炮口火焰的作用。紧塞盖平时可固定发射装药，射击时产生径向膨胀，密闭火药燃气。密封盖则主要起到密封防潮的作用。

发射装药的整个作用过程从底火发火开始，底火发火点燃传火管中的点火药，点火药被点燃后产生的能量通过传火管上的传火孔引燃包围在传火管外层的可燃传火管，进而点燃发射药，发射药瞬间发生强烈的化学反应，放出大量热量并产生大量的气体产物，此时紧塞盖发挥密闭燃气的作用使得热量和气体发生径向膨胀，进而产生强大的推力将弹丸推送出炮膛，护膛衬里表面的护膛剂熔化、汽化和分解，需要吸收一部分热量，降低了火药气体的温度；同时分解生成的低分子产物混在火药气体中，使火药气体的导热性降低。消焰剂在作用过程中变成粉末，与火药气体一同喷出炮口，将可燃气体的浓度冲淡，使可燃药气体不易和空气中氧接触，从而达到减少炮口火焰的目的。除铜剂在火药燃气高温下溶化，与残留在炮膛膛线上的挂铜作用形成较脆、附着力较小的铜铅，被火药燃气或下一发弹丸带出炮膛，为弹带的正常作用创造条件，同时保证弹丸在膛内的正常运动。

2.2　失效树分析法原理及失效树构建

失效树分析法（fault tree analysis，FTA）是 1961 年美国贝尔电话实验室的 H.A.Watson 提出的一种演绎分析方法，它是以被分析的失效事件（顶事件）为分析起点，通过逐层向下追溯，找到所有可能引起顶事件的中间事件和底事件，并用逻辑门和规定的符号把这些事件连接起来，因其形状如同一棵倒立的树，所以称之为失效树分析法。失效树分析法被提出后受到了各个领域青睐，被广泛应用，是目前可靠性工程中进行故障诊断和失效分析的一种最常用方法。

通过对该型发射装药结构特点及作用过程进行分析，同时结合类似弹药装备以往储存失效模式数据进行相似研究，构建了两棵关于发射装药作用异常的失效树，如图 1、图 2 所示。

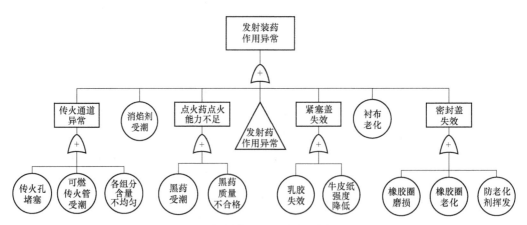

图 1　发射装药作用异常失效树（1）

2.3　基于失效树的发射装药失效原因分析

在该型弹药长期储存过程中，发射装药中的发射药失效是需要着重考虑的一部分，发射药在储存过程中，温度、湿度、阳光、紫外线和环境中的细菌都会或多或少地对其性能产生影响。储存环境主要影响发射药组成成分在储存过程中的变化，组成成分的变化是导致发射装药甚至是弹药整体失效的直接因素。

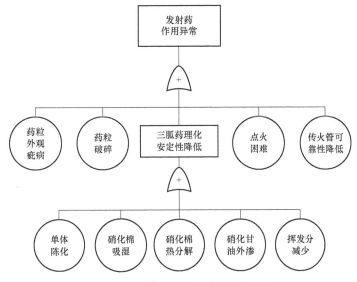

图2　发射药作用异常失效树（2）

该型弹药所用发射药为三肱发射药，主要成分为硝化棉、硝化甘油、硝基肌、二硝基甲苯、乙基中定剂。硝基肌是三肱发射药占比最大的成分，发射装药体系的温度会随储存环境温度降低而降低。在温度降低时，由于不同成分膨胀系数的不同，其接触界面容易产生内应力集中的地方，在高压燃气的冲击下容易形成裂纹，进而产生药粒破碎、火药燃面增大和膛压反常升高等问题。首先硝化棉有较大的吸湿性，主要由表面吸附、毛细管作用和与羟基的氢键结合三种形式进行。在储存过程中氢键结合形式对硝化棉吸湿具有决定性的影响，储存环境湿度的升高则会增强硝化棉的吸湿作用，硝化棉的吸湿会造成发射药受潮加速，可能会导致发射药点火困难、燃速降低、强度变差，达到不了发射药预定的功能而造成弹丸近弹，严重时会直接导致发射药不燃，造成弹丸留膛；其次硝化棉的化学安定性较差，在常温下就能缓慢分解，含氮量越高，安定性越差。储存时环境温度较高便能够加快硝化棉分子吸收热能，活化分子增多分解加速，释放出的氧化氮气体造成硝化棉的含氮量和质量减少，进而使发射药的挥发分含量发生变化，均匀性受到破坏，致使初速、膛压和发射药燃速发生变化，影响发射药原先预定达到的暴热、爆温和爆容，严重时可能会导致膛炸（半爆）。硝化甘油作为硝化棉的溶剂使硝化棉塑化成型，硝化甘油和硝化棉的膨胀系数不同，如果储存环境温度激烈变化，硝化甘油可能会渗出，长期储存过程中发射药会陈化而使得硝化甘油同硝化棉的结合力降低，硝化甘油会渗透到药粒的表面，其理化性能改变造成内弹道性能恶化。硝化甘油的吸湿性较小，这在一定程度上降低了硝化棉的吸湿性，其化学安定性比硝化棉要差，常温下缓慢分解，如果硝化甘油中含有酸、碱及水等杂质，其化学安定性会迅速下降，储存过程中硝化棉的热分解产生的气体很可能会形成酸性的物质，这就对硝化甘油的储存环境造成了极大的威胁。

传火管是保证发射药同时全面燃烧的传火系统，而传火管中的点火药则是传火系统中的核心，该型弹药传火管中的点火药为黑药，虽然黑药的化学安定性很好，长期储存中不会发生明显的分解现象，但是物理安定性较差，在储存条件下容易受潮，储存环境空气的相对湿度对黑药的吸湿有一定的影响，相对湿度越大，黑药越容易吸湿，又因为传火管与底火孔直接连通，在储存过程中底火装配的失封将会导致黑药和空气的直接接触。在潮湿的环境中储存时间越长，吸收的水量也就越多，黑药吸湿受潮后，点火困难，燃速减慢，火焰能力减小，造成自身的失效，从而不能保证发射药的所有药粒被确实而且同时点燃，会增大射弹散布，受潮严重时，容易造成瞎火，导致发射失败。

将石蜡、地蜡和凡士林的熔合物均匀地涂敷在衬布上便形成了护膛衬里，长期储存会导致衬布的老化易损，尤其是储存环境温湿度激烈变化更容易对衬布造成不好的影响，如果衬布老化损坏，不仅不会减少炮膛的烧蚀程度，严重的话还可能影响弹丸的初速。

消焰剂的成分为硫酸钾，将消焰剂做成消焰药包可以更好地起到消除炮口火焰的作用，消焰药包在长期储存时很容易受潮，受潮的消焰药包发射时对膛压和初速都有不同程度的影响。

紧塞盖是用多层牛皮纸加乳胶粘连经冲压而成，长时间储存会影响乳胶的粘连能力和牛皮纸的强度，在储存过程中进行的定期检查对紧塞盖有不同程度的损坏，这些都会或多或少地对紧塞盖造成影响，如果紧塞盖失去密封和紧固作用，一是会使膛压降低而影响弹丸的初速；二是可能在运输过程中发生危险。

弹药在长期储存保管过程中，由于温、湿度上升会加速钢制密封盖的密封橡胶圈老化和生霉防老化剂挥发，运输时震动使得密封橡胶圈同药筒摩擦更加速了其老化的进程，老化的密封橡胶圈对装药防潮有很大影响，如果防潮不利会导致一系列的发射装药失效问题的出现，从而严重影响发射装药的预定功能，进而影响弹药整体作战效能的发挥。

3 结论

发射装药在储存过程中的薄弱环节主要是发射药的变化，储存中的温度与湿度是发射装药失效的主要环境应力。储存过程中相对湿度的控制、底火装配的密封性对发射装药的吸湿性起着主要作用。库房地域不同会导致发射药热分解、吸湿、挥发分减少、单体陈化等现象发生的概率和速度都有所不同，因此环境应力的作用是发射药质量变化的主要原因。运输过程中发射装药所受到的机械应力是导致其失效的间接因素。发射装药的理化性质、成分含量的变化和装配失封是其失效的具体表现形式，这些失效形式是导致弹丸留膛、近弹、初速降低、弹道性能不稳定等问题的重要方面。根据分析得出的原因，建议对配用该型发射装药的弹药，在长期储存时应尽可能存放在温湿度条件较好的库房，并进行必要的环境变化的监控，尽可能保证其储存寿命。

参考文献

[1] 李东阳，等. 弹药储存可靠性分析设计与试验评估 [M]. 北京：国防工业出版社，2013.
[2] 总装备部重庆军事代表局. 通用弹药失效诊断与控制 [M]. 北京：国防工业出版社，2004.
[3] 张力，杜仕国，孙福. 火炸药学 [M]. 北京：国防工业出版社. 2014.

钝感弹药热环境下危险性评估技术进展

徐洪涛，金朋刚

（西安近代化学研究所，陕西 710065）

摘　要： 为了适应不敏感弹药发展过程中对炸药热危险性综合评定的需要，本文针对性介绍了相关研究文献及其所开展的研究工作，包含试验系统的设计、主要装置、用途等，证明它们适用于密闭系统的模拟弹慢速烤燃试验。目前，相关试验的重点是反应温度及反应现象，此外对反应的烈度进行定性评估，但简易及低成本的试验设计，可能会导致反应发生的早期阶段难以评判。结果表明，烤燃试验一般要求，在被测样的几何中心或轴线安装至少一只热电偶，其余放置于壳体外壁或环境中，加热系统采用循环热风加热。其发展趋势是通过简易的模型试验，获取特征参数，构建样品尺寸、形状与临界温度的关系式，然后通过时间与临界温度函数，确定给定形状尺寸弹药 82 ℃（180 ℉）时到爆炸的时间超过 500 天的技术等信息。

关键词： 弹药　弹药试验标准　试验技术

0　引言

炸药是目前弹药一个重要组成部分，航空弹药、巡航导弹等弹药意外爆炸主要是由于炸药发生爆炸。航母作为海军武器作战平台，其主要作战武器是舰载机，而舰载机的杀敌利器就是航空弹药、巡航导弹。很多时候航母丧失作战能力，是由于火灾引起的弹药爆炸（图1）。

图 1　福莱斯特航母爆炸事故

航母用弹药的危险性直接影响航母航空弹药贮运系统设计，现代海上局部战争异常复杂和激烈，而航母体型大、负荷重、机动慢，来自空中、水面和水下的威胁多，防御压力大，一旦遭受敌方攻击，航母用弹药的危险性则直接影响航母武器平台的正常使用。所以要求弹药不仅能可靠地达到所规定的性能、操作技术要求，且当遭受意外的刺激时，能有效降低其意外引爆的可能性和随后对武器平台后勤系统及人员的附带伤害。

一般炸药具有易引发、反应剧烈的特点，其不敏感特性直接影响弹药的不敏感特性，尤其武器弹药密集型作战平台，如航母，油料及弹药相对集中，一旦甲板发生火灾，极易导致重大事故。弹药一般可能受到火焰、破片、子弹缓慢加热等意外刺激，由于炸药一般在弹药内部，所以慢速加热环境下的安全性及危险性是研究人员最关心的，烤燃试验则是主要的研究手段。

1 烤燃试验

1.1 烤燃试验的相关标准

炸药安全性多指炸药的敏感性、引起炸药发生分解反应的难易程度，如撞击感度、摩擦感度、静电感度、热丝点火、静电感度，多以样品发生发火（产气、灼烧痕迹等）判断试验结果。对于热刺激而言，评价的是炸药是否"耐热"。炸药危险性多指炸药的爆炸性，炸药发火后，发展成猛烈爆炸、爆轰的难易程度，对于热刺激而言，评价炸药是否"耐烤"，对样品量、装药状态、约束条件等都有一定要求，与工程应用更紧密。

目前国内很多"热爆炸"试验由于其样品为毫克级药粉或克级药柱，在非限定体系下（无壳）进行"耐热"研究，样品在加热过程，体积略有增加，甚至柱状塌陷，试验结果是分解、燃烧与否，获取的反应温度称为热爆炸临界温度，但是此温度明显高于实际状态（限定体系）临界温度，并以此数据基础，假定均温、零级反应，根据热爆炸着火时间与温度的关系进行弹药安全及危险性设计评估，存在加大风险的可能。非限定药柱与限定药柱的反应温度不一致，没有确定关系，且药柱在加热过程中会存在自加热反应热量、非零级反应，上述试验条件下，即使获取相同直径下两种炸药的热爆炸临界温度，也不能评价炸药限定体系下（有壳）的临界温度，甚至不能相对比较相同直径下两种装药限定体系下的热爆炸临界温度的优劣。

美国海军 20 世纪航空母舰发生了多起由于火灾引起的弹药意外爆炸事件，损失惨重，为此美国 1964 年发布了 WR50《海军武器要求空中、水面和水下发射武器的弹头安全性测试》，1967 年发布了《引信安全设计准则》MIL-STD-1316 规定了陆、海、空三军对直列式火炸药感度的要求和许用的直列式火炸药，1982 年在 WR50 基础上发布了 DOD-STD-2105《非核弹药危险性评估标准》，1984 年美国海军作战部确定了海军的不敏感弹药（IM）政策和程序，其中火炸药慢速烤燃特性是一项重要的必测项目。这份程序是海军地面作战中心、达尔格伦和白橡树实验室、中国湖的海军空中作战中心的炸药科学家广泛协商后制作的，基于战斗环境中最可能遇到的刺激以及预期用于海军弹药的新炸药的敏感特征，于 1984 年 7 月得到海军武器中心、海军航空系统指挥部、海军物资指挥部批复意见。1984 年，美国海军代表处申请了超小型烤燃试验的专利技术（US 06/621.776）。1985 年 5 月 22 日正式发布了 NAVSEAINST 8010.5《不敏感弹药的技术要求》，其中再次明确了 6 项测试项目，慢速烤燃为第一项，这也是"IM Zealot"卡的优先级，定义并描述了 5 种反应等级。

国内，国军标关于炸药烤燃试验采用标准"烤燃弹法"，均引用老版 GB/T 14372《危险货物运输　爆炸品认可、分项试验方法和判据》方法中的（2b）烤燃弹试验，但目前 GB/T 14372—2013 中（2b）为克南试验，烤燃弹试验已经废止。GJB 8018—2013 地地常规导弹整体爆破弹头试验规程中有一项慢烤试验，端盖要求不少于三扣的螺纹连接，为通过性试验。

目前，以美海军发起慢速烤燃试验标准逐年细化与改进，从最初的必测项目到第一项需要测评的项目，其重要性逐年加大。国内，炸药对于热刺激下的危险性评价研究一直没有确定的方法。

由于多数炸药具备完全起爆的能力，准确评估炸药在遇到意外热刺激事故下的后效毁伤，分析其热刺激下危险性，结合应用研究危险性影响因素及控制技术，对其技术科学的发展会产生积极的推动作用。烤燃试验是炸药在热刺激下危险性研究的一种重要手段，可以用于炸药热刺激下危险性评估工作。由于炸药一般在主装药内部，炸药的慢速烤试验对工程应用更有意义。

1.2 炸药慢速烤燃的试验

慢速烤燃试验（slower cook-off，SCO）一般采用最为基础的工程实验装置，如图 2 所示，通过壳体破坏情况判断试验结果。试验通过较为缓慢的加热速率模拟试样长时间间接暴露在热源下的环境状况。在大多数情况下，慢速烤燃（试样内部中心开始热累积，产生自持自加速反应）与快速烤燃（反应发生在试样表面）相比会产生更严重的后果，对于军械系统，试验过程可以获得更多的显著信息，也可以看作是大型稳定性与兼容性测试的形式。多年来，慢速烤燃主要有 3 个规格：超小型（样品量最大为 0.02 kg）、小型（样本量最高为 0.7 kg）、大型（全尺寸武器系统），这不是一个正式的关于烤燃试验的定义，就如同没有"慢""快"升温速率的公认定义。在过去几十年间，全球很多国家开展广泛而分散的相关研究，本文主要介绍美国相关机构的研究及在此基础开展的研究工作，因为美国是最早开始进行烤燃试验相关研究的，并持续进行技术改进。图 2 为国内外一般研究机构所使用的烤燃弹烤燃试验装置，测温及控温热电偶放置于烤燃弹外壁，通过电炉丝或加热套进行加热，采用钢制壳体，两端螺纹端盖密封。

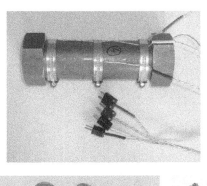

图 2　SCO 试验装置

其主要有三项可以改进的地方。

（1）测温精度。样品中心发生自加热反应时的初始温度低于外壁或环境温度。当控温热电偶放置于试验管外壁时，样品中心产生自加热反应不能及时控制环境加热输出，样品中心温度低于外壁温度，导致样品中心产生自加热反应的热量与外侧样品热传导的热量耦合叠加在一起，加速样品中心自加速反应，样品中心温度高于外壁温度时，样品中心产生自加热反应的能量传递给外壁，加速外壁温升，环境加热输出会降低甚至停止，尤其对小直径烤燃弹，影响样品中心自加速反应正常进行，产生自加热反应时的能量得不到有效的累积。

（2）加热方式。加热系统（加热套、加热炉）未与烤燃弹直接接触，中间存空气层，构成加热环境，且未加热环境未与加热系统隔离控制。热量（能量）的转移有传导、对流和辐射三种方式。此时加热过程主要涉及对流和辐射，慢速烤燃长时间条件下，烤燃弹外壳温度会高于环境空气温度，辐射热通量是单位时间内通过单位面积的热量，单位为 W/m^2，是时间的函数，在热电偶自身及壳体上温度（能量）累积存在差异，温度控制不准。

（3）烤燃弹结构。如图 3 所示，端盖面与螺纹相连位置应力集中，弹药发生反应时，可能由于产气或样品膨胀，端盖面环切，喷出壳体外，加热反应停止。笔者做过不同壁厚、不同长径比、不同开口方式的试验研究，同尺寸烤燃弹端盖两端密封，相同试样顶开端盖时可能完全喷出、喷出一半、喷出时可能由于受压摩擦燃烧，也可能未反应。如烤燃弹一端开口，可

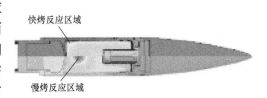

图 3　仿真反应区域

能会燃爆，四种试验结果如图 4 所示。

图 4　四种烤燃试验结果

目前，图 3 工程烤燃试验对相同尺寸不同试样在特定约束条件下的安全性可以进行相对比较。但是对于外推给定尺寸、几何结构的试样烤燃结果存在一定难度。美国海军炸药接受准则要求（NAVSEAINST8020.5C），对于给定的形状和尺寸，炸药临界温度应大于 82 ℃（180 ℉），82 ℃时到爆炸的时间超过 500 天，装药尺寸一般按 2 000 磅的 MK84 炸弹计算。其计算方法需要特定条件下的临界温度、表观活化能、指前因子、尺寸、自加热反应发热量、比热、形状因子、热扩散系数等多方面参数，慢速烤燃试验（烤燃弹）目前还不能给出所述的各项参数。获取这些参数的改进慢速烤燃试验应是可借鉴及发展的。

20 世纪 70 年代初到 90 年代末，对优化烤燃试验装置、改进试验条件的研究进入一个新阶段，先后出现了各类改进慢速烤燃试验，如一维热爆炸试验、小型烤燃弹试验（small scale cook-off bomb，SCB）、超小型烤燃弹试验（SSCB）、可变约束下的烤燃试验（variable confinement cook-off test，VCCT）和改进的可变约束 TNO 烤燃试验等几种实验形式。

一维热爆炸试验（One Dimensional Test to Explosion，ODTX）是 1970 年在劳伦斯利弗莫尔（Lawrence Livermore National Laboratory）由 E.LEE，R.Mcguire 等人研建的。1993 年，Fisher 和 Benham 增加活塞组件，通过 VISR 测试试样反应时驱动活塞的速度，活塞组件及底座采用 4340 钢，用环路光纤的断裂生成触发信号。2000 年进行了技术更新，主要包括温度检查与控制、快速装样、外部增加（液压）压力传感器。2014 年引入了压力测量单元（P-ODTX），采用准静态 Kulite 应变式压力传感器，型号 XT-190-500A，测量加热阶段压力的缓慢变化，以 1 Hz 的频率进行记录。2016 年引入在线气体分析能力（C-ODTX）。装置控温范围（100～400 ℃），控温精度 0.2 ℃，装置组合以 20.7 MPa 的水压进行限位，装置外壳破裂压力为 331.2 MPa，被测试样约为 2 g，限制在一个直径 12.7 mm 的球体中（1987—2001），目前已经成为模型试验的基础，此试验可初步获取表观活化能、指前因子等热分析参数（图 5）。

图 5　ODTX 试验系统

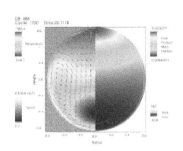

图 6　样品及仿真模型

小型烤燃弹试验是 1980 年在海军武器中心（Naval Weapons Center）由 Pakulak、Cragin 等人研建的，基于见证板的变形情况，评价烤燃试验反应的剧烈程度（图 7）。

SCB 使用 10 mm×10 mm×0.3 mm 厚扁平的镍铬合金带作为热电偶，试样装在一个体积为 400 cm³、壁厚为 3 mm 的钢容器内，考虑到试样的热膨胀，在试样上端预留 10 mm 高度的空间，见证板是直径 135 mm、厚度 12.7 mm 的钢板，多以 12 ℃/min 升温速率，从 25 ℃加热至 400 ℃，此技术广泛应用于美国（劳伦斯利弗莫尔国家实验室、桑迪亚国家实验室、海军水面武器中心）及其他国家（荷兰的 TNO-PML、澳大利亚 DSTO），后续被联合国采用。有些文献只取"Small Scale Cook-Off Bomb"的首写字母，将上述装置称为 SSCB，此试验装置可获取临界温度、热扩散系数等计算参数。

通常超小型烤燃弹试验 SSCB 特指"super small scale cook-off bomb"，也是由美国海军武器中心 Pakulak、Cragin 等人 1983 年研制的，试验药量约为 20 g，试样浇铸、压装或固化在内径为 1.5 cm、外径为 2 cm、长为 3.2 cm 的两根钢管中，为热膨胀提供了 1.2 cm 的空隙，钢管外套内径为 2.0 cm、外径为 2.3 cm、长为 7.6 cm 的铝制内衬套（使加热均匀），铝制内衬套外装有内径为 2.3 cm、外径为 2.8 cm、长为 7.6 cm 的钢管。小尺寸试样的反应和约束与实际武器零件中的炸药反应结果之间存在经验关系，已证实大部分炸药的反应在一定比例范围内是可度量的，可以验证全尺寸武器零件的反应，在配方设计阶段可使用此装置。此装置结构较为复杂，但试验药量较小，获取的计算参数更多（图 8）。

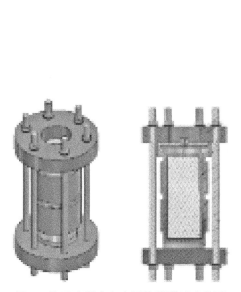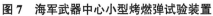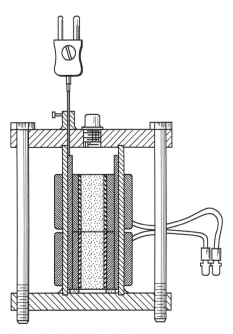

图 7　海军武器中心小型烤燃弹试验装置　　　图 8　海军武器中心超小型烤燃弹试验装置

此外，1996 年，Alexander 等人设计的可变约束条件下的烤燃试验也是最常用的烤燃实验之一，试验药量约 60 g。Harold、Paul 等人使用 VCCT 对慢速烤燃试验的模型进行验证，样品为 RDX 基炸药 PBXN-109 和 HMX 基炸药 PBXN-5。试验是将约束在带有铝衬垫钢管中的试样用电线圈加热，装置包括一个铝衬垫、一系列壁厚不断增加的钢管、加热带、热电偶、钢制间隔垫圈、钢端面板和定位螺栓。铝衬套厚度为 2.5 mm，钢管厚度能从 0.375 mm 到 3 mm，以 0.375 mm 的增量变化，定位螺栓用 40.7 N·m±4 N·m 的扭矩均匀拧紧，升温控制：试样在 1 h 内从室温加热到 100 ℃，在 100 ℃ 保温 2 h，然后以每小时 3.3 ℃升温速率到试样点火（图9）。

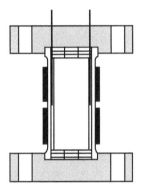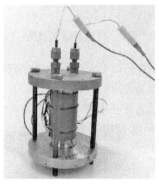

图 9　VCCT 试验装置

可变约束 TNO 烤燃试验，是 1991 年荷兰 TNO-PLM 实验室的 Gert Scholtes 和 Meer 等人结合 ODTX 试验和 SCB 试验的特点，用与 ODTX 试验类似的试验管和与 SCB 类似的加热装置建立的一套慢速烤燃试验系统。其使用 9.5 mm×9.5 mm×0.254 mm 厚扁平的镍铬合金带作为热电偶，试样装在一个体积为 400 cm³、壁厚为 3 mm 的钢容器内，考虑到试样的热膨胀，在试样上端预留 10 mm 高度的空间，见证板是直径 140 mm、厚度 12 mm 的钢板，一般使用时平均升温速率约 0.8 ℃/s（图10）。

这两种可变约束烤燃试验，可以获取特定尺寸、结构、约束强度下的计算参数，是其他类型小尺寸烤燃试验预估大尺寸烤燃试验状态、进行安全性评价的一种补充。

慢速烤燃试验方法及装置已被广泛应用于弹药及含能材料（包括炸药）全寿命周期热安全性评估工作，在解决实际工程技术问题中，依据试验结果对武器弹药的设计、使用和贮存条件提供建议。目前国内一些研究机构，建立了相关的慢速烤燃试验装置及方

图 10　可变约束 TNO 烤燃试验

法，对于试验结果的评估与国外标准相近，如北约 STANAG4439《不敏感弹药介绍、评估和测试》6 种反应等级。国内外研究人员通过研究发现影响烤燃主要因素是试样的化学特性、升温速率、限制条件、样品尺寸（大小、表面积/体积）等。其中升温速率、限制条件、样品尺寸均与试验装置密切相关，试验装置的设计直接影响试验的精度及准确性。国内对慢速烤燃试验装置的相关研究报道较少，很多研究结果是在慢速烤燃（烤燃弹）的基础上给出的。

上述烤燃试验装置有着共性的技术特点：①在试样的几何中心或轴线上至少安装一只热电偶，而另一只放置于壳体的外壁。②加热带、加热套紧箍样弹的外壁，加热方式主要是热传导。两只不同位置的热电偶可以实现样品中心自加热过程绝热控制，通过中心热电偶可以获取自加热反应的起始温度。

2　炸药慢速烤燃试验–危险性研究

目前大部分烤燃试验结果是通过观察炸药反应结束后的壳体碎片大小、反应残留物、对周围物体的破坏程度等现象，来直接判断样品反应剧烈程度的，带有一定的主观性。对于炸药而言，由于其具备起爆主装药的能力，其反应剧烈程度与是否具备起爆性紧密相关，对于炸药慢速烤燃试验，有必要对反应

的剧烈程度进行定量研究，从而更准确地评估其热危险性。

炸药烤燃条件下热点形成、反应点火、爆燃和反应冲击波发展以至达到爆轰转变的过程特征参数量化，是炸药"耐烤"研究的基础，而实际研究中烤燃试验对系统的破坏较大，试验成本较高，很多试验只能定性地对炸药的反应剧烈程度进行评估。所以很多模型化烤燃试验设计的出发点是在达到试验目的同时，尽量降低试验成本，优化试验装置，尽可能地量化试验结果。

模型试验装置简易化：实验场地（壁面采用 0.6 m 的混凝土，结构采用 BLASTX 进行计算及强度预判）及防护装置小型化（外形尺寸 550 mm×550 mm×550 mm，壁厚 25 mm），防护装置充足的排气，并能收集反应的壳体碎片。烤燃装置采用包裹在绝缘玻璃纤维的镍铬合金电热丝进行加热，采用科尔顿（Coulton）仪器仪表公司的 PZX4 温度控制器进行控温，采用两只 K 型热电偶（一只紧靠壳体内壁、一只在试样中心），采用紧靠内壁的热电偶控温。如图 11 所示。

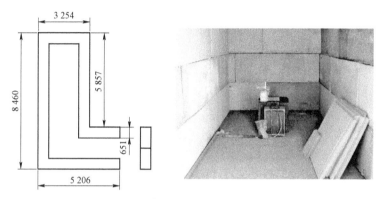

图 11　试验场设计图及防护装置

烤燃弹容积大约可以放置 0.012 kg RDX/TNT，结构尺寸图如图 12 所示，材料采用 EN3 低碳钢（Ys＝250 MPa），螺杆两端各安装两个螺母，单螺杆强度 386.8±5 MPa。螺杆与螺母安装方式影响螺杆强度及断裂位置（表 1）。

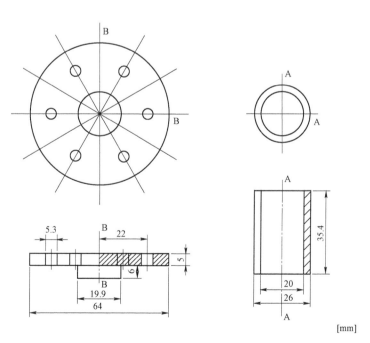

图 12　设计图

表1　安装方式及破坏强度

螺母在螺杆安装方式	破坏强度（±5 MPa）
1＋1	338
1＋2	315
2＋2	387

笔者利用 Ansys 建立模型，选用钢 AISI1018（与 EN3 性能相近），其质量密度 7.87 g/cm^{-3}，屈服强度 250 MPa，极限拉伸强度 354 MPa，杨氏模量 207 GPa，设定内压力 1 000 MPa。根据安全系数（极限应力/许用应力），发现烤燃弹破裂顺序为筒体中部、螺杆、端盖、螺母位置，不会出现试验筒体未变形、端盖冲开的现象。如图 13 所示。

图 13　装置及强度计算模型

实验结果如图 14 所示，笔者的计算与原文设计趋势一致。两端是螺纹端盖的烤燃试验管，试验过程中由于端盖冲开，样品在喷出来的过程中会与管体发生剧烈摩擦，甚至引发点火。此装置不会发生此类现象（图 15）。

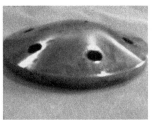

图 14　TNT 试验结果

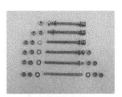

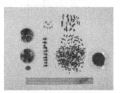

图 15　装置装配

目前，笔者按上述试验步骤操作，采用岛津的调功整机、岛津 FP 系列 PID 参数调节仪表及安徽圣希康仪 0.5 mm 直径铠装 K 型热电偶（1 级），可以较为方便地搭建试验系统，进行烤燃试验。

在 LLNL（Lawrence Livermore National Laboratory），小型慢速烤燃模型试验试样药量为 10 g 左右，为获取更高精度 ALE3D 热爆炸模型参数，采用 STEX（scaled thermal explosion experiment）试验，升温速度 1 ℃/min，使用很多参数诊断元件，包括嵌入式热电偶、嵌入式压力传感器、管体表面应变传感器、壳体膨胀用微波干涉仪及高速摄像。试验管直径 5.08 cm，高度 20.32 cm，材料采用 4130 钢。试验中发现壳体膨胀速度是一种累加效应，壳体的膨胀速度没有明显差别（图 16）。

图 16　STEX 试验装置

在 LANL（Los Alamos National Laboratory），小型慢速烤燃模型试验试样药量为 5 g 左右，为获取更高精度 ALE3D 热爆炸模型参数，会采用 SSVT（small-scale velocity test）试验，试样直径 10 mm，长 10 mm，采用 K 型号热电偶进行测温及控温。样品被限制在金属的约束装置中，温控分三段，首先在 30 ℃下稳定 20 min，以 5 ℃/min 升温至 170 ℃稳定 80 min，然后以 2 ℃/min 升温至反应。高温高压气体会冲破装置的薄弱点，驱动金属块向前运动，金属块触动探针，采用激光干涉测速仪测量金属块的运动速度（图 17）。

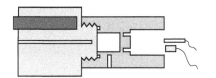

图 17　SSVT 试验装置

其中采用激光干涉测速仪测量技术可以定量判断反应的位置和剧烈程度，研究人员在试验管不同位置布置 8 个通道激光干涉测速探头，通过管体不同位置的膨胀速度对结果进行判断（图 18）。

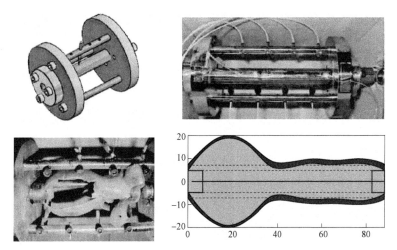

图 18　8 路激光多普勒测速试验装置

在美国陆军军备研发中心 ARDEC（U.S.Army Armament Research，Development and Engineering

Center），其烤燃试验药量约 60 g，采用 SSCV 试验（small scale cook-off venting laboratory hardware configuration），原理类似克南试验，烤燃弹一端开有不同直径的孔，研究炸药通气需求与弹药尺寸和加热速率的关系，该实验已发展成研究弹头通气参数的模型试验，通过壳体破裂情况判断试验结果（图 19）。

图 19　SSCV 试验装置

LLNL、LANL 及 ARDEC 的精细化模型试验，虽然试验相对复杂，但更适用于研究烤燃点火增长过程及各种实际工况下危险性分析。

3　趋势与可能存在的问题

由于烤燃试验过程对系统的破坏较大，实验成本较高，因此，以后设计的出发点是在达到试验目的的同时，尽量降低试验成本、优化试验装置。另外，近几年来，国内外设计的一些烤燃试验装置除了能够实现烤燃过程的温度测量外，还能进行压力和形变的测量，模拟排气情况，这也成为炸药烤燃研究的方向。

根据 Semenov 热爆炸理论，对于一个非绝热系统，只有当环境温度高于临界环境温度之后，自加热系统才处于超临界状态，从而具有热爆炸的可能性；当环境温度等于或小于临界环境温度时，系统处于临界和亚临界状态，此时的热爆炸延滞期趋近于无穷大，将不会发生热爆炸反应。一般实际条件下，炸药系统出现超临界状态的基本状态特点：系统具备自加热的属性；系统的热生成速率大于热损失速率；系统自加热持续的时间足够长，以使其能够升温至自点火温度；初始反应一般发生于炸药中心轴线区域，发生加剧反应时多为壳体撕裂，而非端盖冲开。

目前国内很多烤燃试验系统，不完全满足上述条件，存在不足：试验壳体多采用螺纹端盖密封，经常出现端盖冲开的现象；控温热电偶为单一热电偶，不能根据样品中心区域升温速率变化及时调整加热状态；加热方式常出现对流与热辐射混用的情况，非单一热传导或单一对流加热。

4　结论

美国相关研究单位在热分解机理研究的基础上，采用小型热爆炸试验验证动力学参数的合理性，进而采用动力学参数对大尺寸实际装药的热响应进行了模拟计算，通过精细化的模型试验，开展药柱加热时与外界环境的传质和传热以及相变对点火时间的规律研究，为简单的化学－热模型逐步发展到化学－热－力学模型。目前很多美军军种炸药接受准则，允许使用特定尺寸炸药临界温度的计算值，当计算值满足一定温度视为合格。

随着不敏感弹药技术的发展，其中炸药的不敏感特性研究也逐渐深入，烤燃试验可以作为评价炸药热安全性、危险性评估的试验方法，在炸药设计和勤务处理中使用的越来越频繁，试验技术本身也向着更加小型、直观、安全和定量的方向发展。

参考文献

[1] 王晓峰，戴蓉兰，涂健.炸药的烤燃试验 [J]. 火工品，2001（2）.

[2] 李冠峰，叶又东，杨建军.航母弹药贮运安全技术研究 [J]. 舰船科学技术，2015（11）：164-168.

[3] 冯长根，张蕊，都振华.热烤试验研究进展 [J]. 科技导报，2012（33）：68-73.

[4] 张蕊，冯长根，陈朗.弹药的热烤（Cook-off）实验 [J]. 火工品，2002（4）：37-39.

[5] FROTA O V.Development of a low cost cook-off test for assessing the hazard of explosives [D]. Bedfordshire Cranfield University，2015.

[6] BAKER E L, STASIO A.Insensitive munitions technology development [J]. Problemy mechatroniki：uzbrojenie，lotnictwo，inżynieria bezpieczeństwa，2014，5：7-20.

[7] JACOBS G. Naval weapon cook-off improvement concepts and development [R]. DTIC Document，1981.

[8] HSU P C，JONES A，TESILLO L，et al. The enhancement of gas pressure diagnostics in the P-ODTX system [R]. Lawrence Livermore National Laboratory（LLNL），Livermore，CA，United States，2016.

[9] NICHOLS I A，SCHOFIELD S.Modeling the response of fluid/melt explosives to slow cook-off [C] // 15 th International Detonation Symposium，2014.

[10] SCHOLTES J，VAN DER MEER B. Investigation into the improvement of the small-scale cook-off bomb（SCB）[R]. DTIC Document，1994.

[11] PAKULAK JR J M，CRAGIN S.Calibration of a super small-scale cookoff bomb（SSCB）for predicting severity of the cookoff reaction [R]. DTIC Document，1983.

[12] PARKER R P.Establishment of a super small-scale cookoff bomb（SSCB）test facility at MRL [R]. DTIC Document，1989.

[13] TRZCIŃSKI W，BELAADA A.1，1-Diamino-2，2-dinitroethene（DADNE，FOX-7）-Properties and Formulations（a Review）[J]. Central European journal of energetic materials，2016，13（2）：527-544.

[14] ZUNINO L，SAMUELS P，HU C. IMX-104 characterization for DoD qualification [C] //2012 Insensitive Munitions & Energetic Materials Technology Symposium，Las Vegas，2012：14-17.

[15] PELLETIER P，LAVIGNE D，LAROCHE I，et al.Additional properties studies of DNAN based melt-pour explosive formulations [C]//2010 Insensitive Munitions & Energetic Materials Technology Symposium，Munich，Germany，2010.

[16] BROUSSEAU P，BROCHU S，BRASSARD M，et al.RIGHTTRAC technology demonstration program：preliminary IM tests [C] //2010 insensitive munitions & energetic materials technical symposium，Munich，2010：11-14.

[17] SANDUSKY H W，CHAMBERS G P，ERIKSON W W，et al.Validation experiments for modeling slow cook-off [C] //12 th International Detonation Symposium.2002：863-872.

[18] SANDUSKY H，CHAMBERS G，FURNISH M D，et al.Instrumentation of Slow Cook-Off Events [C] //AIP Conference Proceedings，2002：1073-1076.

[19] SCHOLTES J，VAN DER MEER B.Temperature and strain gauge measurements in the TNO-PML cook-off test [R]. DTIC Document，1997.

[20] 李文凤，余永刚，叶锐，等.不同升温速率下 AP/HTPB 底排装置慢速烤燃的数值模拟 [J]. 爆炸与冲击，2017（1）：46-52.

[21] 杨筱,智小琦.炸药烤燃特性的隔热层效应研究[J].科学技术与工程,2016,16(35):198-202.

[22] 杨筱,智小琦,杨宝良,等.装药尺寸及结构对 HTPE 推进剂烤燃特性的影响[J].火炸药学报,2016(6):84-89.

[23] 王洪伟,智小琦,郝春杰,等.升温速率对限定条件下烤燃弹热起爆临界温度的影响[J].含能材料,2016(4):380-385.

[24] 王洪伟,智小琦.装药尺寸对限定条件下炸药热起爆临界温度的影响(英文)[J].Journal of measurement science and instrumentation,2015(3):234-239.

[25] 姚奎光,钟敏,代晓淦,等.缓慢热作用下 PBX-9 炸药的响应特性[J].火炸药学报,2015(6):56-60.

[26] 于永利,智小琦,范兴华,等.自由空间对炸药慢烤响应特性影响的研究[J].科学技术与工程,2015(5):280-283.

[27] 张亚坤,智小琦,李强,等.烤燃温度对凝聚炸药热起爆临界温度影响的研究[J].弹箭与制导学报,2014(1):69-72.

[28] 雷瑞琛,常双君,杨雪芹.低易损性 PBX 炸药烤燃试验方法研究[J].广东化工,2014(4):43-44.

[29] 殷明,罗观,代晓淦,等.高固含量 HMX 基浇注 PBX 的烤燃试验研究[J].火炸药学报,2014(1):44-48.

[30] 智小琦,胡双启.炸药装药密度对慢速烤燃响应特性的影响[J].爆炸与冲击,2013(2):221-224.

[31] 陈朗,马欣,黄毅民,等.炸药多点测温烤燃实验和数值模拟[J].兵工学报,2011(10):1230-1236.

[32] 智小琦,胡双启,李娟娟,等.不同约束条件下钝化 RDX 的烤燃响应特性[J].火炸药学报,2009(3):22-24.

[33] 殷瑱,闻泉,王雨时,等.北约不敏感弹药标准试验方法[J].兵器装备工程学报,2016(10):1-7.

[34] 梁晓璐,梁争峰,程淑杰,等.不敏感弹药试验方法及评估标准研究进展[J].飞航导弹,2016(6):84-87.

[35] 陈朗,李贝贝,马欣.DNAN 炸药烤燃特征[J].含能材料,2016(1):27-32.

[36] 张亚坤,智小琦,李强,等.RDX 基炸药热起爆临界温度的测试及数值计算[J].火炸药学报,2014(1):39-43.

[37] GLASCOE E A, HSU P C, SPRINGER H K, et al.The response of the HMX-based material PBXN-9 to thermal insults:Thermal decomposition kinetics and morphological changes[J].Thermochimica acta,2011,515(1):58-66.

[38] 刘文杰,李小东,王晶禹,等.升温速率对烤燃弹温度影响的数值模拟[J].中北大学学报(自然科学版),2015(4):440-445.

[39] 向梅,黄毅民,饶国宁,等.不同升温速率下复合药柱烤燃实验与数值模拟研究[J].爆炸与冲击,2013(4):394-400.

[40] 代晓淦,黄毅民,吕子剑,等.不同升温速率热作用下 PBX-2 炸药的响应规律[J].含能材料,2010(3):282-285.

[41] 王洪伟,智小琦,刘学柱,等.限定条件下聚黑炸药烤燃试验及热起爆临界温度的数值计算[J].火炸药学报,2016(1):70-74.

[42] 陈科全,黄亨建,路中华,等.一种弹体排气缓释结构设计方法与试验研究[J].弹箭与制导学报,2015(4):15-18.

[43] 程波,李文彬,郑宇,等.不同约束条件下 ANPyO 炸药快烤试验研究[J].爆破器材,2013

（5）：53－56.

[44] 董克要. 橡胶隔层对炸药烤燃速率的影响 [J]. 科技信息，2012（30）：425－426.

[45] 徐双培，胡双启，王东青，等. 壳体密封性对小尺寸弹药快速烤燃响应规律的影响 [J]. 火炸药学报，2009（3）：35－37.

[46] HAMEED A，AZAVEDO M，PITCHER P.Experimental investigation of a cook-off temperature in a hot barrel ⌊J⌋. Defence technology，2014，10（2）：86－91.

[47] 吴世永，王伟力，苗润，等. 不同尺寸装药烤燃特性的数值模拟研究 [J]. 中国测试，2016（10）：85－89.

[48] 安强，胡双启. 装药密度对钝化黑索金快速烤燃特性的影响 [J]. 四川兵工学报，2010（10）：64－66.

[49] 冯晓军，王晓峰. 装药孔隙率对炸药烤燃响应的影响 [J]. 爆炸与冲击，2009（1）：109－112.

[50] GLASCOE E，DEHAVEN M，MCCLELLAND M，et al.Mechanisms of Comp-B Thermal Explosions [R]. Lawrence Livermore National Laboratory（LLNL），Livermore，CA，2014.

[51] SORBER S，STENNETT C，GOLDSMITH M，et al.Developments in a small scale test of violence [C] //AIP Conference Proceedings，2012：563－566.

[52] BAUERL C L，RAEF P J，STENNETT C，et al. Small scale thermal violence experiments for combined insensitive high explosive and booster materials [C] //14 th International Detonation Symposium，Idaho，USA，2010：974.

[53] HOOKS D E，HILL L G，PIERCE T H.Small-scale deflagration cylinder test with velocimetry wall-motion diagnostics [R]. Los Alamos National Laboratory（LANL），2010.

[54] BAKER E，DEFISHER S，MADSEN T，et al.Warhead Venting Technology Development for Cook-off Mitigation [C] //Proc.of 2006 Insensitive Munitions & Energetic Materials Technology Symposium，Bristol，United Kingdom，2006.

[55] MADSEN T，DEFISHER S，BAKER E，et al.Explosive venting technology for cook-off response mitigation [R]. DTIC Document，2010.

第三部分　弹药导弹延寿与非军事化

1. 弹药导弹维修理论与技术

基于 RCMA 的导弹产品储存期维修策略研究

史连艳，李　青

（陆军工程大学石家庄校区，河北石家庄 050003）

摘　要：本文在以可靠性为中心的维修理论基础上，结合某型导弹产品维修现状，提出了适用于导弹产品的维修策略总体方案，研究了导弹重要功能产品的确定方法，故障模式、影响及故障分布，确定了重要功能产品的维修工作类型和维修级别。

关键词：RCMA　维修策略　重要功能产品

1　问题提出

传统上，以可靠性为中心的维修分析（RCMA）主要是基于连续工作、能够连续监测工作状态的产品提出的。对于长期贮存、一次性使用的导弹产品，弹上大多数设备在其贮存和战备值班过程中长时间处于非工作状态，并且大多数设备是否故障不能实时检测，RCMA 中的一些概念、分析方法需要做出适当的调整才能适合在导弹产品中推广应用。比如，RCMA 的目的是通过采取适用而有效的预防性维修工作防止功能故障的发生[1]，而不是确定是否发生了功能故障，但对于导弹产品这种长期贮存产品而言，目前采取的定期检测是为了确定产品是否发生故障，显然与通常意义上 RCMA 的目标不一致，考虑到导弹产品长期贮存过程中通常不进行连续监测，通过恰当的定期检测，修复故障产品。但对于导弹产品而言，贮存期间是否应该定期检测？检测周期确定为多少合理？是否应该采取射前检查措施？上述问题对于开展导弹以可靠性为中心的维修分析、提高导弹的战备完好性和任务成功率具有重要意义。

2　导弹产品 RCMA 的原则和流程

2.1　导弹产品 RCMA 的原则

（1）运用 RCM（以可靠性为中心的维修）原理，结合导弹产品武器系统的设计思想、制造水平、管理能力、维修保障设备，针对使用部队的实际情况，来开展对应产品以可靠性为中心的维修分析工作。在装备的研制与使用过程中，应当结合实际的工作情况，针对相应的工作结果进行调整，并不断补充。

（2）充分运用系统工程学的原理，发挥设计、制造、使用维修、科研管理部门的经验和特长，充分吸收已有成熟设计相似系统的改进、维修和使用经验，尽可能地制定一个科学合理的预防性维修大纲。

（3）贯穿全寿命周期的原则，在我国现阶段，缺乏有效全面的保障系统，导致武器装备的战备完好性不高，保障能力差，这也是我国复杂装备系统普遍存在的问题。因此在进行导弹产品 RCMA 工作的时候，需要保证设计人员与管理人员建立装备发展的全系统、全寿命观念，从研制初始阶段开始就要考虑装备的维修保障问题，确定保障要求，进行所需的保障采办工作；在使用阶段以最低的费用与最少的资源消耗提供产品所需的保障。

2.2　导弹产品 RCMA 的流程

系统和设备以可靠性为中心的维修分析是导弹产品 RCMA 工作的核心，它是对弹上非结构部分产品进行的分析工作，经过分析来确定导弹产品所需要采取的预防性维修工作要求，包括需要进行预防性维修的产品、预防性维修工作类型、维修工作间隔期等，并提出维修级别的建议。

其具体工作流程如图 1 所示。

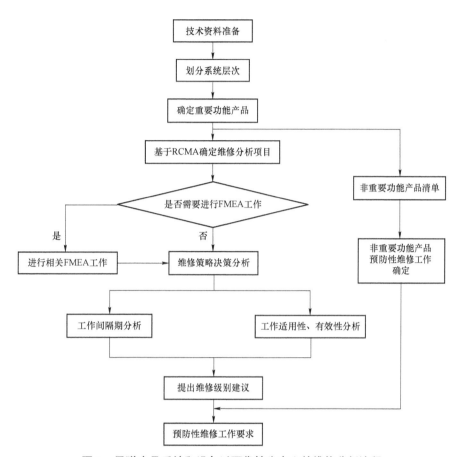

图 1　导弹产品系统和设备以可靠性为中心的维修分析流程

3　导弹产品故障分析

3.1　故障规律

导弹产品组成复杂，弹体结构以金属材料为主，同时雷达天线罩以及隔热层等又以复合材料为主，此外，弹上还有许多密封圈、减震器等主要以非金属材料为主。弹上制导控制系统是典型的机电产品，由各种各样的集成、分离电子器件组成，还包括各种光学元件、陀螺、加速度计等机电产品。弹上还有各种各样的压簧、拉簧等弹性元件。弹上电器控制系统主要由若干电磁继电器组成；动力系统根据工作原理不同，有冲压发动机、涡喷发动机和涡扇发动机等；组成燃油系统的各种管路、气路非常复杂。此外，弹上广泛使用各种电池、电爆管、起爆器、点火器等一次性使用的火工品。

导弹产品出厂以后大部分时间处于贮存和战备状态，导弹贮存期间，主要承受温度、湿度等环境影响；导弹战备期间还需要经受一定的振动应力，而且温度、湿度环境条件也要比贮存环境条件恶劣许多。此外，导弹在寿命周期中还要经受一定的运输、装卸等环境条件。

因此，不同的寿命剖面下，不同的弹上产品其故障规律也有很大的不同，工程统计分析表明，导弹产品贮存期间故障率随贮存时间增加具有一定的耗损特征，工程上，一般认为其贮存故障率服从 Weibull 分布或对数正态分布。对于机载型号导弹其挂飞可靠性一般认为服从指数分布，车载和舰载型号导弹故障率一般认为服从 Weibull 分布、正态分布和对数正态分布。此外，对于弹上一次性使用的火工品等产品，一般按照二项分布分析其可靠性。

3.2 导弹产品故障分类

可以从多种角度对故障进行分类，如功能故障与潜在故障等。

功能故障是指产品不能完成规定功能的一种故障状态，潜在故障是产品即将故障但还没有故障的一种临近状态。由于导弹产品使用维修具有自身特点，通常情况下关于功能故障和潜在故障的分类不完全适用于导弹产品，因此，本文从预防性维修的需求出发对导弹产品故障分类如下。

（1）功能故障指检测发现产品不能完成规定功能的事件或状态。这里的检测包括地面和发射前利用测试设备或火控系统完成的检测以及设备自检。

（2）导弹产品发射飞行前，基层级能够发现的故障都归为明显功能故障，包括在技术准备、战备值班等过程中通过测试设备、火控系统或者系统自检等手段发现的各种类型的故障。

（3）导弹产品发射飞行前，基层级不能够发现的所有故障都归为隐蔽故障。

（4）发射飞行前不可检测，但存在可鉴别的临近故障状态的故障定义为潜在故障。导弹产品在贮存和战备值班过程中，零部件、元器件的疲劳、腐蚀、老化、退化等故障模式如果是可以鉴别的，都可以归为潜在故障。

4 导弹产品 RCMA 的维修决策分析

4.1 重要功能产品的确定

确定弹上重要功能产品的目的是根据故障后果的严重程度确定哪些产品需要做预防性维修，哪些产品可以在检测发现故障后再做处理。

确定重要功能产品是一个自上而下、粗略的过程，如果没有准确的信息表明某一产品是否为重要功能产品，应将该产品暂时划分为重要功能产品。

本文采用层次分析方法评价产品重要度，主要从以下几个方面对导弹装备的产品重要度进行评价：可靠性影响（包括对发射安全性的影响、对飞行成功率的影响、贮存故障率、维修等待时间）、经济性影响（维修保障费用）、维修性影响（维修可达性）、测试性因素（可检测性），如图 2 所示。按以下步骤进行。

（1）从系统级开始至可在导弹上直接更换或修复的最低层次的单元为止，逐层列出各个产品，形成装备结构图。

（2）从系统级开始自上而下对各个层次的产品进行重要功能产品判定。如果某一产品被确定为重要功能产品，则应继续判定其下一层次的产品是否为重要功能产品，此过程反复进行直至非重要功能产品或可在导弹上直接更换或修复的最低层次的单元为止。

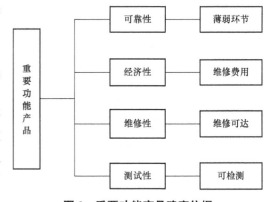

图 2　重要功能产品确定依据

4.2 维修方式决策研究

装备维修方式主要有以下三种：预防性的定时维修方式、预防性的视情维修方式、按可靠性水平监控的事后维修[2]。在应用逻辑决断图确定预防性维修工作类型的基础上，采用模糊综合评判法确定导弹产品的维修策略。

1）确定评价指标
用模糊综合评判法定量地进行导弹维修方式决策，首先需要确定维修方式影响因素。

2）确定评价因素集合

$$U = \{u_1, \ u_2, \ u_3, \ u_4\}$$

3）确定评语集

根据导弹产品维修策略，把评语集分为定时维修、视情维修和事后维修。

4）确定模糊评判矩阵

根据导弹发射的各评价因素，可以组成以下模糊评判矩阵：

$$R = \begin{bmatrix} r_{11} & r_{12} & r_{13} & r_{14} \\ r_{21} & r_{22} & r_{23} & r_{24} \end{bmatrix}$$

5）确定权重向量

利用层次分析方法，可以得到各影响因素的权重向量。储存可靠性权重 $A_1 = (a_{11}, a_{12})$，维修性权重 $A_2 = (a_{21}, a_{22})$，经济学权重 $A_1 = (a_{31}, a_{32}, a_{33})$，可测试性权重 $A_4 = (a_{41}, a_{42})$。

6）维修方式模糊综合评判

先对评价因素进行评判，得出评判结果 $B_i = A_i \circ R_i$，式中"$\circ$"为模糊算子。

再对性能因素进行评判，由 B_i 构成性能因素的模糊评判矩阵 $B = [B_1 \quad B_2 \quad B_3 \quad B_4]^{\mathrm{T}}$。

7）评判结果的处理

综合评判结果是模糊集，根据最大隶属度原则，取与评判结果的最大值相对应的评语集元素为最终评判结果，即 $V = \{V_i \mid V_i \to \max B_i\}$，则可以通过上述计算结果对应该采取的维修方式做出科学合理的决策（图3）。

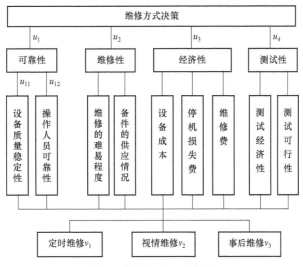

图3 维修方式评价指标

5 基于可靠度约束的预防性维修策略优化模型

5.1 成本函数分析

假设导弹在有限时间区间 $[0, T]$ 内共进行了 n 次预防性维修，总维修保障费用包括设备故障的小修费用和延寿大修的维修费用。

1）小修成本

假设第 i 个延寿大修周期内导弹共发生 F_i 次故障，导弹单次故障平均维修成本为 C_r，则第 i 个延寿大修周期内的维修成本为 $C_r F_i$，$[0, T]$ 贮存时间内产品的总故障维修成本为 $\sum C_r F_i$。

2）延寿大修成本

延寿大修成本与寿命回退因子 α_i、导弹贮存时间 τ_i 和预防性维修时间 t_i 具有某种函数关系，第 i 次延寿大修所花费的成本可表达为 $C_p(\alpha_i, t_i, \tau_i)$，具体的函数表达形式可以通过部队使用维护数据统计分析得到，则［0，T］贮存时间内设备的预防性维修成本为$\sum C_p(\alpha_i,t_i,\tau_i)$。

所以优化目标函数为：$\min C_t = \sum C_r F_i + \sum C_p(\alpha_i,t_i,\tau_i)$。这里的$F_i = \int_t^{t+\tau_i} \lambda_t \mathrm{d}t$，$\lambda_t$为设备故障率。

5.2 可靠度优化模型

导弹贮存可靠度 R（t）是导弹贮存期检测不发生故障的产品数与产品总数的比率。可以推导出设备在各个预防性维修周期内的可靠度表示为

$$R_i(t_i) = \exp\left[-\int_{a_i}^{\tau_i+a_{i+1}} \int_t^{t+\tau_i} \lambda_t \mathrm{d}t\right]$$

综上，基于可靠度约束的预防性维修策略优化模型就是在保证$R_i > \lim R$的约束下，总维修费用最小，即$\min C_t = \sum C_r F_i + \sum C_p(\alpha_i,t_i,\tau_i)$。限于篇幅，关于维修间隔期将另文叙述。

参考文献

［1］贾希胜. 以可靠性为中心的维修决策模型［M］. 北京：国防工业出版社，2007.

［2］赵建忠，丁广兵. 以可靠性为中心的维修分析在导弹武器装备维修工作中的应用研究［J］. 质量与可靠性，2012（1）：10－13.

某型导弹维修辅助系统设计

雷　磊，张建虎，崔新友，李林涛，吴　勇

（陆军工程大学军械士官学校）

摘　要：导弹维修辅助系统可以满足部队日常训练、平时维修、战时保障等多重需求，为部队基层连队提供维修资源、训练手段和作业指导。本文重点分析了该系统的主要功能、设计方案及设计思想。

关键词：基层维修　导弹维修　辅助系统

0　引言

某型反坦克导弹是我国自主研制的便携式反坦克导弹装备，制导精度高、抗干扰能力强、便于快速机动作战，是目前配发部队的典型反坦克导弹武器装备。经广泛调研，部队基层维修保障力量弱、维修经验缺乏、维修训练手段单一，特别是缺少直观性强、紧密贴近装备维修实际的设备手段。急需研究设计一套面向基层级维修的某型导弹装备维修保障辅助系统。

1　系统功能

基于部队维修保障实际，结合该型导弹装备自身特点，该维修保障辅助系统主要用于维修作业指导、故障案例分类查询、维修数据记录、案例学习扩展、远程技术支援，重点提供简单故障排除、复杂故障排除、战场抢修指导、工具备件查询、专家技术支持、数据信息管理等具体功能。

2　总体设计

本系统采用客户/服务器结构设计，主要包括面向基层维修人员的 Android（安卓）平板电脑客户端与面向管理设计人员的数据服务器端，系统结构框图如图 1 所示。中央数据库是整个系统的核心，客户端软件的人机交互、故障智能诊断和知识库维护等功能模块都是在本地 SQLite 数据库的基础上运行。客户端和服务器之间硬件上可通过 USB 接口、局域网、广域网无线或有线连接。中央数据库提供与外界的通用接口，服务器端提供数据库维护管理软件，可为其他应用软件提供数据支持。数据库服务器是系统

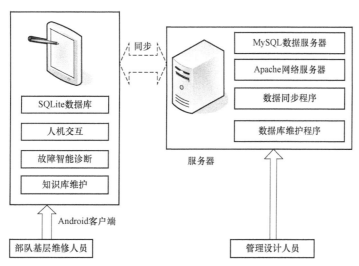

图1　系统结构框图

运行的基础，它包括为管理用户提供的数据服务器以及数据库维护软件。管理用户利用软件将各类资料按规定的数据结构、格式输入服务器并保持更新；检查客户端上传的数据等实现对数据服务器的更新。其主要功能包括数据传输控制、对客户端的数据传输申请、进行身份权限验证、提供下载、对上传的数据进行分析处理以及数据共享服务、为相关软件系统提供数据支持。

3 单元设计

3.1 服务器端设计

服务器端采用 MySQL 数据库服务器和 Apache 网络服务器，动态语言采用 PHP 语言，管理人员可以通过网络的方式访问维护服务器。数据库维护程序主要用于管理人员对数据库进行维护设计。数据同步程序为客户端提供数据同步功能，当客户端请求与服务器连接时，自动检查数据是否一致，如果不一致，提醒客户端进行数据下载。MySQL 数据库包括装备系统结构表、维修信息表、采集数据表、装备相关信息表。结构表是数据库的核心，各信息表以相关编号为主键与结构表中对应级别项目关联。MySQL 数据库所含数据信息整体结构如图 2 所示。图 3 为装备系统结构划分及编号数据信息。

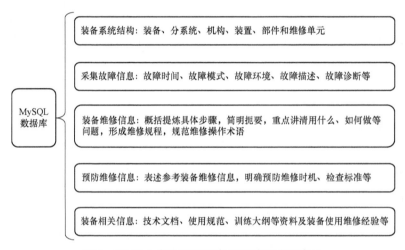

图 2 MySQL 数据库信息数据结构组成示意图

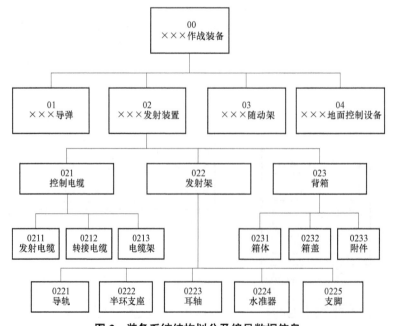

图 3 装备系统结构划分及编号数据信息

3.2 客户端设计

系统客户端终端可采用安卓平板电脑或浏览器，实现了跨平台的通用性，其中安卓平台硬件采用宽屏幕平板电脑，系统可分为四层，结构层级如图 4 所示。最底层是由 Android 系统提供的各种基本功能，如 SQLite 数据库、本地文件系统以及相机、GPS（全球定位系统）、传感器等。第二层为 PhoneGap 桥，它是由 PhoneGap 的核心函数来完成的，它主要用来与 Android 底层功能进行沟通，以供上层调用。第三层为 PhoneGap API 函数和 UI 框架。PhoneGap API 提供了对 Android 底层进行调用封装好的函数。UI 框架主要由 jQuery Mobile 来完成，主要提供系统界面用户接口，用于人机交互。最上层是 HTML5 配合 CSS（层叠样式表），使用 JavaScript 作为业务动态语言，完成系统各种业务功能，即本系统研发的主要层级。

客户端软件是一套基于案例的专家系统，其中知识库系统由知识库、推理机和知识库管理模块组成。知识库的功能是储存有关知识，包括各部件工作原理、信号流程、专业知识和专家的决策经验和科学数据以及该系统在决策运行中积累的经验。知识库维护模块是知识库系统的关键，知识库管理模块把领域专家的知识输入知识库中，并负责维护知识的一致性及完整性，建立起良好的知识库。首先由知识工程师向领域专家获取知识，然后再通过相应的知识编辑软件把知识送入知识库中或由系统直接与领域专家对话获取知识，或者通过系统的

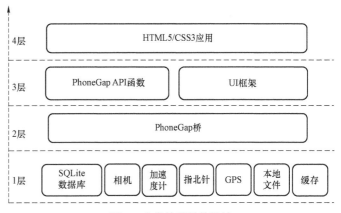

图 4　安卓终端结构设计

运行实践，归纳、总结出新的知识和案例，修改或删除原知识库中不适用或有错的知识和规则。推理机是推理类别、目标的识别、推理命令的发配及规则的激活机制。图 5 为导弹装备故障诊断专家系统结构示意图。

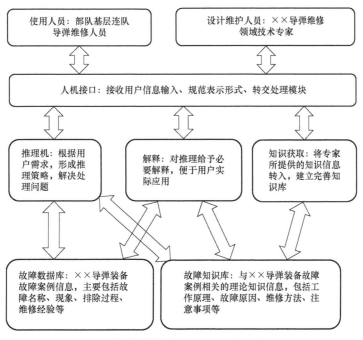

图 5　导弹装备故障诊断专家系统结构示意图

4　结束语

应用结果表明：该系统能及时地为部队基层维修人员提供丰富的维修信息，把装备维修专家与现场维修人员紧密联系起来，便于快速准确地确定故障维修方案，有效地提高装备维修效率，能够满足日常学习训练、平时装备维修、战时装备抢修等不同场合需求。

基于 RCM 的弹药类产品电子设备维修检测决策

陈明华 [1]，宋一凡 [2]，贾云献 [2]

（1. 军械研究所，河北石家庄 050003；

2. 陆军工程大学石家庄校区，河北石家庄 050003）

摘　要：本文针对现代战争条件下信息化弹药光电组件等电子设备长期储存后可靠性下降的问题，提出利用以可靠性为中心的维修（reliability centered maintenance，RCM）理论对信息化弹药进行维修决策研究，在对弹药进行故障规律与失效分析的基础上，找出各种环境应力对弹药电子设备的影响，利用以可靠性为中心的维修理论解决决策问题。

关键词：RCM　信息化弹药　电子设备　故障规律　失效分析

弹药在战斗中起着直接摧毁敌人的重要作用，这就要求弹药在寿命周期内的任一时刻投入使用时，应具有以很高概率首发命中或首批覆盖的高可靠性，否则将丧失战机，甚至遭到敌方的还击，对我军作战力量造成毁伤破坏的严重后果。而通过相关研究我们可以得出这样的结论：对弹药来说，最重要的两个指标是"命中"和"摧毁"，也就是要提高其精度和威力[1]。

在信息化战争条件下，为了提高我军远程压制、精确打击和高效毁伤能力，增强部队战斗力，近年来我军研制生产装备了多种信息化弹药[2]。其代表弹种主要有三类：简易制导远程火箭弹系列、炮射导弹系列、末制导炮弹系列[3]。与传统弹药相比，信息化弹药组成部分中采用大量的光电组件，如激光接收机、陀螺仪、电子时间装置等，其分系统与系统之间的失效相互耦合、关联性复杂，使弹药由单一的机械化学产品发展成为集光机电化于一体的高技术产品[4]。而在经过长期储存后，弹药必然要经受温度、湿度、电磁、振动等各种环境应力的作用，其内部元件尤其是电子设备随储存时间必会出现一定变化，最终导致弹药的可靠性降低，影响到作战任务完成度与安全性。为恢复弹药的战斗技术指标，需要对弹药中的电子类设备在适当的时间进行预防性维修，确保弹药处于良好的质量状况，满足部队的战备需求。本文基于此类作战需求背景，提出了利用 RCM 理论对弹药类产品电子设备维修进行检测决策的方法。

1　RCM 理论的发展

以可靠性为中心的维修，是指按照最少的维修资源消耗保持装备固有可靠性和安全性的原则，应用逻辑决断的方法确定装备预防性维修要求的过程。本文以此理论为出发点，从可靠性的角度探讨对弹药类产品电子设备开展预防性维修检测决策及实施步骤。

20 世纪 70 年代中叶以来，军用电子设备的复杂化、自动化、大型化及信息化导致传统的"随坏随修"和"定期维修"在设备故障后果及经济影响后果上越来越不可接受。从 20 世纪 60 年代起，许多国家，特别是美国民航界运用现代科学技术，对飞机维修的基本规律进行了研究，逐渐形成了以可靠性为中心的维修理论。20 世纪 70 年代后期，美国联合航空公司通过对可靠性与拆修间隔之间的关系研究发现，89% 的设备故障根本不需要做定时拆修，从而严重动摇了传统维修思想的基础。1978 年，美国联合航空公司诺兰等发表了专著《以可靠性为中心的维修》，标志着建立在逻辑决断分析基础上的以可靠性为中心的维修更加理论化和系统化。20 世纪 80 和 90 年代，RCM 理论在实践上趋于成熟和完善。如今，国外典型的 RCM 逻辑决断图有四种：诺兰的 RCM、MSG-3、RCMⅡ和美国海军的 MIL-STD-2173（AS），它们基本原理类似，但又各具特色，适用于不同的领域。

而在国内我军 20 世纪 70 年代后期引进以可靠性为中心的维修，1992 年发布了 GJB-1378《装备预防性维修大纲的制定要求与方法》，标志着 RCM 正式成为我军装备维修的重要理论之一[5]。

2 弹药的故障规律与失效分析

电子设备故障模式分布主要有三类：正态分布、威布尔分布、指数分布。通常正态分布主要用于因磨损、老化、腐蚀而出现故障的设备故障统计分析；电子设备中的继电器、断路器、开关、磁控管等元器件的故障服从威布尔分布；而作为威布尔分布的特例的指数分布模型，主要用于分析电路的短路、开路、机械结构损伤的故障模式[6-7]。通过对状态统计数据及维修经验的分析总结，本文认为该类电子设备基本符合经典的浴盆曲线故障规律。

弹药的失效模式、失效机理和判据难以掌握，需要结合部组件与全弹的各类试验，以及相关平行件的自然贮存环境试验和加速寿命试验，分析确定信息化弹药失效模式、失效原因、故障机理和失效规律，为其性能检测项目的确定、加速寿命试验应力的选择、可靠性指标体系的构建、贮存寿命的评估和维修内容的确定提供基础支撑。

在弹药的全寿命过程中，失效应力主要源自储存使用环境中的温湿度应力的影响，如表 1 所示。

表 1 温湿度应力对电子元器件的影响[8]

名称	温度效应	湿度效应
电阻器	电阻增大，短路，断路	电阻增大，短路，断路
电解电容器	电解质泄漏增加；使用寿命缩短；漏电增大；电容变化很大；串联电阻随温度降低而增加	绝缘电阻减小；介质击穿增加；短路增多
云母电容器	绝缘电阻增大；银离子移动；漂移	银离子移动
纸质电容器	电容改变；绝缘电阻减小；功率因数增加	绝缘电阻减小；功率因数增加
晶体管	漏电增大；增益改变；短路与断路增加	漏电增大；电流增益减小
线圈	翘曲；熔化；不稳定；电介质特性改变	电解；腐蚀
二极管	击穿电压改变；漏电增大；短路、断路增加	漏电增加

此外，弹药失效应力还会以机械应力、电磁辐射与脉冲干扰、生物及自然条件等其他形式呈现。

3 RCM 分析的目的及步骤

3.1 RCM 分析的目的

RCM 分析常用于确定装备的预防性维修大纲，其根本目的有[5]以下两个。

（1）通过确定适用而有效的预防性维修工作，以最少的资源消耗保持和恢复装备可靠性与安全性的固有水平。装备可靠性和安全性的固有水平是由设计与制造所赋予的，通过进行适用而有效的预防性维修，可以使其固有水平充分发挥。

（2）提供必要的设计改进所需的信息。通过 RCM 分析，可以有效地发现对装备的可靠性、安全性和维修保障等有重大影响或后果的设计缺陷，为改进设计提供重要信息。

3.2 RCM 分析的步骤

3.2.1 确定重要功能产品

对于设备而言，其零部件数量繁多，如果都要进行详细的以可靠性为中心的维修分析，工作量较大，也无此必要。确定重要功能产品，就是对装备中的产品进行初步筛选，提出明显不需要做预防性维修工作的产品。

对弹药的结构进行分析,根据弹药组成以及功能作用将弹药系统划分为子系统、部件、零部件等几个部分,以便根据故障类型确定重要功能产品和非重要功能产品。常规弹药结构较为简单,可分为弹丸、引信、装药、底火、装药药筒五大元件。新型弹药结构较复杂,对其进行 RCM 分析比常规弹药要求更高。

3.2.2 进行故障模式和影响分析

RCM 的第二步,就是对选定的重要功能产品进行故障模式及影响分析(Failure Mode Effect Analysis,FMEA),确定其所有的功能故障、故障模式、故障原因和故障等级,为下一步维修工作逻辑决断分析提供所需信息。

RCM 理论要求收集弹药出厂前的质量信息和长期处于储存状态的弹药可靠性信息,既要包括生产制造过程中的质量信息,又要有从生产后到维修此段时间的可靠性信息。由于现实中信息渠道不够完善、记录不准确等一些原因,可靠性信息往往不能全面。为弥补此类信息,必要时进行一些可靠性试验,获取可靠性信息。

对弹药进行可靠性分析,采用 FMEA 方法,在弹药的功能产品中确定弹药的薄弱环节,确定维修的最有效方式。

3.2.3 进行逻辑决断分析

重要功能产品的逻辑决断分析是以可靠性为中心的维修分析的核心,通常应用逻辑决断图确定对各重要功能产品需要做的预防性维修或其他处置。对弹药系统的安全性、任务性和经济性进行逻辑决断分析,确定维修类型以及维修工作方式。其中对于弹药而言,安全性和任务性为分析侧重点。

3.2.4 进行统计分析,确定维修方式

在 RCM 理论中,维修方式分为三种:定时维修、视情维修和事后维修[5]。由于弹药本身的特殊性,要求其必须具备较高的安全可靠性和作用可靠性,为此在弹药的维修方式中,最为常用的方式为定时维修和视情维修;在存在严重的安全隐患时对弹药进行报废处理。

对弹药的定时维修以时间为标准,定时维修有相对固定的维修周期。定时维修的方式为定期对部分部件维修和定期更换部件。视情维修方式不受时间限制,在对弹药的检查、试验中获得部件可靠性状况,以此来确定是否需要进行维修和需要维修的部件。

根据弹药维修逻辑决断分析,参照维修方式选择的原则,对维修方式和技术要求维修时机进行确定,并制定详细的维修大纲和维修规范等维修性文件,对不同弹种和不同可靠性的同种弹药采取恰当的维修方式。

4 结束语

本文通过对弹药类产品中电子设备的故障规律特点的分析,掌握了弹药的失效模式、失效机理受不同环境应力影响的变化,应用 RCM 理论对该类产品设备开展预防性维修,在实际应用中取得良好成效,为弹药装备在现代战场上发挥战斗力提供了有力保证,促进 RCM 理论在我军装备维修保障领域的普及与推广。

参考文献

[1] 王琦,穆希辉,吕晓明,等. 通用弹药维修计划决策研究 [J]. 军械工程学院学报,2015,27(2):14-18.

[2] 牛跃昕,穆希辉. 信息化弹药贮存寿命评估研究展望[J]. 装备环境工程. 2013,10(5):94-97,101.

[3] JOSEPH M. Effect of long-term storage on electronic devices [R]. USA:US Army Armament

Research，Development and Engineering Center，1995.

［4］甘茂治，康建设，高崎. 军用装备维修工程学：2 版 ［M］. 北京；国防工业出版社，2005.

［5］ELSAYED E A. 可靠性工程：2 版 ［M］. 杨舟，译. 北京：电子工业出版社，2013：14－22.

［6］朱大奇. 电子设备故障诊断原理与实践 ［M］. 北京：电子工业出版社，2004：25－30.

［7］仲伟君，赵晓利，李德胜. 弹药类产品中电子元器件的失效分析 ［J］. 电子元器件应用，2004，6（7）：10－13.

2. 弹药导弹非军事化理论与技术

报废便携式防空导弹改制靶弹可行性分析

宋佳祺，朱　珠，毕　博

（中国人民解放军驻一一九厂军代室，辽宁沈阳　110034）

摘　要： 本文对报废便携式防空导弹改制靶弹可行性进行了分析，提出了具体改进方案及应注意的事项，并利用仿真软件进行了仿真，计算结果与理论分析结论相符，对于高价值弹药剩余价值发挥具有一定的借鉴意义。

关键词： 便携式防空导弹　改制　靶弹

0　引言

某型便携式防空导弹是我国第一代便携式防空导弹，20 世纪 80 年代初完成国内设计定型，累计交付部队导弹××余发，目前剩余近××发，导弹设计寿命××年，截至目前最后一批交付的产品也已超过贮存期 10 年，作为一类高价值弹药，全部销毁将造成巨大浪费。近年来，随着部队实战化训练强度不断加大，对各类低空、超低空防空武器靶标的需求日益增大。导弹相比于目前通用的火箭弹靶弹具有航路可控的特点，更能模拟实际目标。将部队存储的超期导弹改制为靶弹，将取得重大军事、经济效益。

1　目标特性分析

目前各类低空、超低空防空武器攻击目标主要包括四类：战斗机、直升机、巡航导弹和无人机。四类目标主要平均参数对比如表 1 所示。

表 1　四类目标主要平均参数对比

目标类型	平均长度/m	平均飞行高度/m	平均速度/（m·s⁻¹）	机动过载	辐射强度（中红外波段、前半球辐射）
战斗机	17.22	0～15 000	305	4	20～150
直升机	19.67	0～6 000	60	较小	5～90
巡航导弹	5.56	0～250	225	较小	5～30
无人机	12.5	0～8 000	34	较小	—

通过对上述目标参数进行分析，改制靶弹需在性能参数上做出相应的调整，以达到模拟目标的要求。由于某型导弹的尺寸较小，蒙皮反射截面积较小，不适合作为雷达制导弹的靶弹。导弹改装成靶弹后，提供的红外能量的部件正好符合红外制导导弹敏感目标的部件，因此导弹改装成靶弹后更适合作为红外制导导弹攻击的目标。导弹在飞行时，由于弹体遮挡及尾喷管较小，尾喷管不容易被探测到，弹体的红外辐射能量较小，因此发动机尾焰是重要的红外辐射源。发动机工作后从喷口排出的气体主要是二氧化碳和水蒸气，它们均是选择性辐射体，约在 2.7 μm 和 4.3 μm 区间中，在目前国内红外制导导弹探测器的敏感波长内。

退役导弹改制靶弹是对报废弹药资源化利用的新模式，能够有效发挥报废弹药的剩余价值，综上所述，改制靶弹的原则有以下两个。

（1）尽量利用导弹原有各部件，改动量尽可能少，以节约成本。

（2）充分发挥导弹弹道可控的性能优势，提供尽可能多的飞行航路，为现役导弹试验训练提供更多的选择。

2 改制方案

2.1 改制目标

对便携式防空导弹改制为靶弹进行综合分析需解决以下三个问题：一是降低导弹速度。某型便携式防空导弹巡航速度约为 500 m/s，而目前国内常用的靶机或靶弹速度为 250~350 m/s，因此必须采取相应措施降低导弹飞行速度。二是延长供靶时间。供靶时间一般是指靶弹在一定高度平飞的时间，供靶时间越长越有利于导弹训练操作，根据仿真计算结果，某型导弹在 300~3 000 m 不同高度的供靶时间为 12~18 s，但根据前期论证结果，靶弹最小供靶时间应大于 15 s，因此，需要采取措施延长供靶时间。三是预设不同高度航路。通过改进导弹控制系统设计，实现可供选择的多种航路模式。

2.2 改制措施

根据以上提出的三个改制目标，结合部队实际需要，对某型导弹的改制重点应围绕以下方面：①改进导弹气动布局和推力特性，实现降低飞行速度、延长供靶时间的效果；②改变导弹结构，在弹体上加装强红外源，大幅增强靶弹的红外特征；③改制导弹的电子舱，通过参数装订逻辑电路实现多种预设航路，充分发挥导弹航路可控的优势，最大限度提高改制靶弹的费效比。

（1）电子舱改造。某型导弹是一种自寻的制导导弹，其制导信号是由红外导引头探测得到的目标方位信息经过解算得来的，而改造为靶弹后，由于没有目标，因此无法形成控制信号对导弹进行导引控制，所以考虑采用独立回路弹的控制方式，利用导引头的 ϕ 角信号对导弹的飞行弹道进行控制。保留原导弹电子舱的产生 ϕ 角信号、混频比相信号、线性化信号的电路，保留自动驾驶仪电路，将 ϕ 角信号代替 Udy 直接作为制导信号引入自动驾驶仪。经过仿真计算，改造后导弹起控时间如表 2 所示。其工作过程为：在产品供电后开始工作，当收到发控设备传来的装订信号后，对装订信号进行判断，以舵开关闭合为零时基准（t_0），针对不同装订信号输出不同控制参数，即 ϕ 角信号作为控制信号的起控时刻。

表 2 控制信号起控时刻

平飞高度/m	方案二的起控时刻/s
300	2.5~14
800	8~20
1 400	9~20
2 000	14~22
3 000	15~28

（2）舵机舱改造。某型导弹的舵机舱内装有舵机、涡轮发电机、角速度传感器、解调器、燃气发生器、稳压整流器、插座和待发组件。导弹飞行过程中，燃气发生器产生一定压力的气体供给舵机，驱动舵面偏转，而后作为涡轮发电机工作的动力源，使涡轮发电机发电，作为弹上电源。依据靶弹技术指标要求，靶弹的最长供靶时间要求为 21 s，考虑到靶弹供电及飞行控制的要求，通过仿真计算可知燃气发生器的工作时间需要达到 30 s，因此需要增加燃气发生器及其药柱的长度，以使其工作时间达到要求。

（3）战斗部舱改造。由于改造成靶弹后，不再需要原导弹战斗部的功能，而战斗部的装药无法单独取出，因此需要更换新的战斗部舱段壳体，战斗部舱内部空间用于容纳燃气发生器增加部分，另外需增加配重以保证靶弹整体的质量质心与改造前保持一致。

（4）动力装置改造。由于发射发动机的空间利用率不大，不需较大改变。若想要改制后靶弹满足巡航速度 300 m/s，平飞时间不小于 16 s，则主发动机推力必须做出调整。已知原导弹的主发动机常温总冲为×× N·s，工作时间×× s，考虑到靶弹主发动机工作时间较长，从安全角度出发，总冲控制在 7 200 N·s 以下，装药节省下来的空间填充绝热材料。改造主发动机的重点是需要研制长航时、低推力且同时具有足够红外辐射的发动机。

（5）头部外形改造。根据仿真计算，在维持导弹原有外形不变的情况下，为了使导弹平飞段的飞行速度降到 200～300 m/s，并维持较长的飞行时间，需要将原发动机的巡航段推力降到约 60 N，这种推力特性对发动机的设计来说难度非常大。而若要增加发动机的推力至 150 N，必然会使导弹飞行速度增大，超出要求的范围，因此，采用增大导弹阻力系数的方法，使得推力增大的情况下，导弹飞行速度不会增大。增大导弹阻力系数的一个最有效的方法便是减小导弹头部整流罩外形的曲率，使其更"钝"。改制后靶弹头部外形如图 1 所示。

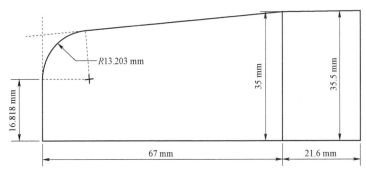

图 1　改制后靶弹头部外形

2.3　效果验证

用 Matlab 仿真软件 Simulink 对数学模型进行编译并计算，得出理论弹道仿真计算结果。根据靶弹性能指标要求，选取靶弹的飞行高度为 300 m、1 400 m、3 000 m 的弹道进行仿真计算，仿真结果如图 2～图 4 所示（图中实线为飞行高度，m，点画线为速度，m/s）。

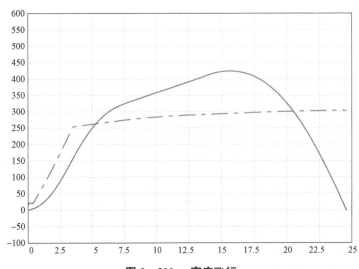

图 2　300 m 高度飞行

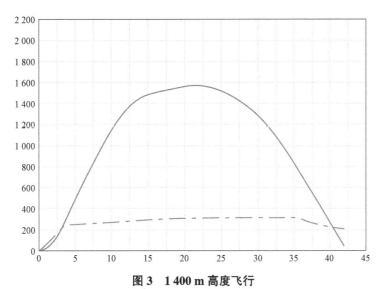

图 3　1 400 m 高度飞行

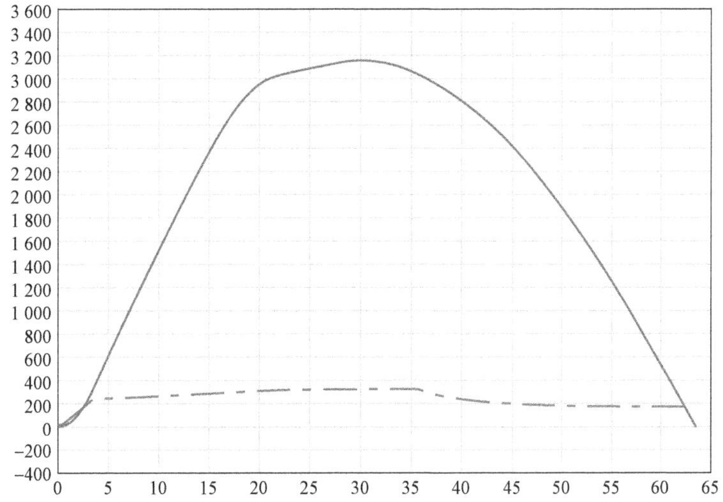

图 4　3 000 m 高度飞行

通过以上弹道仿真计算可以看出，按照该方案进行改造，靶弹能达到的巡航速度为 287～325 m/s，靶弹供靶时间为 17～20 s，靶弹巡航段高度为 300～3 000 m。可见，靶弹的速度性能、供靶时间、巡航高度能够满足技术指标的要求。

3　结束语

报废便携式防空导弹改制靶弹还应进一步加强导弹安全性评估工作，确保改制过程安全。同时还应对导弹各零部件的剩余寿命进行研究，保证改制后的靶弹仍能具备一定时间的存储性能。

参考文献

[1] 叶尧卿. 便携式红外寻的防空导弹设计 [M]. 北京：中国宇航出版社，1996.
[2] 钟诚. 靶弹飞行器纵向通道控制器设计研究 [D]. 长沙：国防科学技术大学，2011.

浅谈未爆无柄手榴弹就地销毁

苟勇强，陈雪礼，郭　宁

摘　要：本文对无柄手榴弹在实弹投掷训练中产生未爆弹的原因进行了分析，根据未爆手榴弹的特点，介绍了使用电力法销毁未爆手榴弹的方法，提出了销毁处理中的安全要求。

关键词：无柄手榴弹　未爆弹　销毁处理

无柄手榴弹是步兵常用的单兵近战武器，手榴弹实弹投掷训练是部队"双实"训练的重要内容。然而，由于受手榴弹生产缺陷、储存管理环境和使用方法不当等多方面因素的影响，少量手榴弹不能正常作用，从而产生未爆弹。未爆手榴弹的处理危险性高、组织难度大、专业技术强，盲目移动或碰触会增加安全风险。多年来，我军虽然在未爆弹处理方面进行了大量的实践研究，科学制定了未爆弹处理方法步骤，但是，这种方法步骤只是对未爆弹处理的一种科学指导，就不同种类未爆弹处理而言，需要在实际工作中进行更为精细的筹划。针对上述问题，我们结合多年来的未爆手榴弹实际处置的经验，对安全销毁未爆手榴弹进行了思考和总结，提出了实际操作中的安全要求，对未爆手榴弹销毁具有一定的指导意义。

1　无柄手榴弹基本结构及未爆弹产生原因

1.1　无柄手榴弹基本结构

无柄手榴弹一般分为弹体和发火机构两部分。弹体由弹壳、主装药组成，为增加爆炸后杀伤密度，有些手榴弹在弹体内加入直径较小的钢珠。发火机构由连接体、延期引信（延期雷管）、击发体及其扭簧、保险销和保险握片等组成。弹体装药一般为大威力、高猛度、高爆速、低感度炸药。延期时间在 2.8～4.5 s 之间。

投掷时，右手握紧保险握片，左手将保险销拔出，投出手榴弹后，击发机构在扭簧驱动下推动保险握片翻转，释放击发机构和保险机构，击锤击发火帽，火帽点燃延期引信（延期雷管），经过一定的延期时间，引爆弹体装药，达到杀伤目标的效果。

1.2　未爆弹产生原因

依据参加未爆弹手榴弹排爆工作和专家分析，笔者认为造成无柄手榴弹未爆的原因有以下两点。

（1）使用方法不当。手榴弹实弹投掷训练存在一定的危险性，在实弹投掷训练过程中可能因为组织不够严密、训练不认真、投掷手过度紧张等多方面原因，而出现未拔掉保险销就将手榴弹投掷出去的情况，此时，手榴弹虽未解除保险，但是从实际情况判定，手榴弹已经超出安全落高，属于危险品，如果盲目捡拾、触碰，很可能出现安全问题，造成不可挽回的严重后果。因此，将这种情况视为未爆弹进行处理。

（2）手榴弹质量问题。无柄手榴弹结构比较简单，只有扭簧、保险销和保险握片等较少金属零件，而且工厂对此类简单金属零件的加工工艺非常成熟，基本不会出现金属件加工问题带来的安全隐患，但是在手榴弹装配过程中有可能出现漏装零件这种小概率事件，如果出现这种情况，极有可能会造成手榴弹不爆，甚至会出现早炸现象。无柄手榴弹未爆还可能与主装药或延期引信（雷管）有关系。主装药质量问题主要包括两个方面，一是长期储存过程中受环境应力的影响，其作用可靠性降低；二是在生产过程中，主装药自身存在缺陷，延期引信（雷管）作用时不能引爆主装药，从而出现未爆弹。由于延期引信（雷管）不作用或作用不可靠而导致手榴弹未爆的情况主要有两个方面的原因，一是延期药或雷管主装药的质量不过关，也可能是由于长期储存后质量变化比较明显；二是大批量生产时加工工艺把握不严，可能漏装或少装雷管主装药，发火时能力不够而导致手榴弹不爆。

2 未爆手榴弹的排除

2.1 准备工作

（1）资料准备。在充分学习掌握待处理未爆弹相关知识的基础上，根据待处理未爆手榴弹的种类、批次、数量，科学制定销毁方案和应急预案，主要包括任务来源、方案制定依据、目标与原则、组织与分工、工具器材、销毁规程、作业要求等内容，尤其要制定严格翔实的未爆手榴弹就地销毁处理操作步骤及方法，并充分考虑其安全技术要求。

（2）器材准备。根据手榴弹性能、投掷环境和安全要求，充分准备未爆手榴弹处理所需工具器材，主要包括防爆服、排爆工具箱、防爆箱、铜芯线等，对电点火机、电阻测试仪、铜芯线进行备份准备，认真检查工具器材，确保使用安全、作用可靠。

（3）业务培训。对参加野外排爆人员进行思想教育和安全教育，认真学习相关法规制度，还要组织学习掌握相关手榴弹战术技术指标，对相关业务技能、工具器材操作使用等内容进行系统的培训，使作业人员进一步熟悉规章制度，掌握操作规程，增强安全防范意识。

（4）风险评估。处理未爆手榴弹之前，要对整个活动进行安全风险评估，根据未爆手榴弹的特点，从人员思想素质、器材工具、未爆弹状态、场地环境和组织管理等方面进行满足安全要求程度的评估，尽可能避免或减少危险。

2.2 就地销毁

（1）警戒清场。出现未爆手榴弹后，应立即停止实弹投掷训练，并派出警戒组进行警戒，警戒范围一般以弹径的毫米数×10、以米为单位作为半径确定警戒区域范围。由于特定地域的限制，对未爆手榴弹的警戒存在特殊性，如果实弹投掷场地满足规定警戒范围，应严格按照规定执行，如果不能满足，可以灵活设置警戒位置，确保警戒范围内禁止无关人员和牲畜进入。

（2）勘查位置。出现未爆弹 15 min 后，由一名作业组人员（一般为操作员）着防爆服对未爆弹位置进行勘查确定，按照未爆弹规定标识方法进行标识。同其他未爆弹位置勘查工作不同的是，手榴弹的弹着点比较集中，在较小区域内进行搜寻时会受到手榴弹破片、握片及爆后零件的影响。在勘查过程中，未爆手榴弹如果未出现在视野范围之内，应沿投掷场边缘向中心位置搜寻，动作要轻，认真排查疑似未爆弹的破片、握片等零部件；如未爆手榴弹出现在视野范围之内，可直接进行位置标定。

（3）炸毁作业[1]。未爆手榴弹位置确定后，多用电力炸毁法进行就地炸毁处理，主要内容包括起爆器材的检查、起爆装置制作、点火线路的布置与检查、起爆点火实施等内容。炸药块及雷管的请领工作，一般由组织实弹投掷训练的单位负责，受投掷训练场地条件的限制，很多单位没有设置专门存放炸药块和雷管的设施，因此，需要准备两个防爆箱，按照地爆器材有关规定将雷管和炸药块分开存放，并安排专人进行看守。

起爆器材的检查。起爆器材的检查主要包括电点火机（电源）的检查、检测仪器的检查、电雷管的检查和导线的检查。要严格按照使用说明书对电点火机和检测仪器进行作用可靠性检查，如果使用其他电源，需要根据负载大小和连接方式计算爆破电路所需电压，进而确定电源是否恰当。所使用的电雷管要进行外观检查、导通检查和点爆试验，确保电雷管作用可靠。导线的检查主要包括外观检查和导通检查，要确保导线无破损折断、无短路断路等现象，并具有一定的抗拉强度。

起爆装置制作。根据未爆手榴弹的战术技术指标和实际位置来确定使用 TNT 炸药块的数量，一般情况，炸毁未爆手榴弹需要两块 TNT 炸药块和两个军用 8 号工程爆破电雷管，选择隐蔽场地，由操作员着防爆服将电雷管插入炸药块雷管孔，用绝缘电胶带进行固定。

点火线路的布置与检查。根据所需炸药块的数量、电源和场地条件，确定电雷管使用数量和连接方法。根据未爆手榴弹位置的特殊性，选择合适的位置安放好起爆装置，原则是确保未爆手榴弹被彻底炸毁。点火线路的布置一般由一人操作，将起爆装置同干线连接，连接处使用绝缘胶带包裹。用检测仪器对全线路的导通进行检查，判断线路是否正常，如果正常，将干线的另外一端连接电点火机，其他人员即行隐蔽，如果电阻值不正常，应对线路进行排查，确认正常后再行连接。

起爆点火实施。线路布置和检查完毕后，点火人员向现场指挥员报告"点火前准备完毕"，其后现场指挥员发布"准备点火"的指令。警戒人员得到"准备点火"的指令后，应再次巡视观察禁区内有无无关人员和牲畜，当确认禁区内无人、牲畜时，向现场指挥员发出"警戒安全"的回令，然后警戒人员利用地形隐蔽。现场指挥员在收到"警戒安全"的口令和"点火准备完毕"的回令后，对现场瞭望观察，确认炸毁场内无异常情况后，即可发出"点火"指令。实施点火作业时，首先是作业组长将电源钥匙或电点火机手柄交给点火操作员；点火操作员将点火干线的端头接到电源或点火机的接线柱上，进行点火准备；最后需经作业组长同意，点火操作员按下点火按钮实施起爆。

2.3 爆后现场清理与剩余炸药块销毁

根据现场观察和爆炸声音对炸毁效果进行判断，如果起爆完全彻底，起爆 5 min 后指挥员发出"清理火场"的指令，命令作业组人员进入火场进行清理。如果出现未起爆现象，则必须经过 30 min 后才准许作业组进入火场探查情况，待查明原因后，根据现场情况实施第二次销毁。对剩余炸药块和电雷管可进行炸毁处理，其操作步骤及注意事项同排除未爆弹一致；根据上级要求及场地情况，也可将电雷管进行炸毁处理，将炸药块做烧毁处理。

3 无柄未爆手榴弹的排除经验

不同种类的无柄未爆手榴弹处理方法、步骤区别不大，诸多细节及需要注意事项仍需在实践过程中进一步完善，根据多次未爆手榴弹的处置经验，笔者对一些细节和注意事项进行了总结：一是要进行科学合理的预判和想定，如果出现意外情况，以自身防护情况、场地环境等为依托，尽可能避免或减少伤害。二是尽可能排除一切可能触碰未爆弹的因素，尤其要注意安放起爆装置时，以起爆装置最大起爆面将未爆弹夹于中间位置；三是在保证可靠炸毁未爆弹的前提下，尽量缩短处于安全半径范围内的时间；四是排爆过程中严禁携带电子设备，排除电子设备对操作人员的影响；五是检查电雷管时要充分释放身体静电，双手接触湿地三次后方可取用电雷管和炸药块；六是除起爆装置同主导线连接后，其余时间要确保主导线两端、电雷管和起爆装置可靠短接并接地，如有条件，尽可能接入湿地。

参考文献

总装备部通用装备保障部. 报废通用弹药销毁处理 [M]. 北京：国防工业出版社，2010.

通用弹药弹带剥离机设计研究

邓　涛，苟勇强，张　勇

摘　要： 本文针对现阶段通用弹药弹带无专用剥离机具的现状，提出设计能够针对多种口径的炮弹弹带进行剥离的专用机具设计方案，对其技术指标、机具结构、工作原理进行了概括介绍，并对应用效果进行了试验分析。

关键词： 弹带　弹带剥离机　设计方案

弹药销毁时，以紫铜为材料的弹带回收利用价值较高，目前回收的主要方法是先用车床车掉弹带燕尾槽，再由人工用锤子将弹带砸落进行剥离回收。该方法劳动强度大、工作效率低，且极易造成作业人员受伤。从弹药销毁安全彻底和集约高效节能要求出发，研制一台自动化程度高、剥离弹带速度快、安全系数大、可靠性好的弹带剥离机具，实现弹带安全、高效回收的需求。

1　技术指标

适用范围：口径为 85～152 mm 弹丸弹带剥离。

工作环境：温度范围为 –25～55 ℃，相对湿度不大于 75%。

工作电源：市电电源供电，电压为 380 V，频率为 50 Hz。

结构和组成：整机由床身、动力系统、数控系统、拖板部件等部件组成。

整机尺寸：2 000 mm×1 700 mm×800 mm，总重量为 2.5 t。

工作效率：152 弹丸 15 发/h，130 弹丸 10 发/h，122 弹丸 15 发/h，100 高弹丸 20 发/h，85 加弹丸 25 发/h。

2　结构设计及功能实现

2.1　机具主要组成及功能

机具整体布置方案如图 1 所示。

图1　机具整体布置方案

该机具主要结构示意图如图 2 所示。

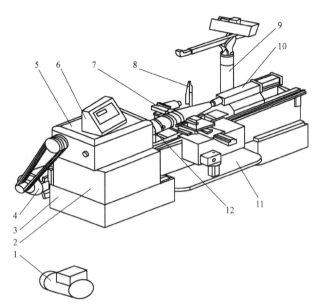

图 2　弹带剥离机主要结构示意图

1—压缩空气系统部件；2—机床床身；3—左床头箱；4—主轴动力系统部件；5—主轴变速箱部件；6—数控系统部件；
7—拖板部件；8—冷却润滑系统部件；9—助力器部件；10—尾座部件；11—料盘；12—主轴刹车部件

床身是机具的核心机械零件，整体铸造而成，为整个机床提供支撑和导向作用，安装有配套的导轨，能使顶尖支座和拖板沿导轨面移动和定位。控制系统主要由人机界面、数控电路板、按钮、步进电机、步进电机驱动器、变频器及开关电源等组成。气动系统由空压机、气缸、电磁阀及气管组成，其主要作用是为主轴刹车装置气缸和尾座顶尖气缸提供气源。

动力系统主要由主轴电机、可调电机座、三角带及三角带轮、变速箱体、三爪卡盘及退料装置组成，实现弹丸按照设计的转速和步骤进行动作，完成剥离后由退料装置送出弹丸。

拖板部件主要由大拖板、小拖板、大拖板行走减速机构、铣刀电机及托弹架等组成。大拖板由步进电机带动行走，实现大拖板沿 Z 轴的运动，小拖板由步进电机带动行走，实现小拖板 X 轴的运动，以此来控制铣刀和车刀进刀和退刀，完成对弹丸的车削和铣削工作；托弹夹主要对弹丸起到支撑作用，其高低可根据不同弹种进行调节，在弹丸夹紧后与弹丸脱离解除，不影响弹丸旋转。

冷却润滑系统主要由水箱、水管、水泵及电机组成。水箱布置于床身右侧，在对床身进行支撑的同时，实现冷却液的循环，在切削中提供冷却和润滑。

2.2　工作原理及流程

工作原理：弹带是将加热后的紫铜压入弹体燕尾槽加工而成，其连接处有一个缺口，机具设计思路就是在弹带对向 180° 方向上铣槽，保证弹带至少断成小于 180° 的小段，然后车掉一侧燕尾槽，利用车刀对弹带的摩擦作用将弹带带出，完成剥离作业。控制系统部件是整个机器的神经中枢，控制各机构有序地协调工作。整机工作流程如图 3 所示。

2.3　主要技术特点

弹药弹带剥离机主要用于我军通用弹药的销毁工作，设计思路新颖，采用了很多创新方法和技术，具体如下。

数控系统采用基于 ARM 的控制核心，各部件运动控制精确，针对不同弹种只需要输入相应预设参数，实现弹带铣削、车削、剥离自动作业，大大提高了工作效率，降低了人员劳动强度。

其采用可调式弹丸托架，根据不同弹种，调整托架高度，保证弹丸中心、三爪卡盘中心和顶尖中心符合同轴度要求，使弹丸夹紧快捷、准确。

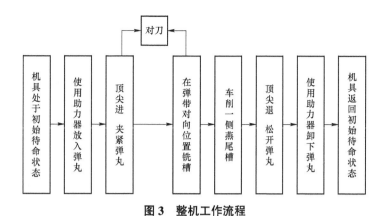

图 3 整机工作流程

该机具能实现 54 式 122 榴杀爆榴弹弹丸双弹带的剥离工作，解决了以往机具无法对该弹丸弹带进行剥离的难题。采用模块化的设计思想，使得该机具结构合理、简单紧凑、美观大方、维护方便。

3 应用效果分析

使用项目样机对五个弹种的 50 发弹丸进行弹带剥离试验，经过单发和连续剥离试验，弹带回收率超 95%，符合设计要求，试验结果如表 1 所示。

表 1 弹带剥离机试验数据

弹丸名称	数量/发	弹带平均回收/%	顺利性	安全性
某型 85 mm 加农炮榴弹弹丸	10	97.2	顺利	安全
某型 100 mm 高射炮空炸杀伤榴弹弹丸	10	96.3	顺利	安全
某型 122 mm 榴弹炮杀伤爆破榴弹弹丸	10	96.5	顺利	安全
某型 130 mm 加农炮杀伤爆破榴弹弹丸	10	97	顺利	安全
某型 152 mm 加农炮杀伤爆破榴弹弹丸	10	96.5	顺利	安全

样机通过试验后，由某部报废弹药销毁机构在年度销毁工作中进行应用，其认为该机采用全数控设计，针对不同弹种只需输入相应预设参数，即可进行自动作业，提高了工作效率，降低了人员劳动强度，同时有效解决了以往机具无法对双弹带进行剥离的难题。可以看出，通用弹药弹带剥离机能够满足多个弹种弹带的剥离任务，结构合理、安全可靠、研制难度较大，具有较大的经济效益。

低压二相混合射流在弹药处理方面的应用

纪新刚

（河北锐迅水射流技术开发有限公司，河北保定 071000）

摘　要：弹药安全销毁和回收再利用通常会运用到报废弹药拆解技术。低压二相混合射流水切割技术是一种新颖的报废弹药拆解销毁方式。本文主要针对低压二相混合射流在弹药处理方面应用的安全性进行探讨，对该项技术目前的应用情况、应用前景和研究方向进行阐述。

关键词：报废弹药　拆解销毁　安全　水射流　二相混合射流

0　前言

在和平年代，每年世界各国为战备而存储的弹药都会有大批进入报废期，如何安全环保地处理报废弹药一直以来也是各国研究的弹药销毁方向。传统处理方式为遗弃、掩埋、焚烧、爆破、拆卸倒空等销毁方式，在不同程度上遗留了安全隐患，造成了环境污染和资源浪费。自 20 世纪 90 年代，高压水射流技术开始应用于废旧炸药的处理中，这种新技术的应用更容易满足当今社会对报废弹药安全销毁、回收再利用的要求。本文主要探讨低压二相混合射流水切割技术在报废弹药拆解销毁过程中的应用。

水射流切割是近 30 年发展起来的新技术，将水加压转换成高速高能的束流，对材料具有极强的冷态冲蚀作用，适合于切割各种压敏、热敏材料和易燃、易爆材料等。水射流切割按照工作介质的不同大致可以分为两类：一类是以纯水或其他液体作为能量载体，其出口压力值低，适于切割或清洗软质材料；另一类是以添加了固体磨料的混合液作为能量载体，也叫磨料射流切割。加入磨料，大大提高了切割功效，适于硬质材料的切割作业，如对大口径炮弹外壳的环切。

1　二相混合射流的安全优势

影响炸药爆炸的因素非常多，对于水射流而言，影响其爆炸的主要因素就是冲击压力和冲击温度。

1.1　混合射流水切割的冲击压力

通常磨料水射流根据工作原理不同可分为二相混合射流与三相混合射流。三相混合射流是目前比较常见的一项水切割技术，其工作原理是先将水加压，高压水经过混合腔时由于"空化效应"，将磨料吸入混合腔与高速水流混合、加速，产生高能混合射流。这种混合射流切割方式因在磨料被吸入的同时会吸入空气，所产生的是气液固三相混合射流。由于磨料进入混合腔时间短，吸收水的能量不充分，磨料加速仅能达到水流速的 25%左右，因而切割能力低，所需工作压力一般达到 200 MPa 以上。二相混合射流是将磨料与水预先混合共同加压后，直接输送到切割喷嘴，从而产生液固两种混合物形成的高速射流。因磨料与水混合得均匀、充分，磨料粒子的加速时间长，获得的能量高，对物料的作用效果更加突出，故其工作压力可以大大降低，所需的工作压力一般为 20～50 MPa。一般情况下，对于大部分的报废弹药销毁处理，二相混合射流切割在正常工作水压下，安全性是有保障的，切割效率也能达到实用需要，是一种安全可行的弹药切割新方法。三相混合射流与二相混合射流对比示意图如图 1 所示。

1.2　混合射流水切割的冲击温度及产生的火花、静电

根据炸药起爆的"热点说"理论分析，只有在炸药中形成热点，持续一定的时间（10^{-7} s 以上），达

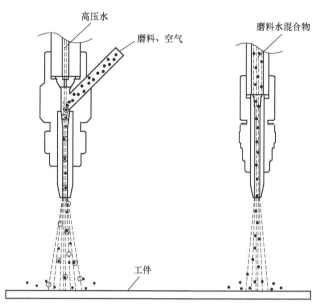

图1　三相混合射流与二相混合射流对比示意图

到一定的尺寸（半径 $10^{-5}\sim10^{-3}$ cm）和温度（300~600 ℃）时，炸药才会发生爆炸。磨料水射流冲击炸药主要是通过磨料的冲击动压进行作用，是一种冲蚀破碎而不是绝热压缩，并且一般工况下磨料水射流切割后的最高温升仅有 20~30 ℃。

　　三相混合射流因由气、液、固三种物质构成，部分气泡在与高压水和磨料混合的过程中，吸附或包裹在磨料颗粒上，在射流切割过程中，磨料颗粒冲蚀撞击工件表面，切缝中会出现磨料与金属摩擦产生的微弱火花。由于空气的包裹和接触，火花不能立即得到降温，火花颗粒存在时间较长，在切割弹药时尚存在一定程度的安全隐患。而二相混合射流中几乎仅有磨料和高压水混合，在射流切割时磨料颗粒冲蚀撞击工件表面，虽然同样会产生摩擦热量，但是水射流中的磨料颗粒被水浸润包裹，高压水束同时会淹没被切割物表面，使得磨料颗粒与被切割物所产生的热量均得到吸收冷却。通过水对切割过程的润滑作用，从而抑制了热点的产生和成长，降低了炸药的冲击感度。高速水束的冷却与减摩作用，也是抑制炸药起爆的决定性因素。三相混合射流与二相混合射流产生火花对比图如图2所示。

图2　三相混合射流与二相混合射流产生火花对比图

　　在射流磨料颗粒冲蚀撞击工件表面时，摩擦不仅会产生火花，同时会伴随静电产生。水作为一种导体，可以将摩擦撞击产生的静电传导释放，从而消除静电的积聚效应。三相混合射流由于部分磨料颗粒被空气包裹，空气的导电性能比较差，产生的静电不能全部得到有效的传导释放。而二相混合射流由于磨料几乎完全被水包裹,其切割水流为连续的,可以将产生的静电及时传导释放掉,不会产生积聚效应所造成的危害,同时还可以释放被切割物本身的静电。

2 低压二相混合射流水切割技术在弹药处理领域的应用

20 世纪 90 年代,二相混合射流技术原理已得到初步研究。直到 2003 年,"水刀坊"品牌创始人纪新刚在协助部队销毁一批历史遗留弹药时,才开始研究将此项技术应用在弹药销毁领域,研制低压二相混合射流水切割设备。经过大量的试验与技术研究,研制出成型样机并取得了相关技术专利。

2010 年 6 月,低压二相混合射流水切割设备在野外执行了解剖航弹任务(图3),安全地将其销毁。被销毁的航弹两端各有一个引信,内部为融入式 TNT,当量 500 kg 左右,弹长约 150 cm,直径约 50 cm,弹体壁厚 2 cm。利用低压二相混合射流水切割设备环切,一次性剖开了其外部钢制壳体、TNT 炸药层、内部引爆管,形成了断层式剖面,创造了世界首例在野外解剖航弹的纪录。

图 3 航弹销毁现场图

2014 年 7 月,应用低压二相混合射流水切割设备在湖北省武警部队销毁了 6 000 余枚过期防爆弹药(图4)。所销毁的弹种有手投燃烧型催泪弹(RS97−2)、爆炸式催泪弹(WJ−37)、手投式强光致盲弹、手投式强光爆震弹、微烟型声光失能弹等。销毁过程没有发生爆炸,实现了预期安全销毁催泪弹的目的。

图 4 过期防爆弹药销毁现场图

2015 年 7 月，低压二相混合射流水切割设备协助安徽六安市公安部门成功拆解了 3 枚自制水管炸弹（图 5）和 2 枚自制手雷，整个拆解过程安全有效，达到了预期的弹药销毁效果，进一步证实此项技术适合在弹药销毁及排爆领域应用。

图 5　自制水管炸弹拆解现场图

3　水切割技术在弹药处理方面的应用前景及研究方向

作为一种处理报废弹药的新技术，水射流切割技术有着十分广阔的应用前景。与国外发达国家相比，我国的水射流处理报废弹药技术与理论还存在一定的差距，发展方向主要有以下几个方面。

向自动化、智能化方向发展。随着机器、计算机大规模应用于工业，水射流处理弹药过程的控制系统由目前的半智能化向高智能化、二维向三维发展，操作过程的工艺参数可自动适应不同种类材料的可靠处理。

向安全高效方向发展。对用于处理报废弹药的高压水射流处理设备的可靠性要求较高，因此，在保证提高设备功率的前提下，必须确保设备的组件与材料在高压的环境中稳定可靠地运行；同时需要对不同种类、不同环境条件下实现报废弹药"超安全化"处理进行深入的研究与实践。

向无污染及再利用方向发展。水射流处理报废弹药完成后，需要对大量含能废水进行无害化处理及废料的资源化回收与再利用，传统、单一的废水处理方法不能适用规模化处理后遗留的大量废水，因此需要寻求更为有效、经济、安全的含能废水的处理途径，如超临界氧化法、生物降解法等；而对于大量的废料可通过进一步处理，如粉碎、提取、降感后转制成为附加值较高的民用产品等。

向集中化、一体化处理方向发展。随着报废弹药数量日益增多，加上环保、安全等方面的制约，水射流处理报废弹药逐渐向着集中化、一体化处理模式发展。这样能最大限度地降低处理过程的风险与成本，并减少污染与提升效率。

虽然目前二相混合射流技术在销毁弹药方面已经得到了应用，但仍有很多需要深入研究和探讨的内容，有以下两个方面。

为尽可能地降低磨料在切割过程中可能产生的危险因素，需要经过大量试验验证、分析建立不同磨料与水质对切割机理影响的数据库，为深入优化用于弹药切割销毁的磨料水切割技术提供数据支撑。

低压二相混合射流水切割技术，将磨料与水预先混合加压形成高速射流用于切割。在切割过程中，磨料与水预先混合不能保证空气的绝对隔绝，且射流出口处仍会与空气接触，尚存在技术改进空间。如何达到高标准的安全切割，需要对这种混合模式进行安全优化，尽可能采用淹没射流方式进行报废弹药的切割处理，是一项值得深入研究的课题。

参考文献

[1] 李金明，可勇，高欣宝. 基于安全与环保的报废弹药分解拆卸销毁探讨 [J]. 价值工程，2011，

30（4）：195－196.

［2］韩启龙，刘凤芹，蒋大勇．高压射流处理废旧含能材料技术研究进展［J］．现代化工，2011（3）：24－27.

［3］钟树良，李振泉，柏平，等．水射流切割炸药的安全性及试验研究［J］．兵器装备工程学报，2006，27（3）：44－46.

含 RDX 弹药装药回收利用技术研究

徐其鹏，张幺玄，李芝绒，陈　松

（西安近代化学研究所，陕西西安　710065）

摘　要：本文对典型含RDX弹药装药进行了回收利用试验研究，回收到的 RDX 经晶体形貌和性能测试，满足 GJB296A-95 的指标要求，并得出该试验条件下，最佳回收效果的各因素条件，分别是搅拌强度 w 为 350 r/min，溶解时间 t 为 20 min，溶解温度 T 为 55 ℃，过滤时间为 3 min。

关键词：废旧弹药　回收　分离　国军标

0　引言

废旧弹药装药是各类武器系统的毁伤能源，是世界各国国防的重要战略储备物资。但随着弹药装药经历了三代甚至四代的产品更新，其能量和性能逐渐提高，先前产品逐渐不能满足现代战场的需求，逐步要被淘汰。废旧弹药装药数量巨大，一般的军事大国，每年的废弃量达到数千吨和数万吨，如果这种数量的危险品得不到妥善处理，带来的后果将很严重。然而，在第二次世界大战后至 20 世纪中后期，废旧弹药装药的处理方式主要是深海倾倒或露天焚烧炸毁的方式，给周围生活环境带来了巨大危害和污染[1-2]。

随着科技的进步，西方等发达国家对废旧弹药的"生死"问题非常关注，围绕安全、环保与经济三个原则，逐步形成了完整的绿色化废旧弹药装药处理体系，并逐渐形成了新兴的产业并建成了多个专门处理废旧弹药的研究机构，如美国的 NSWC Crane 公司、ATK 公司，奥地利的 BOWAS，德国的 ISL，瑞典的 DYNASAFE，乌克兰的 SE RIC "PCP"等。我国在弹药装药回收利用方面起步较晚，尚未建立完整的废旧弹药装药回收利用技术体系，更未实现工程化应用[3-5]。本文通过对典型废旧弹药装药进行回收利用试验研究，为我国废旧弹药装药的回收处理提供基础数据。

1　试验

1.1　材料和仪器

典型废旧 B 炸药药柱（RDX/TNT=60:40），柱状，自制；甲苯、丙酮（纯度≥99%），分析纯，成都科龙化工试剂厂；蒸馏水，自制。

结晶器（250 mL，带夹套），恒温浴槽：-10～100 ℃，德国 Julabo 公司；S312-40 型搅拌装置，陕西奥鑫电子科技有限公司；SHB-Ⅲ型循环水式真空泵，郑州长城科工贸有限公司；KD-6TAC 型电子天平，福州科迪电子技术有限公司；安全烘箱，南京理工大学机电总厂；1120 型高效液相色谱仪，美国安捷伦仪器公司；NEXUS870 型傅里叶变换红外光谱仪，美国 Nicolet 公司；Quanta 600 FEG 扫描电镜，美国 FEI 公司；熔点测试系统，西安近代化学研究所。

1.2　试验方法

将典型废旧 B 炸药药柱用铜质器具敲碎为 1～2 cm 的药块，通过强化处理手段，将初步处理后的药块溶解在 20～60 ℃甲苯中，过滤分离，溶解 TNT 的甲苯溶液抽滤到结晶釜，冷却结晶回收得到 TNT，分离后甲苯循环使用；滤饼用甲苯淋洗后，加入带夹套的盛有一定丙酮溶液的溶解釜中，通过强化溶解，过滤分离，将溶解 RDX 的丙酮溶液抽滤到 RDX 结晶釜，控制结晶得到 RDX，达到回收典型废旧 XX 药柱组分的目的。

1.3 分析测试

酸度测试采用氢氧化钠滴定法[6]：将 5 g 样品加入 50 mL 丙酮中，置于水浴中加热至微沸使试料全部溶解，然后加入 50 mL 水，冷却至室温后，加入二滴甲基红指示剂，用 0.05 mol/L 的氢氧化钠标准溶液滴定氢氧化钠标准溶液至试液变为暗黄色，记录氢氧化钠标准溶液消耗的体积，按上述操作进行空白试验。酸度（以 HNO_3 计）质量分数按式（1）式计算：

$$W = \frac{c(V_1 - V_2) \times 0.063}{m} \times 100\% \tag{1}$$

式中，W 为酸度，%；V_1 为滴定试样消耗氢氧化钠标准溶液的体积，mL；V_2 为空白试验消耗氢氧化钠标准溶液的体积，mL；0.063 为与 1.00 mL 氢氧化钠标准滴定溶液 [c（NaOH）=1.000 mol/L] 相当的以克表示的硝酸的质量；m 为试样质量，g。

纯度测试使用 1120 型高效液相色谱仪归一化法测试；红外使用 NEXUS870 型傅里叶变换光谱仪测试 4 000～400 cm^{-1} 间波谱并与标准样对比；熔点测试按 GJB772.110 执行。

2 性能测试

2.1 红外图谱

图 1、图 2 分别为回收得到的 RDX 和 TNT 与各自标准样的红外波谱对比图。从图中可以看出，回收到的 RDX 和 TNT 红外图谱与标准样基本一致，证明回收得到了这两种物质。其中在图 1 的 3 441 cm^{-1} 和图 2 的 3 445 cm^{-1} 处分别出现一个钝峰，说明测试时，回收的 RDX 和 TNT 中混有少量杂质。

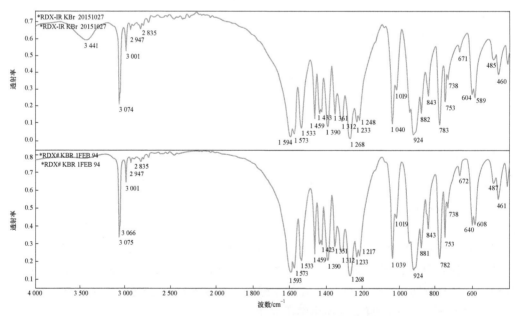

图 1 回收得到的 RDX 与标准样的红外波谱对比图

2.2 扫描电镜

图 3（a）为回收到的 RDX 实物图，外观呈粉末状白色晶体，符合目测质量要求，之后进行扫描电镜查看 [图 3（b）]，颗粒表面光滑，分布均匀，呈球形状，粒径在 100 μm 左右，这大大提高了产品的

堆积密度。

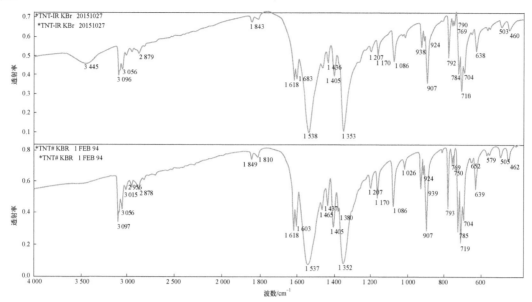

图 2　回收得到的 TNT 与标准样的红外波谱对比图

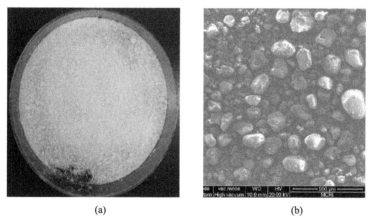

　　　　(a)　　　　　　　　　　　(b)

图 3　回收 RDX 实物

2.3　理化性能

按 1.3 部分提到的酸度测试方法、高效液相色谱分析方法和熔点测试方法对回收到的 RDX 分别进行酸度、纯度和熔点测试，结果如表 1 所示。数据满足 GJB296A-95 中熔点≥200 ℃、酸度≤0.063% 的要求。

表 1　回收 RDX 测试

测试项	酸度/%	纯度/%	熔点/℃
值	0.05	99.4	204.4

3　结果与讨论

3.1　搅拌强度对回收效果的影响

由于实验采用的是 1~2 cm 的装药药块，将 TNT 和 RDX 分离是影响回收效果的关键，TNT 的回收率高，RDX 中残留 TNT 的量就小，更能保证 RDX 的产品品质。图 4 为在固定溶解时间 t=15 min、溶解温度 T=50 ℃下，研究不同搅拌速率对 TNT 回收率的影响曲线。

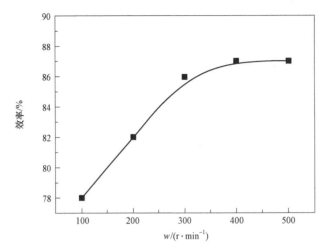

图 4　不同搅拌速率对 TNT 回收率影响

由图 4 可以看出，搅拌速率增大，促进 TNT 的回收，分离效果更好。当搅拌速率在 300～500 r/min 时，基本达到溶解速率阈值，增大搅拌速率，分离效果提升不再明显，但搅拌速率增大，增加了动力输出，且在小试条件时，500 r/min 搅拌过于剧烈，TNT 黏在壁面，降低回收率。因此，搅拌速率为 350 r/min 较宜。

3.2　溶解温度对回收效果的影响

图 5 为固定溶解时间 t=15 min，搅拌转速 w=350 r/min 时，不同溶解温度对分离效果的影响曲线。

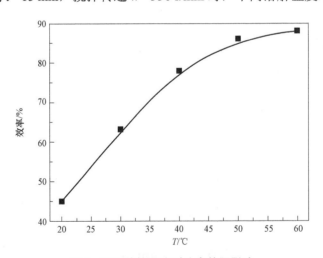

图 5　不同溶解温度对分离效果影响

从图 5 中可以看出，温度越高，对药块各组分的分离效果越好，当温度在 50～60 ℃时，基本达到溶解阈值，再升高温度，对分离效果提升不大。由于温度较高溶剂挥发性较大，增加了额外输出，因此，温度选择 55 ℃较宜。

3.3　溶解时间对回收效果的影响

图 6 为固定溶解温度 T=55 ℃，搅拌转速 w=350 r/min 时，不同溶解时间下典型废旧弹药药块各组分分离效果的变化曲线。

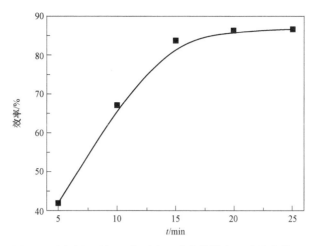

图 6   不同溶解时间下典型废旧弹药药块各组分分离效果

从图 6 中可以看出，针对 1～2 cm 的典型废旧弹药药块，溶解时间在 15～25 min 时，基本达到溶解平衡，增加溶解时间已不能提高分离效果。因此，溶解时间选择 20 min 较宜。

3.4   过滤工艺优化

试验用水环式真空泵直接抽滤，没有进行压力控制，但从真空泵表盘上读到的数据在 0.05 MPa 左右，因此，只考虑了在该真空度下抽滤时间对滤饼含湿率的影响。抽滤完成后，对滤饼称重，记为 m_1，把滤饼放在安全烘箱 55 ℃下，干燥 6 h，称重记为 m_2，有式（2）计算含湿率：

$$wet = \frac{m_1 - m_2}{m_2} \times 100\% \tag{2}$$

式中：wet 为含湿率，%；m_1 为湿滤饼质量，g；m_2 为干滤饼质量，g。

图 7 为抽滤时间对滤饼含湿率的影响曲线。从图 7 中可以看出，抽滤时间越长，固体含湿率越低，但在 3 min 后含湿率降低缓慢，实验时条件下，滤液与抽滤口相连，抽滤时间过长增加了溶剂挥发率，并且运行成本增加，因此，抽滤时间选择 3 min。

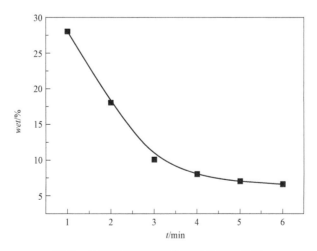

图 7   抽滤时间对滤饼含湿率的影响曲线

4   结论

（1）本文对典型废旧弹药药柱进行了回收利用试验研究，对回收到的 RDX 分别用傅里叶红外变换光谱仪、高效液相色谱仪、扫描电镜、熔点测试系统、酸度测试系统进行纯度、晶体形貌、熔点、酸度分析，结果均满足 GJB296A-95 的指标要求。

（2）本文研究了各因素对回收效果的影响规律，回收率随搅拌强度 w、溶解时间 t、溶解温度 T 的增加而提高。在实际回收操作中，搅拌强度为 350 r/min、溶解时间为 20 min、溶解温度为 55 ℃、过滤时间为 3 min 较适宜。

参考文献

[1] PANDEY R K，ASTHANA S N，GHOLE V S，et al. Waste explosive and other hazardous materials——hazard potential and remedial measures: an overview[J]. Environ Sci Eng, 2007, 49（3）: 195-202.

[2] MINH D. Solid propellant environment harmless [J]. Waste Management，1997，17（2）: 103-111.

[3] KYM B，DUANE A，et al. Recovery of nitramines and TNT from mixtures thereof: US，7521585B2 [P]. 2009-04-21.

[4] MELVIN W S. Method to extract and recover nitramine oxidizers from solid propellants using liquid ammonia: US, 5284995 [P]. 1994-08-02.

[5] 徐其鹏，陈松，康超，等. 国外废旧弹药回收全流程技术进展[J]. 飞航导弹，2016（1）: 67-73.

[6] 黑索金规范: GJB296A-95 [S]. 北京: 中国兵器工业总公司，1995.

第四部分　弹药导弹储存与供应

1. 弹药导弹供应保障理论与技术

陆军弹药运杂费建模与分析

李　江，戴祥军，姚　恺

（陆军工程大学石家庄校区弹药工程系，河北石家庄 050003）

摘　要： 随着社会经济的快速发展和陆军弹药采购与供应体制的改革，迫切需要建立与之相适应的运杂费标准和调整机制。本文研究了陆军弹药运杂费的内在规律，建立了运杂费数学模型，分析了影响运杂费标准的参数的意义和确定原则，提出了运杂费的调整机制与方法，对运杂费标准的科学制定进行了有益探索。

关键词： 陆军弹药　运杂费　数学模型

1　运杂费管理遇到的新情况

本文中陆军弹药运杂费是指使用铁路、公路或水路运输方式，运输新采购弹药而发生的运输及相关杂项费用，主要包括出入库装卸费、运输费、捆绑器材费、铁路平板取送费、过轨费、油料补助费、押运人员差旅费、押运途中补助费、通信补助费等。陆军弹药运杂费对保障弹药安全及时从工厂运达仓库和部队，调动工厂、仓库和部队各方积极性，节约装备经费起着重要作用，是陆军弹药管理中的一项经常性工作。

随着社会经济的快速发展、陆军弹药装备的更新换代和采购与供应体制的改革，弹药运杂费管理出现了许多新情况和新要求。首先，经济快速发展的同时，原材料价格、燃料价格、物价、人力成本逐年提高，无论是军工企业还是部队，运杂费的实际支出都随之增加，现行的运杂费标准难以满足现实需要。其次，随着陆军弹药装备的更新换代，新列装的弹药装备在现行的结算标准中难以找到可参考的标准，特别是一些运杂费数额较大的大型弹药装备，急需确定合理的运杂费标准。再者，随着军队编制体制的调整，陆军弹药采购与供应体制也在不断完善中，军工企业在弹药装备交接装过程中承担的作用和任务不断扩大，对其运营成本影响较大。面对这些新情况、新发展，迫切需要建立与之相适应的陆军弹药运杂费标准，健全调整机制。

2　运杂费数学模型

陆军弹药运杂费涵盖的内容繁多复杂。费用差别与所在地区经济水平、运输弹药品种数量、运输距离长短等都有直接关系。下面从运杂费的构成、结算模式入手，建立运杂费标准的数学模型。

对某种弹药来说，完成一次运输交接的运杂费为 F，其中的各项费用用 F_i 表示，即

$$F = F_1 + \cdots + F_i + \cdots + F_n = \sum_{i=1}^{n} F_i$$

各项费用 F_i 可以通过该项单价与数量来求得。如押运人员补助费是补助标准与押运人数、天数的乘积，运输费是运输单价与运输里程的乘积。即费用 F_i 可表示为

$$F_i = P_i \times Q_i$$

式中：P_i 为费用项单价；Q_i 为费用项数量。

则运杂费 F 表示为

$$F = \sum_{i=1}^{n} (P_i \times Q_i)$$

对于宏观层面和统计层面，在进行运杂费管理时，既要考虑实际运杂费情况，也要考虑标准的可实施性。目前，运杂费在结算时是按照运杂费标准，即单发（位）弹药运输所需的费用，与运输弹药数量来统计的，即运杂费 F 用下式结算：

$$F = f \times Q$$

式中：f 为运杂费标准；Q 为运输弹药的数量。

由上面两种运杂费表示公式可知：

$$F = f \times Q = \sum_{i=1}^{n}(P_i \times Q_i)$$

可求得

$$f = \frac{\sum_{i=1}^{n}(P_i \times Q_i)}{Q} = \sum_{i=1}^{n}\left(P_i \times \frac{Q_i}{Q}\right)$$

令 $C_i = \dfrac{Q_i}{Q}$，则

$$f = \sum_{i=1}^{n}(P_i \times C_i)$$

C_i 为费用率，为费用项数量折算到单发（位）弹药上的值，反映了运输弹药数量与所需费用项数量之间的比率关系。比如，运输弹药量大时，所需的运输车数量、押运人员人数、捆绑器材材料、油料等也相应增加，二者之间的数量比值称为费用率。

上述运杂费标准表达式是一种数学模型的简化和抽象。模型中，费用 F_i 用单价与数量表示、运杂费结算采用运杂费标准与运输量来计算，是在宏观统计层面基于可实施性，对运杂费进行的简化或线性化处理方法。实际上，构成运杂费的各项，有的与运输弹药存在线性关系，有的并非简单的线性关系。如押运一个车皮的弹药，无论其中弹药数量是多少，按照规定至少需要 2 名押运人员，押运费用与弹药数量之间的关系并不是简单的线性关系。线性化处理带来的偏差需要通过统计数据进行调整，如在确定运输费用单价标准时，需要统计不同地区、不同车型、不同运输距离的运输费，均衡考虑优化确定。

3 模型参数的确定原则与方法

经济社会发展的不均匀性和不确定性，给运杂费模型中参数的确定带来了很大的难度。在确定模型参数时，既要考虑计算结果的精确性，也要考虑可操作性。下面探讨确定运杂费标准的一些原则和方法。

制定运杂费标准时，具有相同或基本一致的运杂费项目和费用率的弹药归为一类。费用率 C_i 一般只与弹种类型有关，是相对比较稳定的。单价 P_i 则随地区、行业、物价、季节等因素的变化而不断变化。如装卸费与当地的劳动力价格密切相关，由于各地区的社会工资水平不同，劳动力价格差别很大，同样的工作量在经济发达地区与欠发达地区费用相差 1.5 倍左右，有些地区差别更大。此外，材料费、燃料费等也都与地区、物价、季节等因素存在较大的相关性，价格往往在一定的范围内波动。但是，如果采用分地区、时段等方法制定运杂费标准，则会增加标准的规模和复杂度，给宏观层面上进行运杂费结算带来不便。同时，价格确定还要考虑弹药运输量在全国分布的不均匀性。简单求各地区单价 P_i 的平均值，带来的问题是，运输量大的弹药，如果所在地区单价 P_i 偏大或偏小，则该类弹药的运杂费结算偏差就会增大。因此，军工企业生产的弹种和该弹种重点储备仓库，运输量相对其他地区大，在确定单价标准时，需要重点考虑。

定义 λ 为某单位或地区的运输量相对年度陆军总运输量的比值，称为运量比率。单价 P_i 可根据各典型区域的单价和运输量确定，即

$$P_i = \lambda_1 P_i^1 + \cdots + \lambda_i P_i^j + \cdots + \lambda_n P_i^m$$

$$\lambda_1 + \cdots + \lambda_i + \cdots + \lambda_n = 1$$

确定典型区域时，对军工企业，要综合考虑地区差异、行业差异、所有制差异等因素；对部队单位，要考虑单位所处的地区、距离铁路线的远近、库存弹药品种数量以及日常管理等情况，确保统计数据的来源具有代表性，准确可靠。

4　运杂费调整机制探讨

无论是社会经济水平，还是弹药装备的发展，以及弹药供应保障体制的改革，都处在不断变化中，对运杂费的影响是长期的、持续的。因此，不仅要制定与当前情况相适应的标准，更重要的是建立一种长期的调整机制，使运杂费的管理适应社会经济水平和部队装备编制不断变化的新情况。运杂费的调整机制，既要从管理体制上构建组织机构具体负责，也要构建信息管理系统为其开展工作提供技术手段支持。

当前弹药运杂费的调整缺乏一个统一的组织机构，通常是基层单位在运杂费支出与结算上出现较大问题时才逐级向上反映，陆军弹药业务部门在归拢汇总问题的基础上向财务部门和上级提出需求，再由业务部门、财务部门共同研究调整运杂费标准并上报审批。这种自下向上的流程，使运杂费的调整往往滞后，运杂费结算偏差增大。由于缺乏一个协调机制，运杂费调整的调研、论证、审批等环节流程复杂。考虑到运杂费调整的持续性特点和及时性需求，可以成立由部门首长负责、弹药业务部门及财务部门联合的弹药运杂费管理小组，对运杂费实施集中统一的协调指导，畅通运杂费调整流程，集中办理运杂费相关的规范文件。

在组织实施上，通过调研分析确定运杂费调整方案的传统方法，牵扯的人力、财力、物力和时间都较多，且采集数据主要是典型企业与部队、典型弹药产品的数据，难以做到单位全覆盖、弹种全囊括。因此，在技术手段上，急需依托信息技术构建运杂费管理信息系统，由各军工企业、仓库、部队等相关单位将当地社会经济水平及变化情况、交接装信息和运杂费实际支出情况、运杂费结算情况等信息，实时通过系统进行收集、整理、分析。应用大数据分析、数据挖掘、关联分析等智能分析功能，辅助管理小组制定运杂费调整方法与标准，使运杂费的调整更加科学、持续、及时，有效降低运杂费结算中的偏差。

5　小结

本文着眼于当前陆军弹药运杂费结算中存在的标准滞后、偏差增大、调整机制不畅等问题，对运杂费的内在客观规律进行了深入分析，建立了运杂费数学模型，分析了模型中参数的意义和确定原则方法，对科学制定运杂费标准进行了有益探索，提出从管理体制和技术手段两方面同时下手，使运杂费的调整更加科学、持续、及时，有效降低运杂费结算中的偏差。

参考文献

[1] 中国人民解放军总装备部．通用装备运杂费结算暂行标准 [S]．2002．

[2] 马正兵．我国物价水平的变动周期、传导机制及货币驱动 [J]．武汉金融，2015（7）：21-25．

[3] 中国人民解放军总装备部通用装备保障部．部队通用弹药业务管理规定 [Z]．2007．

[4] 祁立雷，等．通用弹药保障概论 [M]．北京：国防工业出版社，2010．

[5] 蔡军峰，等．弹药保障信息技术 [M]．北京：国防工业出版社，2018．

[6] 张锐．基于 Hive 数据仓库的物流大数据平台的研究与设计 [J]．电子设计工程，2017，25（9）：31-35．

[7] 刘永俊．新编制办法下软件计算材料运杂费的算法解析 [J]．铁路工程造价管理，2007，22（2）：57-59．

[8] 武敬敬．基于运筹学的铁路桥梁工程运杂费费用优化研究 [J]．经济论坛，2018（2）：113-117．

智能化战争中武器弹药的供应保障

张一丹

（陆军步兵学院 工程技术与应用系，江西南昌 330103）

摘 要：智能化战争形态主要体现在运用人工智能技术对人指挥控制能力的极大拓展，智能化战争中将会实现情报获取处理智能化、作战指挥决策智能化、武器弹药打击智能化，这些智能化会彻底改变未来战场。在智能化战争，武器弹药的供应保障贯穿整个作战过程，供应保障系统要能及时确定武器弹药打击后的供给、维修和补充。因此武器弹药的供应保障体系的完善与否，直接关系到作战的持续性和作战的成败。

关键词：智能化战争 武器弹药 供应保障体系

目前，信息技术飞速发展，智能化家电已经走进了平常百姓家。相信在不久的将来，战争也将步入智能化时代。现代高技术战争节奏越来越快，武器弹药消耗品种数量逐步增多，在供应保障方面的难度和技术要求越来越高，未来智能化战争环境下对武器弹药供应保障的要求会更高。如何在未来智能化战场环境下为作战部队提供适时、适地、适量的武器弹药保障，是对我军装备保障理论和现实提出的一个重大课题。

1 智能化战争中完善的武器弹药供应保障体系的重要性

人工智能是计算机科学的分支，是一门研究开发机器智能的学科，即用人工的方法和技术研制智能机器或智能系统来模拟、延伸和拓展人类智能的技术科学，通过模拟人类神经元网络，搭建人工神经网络，实现智能行为。智能化的四种能力标志：感知和获取信息能力、记忆和思维能力、学习和自适应能力、行为决策和实施能力。智能化战争就是指充分利用人工智能这四种能力资源的战争形态。

作战模式将由以人为主、人机交互转变为以智能机器作战为主。同样，武器弹药的供应保障模式必将实现智能化，人为的储存、运输和保障将大大限制作战任务的顺利实施。

未来智能化战争中，武器弹药的供应保障体系必须进行改革，确保适应未来智能化战争的战场需要。在未来智能化战争中无人化装备将"成群结队"地走向战场，战场武器弹药的消耗将在短时间内集中出现，这就要求有配套的智能化武器弹药供应保障系统，能够在整个作战过程中及时获取战场消耗和战场需求，能及时保证武器装备实施打击后的武器弹药的供给和补充、损坏武器的维修和再利用，实现武器弹药保障与战场需要的智能对接，使弹药和武器在战场上得到最大限度的利用。

2 未来武器弹药供应保障体系需要具备的基本能力

2.1 武器弹药储存、保管和使用智能化

目前，我军武器弹药的供应和补给还是层层申请、逐级补给，信息化程度低，虽然部队、仓库都配发使用了武器弹药管理信息系统，但还做不到对武器弹药的储存、保管、使用和登记信息化、智能化。未来的武器弹药供应保障体系要能实现对武器弹药资源的数量质量情况、保障需要、标准状态等信息进行实时、准确、透明的获取和处理，实现武器弹药储存、保管和使用智能化。

2.2 武器弹药搬运、输送和供应保障智能化

未来智能化战争中，作战武器弹药保障任务艰巨，武器弹药的搬运要求智能化和机械化，如果武器弹药的搬运还是要靠人力，根本无法满足未来智能化战场快速、精确保障的需要。同时，武器弹药的输送和供应保障除了要依托地面保障外，还必须具备海上和空中输送能力，并且在搬运、输送和作战保障过程中，要能做到全程跟踪监控、安全隐蔽，以最快的速度到达目的地，只有这样的武器弹药供应保障体系才能形成立体的、快速的、精确的作战保障能力。

2.3 武器弹药维护、保养和修理修复智能化

在战场环境下，作战过程中武器弹药容易出现损毁，要求武器弹药供应保障系统能够及时了解武器弹药的损毁状况；及时进行维护保养、延长其使用寿命；及时对损坏的武器进行修理、修复，恢复武器的使用功能。同时，该系统还必须做到在战场环境中及时发现敌军和我军的未爆弹药，对其进行修复和再利用，使其在作战中可以继续发挥作用。

3 未来武器弹药供应保障体系能力生成的基本框架设计

3.1 将智能化供应保障系统纳入一体化指挥控制平台

武器弹药供应保障和整个作战过程息息相关，从作战准备阶段所需要的武器弹药的数量、品种，到作战过程中采用的输送方式和作战结束后清理战场修复战损武器等都要与作战指挥、战场环境和作战具体情况保持一致，实现信息互通。因此，必须将武器弹药供应保障系统纳入一体化指挥控制平台，确保指挥员在作战过程中可以实时监控武器弹药的储存情况、使用情况、剩余数量、类型，随时做出对作战有利的武器弹药供应保障方案，实现作战指挥与供应保障的实时对接。比如，当作战指挥员选择了一种作战方案，这种作战方案经过智能化指挥控制平台的快速运算，得出方案对应所需的武器弹药的需求量及库存是否有能力满足当前需求、是否能够支撑作战任务的顺利完成等。

3.2 设计好智能化供应保障系统的功能框架体系

智能化供应保障系统的功能框架体系的设计目的主要是及时、准确地解决"武器弹药储存在哪里、向谁保障、输送到哪里、怎样输送、怎样确保保障的安全"等问题。因此武器弹药供应保障系统的功能框架体系的设计主要围绕上述目标来完成。

3.2.1 设计供应保障系统的智能化保管系统

智能化供应保障系统要具备武器弹药储存、保管和使用智能化能力，就需要设计出智能化保管系统，该系统需要设计三个模块，实现三个方面的功能。一是实时更新武器弹药储存环境信息，其中包括仓库的温度、湿度、安全系数，弹药的数量、质量及稳定性，武器的数量、品种及完好率，使用年限等基本信息。二是实时更新武器弹药的出入库信息，其中包括武器弹药出入库的时间、数量、品种、完好状态，出入库的经手人等信息。三是实现更新信息实时传入一体化指挥控制平台，确保上级指挥员实时掌握我军的保障实力。

3.2.2 设计供应保障系统的智能化输送系统

智能化供应保障系统要具备搬运、输送和供应保障智能化能力，就需要设计出智能化输送系统，该系统需要有以下三个方面的设计。一是该输送系统要与海陆空输送系统相连接。因为，武器弹药的输送可能需要海、陆、空三个方向的输送，确保武器弹药快速、有效地运送到达战场。二是要配有与输送系统相适应的搬运机器人及输送工具。未来战争讲究的是快，如果还要靠人力搬运肯定无法保证作战任务的顺利实施。系统要配有搬运机器人，它们可以快速、安全地将武器弹药搬运到相应的输送工具上，实

现快速搬运、有效输送。三是输送工具要具备抗打击能力和隐蔽功能。武器弹药在输送过程中的安全是重中之重，如果武器弹药不能安全到达目的地，就失去了输送的意义。因此，输送工具要设计采用抗打击材料，要设计反击装置，要有隐身功能。目前，很多国家都在研究隐身材料，相信在未来智能化战争中一定可以把这项技术运用到输送工具上。

3.2.3 设计供应保障系统的智能化修复系统

智能化供应保障系统要具备武器弹药维护、保养和修理修复智能化能力，就需要设计出智能化修复系统，该系统需要具备以下三个方面的功能。一是武器弹药搜索功能。这个功能要求配备相应的搜索机器人，它们可以在战场环境下搜索武器弹药，可以智能检测发现可修复再利用的武器弹药。二是武器弹药修复功能。这就要求配备相应的维修机器人，它们可以根据预设的功能模块检索武器弹药损坏的程度和情况，并据此进行相应的维修和保养。三是修复系统要和保管系统相联系。一旦武器弹药可以恢复使用，就列入正常可使用范围，存入保管系统，可以再使用。但修复后武器弹药根据修复的时间、修复的状态及稳定性等信息都必须留有相应的记录。

3.3 保护好智能化供应保障系统的智能技术支撑的安全

智能化系统的潜力和前景是各国充分认可的，但是，要想真正地用好智能化系统，就一定要保护好人工智能技术支撑的安全。通常智能化系统要有强大的感知和获取信息能力、记忆和思维能力、学习和自适应能力、行为决策和实施能力，这就决定了智能化系统的复杂和庞大，一旦系统中任何一部分被敌发现或摧毁，极有可能就会造成整个系统的瘫痪或崩溃，那损失将是不可估量的。因此，要想保护好人工智能技术支撑的安全，首先要考虑的是如何将这样一个或一群庞大的智能化系统隐藏好不被发现，要有足够坚固的城堡确保其不被摧毁，要有足够的技术人才能及时发现黑客活动，确保系统不被篡改和破坏或是即使被破坏也可以及时修复。

4 结束语

未来智能化战争中的武器弹药供应保障体系是利用人工智能技术，使指挥主体依托信息网络、智能机器人、智能工具等高科技产品及时掌握部队需要、武器弹药资源、保障状态等情况，实时指挥和运用武器弹药保障力量，有效修复和减少战损武器弹药的系统。该系统可以实现指挥控制和武器弹药保障完美融合，使武器弹药保障效益最大化，使武器弹药保障做到适时、适地、适量。

参考文献

王秀华，等. 构建我军通用弹药供应保障可视化系统探讨 [J]. 装备指挥技术学院学报，2008，19（3）：113-117.

ADK16A/B 筒弹储运保障适应性改进方案研究

刘彦宏

（陆军研究院特种勤务研究所）

摘　要： 本文在对 ADK16A/B 筒弹设计定型储运保障现状及存在问题分析的基础上，研究分析 ADK16A/B 筒弹储运保障适应性改进的必要性、可行性，并提出适应性改进的总体方案，以期为 ADK16A/B 筒弹储运保障难题的研究提供借鉴。

关键词： ADK16A/B 筒弹　储运保障方案　适应性改进

1　ADK16A/B 筒弹设计定型的储运保障方案及存在问题

ADK16A、ADK16B 是我军新型的防空导弹武器系统，主要以营套的方式装备陆军集团军防空旅，该武器系统已正式列装部队。作为武器系统的主要组成部分，ADK16A/B 筒弹设计定型的储运保障方案为集装储运方式，3 枚筒弹集装在 1 个集装架内构成集装单元，筒弹以集装单元的方式进行储存和运输，并配套设计了专用筒弹运输装填车、筒弹运输车、筒弹储运底架等。筒弹集装单元的装卸载使用运输装填车完成，筒弹的公路运输和出入库转运使用筒弹运输装填车或筒弹运输车，筒弹的铁路、水运、空运需使用筒弹储运底架，储运底架固定在运输载体上，筒弹集装单元置于储运底架上运输。筒弹储存保管，也是以集装的方式，集装单元置于储运底架上储存保管。

ADK16A/B 筒弹设计定型的集装储运保障方案，主要是从利于保证筒弹战备准备时间方面来考虑的，预先集装好筒弹，作战准备时一次吊装、装填 3 枚筒弹，不可否认的是可以有效缩短筒弹的装填时间，有效提升筒弹的作战准备效率。但是，通过几年实际保障工作的运转，设计定型的储运保障方案明显存在以下主要问题。

1.1　现有弹药导弹库房难以充分利用，ADK16A/B 筒弹集装单元难以出入仓库

设计定型的储运保障方案为集装式储运，筒弹集装单元的宽度为 2.9 m、高度为 1.1 m、长度为 5.8 m，现有的弹药导弹库房门口宽度基本在 2.5 m 以下，不能满足 ADK16A/B 筒弹集装单元出入库要求，筒弹无法入库储存保管，而现有仓库的改造施工作业难度大、费用高，实施困难，直接造成已生产交付的大量 ADK16A、ADK16B 筒弹，部队无法接收入库，已交付的筒弹一直由生产单位租赁地方厂房进行储存保管，严重影响部队战备训练。

1.2　筒弹集装单元出入库转运和库内堆码垛作业难度大、实施困难

筒弹集装单元除"超宽、超长"外，还"超重"，一个满载筒弹集装单元的重量达 4.5 t，设计定型的储运保障方案是出入库转运使用随装配套的运输装填车，这显然不符合弹药导弹库房作业管理规定。实现筒弹集装单元的出入库转运必须配备专用的转运设备，同时实现库内筒弹集装单元转运的装卸载以及库内堆码垛，必须配备大型吊装设备。专用转运设备不仅需要专门购置，关键是现有技术手段，利用转运设备转运"超宽、超长、超重"的筒弹集装单元作业难度大、速度慢，难以实现快速出入库作业要求。同时，现有的弹药导弹库房，由于受到库房高度限制，绝大多数库房不满足安装吊机要求，库房内无法配套建设吊机，只能使用专门的移动式搬运架车，难以满足快捷、高效的供应保障要求。

1.3 筒弹集装单元存放场地利用率低、库容浪费大

由于筒弹集装单元的装卸载以及堆码垛只允许吊装作业，而且筒弹集装单元吊装作业的连接口设在集装单元的两个侧面，为实现筒弹集装单元的吊装，筒弹集装单元存放时，相邻集装单元间必须留有一定的空间，通常需要留出 1 个集装单元的宽度（2.5 m），7.5 m 的安放区域内，只能存放 2 个集装单元垛，至少 1/3 的库容不能充分利用，集装方式储存的库容浪费大。

1.4 现有通用运输车辆不能运输筒弹集装单元，运输保障实施困难

筒弹集装单元设计定型的运输方案是使用储运底架，运输时必须将储运底架固定在运输载体上，筒弹集装单元置于储运底架上再运输。由于储运底架的宽度达 2.5 m，部队现编配的通用运输车辆均不能满足安放储运底架的要求，部队现编配的通用运输车辆无法运输 ADK16A/B 筒弹集装单元。为此，ADK16A/B 武器系统随装配套了专用的筒弹运输车和筒弹运输装填车，与武器系统配套只编配到作战部队使用，承担储运保障任务的保障部队没有编配。为保障部队编配专用运输车辆不仅需要大量的购置费用，而且利用率低、效益差。目前，保障部队有任务而没有手段，保障部队无法实施 ADK16A/B 筒弹的运输保障工作。

2 ADK16A/B 筒弹储运保障存在问题的原因分析

ADK16A/B 筒弹设计定型储存保障方案存在的问题，无论是现有仓库难以充分利用，筒弹无法入库，筒弹集装单元出入库转运、堆码垛作业难度大，筒弹储存库容浪费大，还是无法使用通用运输车辆运输，保障部队难以实施运输保障的问题，存在上述问题的根本原因是采用的集装式储运保障方案，3 枚筒弹集装在一起，构成集装单元，而集装单元的宽度达 2.5 m，满载重量达 4.5 t，集装单元自身"超宽、超重"，筒弹集装单元的储运要求与部队现有储运条件不适应。之所以采用集装方式的储运保障设计方案，主要考虑的是筒弹的作战使用，对筒弹储运保障的研究论证不充分、考虑不周全，在筒弹保障性设计方面没有明确具体的要求，没有进行充分研究论证，是我军武器装备论证设计重作战使用、轻装备保障弊病的很好例证。ADK16A/B 筒弹储运保障存在问题的直接原因是集装单元"超宽、超重"，储运保障设计与实际储运保障工作不适应，深层次原因是装备的保障性设计存在问题。

3 ADK16A/B 筒弹储运保障改进的必要性与可行性分析

现有仓库和现编配的通用运输车辆很难满足其入库储存保管和联勤供应保障的要求，训练使用时，部队临时派运弹车去生产厂家拉弹或者联系铁运。生产单位租赁地方厂房存放筒弹，除储存环境条件不满足筒弹长期储存要求、损失筒弹的可靠储存使用寿命外，关键的是生产单位距离部队驻地远，部队战备训练使用筒弹的运输供应实效性差，不能满足部队战备训练要求，这已引起各级领导机关、部队的高度关注，该问题亟待研究解决。

ADK16A/B 筒弹设计定型的储运保障方案，问题十分突出、改进需求迫切，需要改、必须改，那到底能不能改呢？依据 ADK16A/B 筒弹设计定型技术文件，之所以采用集装的储运保障方案，主要目的是保证 ADK16A/B 筒弹的作战使用，3 枚筒弹集装装载、运输和装填。按照设计定型的储运保障方案，生产交付的筒弹以集装的方式发运到部队仓库，部队仓库以集装的方式入库储存保管，部队训练和战备使用时，部队仓库以集装的方式发运到作战部队。同时，定型技术文件规定，筒弹由仓库发往部队使用前，必须对筒弹的性能进行检测，而筒弹的性能检测必须单枚进行，将集装状态下的筒弹拆解成单枚导弹进行检测，检测合格后的筒弹，再集装成集装单元发往作战部队使用，即集装入库储存保管的筒弹，从仓库发出时，需先将集装筒弹拆解成单枚筒弹对其逐一性能检测，性能检测合格后再重新集装成集装单元。储运保障环节中，筒弹的性能检测是必需的，筒弹的性能检测也必须是单枚进行的。虽然要求仓库集装储存、集装发运，但发运前必须对集装单元进行拆装，必须对筒弹进行检测，必须经历先拆、后测、再

集装的过程，既然从部队仓库发出时，要先拆分成单枚筒弹，那么仓库储存时以单枚方式进行，仓库储存、出入库转运均以单枚筒弹的方式进行，出库后进行单枚性能检测和集装，仍然以集装方式发往部队训练、战备使用，这从筒弹发出和战备转换时间上不但不增加作业时间，而且可以缩短作业时间，不但不违背集装储运设计的初衷，而且更加易于集装储运效益的发挥。

单枚筒弹的重量为 1.3 t，直径为 0.85 m，长度为 5.8 m，仓库以单枚筒弹进行储存和出入库转运，ADK16A/B 筒弹设计定型储运保障方案存在的问题可以系统、完整、有效地解决，ADK16A/B 筒弹设计定型储运保障方案的适应性改进完全可行。

4 适应性改进的具体方案

ADK16A/B 筒弹储运保障适应性改进的关键是设计制作单枚筒弹的储运包装箱，储运包装箱能够运输、储存、堆垛单枚筒弹，其设计制作的主要要求如下。

（1）能够承载单枚筒弹的运输、转运、堆码垛。

（2）能够吊装和叉装作业装卸载、搬运筒弹。

（3）能够使用现役通用运输车辆运输筒弹。

（4）能够满足至少堆垛 3 层的要求。

（5）自身重量不超过 0.7 t。

（6）生产制造成本不超过 2 万元。

适应性改进后的储运保障方案：ADK16A/B 筒弹出入库转运、堆码垛存放均以单枚筒弹的方式进行，出入库转运、堆码垛使用已设计定型拟正式配发的"储运发一体 122 火箭弹搬运车"。生产交付的筒弹可以是集装方式，或者是单枚包装的方式，集装方式交付的筒弹，部队接收入库前，拆成单枚筒弹，置入筒弹包装箱内进行入库保管。从仓库发出时，单枚筒弹出库，单枚筒弹进行性能检测，检测合格后可以以单枚筒弹的形式，使用现役通用运输车辆，运送到作战部队的技术保障阵地，在部队技术保障阵地组装成集装单元，也可以在部队仓库技术场地集装成集装单元，使用专用运输车辆运送到作战部队使用。

ADK16A/B 筒弹储运保障方案的适应性改进，涉及产品定型技术状态的改变，需要有组织、有计划，按照规范的程序进行，根据目前的实际情况，组织实施该项工作的主要途径：一是专门立项，以 ADK16A、ADK16B 筒弹综合整治专项项目进行；二是结合 ADK16A/B 筒弹改型产品的储运保障设计进行，先实现改型产品的储运保障改进，然后再进行现有产品的适应性改进。

某型导弹仓储自动化拣选转载系统设计

宋祥君，李　宁，刘彦宏，刘宏涛

（陆军研究院特种勤务研究所　050000）

摘　要：本文基于某型导弹出入库拣选转载存在的各种问题，集成了信息化、自动化、智能化技术在库房运维中的应用，完成了某型导弹仓储自动化拣选和转载系统设计，提升了快速出库能力和战备完好率。

关键词：导弹　仓储　自动化　拣选　转载

0　引言

目前，我军导弹库房自动化水平较低，仅限于信息管理自动化和部分监控报警自动化方面，而拣选转载自动化控制技术则应用较少。对导弹进行自动化仓储管理，将大大提高我军的仓储管理效率和后勤保障能力，对于战时战斗力形成具有重大意义。为解决导弹库房信息化、智能化水平低的现状，我军急需开展智能仓储研究，尤其是导弹的自动拣选转载问题。

我国某型导弹采用筒式装填与发射、笼式集装与储存。其重量、体积等技术指标与导弹的运输、储存、装卸、搬运、装填等技术要求，均对导弹的储供勤务作业提出了更多、更新的要求，以至于部分后方仓库和队属仓库无法满足导弹储存管理基本要求，难以开展导弹勤务作业，严重影响了部队导弹的战备和训练使用，已成为导弹供应保障亟待解决的突出矛盾。现代化的信息、机械、自控、识别等技术为建立健全一套信息化条件下的导弹勤务作业机械化系统提供了基础，为全面提升导弹储供能力、全面落实陆军转型建设要求提供了技术支撑。

1　导弹出入库存在的主要问题

1.1　作业难度大，作业效率低

导弹的出入库转运和导弹库内的堆码垛是导弹仓储管理的难点和重点。目前导弹出入库主要采用人工推拉的运输平板车来转运，库内导弹的装载、卸载使用桁吊或者使用人工拉拽的举升搬运架，尤其是导弹无论是装载、卸载、堆垛等，均有严格的位置要求，作业时必须严格对准位置，才可以安放导弹，导弹安放时的对位要求高、费时、费力，而且还极易造成导弹损坏，使得导弹出入库转运和库内堆码垛的作业难度增大，作业效率比较低。

1.2　堆放限制多，库容浪费大

某型导弹主要采用集装方式分垛进行储存保管，每垛最多允许叠放 2 件集装导弹，并且考虑到吊装作业，以及举升搬运设备进出的需要，垛与垛之间至少要留有 1 m 的间距，目前某型导弹库内存放的限制多，库容利用率不高，库容浪费大。

1.3　仓库条件要求高，现有仓库利用难

某型导弹采用集装的方式储存保管，集装导弹的宽度为 2.9 m，而目前大多数仓库的门口宽度通常为 2.5 m 左右，达不到 2.9 m 以上要求，仓库门口的改造难度大、费用高。同时，导弹集装状态时，单层高

度近 1.1 m，叠放 2 层，连同储运底架的高度达到 2.5 m，再考虑安设桁吊，仓库的高度至少要达到 3.8 m，目前大多数仓库的高度仅为 3.5 m 左右，大多数仓库的高度无法满足储存某型导弹的要求，需要重新建造库房。正是由于上述原因，目前已交付的导弹绝大部分只能由生产单位代存。

2 智能仓储技术及转载机器人在导弹中的应用

2.1 智能仓储技术

智能仓储技术，运用智能识别技术、自动对接转载技术等现代物流技术，革新导弹武器贮存模式，合理规划库房空间，大幅提升贮存能力；自动识别和校验库存产品的数量、位置、状态等信息，可视化管理库存产品。

全流程自导引输送技术，通过重载 AGV（自动导引运输车）技术、自动控制调度技术、导航技术、无线通信技术，开展全流程自导引输送技术研究，构建智能 AGV 多线程综合输送调度架构，规划运行路径，实现 AGV 与其他智能设备自动交互、自动对接、自动转载，构建可视、可知、可控的输送模式，实现库房资源多线程全自动安全可靠输送。

针对某型导弹从贮存到作战状态快速转换的需求，可一体化、自动化、系列化解决导弹贮存、输送、测试、分解、对接、滚转、装填及退箱等各项工作，将单发导弹技术准备流程瓶颈工位工作时间缩短 50%、多发导弹连续出库效率比原来提高 1 倍，显著提高了导弹作战状态转换效率。

2.2 转载机器人

转载机器人用于在导弹发射阵地将导弹从转载车自动、安全、快速、可靠地转载到发射车，提高转载效率，缩短从运载到发射过程的准备时间，增强武器系统的二次打击能力。

转载机器人系统能够在野战环境下高效快捷地完成导弹、车辆等中大重型装备的转载、装填、吊装等主战任务，抢修、清障等辅助救援任务。

转载机器人系统适于在野战恶劣环境下，机动运输途中，狭长的四级公路上转载作业，机动灵活；自动化程度高，操作快捷，转载时间短，野战准备时间短，减少操作号手数量和人员劳动强度；环境适应性强，作业安全可靠、平稳高效；采用模块化设计，可执行多功能、多作业任务，维修性好。

转载机器人系统自动将智能移动机器人上的导弹转载到发射车/供弹车/转载车上，或以相反转载流程转出导弹，同时兼有起吊弹体、弹头等的辅助吊载功能。其彻底解决传统桥式起重机转载模式效能低、安全性差、需要操作号手多的难题。其具有作业功能覆盖全、高智能、高可靠性、作业时间短、转载过程平稳、操作方便等特性，产品达到了技术前端性与经济性的统一。

3 某型导弹拣选转载系统设计

系统要求在规定时间内完成库存导弹的拣选、转载等任务，为此，依据现有智能仓储技术及转载机器人技术，需要对导弹出入库流程进行一体化设计，并提出完整的导弹仓储自动化拣选转载系统设计方案。

3.1 拣选转载系统设计

系统采用无源贮存库，可以实现安全、高密度贮存以及导弹自动出/入贮存库。转运 AGV、载箱 AGV、载弹 AGV 能够载导弹沿航向直行、侧移、原地回转；载弹 AGV 能够载导弹沿轴线滚动。中央调度设备能够与网络服务器通信，将贮存输送系统的任务信息、位置信息等实时向网络服务器传输。并且，中央调度设备能够与无源贮存库、AGV 等智能设备通信，调度各设备协同高效作业，各设备关联动作时具有安全互锁功能。

中央调度设备能够与网络服务器通信，监控导弹技术准备流程，并将系统的任务信息、位置信息等实时向网络服务器传输，实现全系统信息化管理。在行驶过程中，AGV 具有避碰功能。在 AGV 出现故障时，能够人工将其推至指定区域。中央调度设备能够根据任务需要，在现场灵活调整行车路线。

3.2 拣选转载系统组成及实现流程

导弹仓储自动化拣选转载系统由中央控制/管理设备、无源贮存库、自动输送车、导弹自动转载车、轨道转载机器人和辅助设备六部分组成。该系统组成及总体方案示意图如图 1 所示。

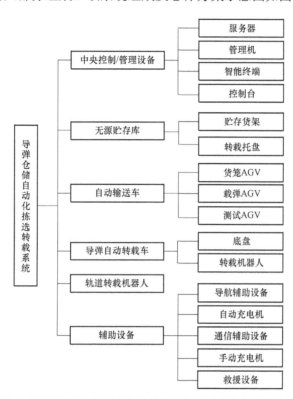

图 1　导弹仓储自动化拣选转载系统组成及总体方案示意图

上层信息系统可通过服务接口或数据库接口等方式下达流程任务或者从管理软件获取任务信息、车辆信息及贮存库信息等状态信息。中央调度设备管理软件负责阵地的信息化管理，主要包括流程任务管理、贮存信息管理、历史信息管理、权限管理等。

方案采用了无源三层货位立体贮存库，立体库从下往上分三层货位，第一层货位可存一层导弹，第二层货位可存两层导弹，第三层货位可存两层导弹；立体贮存库配合转运 AGV 推拉机构组成堆栈式货位存贮，能够与 AGV 自动对接，实现导弹与 AGV 自动转载。AGV 与库内其他智能设备配合，自动完成导弹出/入库、在库房内部各工位间自动化转运、转载等；转运 AGV 与龙门吊及发射车配合可实现导弹出/入库；载箱 AGV、载弹 AGV 与龙门吊配合可实现导弹转载；载弹 AGV 载导弹原地转动、沿轴线滚动完成测试流程。

拣选转载系统利用机器视觉技术吊载导弹时，能自动实现平稳起吊、伸缩及下放三类动作。吊装过程具有本控、有缆远程控制两种控制模式以及手动、自动和应急操作三种操控方式，能够对转载安全进行自动监测，并在出现突发状况时，紧急停止拣选转载任务。转载系统承力液压缸等关键件配备锁紧及限速功能，可以确保转载系统吊载发射箱或吊载停留时不下沉。

3.3 某型导弹仓储自动化拣选转载系统仿真分析

通过 SimuWorks 仿真，模拟该系统的拣选转载动态仿真图如图 2～图 6 所示。

图 2　自动拣选转载轨道

图 3　自动拣选图

图 4　自动转载图

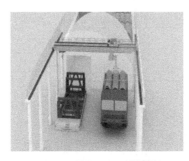

图 5　运输与 AGV 转载图

图 6　运输与火车转载图

给出原人工模式贮存导弹 50 发，现自动化模式贮存导弹 100 发。通过动态仿真，导弹贮存数量提高 1 倍以上，并且用自动拣选转载系统装卸火车替代原汽车吊模式，提高了导弹装卸火车的安全性，原模式拣选转载需要 5 人，30 min 一箱，现模式通过仿真计算只需 2 人，10 min 一箱，大幅提高了装卸火车的效率。

用自动输送车代替原电瓶车牵引方式，无须桁吊操作，提高导弹输送安全性，原模式需要 5 人，平均出入库时间不少于 15 min，现模式只需 2 人，平均出入库时间不大于 10 min，提高了出入库效率。

用自动输送车代替原胶轮架车模式，提高了导弹测试间转换安全性，原模式货笼从卸车工位运输至转载间时间 12 min，测试间转换时间 12 min，现模式都不大于 6 min，至少节约一半时间，大幅提升了测试转换效率。其对比图如图 7 所示。

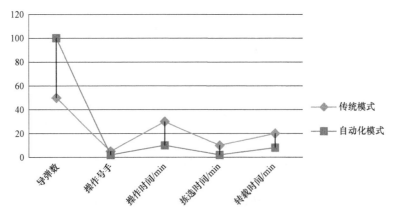

图 7　某型导弹仓储自动化拣选转载对比图

4　结论

某导弹仓储自动化拣选转载系统设计，根据导弹武器系统作战需求和装备实际情况，采用成熟先进的智能贮存技术、移动机器人技术、智能转载技术，提出了导弹智能贮存输送系统总体方案。能够实现导弹在 AGV 与运输车之间的拣选与转载，并能够实现导弹的拆装与集装。通过 Simuworks 仿真，贮存数量比原有模式提高 1.5 倍左右，出入库效率提高 1.5 倍以上，操作人员节省一半以上，能够同时在线调度智能设备数量不小于 100 台，智能贮存转载输送设备承载力不小于 5 t；导弹转载时间不大于 6 min。

该系统设计科学、仿真合理，可据此开展后续硬件研制工作。

参考文献

［1］潘成浩. 仓储物流机器人拣选路径规划仿真研究［D］. 太原：中北大学，2017.

［2］房殿军，彭一凡. 含多条横向巷道的仓库拣选路径优化研究［J］. 物流技术，2016，35（5）：130−135.

［3］WANG H，ZHOU J，ZHENG G，et al.HAS：Hierarchical A-Star algorithm for big map navigation in special areas［C］//Digital Home（ICDH），2014 5 th International Conference on.IEEE，2014：222−225.

［4］TSAI C Y，LIOU J J H，HUANG T M. Using a multiple-GA method to solve the batch picking problem：considering travel distance and order due time［J］. International journal of production research，2008，46（22）：6533−6555.

［5］陈方宇，王红卫，祁超，等. 考虑多拣货员堵塞的仓库拣选路径算法［J］. 系统工程学报，2013（5）：581−591.

陆军跨区基地化训练弹药导弹保障问题研究

姜志保，王韶光，穆希辉

（陆军研究院特种勤务研究所，河北石家庄 050000）

摘　要： 随着陆军转型建设的深入推进，跨区基地化实战训练演练成为部队训练常态，为弹药导弹保障能力的形成提供了机遇和挑战。本文针对陆军跨区基地化训练弹药导弹保障需要重点关注的问题进行了分析，以期为部队弹药导弹保障能力的形成提供借鉴。

关键词： 基地化训练　弹药导弹保障　问题

0　引言

随着陆军现代化转型建设的深入推进，针对实战化作战能力和保障能力形成，陆军强化跨区基地化训练考核逐步形成常态。围绕弹药导弹作战保障需求，作训部门应当重点关注弹药导弹的保障能力训练与形成。

1　陆军弹药导弹保障内涵

弹药导弹作为一种特殊的军用装备物资，是作战毁伤效应的终端载体，平时保安全、战时保打赢。弹药导弹保障工作就是为了以质量良好的弹药及时、准确、可靠地保障部队作战和训练需要而采取的一切活动。陆军弹药导弹保障包括技术保障和供应保障，在弹药导弹的保障任务中，平时保障重点是技术保障，战时保障重点是供应保障。其中，技术保障主要包括质量监测、修理延寿、作战运用和销毁处理等，供应保障主要包括储存管理、安全防护、野战供应等。

2　弹药导弹保障面临的机遇与挑战

基于"机动作战、立体攻防"的战略要求，陆军开展了跨区基地化训练演练。弹药导弹作为作战消耗物资，其保障面临新的挑战和机遇。

2.1　实战化训练要求弹药导弹保障紧贴实战化

随着新型弹药导弹陆续装备、实战化的保障需求和检测与评估理论方法的发展，对弹药导弹保障理论、方法与技术提出了新的需求和挑战。在长期的储存过程中，弹药导弹的储存安全状态如何监控、战术技术性能如何评估、体系作战的弹药消耗规律如何与弹药导弹储备相协调，以及如何实现弹药导弹的快速供应和精确保障等，成为当前弹药导弹保障急需解决的问题。弹药导弹的装备和物资双重属性，决定了其保障的特点，只有遵循客观规律、满足战备储备、符合实战需求，才能确保弹药导弹储得够、供得上、打得赢。弹药导弹作为作战必备的消耗物资，必须在实战化训练时设定弹药导弹保障训练科目，从而保障部队弹药导弹保障能力。

2.2　实战化训练对弹药导弹保障能力生成提供了机遇

弹药导弹储存安全性和使用可靠性以及快速有效的供应保障，直接影响着国防和战备安全与社会稳定，甚至战争的态势和胜负，成为各级主管部门和管理使用部门非常关注的问题。同时，作为弹药导弹作战效应的终端作用载体，弹药保障的目的是"一切为了打赢、一切保障打赢"。能打胜仗既是弹药保障的出发点，又是弹药保障的落脚点，是检验弹药保障能力的唯一标准。实战训练是弹药保障能力的试金石，在运用已有研究成果的基础上，结合尚未有效解决的问题和新的保障要求，提出进一步的研究需求，进而为完善和提升弹药的保障能力提供不竭动力。在跨区基地化的训练演练中，参训部队全员全装出动，既有跨区远途机动，又有实弹单兵对抗，涵盖陆军弹药导弹保障的全流程全过程，也是陆军部队弹药导弹保障能力是否符合作战要求的试金石，其成功也可为陆军弹药导弹保障能力建设提供重要参考和支持。

3 跨区基地化弹药导弹保障需要重点关注的问题

陆军跨区基地化训练，需要强化弹药导弹的保障问题。跨区基地化训练演习要求弹药保障按照作战保障要求组训，需要重点解决弹药保障"看得清、供得上、保得住、用得对、打得准、会使用"的能力生成问题。

（1）实战化训练演习要求实现弹药保障资源可控、精确补给，解决"看得清"的问题。弹药导弹平时处于长期储存状态，战时按照作战想定和要求，实现适时、适地、适量等精确补给，这就要求作战指挥和火力筹划人员能够准确掌握弹药导弹的储备布局、弹种结构和储存质量状态等相关信息，通过弹药导弹信息化保障系统与作战指挥控制平台的有效衔接，实现弹药导弹供应保障的可视化。

（2）战争的突发性和瞬时大量消耗的特点，要求训练演习必须实现弹药导弹的及时有效供应补给，解决"供得上"的问题。战争具有突发性，弹药量消耗巨大，这就要求弹药导弹行进时能够按规定实现携运行，既能考核弹药导弹的携运行能力，又能考核运力与人员、装备弹药的配套性，还能在实战中提升锻炼部队人员的弹药保障能力。弹药导弹供应补给的按配备基数运行，可以考核弹药导弹保障的战备等级转换、携行运行、收发装卸载、军民融合补给保障等供应补给流程，以及弹药导弹的供应补给车辆和人员调配与征用等。此外，还可以通过训练演习，强化陆军部队各级之间、与联勤保障部队之间的任务衔接与协调。鉴于训练演习的特点，除实弹射击训练需要的弹药必须实装携带外，其余弹药导弹可以采用训练弹药。

（3）弹药导弹保障实战化训练，要求提升弹药导弹的战场生存能力，解决"保得住"的问题。战争行动中的弹药导弹补给保障，通常在野外地域进行，要求能够实现弹药导弹的野外可靠储存，也就是要解决战役和战术级弹药导弹的野外安全储存、可靠防殉爆防护以及安全管控等问题，通过野战弹药库开设及其防殉爆等安全防护措施，为作战部队提供有力的打赢保障。

（4）弹药导弹作为毁伤效应的终端载体，要实现弹药导弹作战效果的最佳化，解决弹药导弹"用得对"的问题。弹药导弹的最终目的就是要毁伤敌目标，需要实现弹药导弹种类的组合运用、技术使用及其与毁伤目标的最优匹配，达到最佳毁伤效果，实现作战意图。通过作战训练使用、弹药运用筹划、战场模拟目标和弹药毁伤效果评估等研究，实现弹目毁伤效果的最优匹配和弹种组合的最佳运用。

（5）要确保弹药导弹作战效能的发挥，必须确保其野外储存过程中的战术技术性能，解决"打得准"的问题。弹药导弹的储存质量和战术技术指标能否满足规定要求，特别是高原高寒等特殊地域环境下弹药导弹的储存性能，需要弹药导弹技术保障机构的技术指导和伴随保障，以保障训练用弹药导弹能够准确命中目标，并实现有效毁伤。

（6）弹药导弹装备部队后，无论是新弹种还是老弹种，都需要解决"会使用"的问题，确保弹药导弹的使用安全。首次列装的新型弹药导弹操作使用、新装备的武器平台与弹药导弹的弹炮配套性验证、新型高技术弹药导弹储存质量的有效监控与调剂使用等都需要技术保障人员的指导和保障。无论是从实战化练兵备战还是从常态化弹药导弹的质量监控来说，实弹实装操作训练都是非常重要的环节，通过训练演习，参训人员熟悉了武器装备、掌握了弹药导弹的操作使用与注意事项，弹药导弹的管理部门了解了弹药导弹的技术性能和储存质量状态，既可以确保用于作战训练的弹药导弹满足战术技术要求，又可以训练保障机构的保障能力，还可以将训练过程中的问题反馈到国防工业部门，提升武器装备和弹药导弹的固有水平。

电商物流在弹药保障中的应用研究

丁志成[1]，卢　伟[1]，黄定政[2]

（1. 郑州战略投送基地，河南郑州 451161；

2. 国防大学联合勤务学院，北京 100858）

摘　要： 当今社会，电商物流发展迅猛，给社会经济和人民生活带来了很大便利，也为其在我军弹药保障应用研究提出了新思路、开拓了新模式。本文从部队弹药保障现状入手，分析了电商物流的优势，论证研究了电商物流在弹药保障中应用的可行性，提出了基于电商物流模式的弹药保障新理念。

关键词： 电商　物流　弹药保障

信息化条件下战争具有联合、全域、非线性和非接触性的特征，且作战力量多元、火力运用频繁，如何快速、高效、精确地把弹药输送到作战前沿，极大程度上关系着作战的进程，甚至决定着战争的成败。按照传统管理模式和保障模式，势必造成保障时效性不高等问题，迫切要求创新弹药保障的新思路、新模式。目前，地方电商物流飞速发展，给社会各方面带来了翻天覆地的变化。我们借助军民融合深度发展的东风，深入分析研究电商物流在弹药保障中运用的可行性，提出基于电商物流的弹药保障运用新理念。

1　部队弹药保障现状

1.1　占用资源多，闲置浪费大，保障效率低

当前，我国弹药储备的主要矛盾问题，就是闲置时浪费大、应急时不够用。弹药储备规模过大，占用资源过多，必然造成严重浪费；储备规模过小，应不了急，应不了战。大多数弹药仓库建于 20 世纪六七十年代，库容面积小，库房结构不够合理，设施设备陈旧老化且作业面狭窄，多数收发还是依靠人扛手搬或使用叉车进行半机械化作业，人工重复装卸，工作强度大，安全隐患大，也无法满足快速集装收发需求，保障效率低下；另外，多数弹药库为保障安全，建在较为偏僻的山区，路况复杂，运输手段相对单一，战时遭遇道路、桥梁被炸，将严重影响收发，无法进行保障。

1.2　轮换更新渠道不畅、维修保管销毁成本高

目前，弹药储备以实物储备为主，经费、合同、技术、生产线储备较少，储备方式单一，部队日常训练动用实弹较少，轮换更新渠道不畅，老旧物资存量很大，维护保管成本很高。加上储备的弹药都有一定的寿命周期，每年均有大批量的过期弹药需要销毁，这是一个巨大的开支，对一些低安全性的弹药，一直采用烧毁或炸毁进行就地销毁，在很大程度上造成了一些资源的浪费和环境污染，并且带来极大的安全隐患。

2　电商物流的主要优势

电子商务物流（ERP 系统）是一整套的电子物流解决方案，电子商务时代给物流行业带来了新发展，使其具备了新特点。

2.1 电商物流促使行业系统更加自动化和网络化

物流信息化，体现为物流信息的商品化、物流信息收集的数据库化和代码化、物流信息的电子化和计算机化、物流信息传递的标准化和实时化、物流信息存储的数字化等。自动化，它的基础是信息化，自动化的核心是机电一体化，自动化的外在表现是无人化，自动化的效果是省力化，另外还可以扩大物流作业能力，提高劳动生产率，减少物流作业的差错。互联网的发展为物流的网络化提供了良好的外部环境。物流网络化的发展，使得物流配送中心收集下游客户订单的过程可以自动完成，大大提高了过程处理速度，提升了工作效率；另外，从物流配送中心到生产企业的信息交互，通过电子订货系统（EOS）和电子数据交互（EDI）技术自动实现。通过高效的网络资源，提高了物流的效能，使客户的满意度大大提升。

2.2 电商物流促使资源配置、要素结构更加合理化

仓库的数量减少，库存更加集中化。目前，物流集散地已成为企业的仓库，客户、工厂和商场等所需商品的实体供应者。物流企业为追求效益，通过建立相关数学模型，经过科学的算法，进行最优的选址建库，最终实现"零库存"。另外，在电商物流的引导下，物流的社会渠道和形式也发生了重大改变，物流业的需求结构、地区结构、行业结构、品种结构、服务结构等都在加快调整的步伐，以适应当前电子商务的快速发展。

2.3 电商物流促使管理手段更加集约化

目前，电商物流全球化的发展趋势使物流企业和生产企业密不可分。为了追求利润，经过了多年的反复实践，两者之间默默达成共识，生产工厂集中精力制造产品，降低存放、运输成本；物流企业则花费时间、投入主要精力从事物流服务。电商物流就不得不把大量大宗的物资集中存储，利用先进的管理手段和方式，进行科学化的管理，通过开发先进的计算机辅助系统，编制出路径最优化的"组配拣选单"，只需一次就可以满足一份订单的全部商品，并通过合理的运输装备，迅速将商品发到客户手中，从而实现货物的快速位移，提升效益。

3 电商物流在弹药保障中应用的可行性

美军在海湾战争中，美国使用铁路、海运和空运等方式，从 1990 年 8 月到 1991 年 3 月，从美国本土 2 个和海外 6 个预置的战备物资基地，向海湾地区运送弹药 52.3 万吨。诚然美军军方各种装备在弹药发运中发挥了重要力量，但民间物流企业的运力所发挥的作用也不容小觑。伊拉克战争时，美国综合运用现代民用物流技术、条码技术、集装技术等，对作战行动所需弹药进行了精确保障，保证了作战行动的顺利进行，是一个物流保障战争行动的经典案例。

我国物流企业发展迅猛，是促进经济发展的"加速器"，成为 21 世纪我国经济发展的一个重要的业务部门和新的经济增长点。当前，大大小小的物流企业上百家，快递行业的顺丰、京东及"四通一达"的优势明显，邮政也放下面子来分一杯羹。快递老大顺丰从斥巨资买飞机开航线到建机场，一直在深度布局，要构建"大型有人运输机 + 支线大型无人机 + 末端小型无人机"三段式空运网，实现 36 小时通达全国，覆盖地形复杂和偏远地区。京东物流在全国部署了八大物流仓库，截至 2017 年年底，已达 486 个 1 000 万平方米。"亚洲一号"智能物流仓是全球首个全流程自动化无人仓，拥有自动化立体仓库、自动分拣机等先进设备，并配套先进的软件信息系统。

3.1 物流企业部署的仓库群可满足弹药储供保障需求

目前，多数大型物流企业都有专门的特殊物品仓库，建筑面积和硬件要求完全符合弹药保管对温度、湿度、静电、防火、防雷等方面的要求，只要建立健全弹药安全管控体系，组织对仓储保管人员进行专

门的培训，经过考核合格后，即可完成弹药的保管、分发、出库等过程化管理工作，并且多数物流企业集散仓库基本选址在郊区外、交通比较方便的区域，基本符合弹药库的相关需求。

3.2 物流企业成熟的信息技术可满足弹药网络化调控需求

现代物流网络具有开放性的特点，一方面，部队可以通过网络查询相关物流信息，了解各类物流项目及委托服务项目的实施情况，即实时掌握所需弹药各类即时信息，便于计划安排工作。另一方面，物流企业可以通过网络与部队进行直接对话沟通，掌握需求，传送信息，协调各类物流活动，加快调控运力等资源，进行专项保障，以满足部队需求。

3.3 物流企业配套的运力资源可满足弹药集装化运输需求

物流企业都有专业的运输车队，使用这个运输力量可以减少部队大规模组建运输车队的费用，还可以解决战时大批量运输中运力不足的问题。另外，集装箱运输是现代物流最先进的现代化运输方式。公路运输时，大型物流企业都拥有专门的集装箱运输车队和管理人员，弹药运输不仅通过托盘直接到集装箱，减少磨损、碰撞的可能性，提升装卸效率，还可以在恶劣气候条件下为弹药遮风挡雨，防止弹药受潮变质，可防枪弹或炮弹碎片击穿，甚至一定的爆炸冲击，大大提升安全性。利用铁路、航空或水路运输时，也可以减少中间环节，直接整箱转运或多式联运，实现"门到门"运输。

3.4 物流企业配套的运管制度可满足弹药运输的安全需求

物流企业运力管理都有较为严格的制度规定。从司机队伍选拔、培训，到车辆选型、维护、保养、调度等都有详细的规章制度，通过严格的绩效管理考评，确保物流运输的可靠性。另外，物流企业运输车队都有 GPS 动态监控系统，通过 GPS 定位对车辆运行过程位置、速度、方向、行驶路线、运行轨迹、规范行驶等实施安全运行监控，从而规范车辆运行、规避风险，实现生产运行过程中的受控管理，有效预防事故发生。这些都可以满足弹药安全运输要求。

4 基于电商物流模式的弹药保障新理念

在弹药保障上，紧要的是充分借鉴发挥电商物流的优势，做好军地联储、联运这篇大文章，进而推动军队建设跨越发展、整体跃升。

4.1 科学化选址，使弹药分发梯次高效

目前，我国的弹药保障力量格局是历经多次调整形成的，一线弱、二线空、三线远没有得到实质性解决，随着改革的拓展深化，与各战略方向保障需求越来越不相适应。大多数仓库分布在华北、华中、华南等地区，东重西轻、北多南少、后密前疏，部分战役方向还有空白点。通用性弹药仓库在选址时可以借鉴地方物流仓库选址的适应性、协调性和经济性原则，统一规划、合理布局，打破军兵种、战区壁垒，将目前军兵种各自保障、定点供应的"小网络"保障模式，变成全军一体、统一调配的"大网络"保障模式，确保在战争发起时能够"供得上""供得足"。根据保障区域划分，针对担负的作战任务，结合部署作战力量和第二梯队的装备现状，科学规划选址，周密计算弹药保障的种类、数量，按照预储标准，合理进行弹药储备，确保可以满足第一、二波次进攻战斗的弹药需求。还要建立完善到期预警和更新轮换机制，推动预储弹药按计划流通轮换，做到用旧储新、常储常新。

4.2 集装化整合，使弹药运送安全快捷

总结美军在伊拉克战争中弹药无法及时保障导致进攻巴格达时机滞后的经验教训，借鉴其成功的做法，采取网格化、托盘化、集装化等包装供应方式，改变传统的弹药保障模式，使弹药在出厂前，都按照统一的标准规范，将弹药箱外包装尺寸标准化、规范化、通用化、模块化，采用托盘化集装、集装袋

集装、集装箱集装和托架集装等方式进行整合，按基数化存储，形成基本的保障单元，弥补了通用弹药包装结构设计的"先天不足"，使得物流过程中的收发、清点、搬运、堆码等作业更加标准化，使弹药保障"快起来"。托盘化集装方式向部队提供弹药保障，可以大大缩短装卸、运输时间，具备效率高、运转快、费用省等优点，提高装卸速度 7～10 倍，节省运力工具 30%～40%，可以很大提升弹药机动投送保障能力，为未来战争弹药保障赢得宝贵的时间。

4.3 "门到门"运输，使弹药配送适量精确

传统弹药保障是"站到站""场到站"或"港到站"运输保障，就是将后方仓库的弹药运送到野战弹药库，再由野战弹药库发送到一线部队进行伴随保障，这样都增加了弹药库这个中间中转站环节。未来战争需要快速准确、机动灵活、精干高效地进行保障，军队弹药保障要融入市场经济发展的大潮中，变封闭的保障模式为开放的保障模式，形式社会化保障体制。同时，借鉴美国海湾战争中弹药快速保障的现代化管理手段，弹药工厂可利用先进的网络管理系统，采取军民融合的形式，与部队直接对接弹药种类、数量需求，借鉴 B2B（企业对企业）、B2C（企业对消费者）的发展模式，使用地方物流企业运力资源，确保弹药可以准确、及时、适量、安全地送达指定位置，做到"送弹上门"，这样不仅可以提高军事经济效益，更主要的是保障未来战争的精确需要。在地形复杂、交通不便的条件下，使用物流的无人机，进行"点到点"直达配送保障。

5 结语

弹药保障模式转变是一项全新的变革，只有打破旧的思维定式，改变传统的保障模式和方法，充分借鉴利用已成熟的电商物流发展的各项成果，才能实现保障模式根本性转变，为部队提供更加适时、适地、精确的弹药保障。

参考文献

[1] 吴金良，蒋国富．美军弹药保障手段对我军的启示 [J]．仓储管理与技术，2014（1）：61-62．
[2] 沈寿林．美军弹药保障研究 [M]．北京：军事科学出版社，2010．
[3] 孙永丰，等．美陆军弹药保障特点及对我军的启示 [J]．装备学术研究，2013（3）：51．

遥操作履带式越野装运车设计技术研究

穆希辉[1]，赵子涵[1,2]，杜峰坡[1]

（1. 中国人民解放军 32181 部队；2. 陆军工程大学弹药工程系）

摘　要：受部队远程机动投送能力和恶劣地面条件制约，以及弹药装卸搬运作业安全性要求高等因素的影响，常规作业装备难以到达作战前沿并实施作业。本文针对这一现状，研制了一种集履带式移动平台、双四连杆作业机构和遥操作等技术于一体的遥操作履带式越野装运车。该车在车型创新设计、变约束多轨迹作业机构研究、橡胶履带作业车辆动力学建模与仿真优化等关键技术上取得突破，填补了我军后勤物资供应链野战补给装备的一项空白，对推动后勤物资供应保障模式变革和国家应急物流能力的跃升发挥了重要作用。

关键词：遥控操作　变约束多轨迹　橡胶履带　装卸搬运车

0　引言

在部队野战仓库（主要包括弹药、器材及各类后勤物资）和炮兵阵地、修理机构的物资保障中，现有野战装卸搬运设备因外形尺寸较大而难以发挥作用。在野战地域环境下，开设仓库需要投入大量人力进行场地平整等土方作业，同时还造成隐蔽伪装工作量加大。另外，我军野战保障设备的行走装置以轮式为主，不能满足恶劣地形下的保障作业要求。因此野战仓库急需小型、高越野性、使用灵便的动力型搬运设备。

针对上述现状，笔者单位研制了适应山地、丛林、沼泽等野外复杂环境的操作履带式越野装运车。该设备以人工步行和遥控操作两种方式操纵，内燃机动力，静压驱动，履带行走，可自装卸，机动灵活，可配属营连部队，在数公里范围内搬运散箱、托盘集装物资、维修器材箱以及伤员、士兵背囊等，为我军提供一种适应越野环境的短途物资装卸输送手段，以提升我军野战前沿的供应保障能力。

1　技术方案

1.1　总体方案

遥操作履带式越野装运车如图 1 所示，其结构主要包括底盘、作业机构、支腿机构、操纵系统和遥控系统，如图 2 所示。

图1　遥操作履带式越野装运车

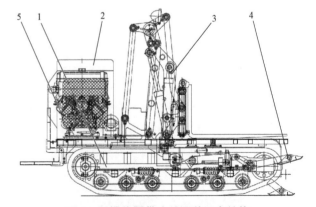

图2　遥操作履带式越野装运车结构

1—底盘；2—操纵系统；3—作业机构；4—支腿机构；5—遥控系统

底盘为全新设计的履带式动力行走系统，包括无芯金轻型橡胶履带和高分子轮系、风冷双缸柴油发动机、静压机械复合式无级变速传动等，结构紧凑，可双向无级变速，利于在恶劣地形行驶。底盘前部为载物台，用于承载弹药或维修器材等物资。底盘后部为变约束多轨迹平移作业机构，通过货叉的平移和按预定轨迹运动，实现了货物自装卸、拆码垛和汽车装卸等多种功能，可在野外复杂地形环境进行散装、箱装、小型集装物资的装卸搬运作业。

1.2 底盘

遥操作履带式越野装运车底盘由动力装置、传动系统、行驶系统和车架组成。

动力装置为柴油发动机，传动系统采用静液压传动，由变量泵和低速大扭矩径向柱塞马达组成闭式回路，并采用电控操纵系统。闭式传动系统组成如图 3 所示。

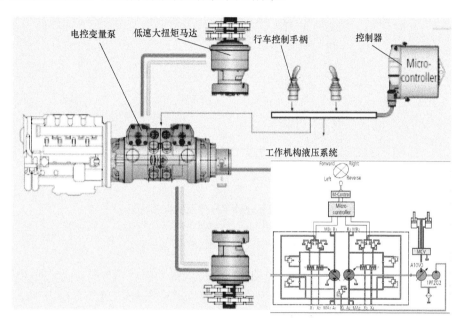

图 3　闭式传动系统组成

行驶系统如图 4 所示，包括橡胶履带、驱动轮、刚性支重轮、弹性支重轮、张紧轮、托带轮组成。其中，履带采用环形钢丝有金属骨架式，履带重量轻，承载力大。悬挂装置采用前后两端刚性支重和中间弹性支重组成的半刚性悬架形式。

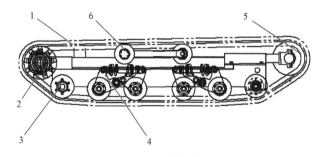

图 4　行驶系统

1—橡胶履带；2—驱动轮；3—刚性支重轮；4—弹性支重轮；5—张紧轮；6—拖带轮

1.3 操纵系统

操纵系统用于车辆行走、转向、作业机构各关节控制等。

驾驶室共有：1 块压力表，用于显示主系统压力；7 个手柄，用于控制车辆行驶及工作状态；1 个旋转开关，用于控制发动机启动和停止。

1.4 作业机构

作业机构由变约束多轨迹平移作业机构、货叉架、货叉及支腿组成。其中，变约束多轨迹平移作业机构及轨道如图 5 所示，由下平行四杆机构、上平行四杆机构、主臂油缸和举升臂油缸组成。下平行四杆机构包括主臂、下拉杆、底座、外三角板。上平行四杆机构包括举升臂、上拉杆、底座、内三角板。上、下平行机构通过内、外三角板及主横梁连接。

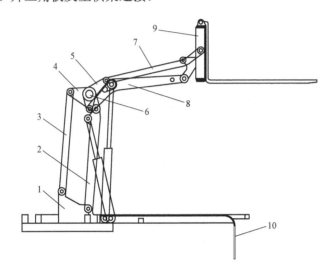

图 5　变约束多轨迹平移作业机构及轨道
1—底座；2—主臂；3—下拉杆；4—外三角板；5—内三角板；6—主横梁；
7—上拉杆；8—举升臂；9—内框架；10—导轨

当主臂油缸驱动、举升臂油缸随动时，货叉在作业机构带动下可沿导轨进行水平和竖向移动，实现货物自装卸；当主臂油缸和举升臂油缸共同驱动时，货叉可在作业机构运动范围内平动，进行拆码垛和汽车装卸作业。该变约束多轨迹平移作业机构实现了货叉在一定范围内的平移和按预定轨迹运动，使装卸作业平稳、安全、操纵简便，有效降低了劳动强度，提高了工作效率。

1.5 支腿机构

支腿机构设计如图 6 所示，有机械自锁式自动滑板支腿和液压支腿两种技术方案，主要包括支撑机构和驱动锁定机构，该机既可使用机械式也可使用液压式，在卸载货物时，整车重心前移，通过支腿支撑作用，可保证作业时的稳定性。

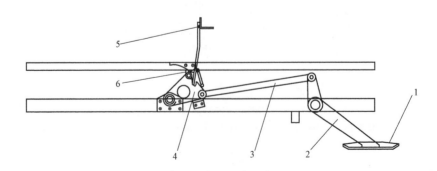

图 6　支腿机构设计
1—支板；2—支撑臂；3—连杆；4—三角板；5—摇臂；6—棘爪

1.6 液压系统

该机作业机构液压系统包括行走驱动、停车制动、油门控制油缸、大臂油缸、小臂油缸、货叉油缸、支腿油缸、转向油缸等。通过小臂油缸梭阀互锁控制油路，可实现小臂油缸在自装卸工况为自由随动，在拆码垛作业状态小臂油缸转换为驱动状态。

1.7 遥控操作系统

遥控可实现车辆的行驶。出于安全考虑，暂不支持作业机构的遥控操作。遥控操作在本机上的使用可以避免操作者长时间站立驾驶造成疲劳，提高舒适性。同时，为保证人员安全，在车辆通过危险地域或环境时（特别是战场存在危险时）应进行遥控作业。

1）采用智能化控制技术

可通过遥操作装置控制叉车前进、后退、左转、右转、油门、制动动作。由操纵台上电控手柄控制以上动作信号输入，控制器接收到输入信号后，输出执行动作的电信号，驱动相应的电磁阀，使叉车完成行驶和转向功能，该车具备行驶与转向的组合动作，即前进、后退时同时完成转向动作。

2）远程控制技术

采用无线遥控技术对叉车启动/停机、行驶、转向控制管理。

无线发射器控制距离为：≤200 m；

工作温度：−30～+40 ℃；

防护等级：IP65；

具备远程启动/关闭发动机、紧急停止功能。

无线发射器操纵动作和操纵台电控手柄的动作一致，易于操作。

2 关键技术研究

2.1 整机布局与车架设计

遥操作履带式越野装运车传动系统前斜向布置，油箱置于载物台下方，整机重心前移，以保证纵向行驶性能。作业机构为悬臂式，与车架连接处受力集中，为此车架采用整体框架与局部板式混合结构，并进行了优化减重设计。发动机与传动系统左右对称布置，有效节省安装空间，并提高了整机在坡道侧向行驶时的稳定性。

该车属于微小型特种履带车辆技术范畴，相关研究较少。为此，基于虚拟样机技术，构建了整机综合性能仿真模型，如图7所示，综合研究了车辆的行驶位移、速度、加速度各项性能，确定了整车总体布局及动力匹配等。

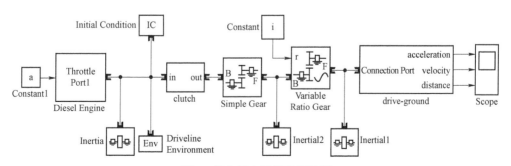

图7 整机综合性能仿真模型

2.2 变约束多轨迹平移机构和联动锁−解滑板式支腿

为满足自装卸、拆码垛和汽车装卸等作业要求，采用了矩阵坐标变换、铰点优化和参数优化，如图 8 所示，对该机的工作装置进行了机构运动分析，建立了关键铰点的坐标变换矩阵，创新设计了变约束多轨迹平移机构及联动锁−解滑板式支腿。货叉既可沿固定导轨进行货物平移自装卸，又可实现多轨迹平移的拆码垛与汽车装卸，支腿与货叉联动可自动解、锁、收、放。其解决了自装卸、拆码垛和汽车装卸多功能融合问题，实现了操纵的"一键化"，满足装卸作业操纵轻便、快速和安全性要求。

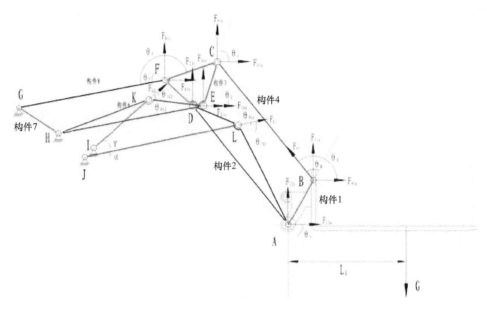

图 8 作业机构的双平行四边形结构简图

2.3 有阻尼半刚性悬架履带式行驶系统

该机主要在恶劣地形环境作业，为提高其越野和爬坡能力，满足作业稳定性和行驶平顺性要求，设计了两端刚性支撑、中间柔性支撑的阻尼半刚性悬架，设计了越野高弹性花纹无芯金橡胶履带、高分子轮系的行驶系统。

图 9 整机行驶性能仿真模型

为确保该悬架系统实现预期设计目的，采用动力学软件 RecurDyn，建立了履带行驶系统仿真模型和整机行驶性能仿真模型，如图 9 所示。仿真结果证明，该悬架系统确实提高了该机恶劣路面行驶性能，解决了爬坡和装载的稳定性问题。

3 结论

遥操作履带式越野装运车集履带式移动平台、双四连杆作业机构和遥操作等关键技术，是一种全新型装卸搬运车。该车可用于散装、小型箱装和单元集装物资的野外装卸载、倒运拆码、前沿输送、阵地分发、作战分队徒步行进的物资携行等作业，还可通过其作业机构，实现战场抢修辅助作业。该车的研制对同类设备性能提升和研究改进具有指导作用和参考价值。同时作为新兴设备，该车开发前景良好，具有重大的经济效益、社会效益和军事效益。

参考文献

［1］方凯，夏际金，昂勤树．危险品弹药遥操作挖掘搬运机器人研究［J］．自动化与仪表，2009，8（3）：32－34.

［2］陈建华．单兵履带式搬运车遥控系统设计与仿真研究［D］．石家庄：中国人民解放军军械工程学院，2013.

［3］龚青松．履带式工作车辆设计及分析的关键技术研究［D］．扬州：扬州大学，2008.

［4］邹广德，韩长江．遥控型全液压工程车辆实现方法的研究［J］．机床与液压，2007，35（5）：143－144.

［5］吴绍斌，丁华荣，刘溧，等．履带车辆遥控驾驶的转向控制技术［J］．兵工学报，2002，23（3）：402－405.

［6］郭占正，苑士华，荆崇波，等．基于AMESim的液压机械无级传动换段过程建模与仿真［J］．农业工程学报，2009，25（10）：86－91.

基于集装袋的弹药集装优化模型研究

张会旭，高　飞，李良春，周　冰，张俊坤

（陆军军械技术研究所，河北石家庄 050000）

摘　要： 为满足现代战争对弹药保障的需求，实现高效快速的弹药保障，本文通过对弹药集装袋集装的简单分析，立足同一种类集装袋集装同种弹药、同一种类集装袋集装不同种弹药和多种集装袋集装同种弹药，建立了Ⅰ型、Ⅱ型、Ⅲ型集装袋集装弹药优化模型，为解决弹药集装优化问题提供了可行的理论基础与技术指导。

关键词： 弹药保障　集装　集装袋　优化

弹药集装化是弹药保障快速化的关键，是我军现阶段提高弹药保障效能的必由之路，也是提升我军新质作战能力的有效途径。我军弹药集装形式目前主要以托盘集装和集装箱集装为主，而集装袋集装的应用及研究较少。然而，集装袋具有容量大、操作简便、装卸效率高、非常适合直升机吊运等特点。因此，对基于集装袋的弹药集装优化方法进行深入研究是十分必要的。

1　集装袋集装优化指标分析

1.1　集装袋及其特点

集装袋是指用柔软、可折叠的涂胶布、树脂加工布、交织布以及其他柔韧材料制成的一种可以容纳 1 t 以上产品的大型柔性包装容器。其又称集装包、柔性集装袋或柔性货运集装箱。按照 GB/T 10454 和 GB/T 14461 的规定，集装袋有 0.5～3 T 和 3～10 T 两个系列，如表 1 所示。集装袋依据形状分为圆筒形、方形、圆锥形。同容量的方形袋较圆筒形袋，在高度上可降低 20% 左右，提高了堆码的稳定性。

表 1　集装袋尺寸规格

系列	尺寸/mm	系列	尺寸/mm
0.5～3 T	800×800	3～10 T	1 140×1 140
	850×850		1 200×800
	900×900		1 200×1 000
	950×950		1 600×1 200
	1 000×1 000		2 000×1 200
	1 100×1 100		2 280×1 140
	1 200×1 200		2 400×1 000
	1 250×1 250		3 000×1 200
	1 300×1 300		3 000×2 400

集装袋集装的优点有：①可直接装弹药，容量大；②操作简便，袋体上有专用吊环，便于起重设备直接吊运或叉举，装卸及转运货只需一人即可完成，较常规装卸效率高出十几倍；③制作原料少，成本低，可折叠，占用空间小，利于回收，寿命长；④能有效保护内装物，防湿不透水，内装物在野外也能防潮；⑤适用于直升机吊运。

本文中的集装袋均选用1 t方形袋形式，1 t方形集装袋堆码密度大、运输效率高，具有较好的稳定性。

1.2 集装袋集装的主要方式

根据我军弹药的包装现状、集装工具的配备情况、部队弹药保障迫切需求和我军集装化发展的现状，本文集装袋集装方式使用符合国标（GB）和国军标（GJB）规定的集装袋直接集装箱装弹药，分为三种模型：模型Ⅰ为单一种类集装袋集装同种箱装弹药；模型Ⅱ为单一种类集装袋集装多种箱装弹药；模型Ⅲ为多种集装袋集装同种箱装弹药，如图1所示。

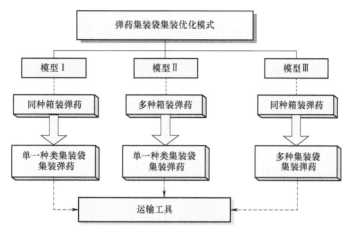

图1 弹药集装袋集装模式

1.3 集装袋集装优化指标

根据集装袋的构造和集装特点，按其集装要求集装完成后，评价其优化程度主要依靠的参数是集装袋体积利用率α、面积利用率β和重量利用率γ（具体参数的定义参照后面的模型）：

$$\alpha = \frac{N_x(l \cdot l_x + w \cdot w_x) \cdot N_y(l \cdot l_y + w \cdot w_y) \cdot N_z h}{LWH}$$

$$\beta = \frac{N_x(l \cdot l_x + w \cdot w_x) \cdot N_y(l \cdot l_y + w \cdot w_y)}{LW}$$

$$\gamma = \frac{N_x N_y N_z g}{G}$$

根据实际集装过程中捆扎固定的方便性要求和资源利用率的实践分析，集装袋集装优化指标采用顺序：体积利用率α＞面积利用率β＞重量利用率γ。实际集装过程中，利用率不可能达到理想的100%，一般达到80%以上就很理想了。因此，集装袋集装优化指标定为：体积利用率α＞80%；面积利用率β＞80%；重量利用率γ＞80%。

2 集装袋集装优化模型设计

为了不失一般性，本文我们所建立的模型中空间坐标系原点皆位于集装袋的LBB（Left-Bottom-Back）点，集装工具的长方向沿x轴，宽方向沿y轴，高方向沿z轴，如图2所示。

2.1 单一种类集装袋集装同种弹药模型（模型Ⅰ）

2.1.1 集装基本要求

（1）集装弹药形式：箱装弹药。

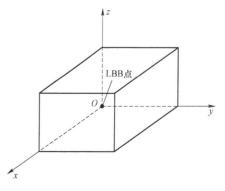

图2 坐标系示意图

（2）所有弹药箱体不能倒置、侧放或立放，方向只考虑横装（按"长"的方向）和纵装（按"宽"的方向）；弹药箱的规定面必须朝上。

（3）从下至上按层进行集装，每层弹药的集装形式相同。

（4）集装袋自重、厚度可忽略。

2.1.2 符号及变量说明与模型的建立

该模型的优化目标是单个集装袋所装弹药箱体的剩余体积最小。

（1）符号及变量说明：

c：待集装的弹药箱体体积。

g：待集装的弹药的重量。

G：集装袋的限重；

L、W：集装袋的长、宽；

H：集装袋的限高；

l_x, l_y, w_x, w_y：0～1 变量，用来描述弹药箱在集装袋上的空间方向，如：若 $l_x = 1$，则表明弹药箱的长边同集装袋的 x 轴平行，否则 $l_x = 0$；

N_x、N_y、N_z：沿 x, y, z 方向放置的弹药箱个数；

ΔG：承载裕量系数（即允许超出集装袋限重的比例）。

（2）模型的建立：

$$\text{Min} \quad (L \times W \times H - N_x \times N_y \times N_z \times c)$$

S.T：

$$N_x \leq \frac{L}{l \cdot l_x + w \cdot w_x} \tag{1}$$

$$N_y \leq \frac{W}{l \cdot l_y + w \cdot w_y} \tag{2}$$

$$N_z \leq \frac{H}{h} \tag{3}$$

$$N_x, N_y, N_z \in z^+ \tag{4}$$

$$l_x + l_y = 1 \tag{5}$$

$$w_x + w_y = 1 \tag{6}$$

$$l_x = w_y \tag{7}$$

$$l_x, l_y, w_x, w_y \in \{0,1\} \tag{8}$$

$$N_x N_y N_z g \leq G(1 + \Delta G) \tag{9}$$

约束条件（1）～（4）保证了集装的弹药箱在空间上不会超过约束长度的限制；约束条件（5）～（8）是保证弹药箱的集装方式只能是横装和纵装两种；约束条件（9）用来保证已经装入的弹药箱的总重量不会超过集装袋的最大限重。

2.2 单一种类集装袋集装多种弹药模型（模型Ⅱ）

2.2.1 集装基本要求

（1）集装弹药形式：箱装弹药。

（2）根据弹药装载的要求，可集装多种类别的弹药，集装方向只考虑横装、纵装、横纵混装；各种形式弹药的规定面必须朝上。

（3）集装袋自重、厚度可忽略。

（4）载重不得超过最大限重。

2.2.2 符号及变量说明与模型的建立

该模型优化目标：一是所使用的集装袋个数尽可能少；二是集装袋的平均体积利用率、平均重量利用率尽可能高。

（1）符号及变量说明：

n：待集装弹药总数量（包括箱装弹药、托盘集装化弹药和集装袋集装化弹药中的一类或多类）；

m：可选用的集装袋数量；

l_i、w_i、h_i：待集装弹药的长、宽、高，$i=1,2,\cdots,n$；

L_j、W_j、H_j：集装袋的长、宽、限高，$j=1,2,\cdots,m$；

x_i、y_i、z_i：已集装弹药的参考点（LBB 点）坐标；

l_{xi}、l_{yi}、w_{xi}、w_{yi}：0～1 变量，用来描述弹药的空间方向，如：若 $l_{xi}=1$，则表明弹药的 i 的长边同 x 轴平行，否则 $l_{xi}=0$；显然有 $l_{xi}+l_{yi}=1$，$w_{xi}+w_{yi}=1$，$l_{yi}=w_{xi}$，$l_{xi}=w_{yi}$；

X_{ij}：0～1 变量，若弹药 i 集装在集装袋 j 内，则 $X_{ij}=1$，否则 $X_{ij}=0$；

Y_j：0～1 变量，若集装袋 j 被使用（至少装入某一弹药），则 $Y_j=1$，否则 $Y_j=0$；

M：一个非常大的数；

α_j：第 j 个集装袋的体积利用率，$\forall j, j\in[1,m]$；

γ_j：第 j 个集装袋的重量利用率，$\forall j, j\in[1,m]$；

g_i：第 i 种弹药的重量，$\forall i, i\in[1,n]$；

G_j：第 j 个集装袋的限重；

a_{ik}、b_{ik}、c_{ik}、d_{ik}、e_{ik}、f_{ik}：0～1 变量，用来描述装在同一集装袋内的弹药 i 和弹药 k 之间的相互位置关系。例如：若 $a_{ik}=1$，表明弹药 i 放置在弹药 k 的左侧。相应地，b_{ik}、c_{ik}、d_{ik}、e_{ik}、f_{ik} 分别用来描述弹药 i 是否放置在弹药 k 的右侧、后侧、前侧、下侧和上侧。

（2）模型的建立：

$$\max \frac{\dfrac{\sum\limits_{j=1}^{m}\alpha_j}{\sum\limits_{j=1}^{m}Y_j}\times\dfrac{\sum\limits_{j=1}^{m}\gamma_j}{\sum\limits_{j=1}^{m}Y_j}}{\sum\limits_{j=1}^{m}Y_j}$$

S.T：

$$x_i+l_i\cdot l_{xi}+w_i\cdot(1-l_{xi})\leqslant x_k+(1-a_{ik})\cdot M，\quad \forall i,k,i<k \tag{1}$$

$$x_k+l_k\cdot l_{xk}+w_k\cdot(1-l_{xk})\leqslant x_i+(1-b_{ik})\cdot M，\quad \forall i,k,i<k \tag{2}$$

$$y_i+w_i\cdot l_{xi}+l_i\cdot(1-l_{xi})\leqslant y_k+(1-c_{ik})\cdot M，\quad \forall i,k,i<k \tag{3}$$

$$y_k+w_k\cdot l_{xk}+l_k\cdot(1-l_{xk})\leqslant y_i+(1-d_{ik})\cdot M，\quad \forall i,k,i<k \tag{4}$$

$$z_i+h_i\leqslant z_k+(1-e_{ik})\cdot M，\quad \forall i,k,i<k \tag{5}$$

$$z_k+h_k\leqslant z_i+(1-f_{ik})\cdot M，\quad \forall i,k,i<k \tag{6}$$

$$a_{ik}+b_{ik}+c_{ik}+d_{ik}+e_{ik}+f_{ik}\geqslant X_{ij}+X_{kj}-1，\quad \forall i,j,k,\ i<k \tag{7}$$

$$\sum_{j=1}^{m} X_{ij} = 1, \forall i \tag{8}$$

$$x_i + l_i \cdot l_{xi} + w_i \cdot w_{xi} \leqslant L_j + (1 - X_{ij}) \cdot M, \forall i, j \tag{9}$$

$$y_i + w_i \cdot w_{yi} + l_i \cdot l_{yi} \leqslant W_j + (1 - X_{ij}) \cdot M, \forall i, j \tag{10}$$

$$z_i + h_i \leqslant H_j + (1 - X_{ij}) \cdot M, \forall i, j \tag{11}$$

$$\sum_{i=1}^{n} X_{ij} \leqslant M \cdot Y_j, \quad \forall j \tag{12}$$

$$X_{ij}, Y_j, l_{xi}, l_{yi}, w_{xi}, w_{yi}, a_{ik}, b_{ik}, c_{ik}, d_{ik}, e_{ik}, f_{ik} = 0, 1 \tag{13}$$

$$\alpha_j = \frac{\sum_{i=1}^{n} X_{ij} \cdot l_i \cdot w_i \cdot h_i}{L_j \cdot W_j \cdot H_j}, \forall j \tag{14}$$

$$\gamma_j = \frac{\sum_{i=1}^{n} X_{ij} \cdot g_i}{G_j}, \forall j \tag{15}$$

$$\sum_{i=1}^{n} X_{ij} \cdot g_j \leqslant G_j, \forall j \tag{16}$$

模型中的目标函数是一个多目标优化函数，将所使用的集装袋个数的倒数与平均体积利用率和平均重量利用率的积相乘作为优化的目标。

约束条件（1）～（6）保证了任意两种弹药在空间上不会相互重叠；约束条件（7）意味着对任意两种弹药而言，只有在它们被装入同一集装袋时，约束条件（1）～（6）才会起作用；约束条件（8）保证所有的弹药只能被集装一次；约束条件（9）～（11）保证已经装入的弹药在三维尺寸上小于所使用的集装袋；约束条件（12）说明的是只要某个集装袋装入一种弹药就应认为该集装袋已经被使用；约束条件（14）～（15）分别用来计算集装袋的体积利用率和重量利用率；约束条件（16）用来保证已经装入的弹药的总重量不会超过所选用集装袋的限重。

2.3 多种集装袋集装同种弹药模型（模型Ⅲ）

2.3.1 集装基本要求

（1）集装弹药形式：箱装弹药。

（2）所有弹药箱体不能倒置、侧放或立放，方向只考虑横装（按"长"的方向）和纵装（按"宽"的方向）；弹药箱的规定面必须朝上。

（3）从下至上按层进行集装，每层弹药的集装形式相同。

（4）集装袋自重、厚度可忽略。

2.3.2 符号及变量说明与模型的建立

该模型的优化目标：一是所使用的集装袋个数及剩余零散弹药数目尽可能少；二是集装袋的平均面积利用率、平均重量利用率和平均体积利用率也要尽可能高（模型中将其下限设定为 0.8，下同）。

（1）符号及变量说明：

n：待集装的弹药箱件数。

k：可选用的集装袋种类数。

l_i、w_i、h_i：第 i 件待集装弹药的长、宽、高。$i = 1, 2, 3, \cdots, n$。

g_i：第 i 件弹药的重量。

m_i：第 i 种集装袋的使用个数，$\forall i,\ i \in [1,k]$。

N_i：第 i 种集装袋集装此种弹药箱的最大件数，$\forall i,\ i \in [1,k]$。

α_i：第 i 种集装袋集装此种弹药箱的体积利用率，$\forall i,\ i \in [1,k]$。

β_i：第 i 种集装袋集装此种弹药箱的面积利用率，$\forall i,\ i \in [1,k]$。

γ_i：第 i 种集装袋集装此种弹药箱的重量利用率，$\forall i,\ i \in [1,k]$。

n_0：剩余未集装弹约箱个数。

（2）模型的建立：

$$\text{Min } p_0 \sum_{i=1}^{k} m_i + p_1 n_0 + p_2 \left(1 - \frac{\sum_{i=1}^{k} m_i \alpha_i}{\sum_{i=1}^{l} m_i}\right) + p_3 \left(1 - \frac{\sum_{i=1}^{k} m_i \beta_i}{\sum_{i=1}^{k} m_i}\right) + p_4 \left(1 - \frac{\sum_{i=1}^{k} m_i \gamma_i}{\sum_{i=1}^{k} m_i}\right)$$

$$p_0, p_1, p_2, p_3, p_4 \geqslant 0$$

S.T:

$$m_i \in z^+ \quad \forall i,\ i \in [1,k] \tag{1}$$

$$\frac{\sum_{i=1}^{k} m_i \alpha_i}{\sum_{i=1}^{l} m_i} \geqslant 0.8 \tag{2}$$

$$\frac{\sum_{i=1}^{k} m_i \beta_i}{\sum_{i=1}^{k} m_i} \geqslant 0.8 \tag{3}$$

$$\frac{\sum_{i=1}^{k} m_i \gamma_i}{\sum_{i=1}^{k} m_i} \geqslant 0.8 \tag{4}$$

$$n_0 = n - \sum_{i=1}^{k} m_i N_i \tag{5}$$

$$0 \leqslant n_0 \leqslant \min\{m_i\} \quad \forall i,\ i \in [1,k] \tag{6}$$

模型中的目标函数是一个多目标优化函数，5 个子目标 $\sum_{i=1}^{k} m_i$、n_0、$\left(1 - \dfrac{\sum_{i=1}^{k} m_i \alpha_i}{\sum_{i=1}^{l} m_i}\right)$、$\left(1 - \dfrac{\sum_{i=1}^{k} m_i \beta_i}{\sum_{i=1}^{k} m_i}\right)$ 和

$\left(1 - \dfrac{\sum_{i=1}^{k} m_i \gamma_i}{\sum_{i=1}^{k} m_i}\right)$ 的不同重要性用 5 个权重因子 p_0, p_1, p_2, p_3, p_4 来体现。权重因子的确定可根据各优化目标的

重要程度进行相应调整。

2.4 模型的求解

弹药集装问题实际上是带有特殊约束条件的装箱问题，属于 NP-hard 问题。在一个合理的时间内很难确定最优解，并且求解时具有相当的时间和空间复杂性。解决此类问题目前主要有四种方法：一是利用数学模型的规划算法；二是图论算法；三是启发式算法；四是智能化算法［包括模拟退火算法（SA）、

遗传算法（GA）和禁忌搜索算法（TS）等]。

模型Ⅰ、模型Ⅲ属于混合整数规划（MIP）问题，对于小规模实例可直接运用 Lingo 等数学软件进行求解。当问题规模较大时，采用启发式算法，模拟人工集装的实际操作过程，利用"层"的概念，其基本思路是按阶段填充，在深度方向按层布局，尽量使某一层的外表面平整，采用自下而上完成弹药的集装，弹药的布局顺序按优先级确定。

模型Ⅱ的求解可采用模拟退火算法，算法中给出了目标函数及约束条件、求解的初始温度和退火策略。初始解采用随机解，邻域解通过随机移动操作产生。

3 结论

本文建立了Ⅰ型、Ⅱ型、Ⅲ型集装袋集装弹药优化模型，其中Ⅰ型模型用于解决单一弹药的单一装载问题，算法简单，求解快，特别适用于一些不能与其他弹药混装的特殊种类的弹药（如火箭弹、信号弹等）；Ⅱ型模型用于解决多种弹药的混合装载问题，集装袋空间体积、重量利用率较Ⅰ型高，集装袋使用个数少；Ⅲ型模型用于解决数量较大的单一种类弹药的集装装载问题，其集装袋使用个数最少，集装袋平均面积利用率最高。

参考文献

[1] 祁立雷，高敏. 通用弹药保障概论 [M]. 北京：国防工业出版社，2010：89-90.

[2] 李良春，于成果. 适应新军事变革，大力发展通用弹药的集合包装 [J]. 物流科技，2007（10）：104-106.

[3] 刘振华，刘小平，申晓辰. 论集装单元化包装的作用与对策 [J]. 包装工程，2014（6）：131-134.

[4] 关继成，李良春. 基于托架的通用弹药集合装载优化研究 [J]. 物流科技，2016（5）：125-127.

[5] 李天鹏，傅孝忠，徐海涛. 基于储运一体化的弹药集装模式研究 [J]. 包装工程，2011（32）：23-25.

[6] LI Tian peng, FU Xiao zhong, XU Hai tao. Study on Ammunition integrated packaging model of storage and transportation integration [J]. Packaging engineering，2011（32）：23-25.

[7] 唐慧丰，于洪敏，陈致明. 遗传模拟退火算法在弹药装载中的应用研究 [J]. 计算机应用与软件，2006，23（1）：54-55.

[8] 唐慧丰. 装备保障弹药装载方案优化研究 [D]. 石家庄：中国人民解放军军械工程学院，2005.

[9] Bortfeldt A. A genetic algorithm for the container loading problem[C]//Proceedings of the Conference on Adaptive Computing and Information Processing.London，1994：145-159.

[10] 徐荣武. 弹药集装问题研究 [D]. 石家庄：中国人民解放军军械工程学院，2005.

[11] 李文钊，田春雷，高敏，等. 基于战时保障的弹药单元化包装研究 [J]. 包装工程，2005，28（3）：108-109.

2. 勤务环境监测、防护理论与技术

关于启封后剩余航空弹药贮存问题的思考

董友亮，王玉刚，张　兵

（海军航空大学青岛校区，山东青岛　266041）

摘　要：本文针对目前部队存在的启封后剩余航空弹药贮存期限过短的问题，分析了为提高效益、减少浪费，应该延长使用新式包装箱弹药的启封后的贮存期限，提出了为确保弹药贮存质量，重新封存时应该采取的措施。

关键词：贮存期限　重新封存　防潮　干燥剂

0　引言

航空弹药由于战时消耗量巨大，为保证供应，军械股和各级后方仓库都存储了大量的航空弹药。为减少外界环境对弹药的不利影响，保证弹药的储存安全和性能稳定，大多数航空弹药（如航空炮弹、火箭弹、特种弹药及各种引信）都采用一定形式的密封包装，以实现弹药的长期储存。

航空弹药包装时为了提高效率、降低成本，根据弹药的大小组合包装，每个包装内弹药的数量从一两枚到几十上百枚不等。对于一个包装内数量较多的弹药，如航空炮弹、干扰弹等，打开包装箱的弹药很少正好一次用完，有时可能一次只取走几发，剩余几十发留在包装箱内。航空弹药都有一定的贮存期限。如某型红外干扰弹，产品使用说明书规定："未打开原包装的干扰弹在规定的贮存条件下贮存期为 5 年；打开原包装的干扰弹贮存期为 3 个月。"如果 3 个月内没有实弹训练任务，启封后剩余未使用的弹药就会过期报废。部队反映这样的规定不太合理，打开包装后剩余弹药的贮存期限过短，既造成一定的浪费，报废弹药还需要专库存储和组织销毁，增加了部队的工作负担。

下面分析目前部队航空弹药的包装和管理情况，探讨如何优化启封后剩余航空弹药的贮存和保管。

1　目前启封后航空弹药贮存保管中存在的问题

根据部队目前的管理规定和具体执行情况，启封后未取走的弹药，一般都留在原包装箱内继续在库房存放，其允许使用时间按照规定的启封后的贮存期限执行。

目前，我军航空弹药包装新旧共存。早期弹药采用密封铁盒或塑料包装筒等形式的包装，属于一次性使用的产品，一旦启封后，包装无法恢复。如前面提到的某型红外干扰弹，早期采用老式木箱包装，木制包装箱里面是一个泡沫盒，内设若干个隔框，每个隔框放置一组用锡箔纸密封包装的干扰弹。这种包装单纯依靠锡箔纸密封，锡箔纸一旦启封，就无法恢复，干扰弹将直接暴露在空气中，所以规定打开原包装后的干扰弹贮存期为 3 个月。

随着包装技术的发展，不少新型弹药包装相继出现。如目前航空干扰弹采用 8 号改塑料包装箱包装。该包装箱为大开盖胶圈加锁扣密封结构，包装箱上下层盖之间有密封胶条，具有较高的强度和良好的密封性能，而且可以重复使用。

虽然弹药的包装技术有了很大改进，但很多工厂配套的说明书并没有及时更新。部队在实际使用中没有区别对待，使得对开箱后未领取而剩余的弹药，无论新、旧包装，其管理都存在一定的问题。

对于采用新包装的弹药，由于新式包装箱可以重复使用，弹药只是在开箱时短时间跟外界空气接触，重新扣上密封盖后仍然可以与外部环境隔离，包装条件基本没有变化，但规定的启封前后的贮存期限却差别很大。如该型红外干扰弹，启封前贮存期为 5 年；启封后贮存期只有 3 个月。明显打开原包装后剩余弹药允许的贮存期限偏短。

对于采用老式包装的弹药，包装一旦启封就无法恢复，弹药将直接暴露在空气中，受环境的影响较大。海军航空兵的机场多在沿海地区，多盐高湿，有的库房条件较差（如有的洞库通风较差，夏季湿度经常在90%以上），难以满足存储条件要求。弹药储存环境湿度过高，容易产生金属部件锈蚀、装药吸湿潮解、电子元件受潮失效、非金属部件变质等现象，尤其是内部装药发生吸湿或潮解后，会影响其燃烧性能，造成点火困难、燃速下降、火焰力减弱，严重时甚至不能被点燃，给使用带来种种不利影响。

由于缺乏相关的规定和要求，目前部队大多没有对采用老式包装的剩余弹药采取有效的密封防潮措施，使这些弹药的储存保管存在一定的隐患，有可能导致弹药可靠性下降甚至报废。如部队多次出现有效期内的信号弹吸潮后弹体膨胀变形，无法使用。

2 提高效益，延长包装箱可重复使用弹药重新封存后的贮存期限

启封后的航空弹药存在两种情况：领到外场装机使用和留在库房继续存放。两种情况下弹药所处的环境差别较大，装机的弹药环境恶劣，高温、高湿、高盐，而且冷热交替温差大；留在库房的弹药保管条件良好，温湿度控制在"三、七"线以下。对于采用可重复使用包装箱的弹药，其继续贮存的期限应该明显大于允许装机使用时间。但部队目前不管是装机的弹药还是留在库房的弹药，都是按照打开包装后的贮存期限控制使用。产生这一问题的原因，是生产厂家和使用单位在弹药更换包装后，没有明确区分弹药继续贮存的期限和装机使用时间，继续沿用了以前的管理规定。

因此，对于采用可重复使用新式包装箱的航空弹药，启封后应根据弹药装机使用还是留在库房继续存放的不同情况分别控制时限。装机时间按照打开原包装的贮存期执行；未领取使用留在库房继续存放的应该尽快将包装箱重新密封好，其贮存期限按开箱前原时间执行。对于后一种情况，考虑到打开包装时干扰弹与外界有一定接触，重新密封时会有潮气进入包装箱，有必要采取一定的吸湿措施，并在后续保障时优先使用。

3 加强管理，确保启封后航空弹药的贮存质量

为确保启封后剩余航空弹药的贮存质量，除了加强对库房的管理，确保库房温湿度达到"三、七"线的要求外，还应该对重新封存的航空弹药采取一定的防潮措施。

3.1 启封后的弹药尽量密封存贮

各军械股要充分利用新式包装箱可重复使用的特性，平时注意回收用过的新式包装箱。对采用一次性老式包装的航空弹药，如各种引信、航空炮弹、信号弹、抛放弹等，开箱后剩余的应尽量更换到空置的新式包装箱中继续存放。为避免更换包装造成混淆，应重新制作标签覆盖包装箱上原有标识。

3.2 利用干燥剂控制密封包装箱的湿度

由于打开包装时干扰弹与外界有一定接触，重新密封时潮气进入包装箱，如果不采取吸湿措施，密封包装可能会成为"保潮包装"。可以通过在包装箱内添加干燥剂，迅速吸收包装箱内的潮气，保持包装箱内部相对干燥，达到产品长期封存的目的。

干燥剂的种类很多，有硅胶、铝凝胶、分子筛和过氯酸镁等。其中，硅胶干燥剂由于吸湿性好、价格便宜，在器材封存中应用较多。硅胶干燥剂本身是一种中性物质，除与强酸、强碱在一定条件下反应外，不与其他物质发生反应，安全性好，可以用于各种航空弹药的封存。硅胶干燥剂有粗孔和细孔两种，细孔型硅胶干燥剂在低相对湿度下具有较高的吸湿能力，更适合封存包装要求。

目前军械股配发的细孔硅胶干燥剂有10 g/包、20 g/包和50 g/包3种，10 g/包的干燥剂采用纸袋包装，20 g/包、50 g/包的干燥剂采用无纺布包装。无纺布包装的透气性更好，吸湿效果更好。打开原包装后重新封存时，应该根据体积、包装材料、环境等条件情况在包装箱内添加适量的硅胶干燥剂。

航空弹药的贮存质量关系到弹药使用的可靠性，关系到战争的胜负。我们一定要本着高度负责的态度，严谨细致、科学合理地做好航空弹药的保管和供应工作。

参考文献

[1] 高欣宝，李天鹏. 弹药包装对部队保障能力的影响及对策分析 [J]. 包装工程，2011，12（23）：154－156.

[2] 史霄霈，赵福军，吴汉林. 浅谈航材封存包装中硅胶的使用 [J]. 科技信息，2008，34：45－46.

[3] 杨保义，张杰. 变色硅胶干燥剂吸湿性能研究 [J]. 装备环境工程，2010，7（2）：32－35.

制约航母机载导弹勤务保障效率的问题与解决对策

王汉昌[1]，李滨辉[2]，叶国青[1]

（1. 海军航空大学青岛校区航空军械火控工程与指挥系；

2. 海军航空大学青岛校区航空电子工程与指挥系）

摘　要： 随着海军航母列装和实战化研训的深入推进，机载导弹保障中的一些新矛盾、新问题也逐步凸显出来，本文分析驻舰机载导弹保障系统的保障特点，探讨目前机载导弹保障存在的不足，提出舰基导弹保障的注意事项。

关键词： 舰基　机载导弹　保障

航空母舰是现代海军的重要战略威慑力量。由于保障平台与工作环境的差异，航母编队的机载导弹勤务保障，在保障模式和保障要求方面具有自己显著的特点。因此，需要结合目前机载弹药保障实际，借鉴外军保障经验和做法，探索符合我国海军特色的保障方法。

1　机载导弹贮运系统运行简介

1.1　机载导弹贮运系统组成

机载导弹贮运系统是航空保障系统重要分系统之一，主要功能是完成机载导弹在舰上安全地贮存、转运和维护。航母航空弹药贮存的地点是弹药舱室，涉及的主要保障装备是贮存装置和转运装置。贮存装置包括弹药存放架、存放笼和存放柜：存放架主要用于存放各型机载导弹，存放笼主要用于存放各型导弹的舵翼箱、干扰弹等，存放柜主要存放各类火工品。转运装置包括水平转运装置、垂直转运装置和甲板转运装置。水平转运装置是与库内转运机类似的装备，垂直转运装置主要是武器升降机，甲板转运装置主要是武器转运车和顶升装置，各弹药舱室内部都配置有库内转运机。

1.2　机载导弹贮运勤务保障流程

机载导弹贮运勤务保障流程如下。

1.2.1　上舰交接与入库转运

在上舰交接阶段，机载导弹从岸基保障基地转运至码头，吊装上舰，并在舰上完成交接和转运入库。其主要的实施过程是，航母根据出航任务，制订机载导弹保障计划，岸基保障单位根据上级指示，完成机载导弹的技术准备后，将导弹转运至航母驻泊码头，协同码头装卸人员用起吊设备分批将弹药吊至母舰，进行启封和转运至弹药贮存舱室，并在舱内做好相应的登记统计及维护工作。

1.2.2　库内保管

与岸基贮存弹药仓库不同，母舰弹药舱室有一定的纵横摇摆，为确保机载导弹在舱室内的稳固存放，需要机载导弹贮存装置为各种机载武器提供安全可靠的机械贮存环境。机载导弹贮存装置由机载武器存放架和存放笼、存放柜等组成，通过通用基座与舱室地面相固定，并提供不同尺寸的外形适配设备，防止导弹受舰艇航行、摇摆等因素的影响而跌落损坏。

1.2.3　甲板转运

航母上的机载导弹甲板转运，主要是机载弹药保障中队领受装挂转运任务，明确需要保障的机载导弹任务后，弹药舱保管人员通过库内转运机从贮存位置转运至对接平移机上系留固定，而后运至机载导弹水平转运室水平转运，再垂直转运至飞行甲板规定的机务战位，与机务大队人员交接后，协助航空联队机务人员进行弹药的挂装。

2 影响航母机载导弹勤务保障效率的问题

2.1 转运保障设备与机载导弹装备的匹配度存在问题

由于航空母舰舰基储备空间狭小，与岸基相比，受空间的制约较为明显。以机载导弹的贮存舱室为例，为了满足存弹量的要求，弹药舱相对比较拥挤，存弹架的层高相对较高。同时，各弹药舱普遍采用混装状态贮存，弹药舱内侧的弹药需要出库时无法通过外层存弹架的层高，导致机载导弹库内转运过程中，贮存架相互干扰，影响机载导弹出库安全。另外，机载导弹在装配过程中，受武器转运车的限制，在甲板转运和安装舵翼时相互干扰。例如某型导弹在武器转运车上并排放置两枚，左右间隔较小，安装完舵翼的导弹无法并排放置，相互受影响。目前，可以采用在武器转运车上将导弹的头尾前后错开的方法，解决导弹在武器转运车上的存放和转运问题。但这样的处理方式，使机载导弹在转运至机务战位挂机时会出现要将武器转运车倒推进飞机下进行挂弹的情况，增加了转运人员转运的环节。这些，都会影响勤务保障效率。

2.2 机载导弹的交接环节工作设置还不够合理

机载导弹在上舰前，需要由具备技术保障能力的单位完成技术准备。其经过中途或长途运输运达码头之后，才能开展交接，导致协调环节多、保障效率较低、保障准备时间长，容易在运输途中发生意外事故，安全管控的风险点多。在机载导弹交接上舰过程中都是采用箱装弹药上舰的方式，这样虽能够安全地保障弹药上舰，但效率不高。尤其是体积较大的空舰导弹的开箱过程耗时较长，要保障多批多架次的弹药，弹药上舰所花的时间将更长。此外，在机载导弹转运过程中，人员按照各自的战位就位进行保障，各战位保障任务的时间长短和先后顺序不同，就存在某些战位的工作完成后就待命等待任务、某些战位任务忙不过来的现象，人员上还没有充分利用起来。

2.3 机载导弹及保障装备的舰基适用性需引起重视

现有机载导弹的技术性能指标在舰基环境下的适用情况尚需验证。现有机载导弹的贮存、运输、挂机、安全等指标参数都是在岸基环境下建立的，舰基这个全新环境下的适用性值得深入研究；舰基状态下，机载导弹的质量状态无法有效监测并实时掌握，尤其是岸基机载导弹通常会在挂机前开展弹药技术准备，而舰基制导武器是岸基完成技术准备之后才能上舰，经过一段时间的舰上贮存，导致存储、挂机后的可靠性指标不明确，目前缺少对机载导弹的质量状态有效监测并实时掌握的措施。

2.4 机载导弹保障流程需优化

机载导弹保障系统相对独立，未与舰上其他系统有效关联。例如，机载导弹和舰载武器弹药目前是不关联的保障体系，不能统筹利用舱室和转运设备开展保障工作；再如，机载导弹的升降转运不能利用飞机升降平台。机载导弹的保障特点是战时弹药保障数量成倍或成指数地增加，转运压力急剧增加，仅依靠武器升降机开展垂直转运难以满足机载导弹保障需求。根据外军经验，由于受到空间和设备数量的限制，弹药贮运内部环节之间以及与舰上其他作业之间的冲突问题在航母的实际作战使用中经常发生，尤其是大量机载导弹准备时，需要占用较多的区域。需要深入研究保障流程优化的可能性，广泛考虑空间、设备的需求与可能的保障条件扩展空间，优化机载导弹保障流程，提高保障效率。

3 提高舰基机载导弹勤务保障效率的措施

3.1 对保障设备进行改进，提高与导弹装备保障的匹配契合度

舰基保障的特殊环境，使得不能简单照搬同型号装备的岸基保障设备。如前所述，机载导弹在装配过程中，受武器转运车的限制，存在安装舵翼时左右间隔太小、相互干扰的问题，其主要限制因素是武器转运车的宽度。而在武器转运车转运机载导弹至机务战位时，由于车上弹药头尾方向不一致，在转运过程中，武器转运车需要倒推进至飞机下挂弹，对转运路线和安全存在影响。针对这样的问题，建议对武器转运车的宽度进行改进，满足机载导弹在武器转运车上舵翼装配所需的条件，使导弹能在武器转运车上头尾在一个方向的情况下安装舵翼，保证相互不受影响，能够安全地装配。在转运过程中也不需要考虑弹药的头尾方向，可以直接转运至飞机下方，既能够优化转运路线，又能够保证转运的安全。对于弹药舱相对比较拥挤、存弹架的层高相对较高、贮存架相互干扰、影响机载导弹出库安全的问题，可以对弹药舱的存弹方案进行改进或者对库内转运机相关设备进行改进，提升弹药舱的高度空间。在后续舰的设计建造中，充分论证、统筹考虑机载导弹与舰上弹药这两类弹药舱室和保障装备设备，整合保障力量，为机载导弹保障提供便利。从战斗力保持角度考虑，应增加舰上弹药储备舱室数量，增加快速支援舰弹药存储数量，提高补给效能。

3.2 细化保障人员配置，确保各战位效能充分发挥

针对在机载导弹保障过程中，保障人员固守各自战位、忙闲不均、人员潜力没有充分挖掘的问题，建议在弹药保障过程中打破专业限制，加强人员在平时对其他专业的学习和训练，使其在保障中能够实现一专多能的保障模式。弹药舱人员在将弹药转运出库后可以到甲板进行舵翼装配和弹药的转运工作，这样能够减轻甲板保障人员的工作压力。哪个战位缺人就往哪个战位调动，将人员最大限度地利用起来。例如，在一次弹药保障中，飞机需要挂载一个空空构型的弹药，弹药值班员给弹药舱人员下达出库任务，弹药舱人员开始转运弹药。在弹药舱完成机载导弹的出库后，库内人员的任务就已完成，等待弹药值班员的任务指令。

3.3 提高机载导弹及保障装备的舰基适用性

对于机载导弹及保障装备的舰基适用性不足的问题，一是提高舰上机载导弹的独立整装化，使弹药的存储和运输使用同一个设备，既提高了舰上的存储条件和安全防护等级，还便于自动化设备的快速转运。而弹药提高整装化，同时可减少弹药装配环节，缩短装配作业及其周转所带来的时间消耗，简化整个弹药贮运作业。二是导弹厂家、相关研究机构开展试验，给出机载导弹舰基贮存与使用技术参数指标；同时，研制小型通用快速检测设备，便于舰上开展机载导弹必要的技术准备。三是研究改变弹药上舰方式。在机载导弹交接上舰过程中，目前都是采用箱装弹药上舰的方式，这样虽能够安全地保障弹药上舰，但保障效率较低。由于导弹箱体积较大，需要借助吊袋设备才能打开，开箱工作相对较麻烦，整个弹药上舰过程中主要时间都用在导弹的开箱上。如果将来要保障多批多架次的弹药，弹药上舰所花的时间将更长。可以试行岸基保障单位在仓库完成弹药的开箱工作，用存弹架将机载导弹从仓库转运至码头，在码头通过吊袋设备将存弹架和弹药一起调吊运上舰。上舰后弹药可以直接入库贮存，这样在弹药上舰过程中可大大缩短时间和环节，提高保障效率。

3.4 优化机载导弹保障流程

要完善综合保障基地功能，充分发挥作为航空母舰保障母港的作用。统筹规划，在人员编制、保障设备配备、技术准备能力训练等方面同步建设，形成机载导弹技术保障能力。综合保障基地完成机载导弹的技术准备，直接与航空部门机载弹药保障中队交接，避免经过技术准备的导弹长途运输造成的技术

状态问题或者意外情况的发生。机载导弹保障流程优化方面，一是人员、装备要灵活配置，提供保障方案优化的较大选择余地。二是抓住主要装备，优化保障流程新研转运设备。建议空空导弹在弹药舱室内完成弹翼、舵面的装配任务，且几个弹药舱室内能同时展开保障作业。弹药直接从弹药舱以全备弹状态转运至机务站位，进行挂机，中间无其他勤务保障工作。三是借鉴美军经验。"尼米兹"级航母弹药装配作业区域本身是舰员食堂，只有在训练或战时会临时转换。在执行弹药装配任务时，食堂要快速清理出空间，展开多个折叠的装配台，同时留出运输通道，摇身一变成为装配区，提高舰上保障资源利用率。由于舱室、设备布局设计方面尚存在一些不合理的问题，在"福特"级航母建造时，对弹药贮运的相关舱室、设备布局都进行了大调整，最大化地发挥设备作业能力，明显提升了作业效率。

参考文献

[1] 史文强，陈练，蒋志勇．航母航空弹药组成及需求分析 [J]．舰船科学技术，2012（5）：139-143．

[2] 赵晓春．美国航母弹药库自动化贮运技术发展及应用分析[J]．舰船科学技术，2013（8）：154-157．

[3] 李文钊，田春雷，李良春．美军弹药的托盘化集装现状及发展趋势 [J]．包装工程，2005（6）：114-116．

[4] 葛杨，邱志明，肖亮，等．弹药转运系统的可靠性设计及性能分析 [J]．北京理工大学学报，2013（9）：890-895．

关于弹药包装标准化水平提高的几点思考

刘方亮，张　刁，郑至锐

摘　要：弹药包装的作用不容忽视，其直接影响着弹药的储存、装卸和运输，提高弹药包装标准化水平，能最大限度提升弹药保障效率。

关键词：弹药包装　标准化

弹药是一种易燃、易爆的危险物资，战时消耗量大。当前，我军弹药种类繁多，不同的弹药有不同的口径和功能，弹药尺寸也有差别，为保证弹药在战场上能够充分发挥其使用价值，保护弹药不受或少受外界自然环境和力学环境的影响，确保弹药在平时储存和运输中的安全性，必须提高弹药包装标准化水平，保证关键时刻及时有效保障，使其在不同环境地侵蚀下受到的影响最小化，延缓弹药的质量变化，达成预定作战任务。

1　弹药包装箱的现状

现阶段我军弹药包装种类繁多、材料各异、结构有别，很大程度上是由于各个生产厂家各自为政，从而造成了弹药包装各异的现状。再者，我军传统的弹药包装主要沿袭苏军的模式，在原设计中，与现代化高科技战争中的弹药保障不相适应，很多方面还停留在普通防护和"人搬肩扛"的携运行保障模式，存在诸多不便。

1.1　弹药包装箱材质不统一

当前弹药外包装箱材质主要有实木包装、铁（钢）制包装和工程塑料包装三大类，各种包装箱用材不一、尺寸繁多。在以前很长一段时间内，我国弹药的包装大部分采用木质包装箱与炮油封存相结合的包装方法，这种木质包装的缺点明显，尤其是在南方潮湿的环境下，对于弹药的性能有一定影响。后来使用的铁（钢）制包装自身重量大，且易变性，提高了搬运难度。近年来采用的工程塑料包装有些新特点，保证了弹药的密封性，也很大程度上减轻了重量，但是在堆码稳定性上还有提升空间。

1.2　弹药包装箱尺寸有差别

由于弹药口径和功能的差异，弹药本身尺寸不一，必然导致弹药包装不可能全部统一，但是有些包装尺寸设计不够协调，通用化程度较低，我军近年来研制了很多种新型弹药，但是几乎每种弹药都是一种独立包装，有的同一口径的性能不同弹药包装也不同。在这种情况下，必然导致生产资源的浪费，在紧急条件下快速生产也有限制。以某型高炮榴弹为例，同一口径有 3 种包装，如表 1 所示。

表 1　某高炮榴弹包装情况表

序号	尺寸/mm	包装方式	数量/（发/箱）
1	45×42×21	木箱	12
2	89×70×52	铁集装笼	48
3	55×37×51	塑料箱	24

1.3　搬运机械适配性不足

虽然弹药包装箱样式各异，但与之配套的搬运机械却十分有限，导致部分包装不标准弹药在存储和收发时仍没有摆脱人搬肩扛的作业模式，成为制约保障能力的瓶颈。现有的部分库存弹药外包装箱底带过于窄小，难以用搬运机械作业，只能用手推车和人工进行搬运，直接影响搬运效率。部分弹药包装箱结构上存在缺陷，不利于码垛，甚至在码好后可能发生堆垛倒塌事故，以某型小口径枪弹为例，传统木质包装箱稳定性高，但新型塑料包装堆码至原高度 3/4 便有所晃动，必须采取加固措施，无形中增加了工作量。

2　存在问题的原因分析

不同弹药性能的差异以及对储存的不同要求，势必导致包装不尽相同，但其背后的原因是多方面的。

2.1　多样化军事任务对弹药包装的要求

在保障的过程中，弹药面临着诸多外界环境因素的影响，要求防护性更强，主要包括防潮湿、防热量、防冲击、防静电、防霉菌等。近年来，由于不少高科技弹药的投入使用以及电子元器件的可靠性要求，对于弹药包装要求更高。未来弹药的战场要求弹药必须能适应多变的自然环境和复杂的电磁环境，因此，弹药包装在现代战场上的安全防护作用越来越重要，这样才能确保复杂条件下弹药的安全可靠性。

2.2　弹药包装标准体系不够完善

外军对弹药包装的通用化、系列化、标准化的研究起步比较早，而且制定形成了一系列的包装标准。以美军为例，美军从 20 世纪 40 年代就开始对弹药包装进行系统研究，制定了一系列包装技术标准，如 MIL-STD-129 和 MIL-D-116 包装标准。美军对弹药包装改进的重点仍然是通过军用独特的材料和设计以获得最大的防护能力。我军在这方面起步较晚，未形成完善的标准体系。而且由于生产成本和生产工艺原因，有些工厂和军代表执行现有部分标准不统一，没能做到统一规格，现有包装五花八门，各领风骚。这就需要我们根据不同弹种选择适合的通用包装，尽量减少包装品种，提高通用化和标准化。

2.3　集合包装程度较低，制约了机械化发展

在现代高技术战争中，弹药消耗量剧增，保障时效性要求提高，单纯依靠人工作业已无法满足保障需求，必然要向对集装单元进行机械化作业的方向发展。我军从很早开始就倡导后方仓库机械化，也研制配发了相应的搬运机械，解决了大部分的问题，一定程度上提高了工作效率，但是由于包装集装化程度较低，也不可能为所有弹药单独配备搬运机械，所以在包装箱和搬运机械上要做到统筹考虑，采取相当形式的集合包装。

3　关于提升包装标准化水平的几点思考

我军现行弹药标准化水平不高，对于遂行现代化高科技战争，迅速进行弹药保障有一定影响，应当加强论证，借鉴外军经验，引进民用技术，加快步伐，紧跟时代，提高我军弹药快速供应保障的效率和能力。

3.1　倡导托盘化集装化包装

现在外军普遍采用托盘包装和集装包装，美军在 20 世纪 90 年代 90%的弹药实现了弹药的集装化运输，极大地提高了弹药的保障效率。从美军多年实战经验看来，这是行之有效的。我军在这方面发展一直比较缓慢，虽然很早就提出过相应理念，但是由于种种原因发展滞后。我国应根据自身的实际情况，系统地研究我军托盘包装、集装包装和运输工具的现状，提出托盘包装、集装包装的基本框架、要求和

实现方案，最大限度提高供应效率。针对现有弹药品种繁多、包装不一的现状，采取标准化托盘，结合现役运输投送方式，是很合理的构思。可以考虑借鉴地方物流技术，从生产源头抓起，分析弹药消耗规律，结合实际发展托盘集装技术，改进相应搬运机械，进一步优化供应流程，确保能更快保障部队需求。

3.2 研究新型工程塑料包装深入应用

毋庸置疑，工程塑料包装具有很多传统包装不具有的优势。材料密度远小于铁（钢）制包装，直接减轻了包装重量；而且密封防水性优于木质包装，通过新型密封技术能够保证经过短时间雨淋也不影响弹药性能，这对于未来的复杂战场环境有很大收益；此外，环保理念日渐深入，木质包装势必减少，工程塑料包装必将成为以后弹药包装的主流。但是在其他方面还有不足，工程塑料包装表面光滑，有些在堆码稳定性方面还有缺陷，如何提高其稳定性，最大限度确保弹药安全值得思考。再者，未来包装在防静电、防殉爆、长期储存和战场伪装方面也值得我们进行探索，要充分利用民间技术，拓展使用功能。

3.3 加快完善相应规章制度

从长远来看，军民融合是大势所趋，很多方面，地方技术领先于军队，在以后的弹药包装标准制定时，可以参考民用标准，采用一些通用性标准，加快整体标准化程度。标准化包装很大程度上依赖于社会行业的一定配合，我们现有的体系还不够完善，要抓紧进行规章制度的完善和有力执行，提高标准化水平，为打赢未来战争打下良好基础，确保关键时刻能够供得上、打得赢。

参考文献

[1] 杨健. 我军弹药包装现状分析及发展趋势探讨 [J]. 包装工程，2006，10（5）：265-267.

[2] 高兴宝，李天鹏. 弹药包装对部队保障能力的影响及对策分析 [J]. 包装工程，2011，12（23）：154-156.

[3] 宋继鑫. 美国弹药包装的发展新动向 [J]. 国外兵器动态，2000（20）.

[4] 高欣宝，高敏，姚恺. 弹药包装对部队保障能力的影响分析 [J]. 包装工程，2004，25（6）：108-110.

[5] 朱征付. 着眼多样化军事任务 全面提升弹药装备包装水平 [J]. 通用弹药技术管理工作，2014.11：57-58.

枪弹侵彻泡沫铝复合材料仿真与试验研究

牛正一 [1,2]，安振涛 [1]，姜志保 [2]，王韶光 [2]

（1. 陆军工程大学石家庄校区，河北石家庄 050000；

2. 中国人民解放军 32181 部队，河北石家庄 050000）

摘　要：本文针对弹药爆炸防护对破片侵彻的防护需求，以在隔爆防护中应用广泛的三明治型泡沫铝复合材料为对象，采用计算机仿真与实弹试验相结合的方式，对枪弹侵彻泡沫铝复合材料的抗侵彻性能进行讨论研究，提出了复合材料应用与改进建议。

关键词：枪弹　侵彻　泡沫铝

0　引言

弹药具有燃爆毁伤的本质属性，在弹药储存、运输、修理、分解、炸毁等作业时，必须采取爆炸防护措施以保证周边人员、装备、设施等的安全，设置防护屏障是一种常用方法。相关资料显示，在弹药储存场所设置可靠的防护屏障，能够有效减小弹药防殉爆最小允许距离、防破坏最小允许距离。利用不同材料组成、不同结构形式构设防爆屏障，是开展爆炸防护研究的重要方向。

1　泡沫铝在弹药爆炸防护中的应用

泡沫铝是一种多孔金属材料，基体内部随机分布着大量三维多面体形状的孔洞，在受压状态下这些孔洞会产生变形、坍塌、破碎，吸收大量能量，这种优异的吸能特性使泡沫铝在爆炸防护领域，特别是在对冲击波载荷的防护中得到广泛重视和研究。泡沫铝在爆炸防护的应用中，通常与金属、陶瓷、纤维等材料复合，形成层状堆叠、管状填充等结构形式的复合材料。这些复合材料能够在爆炸冲击波载荷下材料整体结构变形时，充分发挥泡沫铝的吸能优势。对于弹药爆炸的防护，不仅要研究爆炸产生的冲击波，还要考虑对爆炸产生的高速破片的防护。因此，对破片侵彻作用下泡沫铝复合材料的防护性能，需要开展针对研究。

本文选取典型的"金属＋泡沫铝＋金属"的三明治型复合材料作为对象，采用仿真分析和实弹侵彻试验相结合的方式，研究复合材料在枪弹侵彻作用下的防护能力，为泡沫铝复合材料在弹药爆炸防护中的选择应用提供参考。枪弹侵彻泡沫铝复合材料的仿真分析利用有限元分析工具 ANSYS.Explicit Dynamics 开展，实弹侵彻试验采用 5.62 mm 半自动步枪射击的方式完成。

2　枪弹侵彻泡沫铝复合材料仿真分析

2.1　材料结构

根据相关文献资料经验，选择以下方式设置复合材料的结构：在固定前、后面板材料以及泡沫铝参数的基础上，调整前、后面板厚度，具体组配方案如表 1 所示。

表 1　复合材料结构组配方案

方案编号	前面板厚度 X/mm	泡沫铝厚度/mm	后面板厚度 Y/mm
方案一	5	50	2

续表

方案编号	前面板厚度 X/mm	泡沫铝厚度/mm	后面板厚度 Y/mm
方案二	5	50	3
方案三	5	50	8
方案四	4	50	3
方案五	3	50	4
方案六	5	—	3

2.2 模型与边界条件

2.2.1 几何模型与简化

枪弹侵彻泡沫铝复合材料的几何模型如图 1 所示。根据载荷作用方式，在保证计算效率和求解精度条件下，将分析模型进行简化：不考虑空气阻力对弹丸飞行的影响，假定弹丸侵彻复合材料的初速与出膛速度相等，通过查阅相关资料，确定为 735 m/s。同时，将复合材料简化为 $\varPhi$40 mm 轴对称模型。简化后的有限元模型如图 2 所示。

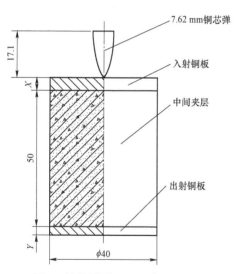

图 1　计算模型平面尺寸

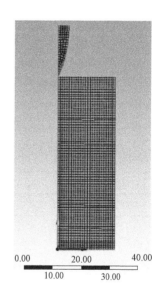

图 2　计算模型简化后的有限元模型

2.2.2 有限元初始及边界条件

1）材料状态方程

由于弹丸初速高，将弹丸和钢板以线性多项式状态 Gruneisen 方程描述，压缩材料的压力为

$$P = \frac{\rho_0 C^2 \mu \left[1 + \left(1 - \dfrac{\gamma_0}{2} \right)\mu - \dfrac{\alpha}{2}\mu^2 \right]}{\left[1 - (S_1 - 1)\mu - S_2 \dfrac{\mu^2}{\mu+1} - S_3 \dfrac{\mu^3}{(\mu+1)^2} \right]} + (\gamma_0 + \alpha\mu)E$$

膨胀材料的压力为

$$P = \rho_0 C^2 \mu + (\gamma_0 + \alpha\mu)E$$

式中：弹丸和钢板的 Gruneisen 参数取值通过查阅相关文献资料获取，具体设置如表 2 所示。

表 2　弹丸和钢板的 Gruneisen 参数

零件	ρ_0 /（g·cm^{-3}）	C/（km·s^{-1}）	S_1	S_2	S_3	γ_0	A
弹头	20.8	3.98	1.58	0	0	1.6	0.46
钢板	7.83	3.98	1.58	0	0	1.6	0.46

中间夹层为泡沫铝，选择 Isotropic Elasticity 线弹性本构描述，各项参数取值通过查阅相关文献资料获取，具体参数设置如表 3 所示。

表 3　泡沫铝的 Elasticity 参数

零件	ρ /（g·cm^{-3}）	E/MPa	λ
中间夹层	0.405	3 500	0.2

2）材料损伤模型

弹丸和钢板采用高压 Steinberg-Guinan 模型，泡沫铝夹层采用多孔 Crushable Foam 模型。

高压 Steinberg-Guinan 模型定义为

$$G(P,T) = G_0 + \left(\frac{\partial G}{\partial P}\right)_0 \eta^{-1/3} P + \left(\frac{\partial G}{\partial T}\right)_0 (T-300)$$

$$Y(P,T) = Y_0 (1+\beta\varepsilon)^n \left[1 + \left(\frac{\partial Y}{\partial P}\right)_0 \eta^{-1/3} P / Y_0 + \left(\frac{\partial G}{\partial T}\right)_0 (T-300)/G_0 \right]$$

弹丸与钢板 Steinberg-Guinan 模型参数如表 4 所示。

表 4　钢板的 Gruneisen 参数

零件	INI_Y/ MPa	MAX_Y/ MPa	B	n	$\left(\dfrac{\partial G}{\partial P}\right)_0$	$\left(\dfrac{\partial G}{\partial T}\right)_0$	$\left(\dfrac{\partial Y}{\partial P}\right)_0$	剪切模量/ MPa
弹头	800	1 200	3	0.5	1.479	$-2.26e^7$	0.032 14	7.18e^4
钢板	400	1 500	4	1.5	1.479	$-2.26e^7$	0.032 14	7.18e^4

3）边界载荷条件

7.62 mm 钢芯弹轴向初速 735 m/s，复合材料 ϕ40 mm 圆柱面全约束。

4）有限元网格划分

分析模型用 Quad4 单元类型，共计节点 2075，单元 1900。

2.3　仿真计算

在上述模型与边界条件设置下，通过显示动力学计算，得到枪弹侵彻复合材料时在不同位置的速度，选择弹丸在前面板、泡沫铝夹层、后面板的出射时刻提取弹丸剩余速度，具体如表 5 所示。

表 5　分析结果

方案编号	弹丸穿透前面板的剩余速度/（m·s^{-1}）	弹丸穿透泡沫铝层的剩余速度/（m·s^{-1}）	弹丸穿透后面板的剩余速度/（m·s^{-1}）	最大侵彻深度/ mm
方案一	519	316	209	穿透
方案二	510	299	未穿透	66.7
方案三	528	386	未穿透	64
方案四	554	377	260	穿透

续表

方案编号	弹丸穿透前面板的剩余速度/（m·s⁻¹）	弹丸穿透泡沫铝层的剩余速度/（m·s⁻¹）	弹丸穿透后面板的剩余速度/（m·s⁻¹）	最大侵彻深度/mm
方案五	598	453	267	穿透
方案六	577	—	450	穿透

在复合材料各组配方案下，枪弹侵彻材料的末端时刻，材料等效应力与塑性应变情况，以及弹丸不同时刻的速度变化，如图3～图8所示。

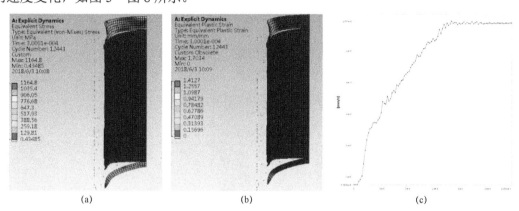

图3　组配方案一仿真结果（书后附彩插）

（a）等效应力云图；（b）塑性应变云图；（c）弹丸时间－速度曲线

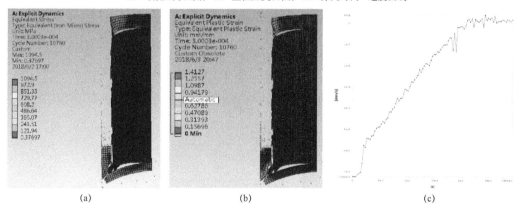

图4　组配方案二仿真结果（书后附彩插）

（a）等效应力云图；（b）塑性应变云图；（c）弹丸时间－速度曲线

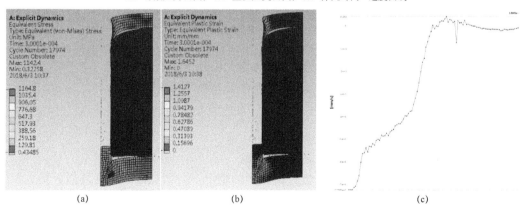

图5　组配方案三仿真结果（书后附彩插）

（a）等效应力云图；（b）塑性应变云图；（c）弹丸时间－速度曲线

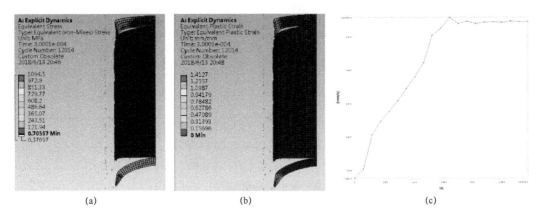

图 6 组配方案四仿真结果（书后附彩插）

（a）等效应力云图；（b）塑性应变云图；（c）弹丸时间－速度曲线

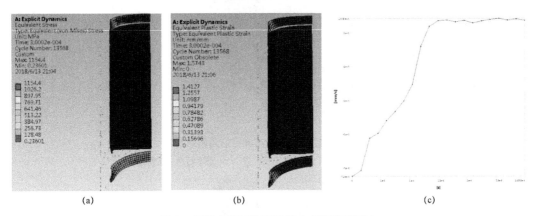

图 7 组配方案五仿真结果（书后附彩插）

（a）等效应力云图；（b）塑性应变云图；（c）弹丸时间－速度曲线

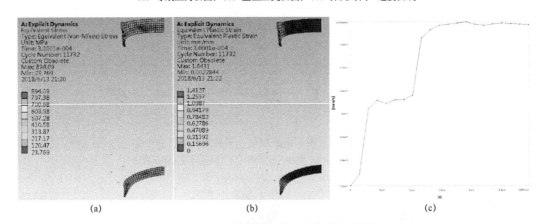

图 8 组配方案六仿真结果（书后附彩插）

（a）等效应力云图；（b）塑性应变云图；（c）弹丸时间－速度曲线

2.4 结果分析

根据表 1 中的复合材料组配方案，分析云图，可知：

（1）比较方案一和方案六，在前、后面板设置相同的情况下，增加泡沫铝夹层后，弹丸穿透前面板后的剩余速度减小，说明泡沫铝层的支撑、吸能作用能够提高前面板的抗侵彻能力。

（2）比较方案一、方案三和方案四，在前、后面板总厚度相同的情况下，弹丸侵彻复合材料后的剩余速度相差不大，说明前、后面板厚度搭配方式对复合材料整体的抗侵彻性能影响不大。

（3）比较方案一和方案二，后面板厚度少量增加的情况下，弹丸对复合材料的侵彻能力下降明显，说明复合材料的后面板在材料整体抗侵彻中发挥了重要作用，利用三明治型复合材料设置防护屏障时，可重点关注。

（4）从塑性应变云图中可看出，弹丸侵彻复合材料时，泡沫铝和前、后面板均出现了明显的剥离现象，但泡沫铝的变形仅发生在弹丸侵彻路径周边的小范围内，说明单一泡沫铝材料抗侵彻性能较差。

3　枪弹侵彻泡沫铝复合材料试验

3.1　试验对象

受试验条件、成本等限制，选择组配方案二制作复合材料样品，作为侵彻试验对象。复合材料样品的前、后面板均为 Q235 钢板，中间夹层为闭孔泡沫铝。钢板与泡沫铝的主要参数与仿真设置保持一致。侵彻枪弹通过 56 式 7.62 mm 半自动步枪发射。

3.2　试验装置

如图 9 所示，将复合材料的试验样板以四周约束的方式固定在支架上，使用 56 式 7.62 mm 半自动步枪发射子弹，枪口距离试验样板约 10 m，重复打击 3 次，观察枪弹对试验样板的侵彻情况。

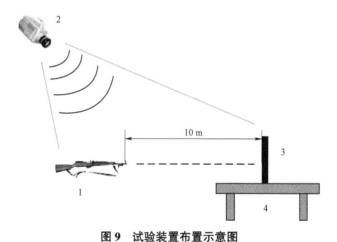

图 9　试验装置布置示意图

1—56 式步枪；2—摄像机；3—试验样板；4—支架

3.3　试验结果

枪弹侵彻复合材料试验结果如图 10 所示。观察弹丸对试验样板的侵彻情况可知，弹丸均未穿透后面板，与方案二的仿真结果一致，说明仿真分析模型选择与参数设置具备一定的可信度。采用表 1 中尺寸结构的泡沫铝复合材料，具备抗 7.62 mm 枪弹侵彻能力。

图 10　枪弹侵彻复合材料试验结果

4　结论

（1）在合理的结构设置下，泡沫铝材料作为夹层使用，能够有效提升单一金属板的抗侵彻能力，但会明显增加防护结构的整体厚度，可在构设相对固定的防护屏障时应用。

（2）单一泡沫铝材料的抗侵彻效果较差，可通过掺杂等方式进行材料增强或增大泡沫铝与复合材料其他组成的连接强度，增大泡沫铝在侵彻过程中的变形，充分发挥吸能作用。

参考文献

［1］BOURNE N K，BENNETT K，MILNE A M，et al.The shock response of aluminium foams[J]. Scripta materialia，2008，58：154－157.

［2］刘欢. 泡沫铝材料的吸能与防爆特性研究［D］. 沈阳：东北大学，2014.

［3］王涛，余文力，秦庆华，等. 爆炸载荷下泡沫铝夹芯板变形与破坏模式的实验研究［J］. 兵工学报，2016，37（8）：1456－1463.

［4］SHIM C S，YUN N R，SHIN D H，et al. Design of protective structures with aluminum foam panels［J］. International journal of steel structures，2013，13（1）：1－10.

［5］黄睿，刘志芳，路国运，等. 轴向压缩下泡沫铝填充薄壁圆管吸能特性研究［J］. 太原理工大学学报，2016，47（1）：101－107.

第五部分　弹药导弹质量监控体系构建

1. 弹药导弹质量监控体系构建理论与方法

终端引导的信息化常规装备质量监控体系构建

郝雪颖，曹　浪，程万影，安文书，郝焕明

（军事科学院防化研究院）

摘　要：本文面对未来作战及实战化训练加大和军民深度融合形势下弹药等装备质量监控面临的新挑战，分析了常规陆基弹药研制、生产、交付、使用现状及问题，参考外军装备质量信息管理方式，提出以型号装备为对象、以质量信息为平台、以论证研制为输入、以贮存使用问题为嵌入构建动态信息流，逐步通联，形成以论证单位为主导、以承研承制单位为主体、以军代系统为依托、以部队为终端、以提升实战能力为共同目标的闭环质量管理系统，提升对弹药寿命周期质量监控的能力。

关键词：弹药质量　质量信息　质量提升　装备寿命周期　质量监控

0　引言

随着"能打仗、打胜仗"要求的逐步贯彻落实，大量高技术装备新编服役，陆军部队实战化拉动和训练强度不断加大，而装备弹药质量问题也频频暴露，影响了战术部门正确评估作战能力及部队用装、爱装的主动性，面向使用的陆基装备弹药可靠性等质量特性亟待提高，装备弹药质量监控需延伸到其全寿命周期。

在军民深度融合的新形势下，军队职能转变，装备研发主体向企业转移，装备研制生产环节的质量监控如何落到实处、"好用、管用、耐用、实用"的战斗力标准如何融入企业宗旨等现实问题急需解决。

1　装备质量管理现有模式

研制、生产、储存、使用、退役报废，由不同部门主导、不同单位负责实施，装备寿命周期长、参与部门多、质量管理形式多样。与关注使用部队满意度、提升装备实战能力的目标相比，现有质量管理模式尚存有以下不足。

1.1　装备寿命周期过程相互独立，质量目标未统一

1.1.1　新装论证与使用需求存差异

在装备快速发展、缩减与先进外军代差的几十年间，新装备论证以性能先进为首要目标，偏重于对技术性能的追求，而对制约性的通用质量特性指标研究不深，对维修性、保障性、可靠性、人机工程的追求未达到同一高度，装备弹药产生的全过程数据各自存留，缺乏符合各类装备特点的体系化、连贯性基础数据。部队对装备的使用以形成体系战斗力为目标，对装备战术性能、可靠性、易于维护保障、操作便捷等要求较高，对弹药性能、安全性、可靠性、长贮可靠性、销毁处置便捷性尤其关注，耐用、好用、实用的需求未完全满足。

1.1.2　装备研制生产与使用过程相分离

装备研制以产品性能达到预定战术技术指标为最终目标，技术方案首先满足战术技术指标要求，其次是达到预期作战使用性能，研制过程中以承制方与工业部门为主体，所关注的重点是装备本身而非装备的使用情况，所聚焦的顾客为订购方，而非使用部队。工业部门与部队联系不紧密，对装备使用环境、人员技能水平及维护情况等信息难以全面掌握及系统分析，部队对装备特点、使用操作条件需逐渐熟悉，

信息反馈渠道不直接，发生质量问题后定性、定位往往存在较大分歧。

1.1.3 装备研制与生产过程相独立

根据多数军工企业的管理模式，研发部门与生产部门相互独立，研发部门完成技术方案、形成设计图纸和定型样机，质量目标是通过评审、确认、定型等活动，关注小样本或单独样机的问题，自由度较高，问题分析及解决方案等信息控制在本部门；生产部门质量目标是批量产品验收合格，关注批次半成品和成品系统性误差，工艺、检验人员归属于生产部门，工艺设计、人员培训、设备投入往往在该阶段实施，工艺、检验大多难以与设计同步，对设计的约束作用滞后。

1.2 装备质量管理分阶段开展，深入程度不相同

1.2.1 论证阶段质量管理的平衡作用不显著

装备论证阶段具有创新性特点，人的智力因素占主导，而质量控制具有约束性特点，偏重于实物或具体方案。各兵种在论证过程实施质量管理的方式及要求各不相同，有些流于形式，缺少熟悉装备研制生产及使用的质量专家参与，对部队使用同类或类似装备中故障失效等问题掌握不深入，对已发生问题的定位分析不系统，装备论证中所替代型号使用信息缺少反馈渠道，难以发挥引导作用，质量监控对装备的作战效能、使用性能、RMSS（风险管理和安全系统）、费用、风险和进度的协调平衡作用未能发挥。

1.2.2 研制阶段质量管理的预防作用未发挥

质量特性形成主要在论证、研制、生产阶段，其中论证和研制过程为决定性阶段，90%的全寿命费用在该阶段产生。质量保证工作主要在研制、生产阶段进行，但企业质量部门更关注生产阶段的实物与固化技术标准的相符合情况，在产品研制阶段处于从属地位，对产品设计过程难以完全跟进和深入细节，对质量问题和设计方案的变更细节难以全面掌握，利用生产经验和QMS（质量管理体系）知识规避设计缺陷的预防性作用难以发挥。

1.2.3 使用阶段质量管理的反馈作用未嵌入

装备质量管理分别在研制、生产、储存和使用各个阶段开展，实施主体分别为承研方、承制方和库房、部队，PDCA循环分别在各阶段运转，对弹药类，长贮、使用、销毁等保障阶段是发生问题最多的环节，设计问题、生产质量、储存条件不足、使用不规范等问题次第出现，但该阶段处于装备寿命周期末端，反馈机制未畅通，装备使用信息对新装备论证及改进的反馈作用不突出。

2 外军通过信息渠道管理装备质量的方式

外军和我国航天部门非常重视质量信息在装备质量管理中的作用。美军建立了"首席信息官"组织系统，政府与工业部门通过数据交换网（GJDEP）实现质量信息的闭环管理，主要职能包括收集、储存、检索有关材料、部件、设备、系统的可靠性试验和使用信息，并包括各军种的可靠性、维修性信息系统，保持密切的数据交换，发挥联合研究、发展、工程、生产、使用和保障的纽带作用，美陆军建有装备状态AMSS系统用于收集质量信息；所使用的MIL-STD—1916是一种基于预防的军用标准，强调统计过程的预防性质量，鼓励供应商建立品质系统与使用有效的过程控制程序，适用于国防系统所有部门，包括制造、服务、储备物资、维修操作以及数据或记录。

美军为了在其国内和海外军事活动中确保弹药达到预期状况，把弹药质量与可靠性控制贯彻到制造、运输、储存、维护和使用全过程，对弹药进行观测、检查、调查、测试、分级和分类，完成弹药"从摇篮到坟墓"全寿命质量监控工作，在《2020年联合作战设想》中提出，发展基于Web的后勤可视化自动化信息系统（TAV），其具有兼容几个数据库的能力，包括库存控制自动化信息（ICP）、全球运输网络（GTN）等。

我国航天工业部门在型号研制中建立了信息站，收集科研、生产、质保、机关等系统的信息并实施

数据库管理，为装备质量跟踪及决策提供技术依据。

3 构建装备弹药全寿命周期质量信息闭环

针对现有装备弹药质量管理模式与全寿命质量监控需求的差距，应重点改善质量管理过程不连贯问题，重视质量信息的基础性作用，提高装备全寿命周期质量控制，升级质量工作模式，将质量控制落在实处、落在关键环节、贯穿于装备及弹药质量形成全过程。

3.1 构建自上而下的质量信息管理数据库

发挥信息技术对生产力的倍增作用，从顶层分军种构建新装备弹药基础质量信息平台，形成数据类型规范的终端系统，改变主要依靠经验、推演评估论证新装备，依靠过程监督研制实施质量检查的主观性管理模式，以装备为数据对象构建质量信息管理系统，建立通畅的信息渠道，采集装备全寿命周期各阶段的质量信息，发挥质量信息的客观评价和推动作用，以加强对产品研制、生产过程的质量监控。

3.2 以质量信息为基础通联装备寿命周期

充分发挥信息的通联作用，收集装备论证、研制、试验、定型、试制、生产、运输、贮存、使用、维护等全过程质量信息，形成各阶段质量管理过程的闭环连接，完整呈现装备质量特性形成及质量问题处理全过程，以各类型号装备的质量信息收集为基础，建立分类别基础数据库，使材料、部件、设备、系统的可靠性试验和使用信息分级共享，提高装备弹药研制的整体水平，以发挥对装备设计的支持作用。

3.3 以装备信息为对象通联各相关单位

以装备为对象确定所采集质量信息种类、数据结构和标准化，构建包含原材料、元器件、部件、成品采购信息的实物质量信息库，设计、工艺、检验过程信息的技术信息库，以及装备试验、训练中的可靠性、维修性、保障性信息的使用性能质量信息库，从而连接包括供应、评价的装备相关各方，为客观评价装备质量问题和避免设计缺陷奠定技术基础，并为装备生产成本的正确评估、准确定价提供依据，以加强机关、工业部门、部队的相互理解和支持。

3.4 以终端为引导统一质量目标

以装备贮存与使用的终端信息为引导，通过质量信息管理数据系统建立统一的质量评价标准，并分解为各阶段各部门的质量目标，从而推动论证单位、研制生产单位由以形成产品为目标转变为以形成装备作战能力为目标，对同类装备的改进、性能提高形成反馈，促进装备质量的整体上升。

4 结束语

构建装备全寿命周期循环的精细化管理，以质量信息为基础的管理模式在常规陆基装备研发中未落实。新形势下的新挑战也意味着新机遇，军队深化改革将促使装备各相关方积极探讨提升质量管理效果的方法，统一管理将破除各部门各自为政的弊端，有利于过程质量信息的互通互联。但构建扎实、细密、全周期的质量监控体系必须注重可操作性和便捷性，在一定周期内通过大量实际工作予以完成，一蹴而就的运动式变革不符合质量管理工作的规律和特点。

陆军弹药质量监控体系建设研究

王韶光，訾志君，姜志保，柳维旗，王　彬

（32181 部队，河北石家庄 050003）

摘　要： 为加强陆军弹药质量监控体系建设，保障陆军弹药"安全储存，可靠使用"，本文梳理了质量监测、质量评定、质量管控等陆军弹药质量监控的主要内容，分析了质量监控体系建设面临的形势，提出了完善质量监控模式、调整优化作业体系、完善监测仪器设备等质量监控体系建设重点任务，对新时期全面提升陆军弹药质量监控水平有重要指导意义。

关键词： 陆军弹药　质量监控　体系建设

陆军弹药质量监控主要是指储存质量监控，是弹药管理的中心工作。陆军弹药质量监控对象主要包括弹药、导弹、地爆器材、防化弹药器材等，与其他装备质量监控的区别主要是弹药属于"长期储存、一次使用，具有燃爆特性"，其储存时间在装备全寿命周期中占有很大比重，储存期间部组件一直在发生物理、化学变化，经长期积累，这种变化会直接影响其储存安全性和使用可靠性，甚至酿成自燃、自爆等安全事故。因此储存阶段质量监控，是准确掌握弹药质量状况、确保弹药安全储存和可靠使用不可或缺的重要手段。

1　质量监控的主要内容

弹药储存质量监控工作，因弹药技术的发展而发展，因部队新军事变革的深入而向前推进。弹药质量监控工作经过 60 多年的发展，建立了规范的运行机制、科学的管理模式和完善的法规标准体系，其工作流程如图 1 所示。

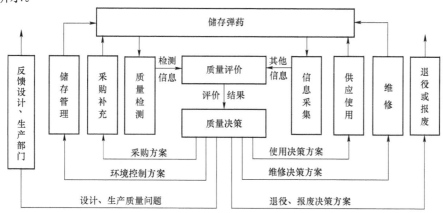

图 1　弹药质量监控工作流程

弹药质量监控的主要内容包括以下几方面。

1.1　质量监测

质量监测是采取必要的方法和手段，适时对储存期间的弹药实施技术检查、化验、试验等，采集弹药的数质量信息，同时收集弹药的基本信息和储存使用信息等，为质量评定提供基础。根据监测的时机不同，弹药质量监测一般包括例行监测和特殊监测。

例行监测，具有计划性，是在规定时间开展的技术检查、常规检测和射击（飞行）试验等技术工作，需要制订年度例行监测计划。

特殊监测，具有临时性和验证性，是其他需要进行质量监测的情况，主要包括例行监测结果验证试验、事故弹药鉴定试验、质量问题分析试验、质量综合鉴定试验和使用性能认证试验。

1.2 质量评定

质量评定是通过对弹药各类数质量信息进行分析和处理，与对应的质量等级评定标准进行对比、分析、判断，并将弹药的质量等级划分为新品、堪用品（堪一、堪二）、待修品（待一、待二）以及废品等"四级六等"的工作。

同时，还有依据长期积累的质量数据，按照可靠性统计分析方法，分析并掌握弹药质量变化趋势，综合评定弹药的质量状况，为质量管控提供依据。

1.3 质量管控

质量管控是立足部队弹药训练使用实际需求，依据弹药监测与评定结果，制定并落实质量转级、勤务管理、供应使用和技术处理等措施。

质量转级是根据弹药质量状况，对质量明显下降、存在严重质量问题等的弹药及时下达质量转级计划、停用计划和限用计划。勤务管理是严格遵守共储原则，改善储存条件，组织翻堆倒垛和通风降湿，延缓弹药质量变化，加强技术作业管控，防止发生事故。供应使用是依据弹药质量等级、储存时间、批量数量和训练消耗等情况，制订下达弹药优先使用计划，组织弹药调整补充。技术处理是对待修品弹药和废品弹药，采取特殊监测、维护修理和销毁处理等措施。

1.4 问题处理

问题处理是对在部队发生的弹药问题，及时进行调查分析，正确开展试验验证，准确查明原因，制订有效措施，提出建议。

弹药问题按性质分为技术质量问题、储存保管与操作使用问题；按危害程度分为三类：一类是指可能危及人员与装备安全的膛炸、炮口炸、早炸、近炸、异常点火、失控等问题；二类是指影响弹药性能发挥但不影响安全的瞎火、不爆、脱靶等问题；三类是指对弹药使用有轻微影响，不影响安全和使用性能的锈蚀、变形等问题。

1.5 信息管理

信息管理是运用先进的技术手段、规范的程序方法，准确全面地采集弹药质量信息，按照要求逐级上报质量信息，按权限开展弹药质量信息管理、分析、决策和信息反馈。

弹药质量信息通常包括弹药基本信息、质量监测信息、设计生产信息和使用信息等。

2 质量监控体系建设面临的形势

2.1 现代战争的新特点

现代战争高强度、高消耗、高破坏，作战行动突发性、快速性等对弹药质量监控工作提出了新要求。一是要求对弹药储存寿命的把握更加准确；二是要求对弹药储存特性和质量变化规律的掌握更加及时；三是要求弹药质量监控的内容更加全面；四是要求弹药监控工作必须不断丰富检测模式；五是要求弹药质量管理措施更加高效。

2.2 军事斗争任务多样化

新形势下，在做好军事斗争弹药准备工作的同时，为应对边海防部队防卫作战、管边控边、反恐维稳、边境处突、群体防暴、参与非战争军事行动、重要演习等多种军事斗争任务，均需要做好弹药准备工作。为此，弹药质量监控应适应任务多样化的需求，熟练掌握各类弹药的技术使用与作战运用，为部队弹药保障和使用提供一定依据。

2.3 弹药装备发展形势

当前弹药逐步向"射程更远、精度更高、威力更大"的方向发展，技术含量越来越高，技术更新越来越快。特别是信息化弹药，对质量监控工作提出了更高要求，一是弹药某一性能往往由多元件、多参数共同影响，很难采用传统的静态分解、元件测试方法进行全面性能测试，需要采用模拟射击的动态方法，辅以高技术测试设备进行综合无损测试；二是单发高价值，决定了其质量监控测试样本量受限，传统的质量监测方法难以适应需要；三是信息化弹药涉及的检测技术和手段日趋复杂，检测条件建设投入大、更新换代频繁，质量监控的投入和效益的矛盾日益突出；四是信息化弹药涉及机、光、电、控制技术等多学科领域，现有专业人员难以快速适应这种要求。

2.4 弹药质量检测技术发展

随着科学技术的发展，军事关键技术、弹药领域各技术群的出现，保障方法、技术、手段的集成技术在灰色信息管理技术、多源信息融合技术、小子样抽样与评估技术、数据挖掘技术、仿真技术、无损检测技术、传感技术、激、光、声、电、磁、机等多方面技术平台上发展，推动了弹药检测技术的飞速发展。

2.5 军民融合保障的新形势

后勤保障社会化、装备保障军民一体化的发展趋势，推动了各领域的保障资源建设的改革与发展。同样，弹药质量监控资源军民一体化建设，是适应时代发展的需要，也是弹药质量监控体系发展的重要因素，即依托现有体系资源，融合军内论证部门、订购部门、国家靶场、兵器工业和有关科研院所等各类保障资源，减少资源重复建设，快速形成能力，提高工作效益。

3 质量监控体系建设的重点任务

面对新形势、新任务、新要求，陆军弹药质量监控体系建设也要与时俱进、顺势而为，重点从以下几个方面开展研究建设。

3.1 完善质量监控模式

针对弹药技术含量高、检测项目多、性能测试要求高等特点，对军队具备监测试验能力的弹药，构建基层部队部分静态性能检测、战区技术保障机构动态性能测试、陆军综合性能鉴定试验的质量监控模式；对结构性能复杂、军队短期内无法形成监测试验能力的弹药，探索研究依托承研承制承修单位开展弹药质量综合鉴定等特殊监测试验的质量监控模式，逐步构建"动静结合、区域联合、军民融合"的质量监控模式。同时，改进质量监测信息管理手段，加强弹药信息的采集、传递和处理，实现信息采集自动化、信息传输网络化、信息处理实时化，有效推动弹药质量监控工作。

3.2 调整优化作业体系

着眼装备保障体制改革发展要求，按照两级保障体系建设思路，论证调整力量构成和编成，构建基地级、部队级质量监控机构。基地级质量监控机构区分陆军直属和区域直属两类，陆军基地级质量监控机构，依托陆军直属机构统筹构建；区域基地级质量监控机构，依托各战区直属弹药、导弹、地爆器材等质量监控机构统筹构建；部队级质量监控机构，依托部队、后方仓库现有弹药、导弹、地爆器材等质量监控机构统筹构建。结合新形势下质量监控任务划分，论证规划机构布局，细化内部结构编成，形成体制优化、布局合理、集约高效的作业体系。

3.3　完善监测仪器设备

按照"通用化、标准化、组合化、系列化"的要求，采取"平台+适配器"的模式，研究论证监控手段研发方案，区分静态、动态两类仪器设备，在充分吸纳军地技术的基础上，研究制定弹药监测试验仪器设备发展型谱，优化结构性能，精简设备型号，形成建设标准，逐步完善配套。重点是完善无损检测、机动检测、机电检测、光电检测、电子检测、行程抗力检测等仪器设备以及计量校准仪器设备，逐步实现质量监测由部件分解检测向整体性能测试、单项性能检测向综合性能测试、定性质量分析向定量质量评定、静态监测向动态监测的转变，建立技术先进、功能实用、配套齐全的设备体系。

3.4　健全法规制度和技术标准

在现有法规制度和技术标准的基础上，增补相关内容要素，构建涵盖业务管理、业务建设两层法规以及总体规范、技术规程两类标准的法规制度和技术标准体系。业务管理方面，重点在相关规定的基础上，增加导弹、地爆器材和防化弹药器材等相关内容；业务建设方面，重点是整合弹药、地爆器材和防化弹药器材等相关业务管理、建设与考评标准，制定陆军弹药保障机构业务管理规则和陆军弹药保障机构业务建设与检查考评标准等；总体规范方面，重点是在已有规定的基础上，增补导弹、地爆器材和防化弹药器材等内容，制定陆军弹药例行监控规范、陆军弹药特殊监控规范；技术规程方面，重点是修订现有规程，增补型号导弹技术勤务规程以及地爆器材、防化弹药器材等检测技术规程。

3.5　加强理论与技术研究试验

针对制约质量监控体系建设的可靠储存寿命评估、小样本抽样方法等理论问题，运用无损检测、弹载软件测试、机电检测等技术，通过开展自然环境储存试验、加速寿命试验、射击飞行试验和动态仿真试验等，研究分析典型弹药失效模式、失效机理、质量变化规律，综合评估弹药可靠性与储存寿命，解决新型火炸药检测、制导控制系统性能测试、火箭发动机缺陷模式检测、弹载软件安全性测试、新型引信火工品传爆序列测试、地爆器材与防化弹药无损探测和可靠性评估等难题，为研制监控手段、制定技术标准、评估实际储存寿命提供技术支撑。

3.6　建立人才培训机制

研究建立院校教育、部队实践和承研承制承修单位跟训三类培训机构分训、联训机制，按照能指挥、会管理、精技术的目标，结合质量监控工作实际，落实按纲施训要求，主要依托院校开展军官、士官和预选士官短训轮训和任职培训，依托部队开展岗前培训、技术使用与作战运用培训，依托承研承制承修单位开展新型弹药构造原理、管理使用等培训；编制弹药构造原理等系列教材，配发模拟训练器材、系列图册等教学资源，形成理念先进、模式合理、运行高效、训用一致的培训机制。通过以上措施，确保弹药质量监控人员持证上岗，且定期得到技术培训，既有利于质量监控工作安全、高效开展，又有利于人才知识更新。

3.7　开展在研弹药跟踪研究

将质量监控需求向科研阶段拓展延伸，加强与论证设计、科研生产、试验鉴定部门的协作配合，选取部分在研型号弹药为对象，研究提出测试性、维修性、保障性等需求，掌握研制技术状态，形成质量监控建设方案，开展监测方法手段研发，努力构建"论证阶段提需求、研制阶段出方案、生产阶段搞开发"的运行机制，为型号弹药到寿前形成质量监控能力奠定基础。同时，探索建立弹药全寿命质量信息管理机制，实现弹药研制生产、定型试验质量信息与储存使用、检测试验质量信息的实时交互，提升弹药设计生产和保障水平。

陆军弹药质量监控体系建设是一项系统工程,需要各级弹药业务管理部门、技术保障机构、部队、院所等,顺应军队规模结构和编制调整改革,坚持军民融合战略,紧跟形势需求,深入研究监控模式,理顺管理体制和作业体系,合理开展任务分工,全面开展质量监控资源建设,推动质量监控能力跃升。

2. 弹药导弹质量监控体系运行机制研究

陆军导弹数质量监控工作的思考

王建斌，孙鑫凯，李　辉

（中国人民解放军 65186 部队）

摘　要： 导弹质量监控工作是确保导弹质量的重要手段，近些年导弹型号的种类和数量不断增加，质量监控工作的各项内容、方法依然不够系统深入，相关法规制度不够完善，存在缺标准、缺手段、缺配套、难落实等矛盾问题，本文对质量定级、质量监控工作体系建设、部队质量管理三个方面的问题进行了梳理，提出了相应对策。

关键词： 导弹　质量监控　全寿命

我国陆军导弹经过近 60 年的发展，在数量和质量上有了质的飞跃，目前列装的各型导弹 10 余种，列装范围由兵种部队向合成部队发展，由单兵便携向多平台发展，由单一用途向多用途发展，在不断推进我军装备现代化的同时，也给导弹质量监控工作带来了新的挑战。

导弹数质量监控工作是贯穿于研制生产、储存管理、作战训练、寿命评估、修理延寿等各个环节的全寿命系统性工作。导弹质量监控工作的内容是：对导弹适时开展技术勤务活动，综合采集和处理各种质量信息，确定导弹质量状况，预测其变化趋势，并采取相应的措施延长导弹的使用、储存寿命，减少损失，确保安全，最终达到提高军事效益和经济效益的目的。在多年的工作实践中，我们总结了目前陆军导弹质量监控工作中存在的三点问题，同时提出了相应的改进措施。

1　陆军导弹数质量监控工作中存在的矛盾问题

1.1　质量监控工作体系不健全

1）制度标准及设施设备配套不完善

导弹质量监控是一项长期性、系统性的复杂工作。按照新形势下的军事斗争工作的需要，队属仓库对导弹储存的需求越来越迫切。队属仓库多为地面库，储存条件相对较差，大都没有配套温控设备，且没有设置检测工房。部分单位新建的库房配套建设了检测工房，但没有配发配套检测设备。质量信息采集处理手段较少，导弹随装履历档案不规范、不统一，部分履历信息无法记录。

2）质量信息缺乏实时性、全面性

目前导弹质量监控工作仅限于储存和使用两个环节的数量管理，每年年底进行一次，不具备时效性。质量管理并没有进行常态化开展，目前判断导弹质量状态的唯一可操作标准为参数检测，主要检测电气性能和火工品导通性能。要真正掌握导弹的质量状态，仅依靠参数检测的数据判定存在片面性。其发动机、引信、战斗部等关重部件的性能也是判定导弹质量的重要依据。目前，对关重部件的分解测试、整弹飞行试验、加速寿命试验尚处于空白。

3）导弹质量管理专业技术人才匮乏

导弹质量监控工作由各战区导弹站（室）一名人员兼职完成，导弹站（室）受人员编制和工作重心的影响，对导弹质量监控工作重视程度不够，在经费投入、人员配备、工作重点上的投入力度欠缺，特别是在导弹质量管理方面的人才尤为欠缺。各级仓库储存弹种多、数量大，保管维护要求高，现有技术人员的专业能力与实际质量监控管理工作需求存在较大的差距。近些年，随着军队改革的不断深入，新型弹种不断增加，各级仓库技术人员进一步细化，要求后方仓库技术人员必须更新观念，不断提高新型导弹质量管理能力。

1.2 导弹质量等级标准不合理

1）现有质量等级标准依据不充分

目前，陆军导弹质量等级分为四等六级，主要依据储存年限，部队携、运行和修理次数等因素确定，其中储存年限的依据为生产厂或大修厂的生产或修理延寿保质期。但在实际应用中，除了以上因素，对导弹质量寿命产生影响的因素还有很多，如地理环境、运输条件、储存条件等因素。我国地域辽阔，南北跨纬度约 50°，约 5 500 km，东西跨经度约 62°，约 5 000 km，城市海拔高低差近 4 000 m。不同地域、海拔高度和气候特点差异较大，北方一年四季，冬夏自然温差近 70 ℃，即使同一区域受库房条件、管理水平等客观因素影响，导弹质量状况也会不尽相同。

2）现有质量等级标准针对性不强

目前导弹质量等级标准不区分弹种，所有导弹统一为一个标准。虽通用性强，但随着我军列装导弹品种的增加，影响导弹质量等级确定的因素也相应增加，且越来越趋向于个性化、复杂化。因此，现有质量等级确定标准存在粗放、笼统的弊端。例如某型反坦克导弹其结构相对简单，且没有光学部件，而某型防空导弹结构复杂，包含电子、光学等较精密器件，这两种导弹采用同一种标准确定质量等级显然是不科学的。

1.3 部队导弹质量管理不规范

1）大量导弹质量监控数据未采集

导弹测试数据和飞行数据是导弹质量评定和研究质量变化规律的重要依据，特别是通过对导弹测试数据的整理积累，分析其参数变化特点，对研究导弹质量变化规律有着很重要的意义。但目前在导弹质量监控工作中，并未对测试数据和飞行数据信息进行汇总采集，部分单位存在未按要求落实导弹参数测试的问题。其主要有三方面问题：一是仓库未对实弹进行参数检测，导致对库存和出库的导弹质量状态并不清楚；二是大部分使用单位能够在实弹射击前进行参数测试，但未要求将参数测试数据留存上报，造成了消耗的导弹质量信息缺失；三是受飞行数据监测设备影响，实弹射击过程中，很少使用飞行数据监测设备，错失了收集导弹飞行数据的有利时机。

2）勤务处理过程不规范

部分使用单位在实弹检测过程中存在组织和实施不规范的问题。有的部队常年依托工厂进行实弹检测，有的部队存在盲目蛮干的现象。例如有的单位在进行实弹测试时，由检测手自行组织，场地设置随意，没有构筑掩体和采取必要的人员防护，存在安全隐患。有的单位在实弹检测出现不合格的导弹时，不及时上报和调换，隐瞒导弹质量问题，私自进行销毁，造成极大浪费，同时也不利于全面掌握导弹的质量信息。

3）导弹利用品回收管控风险高

近些年导弹实弹射击数量有所增加，每年射击后产生的可利用品处置不规范，剩余的包装箱、发射筒和地面电池等利用品处理存在随意性。部分仓库堆积了大量的历年部队上交的导弹射击后产生的可利用品，无法处置，极大地占据了库容。部分利用品存在安全问题，对部队日常管理造成安全隐患。

2 建议及对策

2.1 建立完整高效的导弹质量监控体系

导弹数质量监控工作应着重于顶层设计和体系建设，从系统性、全面性和客观性入手，实现科学合理、制度完善、实时高效。导弹数质量管理内容应为全寿命管理，贯穿于生产验收、运输储存、维护保养、修理延寿、发出接收、射击消耗、报废处理、利用品回收各个环节，将各个环节的信息真实可靠地进行汇总分析，以确保质量监控信息的全面性和真实性。

1）建立良性运行机制、完善法规标准

建立由兵种、战区、部队为主体自上而下的串行运行机制，以生产厂、大修厂、军代表、联勤保障部队相配合的横向运行机制，利用行政手段持续推进和完善导弹质量监控工作体系建设。针对体系建设基本任务、内容、标准形成具有权威性、可操作的法规制度，做到各项工作、各个环节有法可依、有据可查。加大对后方仓库及队属仓库等使用保管单位设施设备投入，特别是对库房及检测工间等基础设施建设应尽快进行完善，按照标准化、系统化、通用化的要求，使各级机构具备开展质量监控工作的能力。

2）建立实时高效的质量信息采集通道

导弹质量信息必须具有实时性、真实性、持续性和全面性，除了导弹批次、生产年份、生产厂、编号等基本信息外，还应包含随装配套、修理情况、维护保养、检测调试、质量问题处理等动态信息，此外还应包含日常检查、勤务作业、储存状态、储存条件等管理信息。质量信息采集工作中对于静态信息的采集相对简单，为保证动态信息采集的实时性和准确性，其必须依托相应的技术手段进行。无论是静态信息还是动态信息，都必须依托网络实时传输汇总，才能确保信息的实效性。可以对静态信息、动态信息和管理信息分开并行采集，确保动静态信息最大限度地采用自动化采集、传输、汇总分析，确保信息的真实性。

3）建立科学合理的质量监控试验手段

建立完善导弹例行检测制度，同时开展整弹深度检测和关重部件试验。对例行检测中无法判断的部件，采取生产留样、随装储存、定期试验的手段，来确保部件质量。对已经停产，无法进行生产留样的导弹，可采取按比例抽样分解试验、修理延寿替换、加速寿命试验和结合部队实弹射击进行飞行试验等方法相结合的手段进行质量数据的收集汇总。

4）建立军民融合的人才、资源共享机制

人才问题历来是困扰我军高技术武器装备发展的重要瓶颈。导弹质量监控工作是一项复杂的系统性工作，在短期内想要建成导弹质量监控体系，完成导弹质量监控这项艰巨的任务，必须走军民融合的路子。利用导弹承研承制单位、大修厂的技术优势、资源优势和人才优势，一些复杂的、安全要求较高的部件试验任务，采取军地联合的形式进行，必定能有效弥补我军导弹质量监控工作中人才短缺、专业技术能力欠缺的不足。

2.2 建立科学合理的质量等级确定标准

导弹质量监控工作的最终目的是最大限度地挖掘其作战效能，而其作战效能的直观体现就是质量定级的准确性。因此，质量定级必须从科学性、客观性、严谨性入手，针对导弹的结构、储存及使用特点，形成以可靠性为中心的科学定级标准。研究地域、环境、作战等对质量影响的客观因素，科学严谨地梳理反映导弹实际质量状态的技术指标，规范这些技术指标的检测时机、方法，依据检测的技术指标综合分析导弹所处的质量状态，实现质量定级的准确性、实时性，使确定的质量等级能够客观真实地反映导弹实际质量状态。要注重依据质量定级结果及变化情况判断导弹实际使用寿命，为导弹储存、使用、延寿提供科学依据。

2.3 把好部队导弹质量管理关

随着我军作战、训练实战化要求的不断提升，跨地域、长距离的机动作战训练趋于常态化，特别是贴近实战的训练中，全员实装携弹科目越来越多，这就要求导弹质量监控工作必须科学有效，才能保证部队使用安全。

部队是导弹质量监控体系建设的末端，也是检验导弹质量监控工作的主体，是体系建设的重要环节。实弹射击消耗在部队往往是质量监控的薄弱环节，也是最容易出现问题的环节。应从制度上规范部队导弹勤务作业方法和程序，坚决杜绝隐瞒导弹质量问题的现象，建立畅通的导弹质量信息上报渠道。培养基层官兵自主检测、规范检测的能力，提高安全意识，加强风险控制。指导部队按要求在导弹检测、靶试、飞行数据记录等质量监控信息采集方面落实好相关工作。改造现有导弹参数测试数据存储、记录、上报的形式，实现部队末端的质量监控相关数据信息自动化采集、上传。以行政手段对导弹射击前的实弹技术检查范围和程序进行严格的规范，细化责任，明确导弹射击异常情况上报制度。

编制相关导弹的退役报废标准和利用品回收处置标准，明确退役导弹的处理时机、方法、程序和权限，特别是对储存年限超长且退役的导弹尽快给予报废销毁处理，消除安全隐患。

信息化弹药常规检测的几点对策

王 伟，成 驰，汪 川

（78666 部队，云南昆明 650000）

摘　要： 本文分析了信息化弹药的特点、常规检测时存在的困难，并结合实际提出了几点浅显的对策认识。

关键词： 信息化弹药　质量监控　常规检测　对策

信息化弹药有别于传统弹药，作战用途多元化，具有结构复杂、造价昂贵等特点，其技术保障相对比较困难，涉及电子工程等诸多高新技术领域，为保持其战技术指标、质量监控技术作业，需要专用的设备以及相应的专业技术人员。

1　信息化弹药的特点

信息化弹药是精确制导武器，是能够获取并利用攻击目标的位置、图像信息，修正自己的弹道，以准确命中目标的弹药，主要包括巡航导弹、末制导导弹、制导炮弹等。相比于传统弹药，其具有飞行距离远、命中精度高、作战效费比高等优点。其特点主要有以下三方面。

1.1　技术含量高、结构较为复杂

传统弹药主要由引信、弹体、炸药、发射药和底火五部分组成，结构形状、作战用途相对单一，后期的储存保管、质量监控以及报废销毁等勤务保障都比较容易进行。而信息化弹药，融合了传感器技术、电子技术、微型高速计算机技术、激光技术、红外技术、毫米波技术等，结构更为复杂，有大量的电子线路和电点火头等元件，对弹药的运输、储存，尤其是质量检测等弹药技术保障提出了更高的要求。

1.2　装备数量少、造价昂贵

信息化弹药具有精确制导的作战性能，在未来局部战争中，完成预定的作战任务，需要的弹药数量相对较少，也就是作战效费比高。但随着技术对抗的不断升级，信息化弹药的技术含量也日益增加，决定了其单发造价要远远超过单发常规弹药。如某型号末制导炮弹的单发造价为数万人民币，是同口径普通弹药的百倍左右。这就要求在信息化弹药的技术保障工作中，进行不可恢复的质量检测、降级和报废处理时都要更加谨慎。

1.3　储存寿命相对较短、更新换代较快

传统弹药的储存寿命一般为 15 年或 20 年，有时可达 25 年或 30 年。而信息化弹药融合了大量的电子元器件、光学元器件等，作战性能对精确性的要求很高，储存寿命相对较短，一般为 10 年左右。随着新技术的出现，其更新换代的速度也会加快。其技术保障需要更多的专业知识及相应的机具设备。

2　信息化弹药常规检测存在的困难

2.1　信息化弹药技术保障难度较大

与传统弹药相比，信息化弹药作战用途多样，结构外形等差异较大，决定了其技术保障要考虑的因

素较多，质量监控的内容也大大增加，而且很难有统一的方法模式。电点火头等数量众多的元件，是电子结合炸药形成，技术保障起来，安全性也是重大挑战。比如某型号 300 mm 远程火箭弹，长度达 10 m 左右，重量达数吨，运输成本较大。如果常规检测按照传统方法抽样送检，明显不具有经济性，而且也不安全。

2.2　对设备要求高、经济投入较大

信息化技术含量高，技术保障工作，特别是维修和质量监控，对工具设备的依赖程度较大，经济成本较高。比如其常规技术检查，电子元器件等电火工品物化特点变化很细微，很难凭借肉眼准确判断，只能借助专用的设备工具。由于不同弹药结构的特殊性，一种弹药往往就需要一套专用检测维修设备。相比于传统弹药，其技术保障作业需要更大的经济投入。

2.3　对技术人员的要求较高

信息化弹药融合了电子工程、传感器技术、电脑编程、激光制导等高新技术，要完成多种作战任务的电火工品较多，大大增加了技术保障作业中的安全风险，这就对技术保障作业人员提出了更高要求。其作业人员不仅需要炸药、发射药以及引信、底火等方面的知识，还需要懂得电子电路、传感器、编程控制甚至更为深奥的技术知识。

3　信息化弹药质量监控的几点对策

3.1　加大人才队伍培养

一些信息化弹药技术保障，可由工厂完成，但最终使用弹药的还是部队作战人员，就需要在部队中，培养一大批熟悉其结构性能、会维护保养、会检测维修和会操作使用的技术人员。随着部队装备的信息化不断提高，这种需求将会越来越大。要培养信息化技术人才，要从以下几点用力：一是挑选一些高学历人员重点培养，进行电子电路、制导控制技术等方面的理论培训，为下一步夯实业务理论基础。二是完善信息化弹药训练体系。信息化弹药单发造价昂贵，实弹实投成本太高，作战训练往往只能靠模拟实现，而又要保证战时的战技术性能，这就要求科学的训练方式，确保技术保障人员的能力素养有效生成。

3.2　加大对信息化弹药技术保障的研究

高新装备需要高新技术人员，需要不同以往的技术保障方法。而要顺利地实现武器装备信息化，就需要更大的研究探索力度。一是需要专用设备的投入，来对信息化弹药进行质量监控，保持其战技术指标。二是从信息化弹药装备部队，到形成较强的信息化弹药技术保障能力，需要一个必要的阶段，来进行人与装备的融合。

3.3　根据不同弹种，采取相应的检测方法

信息化弹药结构性能多元化，应根据弹种不同采取科学的检测方法。首先，由于造价昂贵，其常规检测应主要采用非破坏方法进行。其次，不同弹种应因地制宜，采取科学的检测方法，尤其是一些特种弹药，结构性能大大有别于传统弹药，为保持其战技术指标和作战性能，检测方法就要正确，比如对特种弹药装填物的检测以及微电脑程序控制等。

第六部分　弹药导弹通用质量特性

基于FMEA方法的装备制造风险评估研究技术在某型号导弹产品中的应用

毕　博，王文周，朱　珠

（中国人民解放军驻一一九厂军代室，辽宁沈阳 110034）

摘　要：本文针对某型号导弹产品的生产制造过程投入资金多、技术面广、风险管理应用不够完善、缺少有效的风险评价技术的实际情况，探讨基于 FMEA（失效模式与影响分析）的综合风险评价技术在生产制造过程的应用，从而在提升风险识别及风险评估的科学性、有效性的同时加强了对导弹产品设计方风险管控的支撑力度，为军事代表制订质量监督计划、确定质量监督重点提供理论依据。

关键词：FMEA　风险评价　质量监督

0　引言

导弹等复杂武器装备的生产制造具有投入资金多、技术面广、生产周期长、可靠性要求高等特点，生产制造过程中任何可能发生的问题及潜在故障都会对产品质量产生影响，并可能最终影响产品的生产进度、成本以及性能指标。当前，在产品制造阶段还存在风险管理应用不够完善、缺少有效的风险评价技术、生产制造的风险评价不到位、无法对风险的全过程形成有效管控等问题。而将综合 FMEA 方法和层次分析法（AHP）的风险评价技术应用于装备生产制造过程，对生产过程的风险进行有效的识别及评价可有效解决上述问题。

1　基于 FMEA 的风险评估技术

1.1　制造风险分类及常用评估方法

装备制造风险可分为两类：一是定向风险（如具体工艺、工序等导致的风险，如漏焊、误装配等）；二是非定向风险，包括定向风险以外的风险，如人员技能不足、设备老化、人才流失导致的风险。

针对定向风险，常用的制造风险评价方法有失效模式与影响分析、故障树分析法（FTA）和事件树分析法（ETA）等，FMEA 方法针对定量问题具有易于理解、应用广泛、工作量适中的优点。而对于非定向风险可采用层次分析法作为评价方法。

1.2　FMEA 评估方法

1.2.1　FMEA 的基本概念及分类

失效模式与影响分析最初是一种设计方法，现逐步成为项目风险管理以及可靠性设计的重要工具，它实际上是 FMA（失效模式分析）和 FEA（故障影响分析）的组合，对各种可能的风险进行评价、分析，以便在现有技术的基础上消除这些风险或将风险减小至可接受的水平。

由于产品失效可能与设计、制造、使用、承包商/供应商以及服务有关，因此，FMEA 又细分为设计 FMEA（DFMEA）、过程 FMEA（PFMEA）、设备 FMEA（EFMEA）、体系 FMEA（SFMEA）。航天电子产品制造风险分析，主要涉及 PFMEA（过程失效模式与影响分析）。

过程 FMEA 评价与分析的对象是制造全过程，虽然其不能靠改变产品设计来克服过程缺陷，但要考虑与计划的装配过程有关的产品设计特性参数，以便最大限度地保证产品满足用户的要求和期望。

1.2.2 FMEA 的评估准则

FMEA 使用风险度（RPN）对各种失效模式加以排序分级，RPN 是对工艺潜在故障模式风险等级的评价，它反映了对工艺故障模式发生的可能性及其后果严重性的综合度量。RPN 值越大，即该工艺故障模式的危害性越大。风险度被定义为三项评估因素的乘积：严酷度等级（S）、发生概率（O）、被检测难度（D），$RPN = (S) \times (O) \times (D)$。

1.2.3 FMEA 的基本思路

基于 FMEA 的制造风险评价基本思路如下。

（1）确定各种失效模式对产品或人员产生危害的严酷度。

（2）确定失效模式发生的概率。

（3）确定失效模式被检测的概率（D），即被检测难度。

（4）计算风险度，对各失效模式进行风险评价，把失效模式按照其 RPN 值进行排序，RPN 越高，其优先级越高，应首先采取措施纠正。

1.3 层次分析法

层次分析法是在历史数据缺失的情况下，充分利用专家的经验获取关于风险的判断信息，用层次分析法对这些信息进行分析处理，从而对风险进行排序。本文提出在已完成风险识别的前提下，将 FMEA 中三项风险评估因素（即严重度、发生度、检测度）作为风险评估准则，从而完成非定向风险管控方面的风险评价工作。

1.3.1 风险因素层次分析结构建模及构建风险判断矩阵

在用层次分析法分析前，先对分析对象进行建模，针对导弹类产品制造的风险评价，则须对风险因素进行层次分析结构的建模，即将产品制造过程的风险因素按不同性质分成若干层级，最顶层为目标层，下一层级为准则层，往下的层级为因素层，上一层级对下层的因素起支配作用。

1.3.2 风险判断矩阵一致性检查以及相对权重向量计算

考虑到实际应用中，尤其在分析层级的风险因素较多时，专家很可能在对风险因素进行两两比较过程中出现前后判断矛盾的情况，因此建立风险判断矩阵 R 后，须对其进行一致性检查，当判断矩阵不能满足一致性要求时，必须由专家或调查的相关人员进行重新判断，直到调查结果符合逻辑关系。

1.3.3 风险因素层级总排序

为了获得因素层所有风险因素相对于目标层的重要性排序，不仅要完成各层级模糊判断矩阵的风险因素排序，还要在同一层级排序的基础上进行风险因素的层级总排序，即针对层级模型由上而下，计算每一层级所有因素相对于目标层相对重要性的排序权重。

1.3.4 层次分析法的应用步骤

（1）对装备制造环节的各风险因素进行层次分析结构的建模。

（2）对装备承研承制单位的相关人员以及专家进行调查咨询，建立各层级的模糊风险判断矩阵。

（3）对模糊风险判断矩阵进行一致性检查，修改完善模糊风险判断矩阵。

（4）计算各层级模糊风险判断矩阵的相对权重向量值。

（5）计算最低层各风险因素相对最高层级的排序权重向量。

（6）对风险因素按权重大小进行风险排序，完成风险评价。

2 应用实例分析

在某型武器系统中，控制舱是导弹的核心部件，而万向支架是控制舱的重要组成部分。其作用是将转子支承起来构成三自由度随动陀螺，主要由 3 对轴承、内环、外环、碗柱组件等零件组成。组成万向支架的零件都是薄壁结构，所使用的微型轴承内外圈壁厚也仅有 0.2 mm，容易变形损坏。而为了保证产品的精度，产品组装时对轴承与零件的配合力要求很高，理论上配合间隙仅 0.003 mm；同时对轴承的预紧力也有严格的要求。另外，调试合格的组合件，当给轴承施加 500 g 力时，内外圈相对移动量为 0.001～0.02 mm，这些都极大增加了装配难度。

装配现状是，工人根据经验来判定配合力的大小，通过研磨零件的孔或轴后试装配，一般都要经过 3 次以上的试装配，才能达到要求。预紧力的调试也是在实际产品上经过几次增减调整垫片来完成。这种装配方法不仅对工人的装配技术要求极高，试配次数多，造成无磁微型轴承的损坏，增加了生产成本，而且反复拆装也不可避免地给零件和轴承带来不同程度质量问题或轴承损坏；同时，装配次数的增多，也降低了产品的可靠性，将对整个武器系统的质量产生重大影响，也使产品生产过程存在较大的制造风险。因此，本文将导引头万向组件作为研究对象，研究基于 FMEA 方法的制造风险评估方法，而对于其他部组件的制作风险评估可参考此方法进行分析。

2.1 基于 FMEA 的风险评估方法应用

2.1.1 万向工艺流程

万向支架的装配、调试工艺流程如图 1 所示。

图 1　万向支架的装配、调试工艺流程

2.1.2 分析对象生产工艺的功能与要求

根据万向支架产品特点和工艺要求，建立"万向支架的工艺流程表"，如表 1 所示。

表 1　万向支架的工艺流程表

零部件名称：万向支架　　　　　　　　　　　　　生产过程：装配
零部件号：××－××　　　　　部门名称：××车间　　　审　核：第 1 页・共 1 页
装备名称：某型产品　　　　　　分析人员：　　　批准：填表日期：

工艺流程	输入	输出结果
工序 05（生产准备）：边轴承内圈与内、外环螺轴的选配；边轴承外圈与碗柱组件孔的选配	边轴承按内圈与外圈尺寸分组；研磨内、外环螺轴及碗柱组件的孔；试装轴承的配合力	边轴承内圈与内、外环螺轴及边轴承外圈与碗柱组件孔的配合力；装配位置
工序 10（装外环）：选配好的碗柱组件、外环、螺轴与边轴承进行装配与调试	边轴承与零件装配的配合力；装配、调试与测量	装配位置；外环转动灵活性；碗柱组件轴承测量参数
工序 30（装内环）：内环轴与主轴承的选配；边轴承外圈与内环孔的选配；边轴承、内环、螺轴与上工序组件的装配与调试	主轴承按内圈与外圈尺寸分组；研磨内环的轴与孔；零件与边轴承装配的配合力；装配、调试与测量	主轴承与内环轴、边轴承外圈与内环孔的配合力；装配位置；内环转动灵活性；内环轴承测量参数
工序 40（装主轴承）：主轴承与支撑架组件的选配；主轴承的装配与调试	研磨支撑架组件；零件与主轴承装配的配合力；主轴承预紧力	主轴承与支撑架组件的配合力；主轴承的惯性运转时间

依据工艺的流程特性，建立"万向支架的零部件－工艺关系矩阵"，如表 2 所示。

表 2　万向支架的零部件－工艺关系矩阵

零部件名称：万向支架 零部件号：××－×× 装备名称：某型导弹	部门名称：××车间 分析人员：　批准：		生产过程：装配 审核：　第 1 页·共 1 页 填表日期：	

零部件特性	工艺操作（部分）				
	05▲	10▲	20	30▲	40▲
碗柱组件轴承间隙 0.008～0.012	√	√			
碗柱组件轴承位置度小于 0.02		√			
粘通气管长度 8.4±0.1			√		
内环轴承间隙 0.008～0.012	√			√	
内环轴承位置度小于 0.02				√	
惯性运转时间 18～35 s					√

注 1：√表示某"工艺操作"涉及的"零部件特性"。

注 2：▲表示关键/重要工序。

2.1.3　FMEA 的实施

根据表 1、表 2，经分析确定万向支架的生产准备、装外环、装内环、装主轴承为关键/重要工序，对这 4 道工序开展 FMEA 工作并填写 FMEA 表。

（1）故障模式分析。根据表 3 中各项工序"工艺流程"的功能，分析、归纳可能的故障模式。关键/重要工序的功能是关于轴承的选配与装配，其故障模式有配合力过大或过小、装配位置不正确以及测量参数超差。

（2）故障原因分析。造成关键/重要工序的故障模式的原因是研磨零件时破坏了孔或轴的精度、装配操作不当、摩擦力矩过大等。

（3）故障影响分析。分析每个故障模式对下一道工序、组件或总体功能的故障影响。

（4）风险度的分析。分析并确定每一个故障模式严酷度等级（S）、故障模式发生概率（O）、故障模式被检测难度（D）。

（5）改进措施。根据 RPN 制定预防或纠正故障模式的改进措施。故障模式的 RPN 值为 216，共 1 处；RPN 值为 168，共 4 处。以此作为改进的主要目标，并制定其相应的改进措施。

（6）预测改进措施执行情况、预测改进措施执行后的 RPN。针对故障模式及故障原因，采取研制主轴承间隙测量系统及利用精密机床配备研磨工装的改进措施，预测 RPN 值分别会由 216 减小到 72，由 168 减小到 56，即均减少 66.7%，这表明改进措施是有效的。

2.2　基于层次分析法风险评估方法的应用

以便携式防空导弹为研究对象，具体阐述 AHP 在非定向风险管控方面的应用。

2.2.1　构建风险层级分析结构模型

针对生产风险确定层级分析结构模型，目标层（A）：风险因素排序；准则层（B）：将 FMEA 的三大评估要素，即严重度、发生度、检测度作为准则层的因素；因素层（C）主要是隶属于生产风险的风险因素，即工艺风险、设备风险、人员风险；因素层（D）主要是针对相应风险分类，识别各自的具体风险因素。因此风险层级分析结构模型如图 2 所示。

产品名称：万向支架
所属装备：某型产品

生产过程：装配
分析人员：

审核：
批准：

填表日期：

表3 万向支架的 FMEA 表

工艺名称	工序功能/要求	故障模式	故障原因	下道工序影响	组件影响	装备影响	改进前的RPN S	O	D	RPN	改进措施	预测改进措施执行情况	执行后 S	O	D	RPN
生产准备	边轴承内圈与内、外环螺轴选配	配合力过大或过小	研磨破坏了螺轴的精度	影响内、外环间隙值	组件转动不灵活	跟踪丢目标；内指令系数超差；陀螺卡死	7	6	4	168▲	购置精密加工机床，并配备相应的研磨工装	使用精密机床研磨零件	7	4	2	56
	边轴承与外圈与碗柱组件孔的选配	配合力过大或过小	研磨破坏了碗柱组件孔的精度	影响外环间隙值	组件转动不灵活	跟踪丢目标；点指令系数不对称；内指令系数超差；陀螺卡死	7	6	4	168▲	购置精密加工机床，并配备相应的研磨工装	使用精密机床研磨零件	7	4	2	56
	边轴承与内、外环螺轴及碗柱组件装配位置	配合端面没有靠紧，有缝	安装不当	影响外环间隙值	组件经振动后间隙变化		3	4	2	24			—	—	—	—
装外环	外环边轴承间隙	间隙不合理	摩擦力矩过大	外环转动不灵活	组件转动不灵活	跟踪丢目标；点指令系数不对称；伪指令系数超差；陀螺卡死	9	4	2	72	—	—	—	—	—	—
部件选配	主轴承与内环轴圈与内环轴孔的选配	配合力过大或过小	研磨破坏了内环轴的精度	无	组件转动不灵活	跟踪掉速或陀螺卡死	7	6	4	168▲	购置精密加工机床，并配备相应的研磨工装	使用精密机床研磨零件	7	4	2	56
	边轴承的内圈与内环孔的选配	配合力过大或过小	研磨破坏了内环孔的精度	影响内环间隙值	组件转动不灵活	跟踪丢目标；点指令系数不对称；内指令系数超差；陀螺卡死	7	6	4	168▲	购置精密加工机床，并配备相应的研磨工装	使用精密机床研磨零件	7	4	2	56
装主轴承	选择垫片厚度，保证惯性运转时间	惯性运转时间不满足设计要求	垫片厚度选择不合理	无	组件经振动后间隙变化；惯性运转时间不满足设计要求	跟踪掉速；振动后主轴承有间隙	6	6	6	216▲	研制主轴承间隙测量系统。采用主轴承间隙测量系统选择厚度合理的垫片	使用主轴承间隙测量系统	6	3	4	72

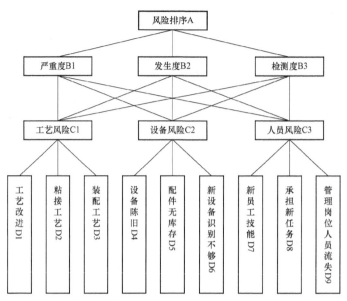

图 2 风险层级分析结构模型

2.2.2 建立层级模糊风险判断矩阵及一致性检查

针对以上建立的风险层级分析结构模型，对行业专家依次展开调查，专家调查内容是结合上一层的某因素，对本层的因素进行相对重要性对比，构建每层的模糊风险判断矩阵，并对调查结果的一致性进行检查，最终获得各层级的模糊风险判断矩阵。

2.2.3 计算相对权重向量值

整合专家的意见，计算风险判断矩阵、A-B 风险判断矩阵、B-C 风险判断矩阵、C-D 风险判断矩阵如表 4 至表 10 所示。然后计算模糊风险因素相对权重向量。其中 C-D 模糊综合风险判断矩阵的各模糊风险因素相对权重向量为

{(0.437 5,0.488 9,0.547 6),(0.270 8,0.333 3,0.357 1),(0.166 7,0.177 8,0.238 1)}

表 4 判断矩阵 A−B

A	B1	B2	B3
B1	1	1/3	2
B2	3	1	5
B3	1/2	1/5	1

表 5 判断矩阵 B1−C

B1	C1	C2	C3
C1	1	1/3	1/5
C2	3	1	1/3
C3	5	3	1

表 6 判断矩阵 B2−C

B2	C1	C2	C3
C1	1	2	7
C2	1/2	1	5
C3	1/7	1/5	1

表 7 判断矩阵 B3−C

B3	C1	C2	C3
C1	1	1/3	1/5
C2	3	1	1/3
C3	5	3	1

表 8 判断矩阵 C1−D

C1	D1	D2	D3
D1	1	4	2
D2	1/4	1	1/3
D3	1/2	3	1

表 9 判断矩阵 C2−D

C2	D4	D5	D6
D4	1	3	1/2
D5	1/3	1	5
D6	2	1/5	1

表 10 判断矩阵 C3−D

C3	D7	D8	D9
D7	1	1/4	3
D8	4	1	2
D9	1/3	1/2	1

对于判断矩阵 A-B：

M1＝2/3，w1＝0.874

类似有，w2＝2.466；w3＝0.464；归一化后：w1＝0.230；w2＝0.684；w3＝0.122。

特征向量 W＝$[0.230，0.684，0.122]^T$；最大特征值：3.004，CI＝0.002＜0.1，CR＝0.003＜0.1。

同理，对于判断矩阵 B1－C：特征向量：$[0.105，0.258，0.637]^T$，特征值：3.039，CI＝0.019 5＜0.1，CR＝0.033＜0.1。

对于判断矩阵 B2－C：特征向量：$[0.592，0.333，0.075]^T$，特征值：3.039，CI＝0.019 5＜0.1，CR＝0.033＜0.1。

对于判断矩阵 B3－C：特征向量：$[0.149，0.066，0.785]^T$，特征值：3.08，CI＝0.04＜0.1，CR＝0.069＜0.1。

对于判断矩阵 C1－D：特征向量：$[0.237，0.335，0.428]^T$，特征值：3.035，CI＝0.05＜0.1，CR＝0.03＜0.1。

对于判断矩阵 C2－D：特征向量：$[0.037，0.335，0.428]^T$，特征值：3.056，CI＝0.04＜0.1，CR＝0.06＜0.1。

对于判断矩阵 C3－D：特征向量：$[0.467，0.235，0.328]^T$，特征值：3.008，CI＝0.02＜0.1，CR＝0.06＜0.1。

获得风险因素相对权重向量 P，C3－D 的风险因素相对权重向量为 P＝（0.555 6，0.333 3，0.111 1）。

2.2.4　获取排序权重向量

依据各层级风险判断矩阵的相对权重向量值，计算最低层各风险因素相对目标层、准则层的排序权重向量，计算结果如下：

（0.157，0.121，0.111，0.047，0.009，0.035，0.244，0.185，0.037）

2.2.5　风险排序评价

在获得各风险因素相对目标层、准则层的排序权重向量后，可以按权重大小对风险因素进行风险排序，风险由高向低分别为：{新员工技能 D7}、{承担新任务 D8}、{工艺改进 Dl}、{粘接工艺 D2}、{装配工艺 D3}、{设备陈旧 D4}、{管理岗位人员流失 D9}、{新设备识别不够 D6}、{配件无库存 D5}，由此可明确风险应对计划的侧重点以及风险管控的顺序。

3　结论

针对 2.1 部分分析可知，RPN 值为 216 的故障模式，其原因是主轴承的预紧力无法测试，在生产过程中垫片厚度的选择是影响预紧力大小的关键。RPN 值为 168 的故障模式，其原因是在生产过程中与轴承装配相关的零件需要研磨，目前工人大多采用工装夹具进行手工操作，这种操作方式很难保证零件精度在研磨过程中不被破坏，如圆度、同轴度、垂直度等。而相应的改进措施采用主轴承间隙测量系统选择厚度合理的垫片，使主轴承具有适宜的预紧力，确保万向支架的惯性运转时间满足设计要求。购置精密加工机床，并配备相应的研磨工装，确保相关零件精度在研磨工序不被破坏。预测采取改进措施后，可有效降低工艺故障模式发生的风险度。将下面两项改进措施落实到实际操作中，并在后几批产品加工中加以实施，将取得很好的效果。

（1）使用主轴承间隙测量系统保证组件的惯性运转时间且操作方便。

（2）经精密机床研磨后的零件精度不被破坏，具有良好的可靠性。

对于非定向风险应在后续生产中着重关注新员工技能培训质量，在上岗前应对其进行严格的考核，从而降低产品制造风险。

将上述措施在生产过程中应用以后，取得了良好效果，产品合格率提升到 98%，降低了损耗，有力地保证了产品质量。

参考文献

［1］史廷水. 电子系统的 FMEA 研究与实现［D］. 成都：电子科技大学，2004.

［2］李新月. 智能化潜在失效模式与影响分析研究［D］. 济南：山东大学，2017.

［3］王喜龙，张琳琳. 浅析舰艇电气设备可靠性理论［J］. 民营科技，2017（6）：16.

［4］张小海. 推进舰船机电设备可靠性管理工作的思考［J］. 海军工程大学学报，2017（3）：68－71.

提高破甲弹威力稳定性的工艺研究

杨青山[1]，胡艳华[2]

（1. 驻 763 厂军事代表室，山西太原　030008；

2. 晋西集团江阳公司，山西太原　030041）

摘　要：为了解决某产品破甲威力不稳定问题，本文从破甲弹的作用原理、结构特点等进行分析，找出了零部件加工和装配过程中影响破甲稳定性的因素；严格控制调整器药量及密度，解决了起爆不对称问题；改进主药柱压制方法，提高了药柱密度的均匀性；选用先进加工、检测技术，保证药型罩结构形状和性能指标；细化工艺控制条件及检测要求，保证隔板质量；采用精密装配技术，提高主装药质量和对称性，经试验验证，满足了指标要求。

关键词：破甲威力　稳定性　工艺控制　精密装配

0　引言

破甲弹是反坦克的主要弹种之一，以聚能装药爆炸后形成的金属射流穿透装甲。其一般采用空穴装药，也称空心装药，即一端具有空穴而在另一端起爆的柱形装药。空穴的几何形状可以是半球形或锥形等任何形状，空穴内衬是薄壁金属药型罩。破甲弹作用时，装药爆炸产生高温、高压爆轰能量，迅速压垮装药空穴内的金属药型罩，形成能量密度更高的金属射流，从而侵彻直至穿透装甲。由于金属射流威力的大小与战斗部的轴对称性密切相关，因此破甲战斗部威力除了采取好的理论设计外，其工艺性也是至关重要的，精密加工与精密装配技术是实现战斗部高效毁伤的关键制造技术。

某型号产品在主装药威力试验中出现不稳定现象，试验 5 发，结果有 2 发未穿透靶锭，对靶锭的穿透最深达到 800 mm，最浅 560 mm，穿透率约 60%（指标要求穿深不低于 750 mm，穿透率不低于 90%）。穿深深浅不一，跳动值较大，试验结果如表 1 所示。

表 1　主装药垂直静破甲摸底试验情况一览表

序号	入孔/（mm×mm）	出孔/（mm×mm）	是否穿透	穿深/mm
1	40×35	18×18	是	800
2	40×35	—	否	640
3	40×32	18×15	是	790
4	40×38	—	否	560
5	45×40	20×15	是	795

为了解决上述问题，我们结合破甲弹的作用原理，分析了产品主要零部件对破甲性能的影响，在主要零部件加工和装配中采取了有效的工艺控制措施，提高了破甲威力稳定性。

1　作用原理概述

1.1　聚能效应

当药柱在另一端起爆时，在空穴端将造成爆轰产物的能量聚集，形成聚能作用，使金属药型罩在轴线闭合形成高温高速的金属射流，从而完成对装甲的侵彻，爆炸作用与目标有一定距离时，金属射流在冲击装甲前进一步拉长，速度和能量进一步增加，可以在目标上形成更深的穿孔。

1.2 金属射流的形成

金属射流的形成过程可粗略地分为两个阶段。第一阶段为聚能装药爆轰、爆轰产物推动金属药型罩向轴线运动，这一阶段起主导作用的是炸药的爆轰性能（如炸药的爆压、爆速）、爆轰波形（如爆轰波对金属药型罩的作用方向和作用时间）、罩材和罩壁厚（如金属的可压缩性、延展性、内外层的能量分配）等。第二阶段是药型罩各微元在轴线汇合并发生碰撞，形成射流和杆体的过程。这一阶段起主要作用的是罩材的声速、碰撞速度和变形角等。在轴线处碰撞时，由于罩内壁部分的速度极大而形成射流，罩外壁部分的速度则大幅度降低成为杆体。金属射流及杆体依靠动能对装甲进行侵彻，其速度、连续性和聚合效果是破甲作用的影响因素。

2 影响破甲威力的因素分析

根据金属射流的形成原理及对装甲的侵彻分析，提高破甲威力的关键在于提高爆轰波对药型罩作用载荷的径向对称性和轴向连续性，使药型罩形成的金属射流同轴性好、连续性好，延缓其断裂时间，使射流在给定的炸高下延伸并保持轴向准直性，即使射流发生断裂或不连续，其射流仍能沿轴线累积侵彻，大大提高战斗部的破甲威力和稳定性。

某型号单兵破甲弹的主装药由调整器、隔板、副药柱、主药柱、药型罩等零部件组成，结构示意如图 1 所示。为了减轻武器重量，方便携行，战斗部采用了后部内置式引信结构，前端碰撞压电机构产生起爆信号，经导线传递到后部保证引信有效作用，导线连接经过的零部件（主药柱、副药柱、药型罩）均需增加切槽，从而破坏了战斗部的对称性，对破甲威力造成不利的影响。这就对主装药的压制密度均匀性、起爆对中性及装配对称性的控制提出了更高的要求。下面结合产品结构特点，从零部件加工及装配质量对破甲稳定性的影响进行分析。

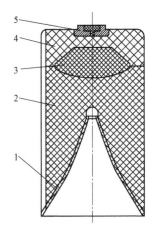

图 1 主装药结构示意
1—药型罩；2—主药柱；3—隔板；
4—副药柱；5—调整器

2.1 零部件加工质量的影响

2.1.1 药柱

某产品的主装药包含调整器、副药柱、主药柱三种药柱。其中，调整器作为主装药的能量输入功能件，起到中心起爆的作用，其起爆能量大小直接关系到副药柱爆轰波的形成过程和形态；副药柱实质上是一个爆轰波形发生器，其爆轰波形经过隔板的传递，可以控制主药柱中爆轰方向和爆轰波到达药型罩的时间，以调整和提高作用于药型罩各微元的爆轰载荷，增加射流质量，提高射流速度，提高破甲威力；主药柱是射流产生的主要能源，直接影响主装药破甲的威力水平。

2.1.2 药型罩

药型罩是聚能装药的核心部件，其作用是将炸药的爆轰能量转换成金属射流的动能，侵彻装甲。它的形状、锥角、壁厚差、材质均匀性、晶粒度等都对破甲性能具有显著的影响。因此药型罩除了结构上要优化设计外，还要考虑其成型方法及工艺。不仅考虑如何满足其外在的质量要求（几何尺寸、精度以及表面质量），还要考虑其内在性能参数如晶粒尺寸及取向、结构等。

2.1.3 隔板

隔板的作用是通过延迟副药柱轴向爆轰传播，来调整起始爆轰波阵面形状，进而控制爆轰方向和爆轰波到达药型罩的时间，同时其还起着提高爆炸载荷的作用，以达到增加破甲深度的目的。从制造角度考虑，隔板的内部质量、尺寸、密度均匀性等都对破甲深度和破甲稳定性有影响。

2.2 装配质量的影响

装配中往往会由于零部件差异或装配不细致，造成零部件之间接触不紧密、产生间隙、不同轴等现象，都会对破甲造成影响。

2.2.1 药型罩与主药柱空穴不紧密对破甲的影响

当药型罩与主药柱空穴表面接触不紧密而出现间隙时，炸药爆轰波的高压力和爆炸冲量将不能直接作用于药型罩，由于间隙的不均匀性，爆炸载荷会多次发生折射、反射，金属射流不能正常形成，射流的速度梯度不稳定、连续性差，从而影响破甲穿深。

2.2.2 隔板与药柱装配间隙的影响

隔板既要和主药柱结合，又要和副药柱结合，如果形状控制不严或者装配时未对正，就会产生间隙，导致爆轰波绕过隔板传递时产生不对称波形，造成药型罩压垮不对称，影响到形成射流的连续性与稳定性，降低主装药威力水平。

2.2.3 不同轴的影响

主装药装配中药型罩与主药柱、副药柱、隔板之间都应以药型罩轴线为基准保证同轴。如果由于制造误差或装配控制不严，不能完全保证零件之间的同轴（轴对称性），会产生装配轴线偏移（δ）、倾斜（α）或两种状态叠加出现（图2），使得药柱爆炸后爆轰波对药型罩的压迫不对称，接近装药轴线一边的压力高，金属射流发生偏移，从而影响破甲效果。

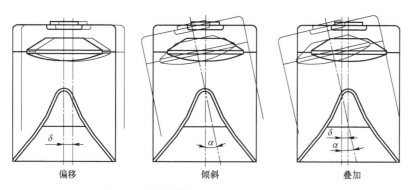

图2　主装药装配出现的不同轴示意图

3 工艺控制措施

3.1 控制调整器药量及密度，解决起爆能量问题

调整器外壳是惰性铝合金材料，内装炸药，起爆时由引信从外壳中央小孔（孔中有炸药）把下面的装药起爆，实现中心起爆。由于调整器药量少（只有1.4 g）、中心孔直径小（直径2 mm），常规的一次压药方法会导致中心小孔内装药密度过低，中心起爆能量不足。

为了提高密度均匀性，选用二次装药方法进行调整器装药。第一次采用专用压药模具给调整器小孔装药，第二次将炸药全部装入调整器整体压药模具中完成压药。采用小孔压制专用模具有效控制了调整器装药密度的均匀性。

为了保证装药量，避免由于压药飞边较大、装药时抛撒等操作过程造成调整器实际药量的差异，选用了精度较高的电子秤，采用对压装前称药和壳体称量、装后整体称量的方法100%检测装药量变化，使调整器装药质量 100% 达到要求，预防了主装药中心起爆能量不足的问题。

3.2 改进主药柱压制工艺，提高药柱密度均匀性

药柱密度的不均匀性会造成破甲时药型罩微元偏离中心，影响主装药的破甲性能。在对主药柱压制工艺的分析中，发现常规的主药柱定位式压制工艺方法，在药柱保压时，压力被定位柱分担一部分，起不到保压效果，为此，改进了工艺方法并调整了工艺参数。主药柱压制由定位柱法改为定压法，并延长了保压时间，同时根据环境条件增加炸药加热要求，通过控制药柱压制成型过程的受力状态，改善炸药颗粒的流动及蠕变性能，使内应力趋于平衡，从而得到均匀而致密的药柱。对改进前后的药柱进行密度均匀性检测，每个药柱分 5 层，每层对称取 4 块进行密度检测，结果改进后的主药柱密度均匀性明显提高，周向最大密度差由 0.040 g/cm^3 降低到 0.023 g/cm^3，均值由 0.029 2 g/cm^3 降低到 0.016 2 g/cm^3；轴向最大密度差由 0.045 g/cm^3 降低到 0.021 g/cm^3，均值由 0.028 5 g/cm^3 降低到 0.018 5 g/cm^3，如表 2、表 3 所示。

表 2　压制工艺改进前主药柱密度检测结果

编号	对称检测 1	对称检测 2	对称检测 3	对称检测 4	周向密度差/ (g·cm^{-3})
1	1.687	1.722	1.718	1.727	0.040
2	1.691	1.712	1.712	1.722	0.031
3	1.732	1.725	1.723	1.716	0.016
4	1.696	1.721	1.723	1.727	0.031
5	1.710	1.712	1.710	1.684	0.028
轴向密度差/ (g·cm^{-3})	0.045	0.013	0.013	0.043	0.028 5/0.029 2

表 3　压制工艺改进后主药柱密度检测结果

编号	对称检测 1	对称检测 2	对称检测 3	对称检测 4	周向密度差/ (g·cm^{-3})
1	1.709	1.710	1.718	1.725	0.016
2	1.716	1.712	1.712	1.723	0.011
3	1.722	1.725	1.723	1.716	0.009
4	1.701	1.712	1.723	1.718	0.022
5	1.710	1.721	1.718	1.698	0.023
轴向密度差/ (g·cm^{-3})	0.021	0.015	0.011	0.027	0.018 5/0.016 2

3.3 选用先进加工、检测技术，保证药型罩质量

纵观国内兵器行业的药型罩制造方法，早期采用车削、旋压、热冲、冷挤、热锻等常规的成型方法。20 世纪 90 年代以来，随着高性能精密战斗部的发展，为了优化药型罩结构形状和性能指标，运用了电铸、真空热处理、数控加工、三坐标检测等先进的加工检测技术。

药型罩电铸技术采用电沉积的方法来制造药型罩毛坯，能在药型罩成型的同时，通过特定的工艺配方和工艺参数获得高纯度材料和理想的超细晶粒形态，获得分布均匀、轴对称性良好的内部微观组织。

如果药型罩的晶粒过大或晶粒度不均匀，则药型罩在爆轰作用下压垮形成射流时不对称，产生横向

速度，影响破甲效果。为了消除药型罩在加工过程中的内应力，并回复消除再结晶，细化晶粒，采用真空退火热处理，每炉对药型罩材料进行金相检测，对晶粒大小、取向、结构均匀性进行分析。检测结果显示了良好的金相组织，为确保破甲战斗部的良好破甲性能提供了基础。

数控技术的发展和广泛应用为电铸药型罩的加工提供了方便，容易实现药型罩所要求的几何精度、尺寸精度和表面光洁度。药型罩毛坯电铸时，选用符合产品精度要求的电铸成型芯模，毛坯成型后，其内壁形状尺寸即满足产品要求，并作为初始成型基准面。外壁精车选用主轴精度不大于 0.01 mm 的数控车床，毛坯装卡时以内壁贴合主轴芯模，并在精车前对所有的药型罩内形进行测量分组，主轴芯模根据分组结果在设备上调配角度，以保证药型罩内形和主轴芯模完全贴合，外壁精车结果满足数控车床主轴精度要求。精车后除了使用专用量具对药型罩的壁厚差、高度等尺寸检测外，使用三坐标对锥角、圆弧等形状和位置尺寸进行检测，保证全部尺寸质量一致性符合图纸要求。

3.4 细化工艺控制，保证隔板结构和质量

隔板作为主装药重要零部件，功能是调整爆轰波传递，改变作用于药型罩的爆轰波阵面与药型罩轴线间的夹角，使得作用于药型罩的爆压增大，从而形成高速射流。隔板原材料为酚醛玻璃纤维模塑料，工艺方法是压塑加工成型，该方法是一个较为系统的工艺控制体系，人、机、料、法、环各个环节必须紧密联系，全面控制。

隔板内部组织不均匀或者出现裂纹等疵病会导致爆轰波传递出现紊乱，影响主装药威力，因此需采用四等分剖切法检测其内部质量，保证内部无裂纹、未熔透、组织不均匀、气孔、夹杂生纤维丝等现象。对剖切的每一份样本进行密度检测，保证密度均匀性符合产品要求。

隔板外表面被主药柱和副药柱全部包围，其每一个外形尺寸都是配合尺寸，因此需用全形规对其外形进行检测，保证外形能与主药柱、副药柱配合到位。

3.5 采用精密装配技术，提高主装药质量

精密装配是实现零部件精密制造价值的重要工序，主要通过各类工装保证各精密部件的装配轴对称性，通过一系列精密装药工艺保证措施，设计合理的工装，达到产品要求。采取检测与装配相结合的方法，按照零件的实际偏差值和方向性进行控制，确保主装药装配精度符合要求。通过在主装药各零件粘接时，控制虫胶漆涂抹量和流动性，解决了主装药在固化过程中的偏移问题，确保粘接固化后的药柱同轴度与选配调整时一致。

3.5.1 主装药精密装配工艺路线

主装药部件精密装配工艺路线为：

主药柱检测→主药柱与药型罩配装→药型罩铣槽→主药柱和药型罩装配→固化→副药柱隔板装配→固化→主装药检测。

3.5.2 精密装配工艺方法和要求

3.5.2.1 保证主药柱与药型罩配装的同轴性

主药柱与药型罩装配后，要保证主药柱内形的空穴与药型罩外形配合稳固，且主药柱外形与药型罩的内形同轴度符合要求。为此，采用了在药型罩上粘贴软性物质进行调整的方法。首先使用三等份样板在距离药型罩锥面划线和上、下端三处分别粘贴软性物质进行调整，将药型罩轻轻放入主药柱空穴内，用手施加一定的压力进行旋合，拿出药型罩观察，旋合痕迹、吻合面积应大于 70%；然后以药型罩内表面为基准，进行同轴度测量，保证装配后距离主药柱上端 10 mm 处，径向跳动不超过 0.3 mm。如果不符合要求，应调整主药柱、药型罩相对位置或调整药型罩上所粘贴软性物质的种类、层数、尺寸等，确保配合稳固且同轴度符合要求。

3.5.2.2 试验验证确定隔板装配间隙

隔板与主药柱存在间隙较大时，会导致爆轰波绕过隔板传递时产生不对称波形，导致药型罩压垮不对称，影响到形成射流的准直性，从而降低主装药威力水平。为验证该因素对主装药威力的影响，特别设计了验证对比试验，试验结果显示（表4），隔板与主药柱装配间隙大于 0.5 mm 时，威力下降较为严重，因此，增加了隔板与主药柱装配时控制装配间隙小于 0.5 mm 的工艺控制要求。

表 4 隔板与主药柱装配间隙对主装药威力影响验证试验

序号	间隙/mm	穿深/mm	是否穿透
1	0.10	840	是
2	0.18	825	是
3	0.58	650	否
4	0.24	750	是
5	0.30	835	是
6	0.40	800	是
7	0.64	510	否

3.5.2.3 保证部件装配同轴度

主装药的几种零件分别是不同性质的材料，物理性质和成型方式截然不同，变形程度和一致性存在明显差异，这对装配造成了一定影响。为了能够准确分析这些因素对装配质量的影响，需要对零件的材料和结构特性进行分析。

药柱在压装成型过程中，炸药颗粒间存在着弹性变形，退模后因弹性变形恢复，药柱产生胀大现象，轴向胀大比径向更为明显。一般情况下药柱的径向胀大量为 0.2%～0.4%，高度胀大量为 1.2%～1.7%。隔板用的酚醛树脂在成型过程中存在一定的收缩变形，制造精度相对较低。药型罩材料为铜金属，成型后变形量极小，所以在主装药装配过程中，选用药型罩作为基准。主药柱首先与药型罩配合，所以选取主药柱的实际精度为基础，对装配过程进行控制，保证装配的同轴度要求。

具体控制方法是：①对主药柱进行检测，记录检测精度并在零件上标注高低点位置。②以药型罩内形为基准装配主药柱，控制精度，高低点方向位置应与主药柱一致。③以药型罩内形为基准装配副药柱，控制精度，高低点方向位置应与主药柱一致。

4 效果

为了验证采取工艺控制措施后的效果，完成 50 发小批量主装药装配，经 100%对外观、摆差、高度等静态项目检测，结果全部合格。任意抽取 10 发主装药进行了垂直静破甲试验，结果 10 发 10 透（表5），对靶锭的穿深最大 825 mm，最小 785 mm，跳动值明显减小，满足破甲指标要求。之后的批量生产中累计靶试达到 105 发 99 透，穿透率 94.28%，指标结果水平稳定提高。

表 5 改进工艺后主装药垂直静破甲试验情况一览表

序号	入孔/（mm×mm）	出孔/（mm×mm）	是否穿透	穿深/mm
1	40×35	18×15	是	810
2	40×35	18×18	是	795
3	裂	18×20	是	815
4	40×38	18×15	是	825
5	45×40	20×15	是	805

续表

序号	入孔/（mm×mm）	出孔/（mm×mm）	是否穿透	穿深/mm
6	裂	18×15	是	785
7	40×35	18×18	是	790
8	40×32	18×20	是	795
9	裂	18×15	是	820
10	45×40	20×15	是	815

5 结束语

精密破甲弹制造不只是单个零部件或单一过程的精确制造过程和精确控制，而是制造全过程的精密控制。生产过程中应加强零部件各环节工艺研究，注重细节控制，通过采用主要零部件精密制造工艺，解决炸药装药密度均匀性问题，达到爆轰稳定、波形稳定，通过精密装配，解决形成射流的对准度问题，以获得最优的能量利用率，保证产品设计目标的一致性和稳定性。

参考文献

[1] 胡焕性. 破甲战斗部精密装药基础及实验研究 [J]. 火炸药学报，1999（1）：1-5.
[2] 王志军，尹建平. 弹药学 [M]. 北京：北京理工大学出版社，2005：175-180.
[3] 智小琦. 弹箭炸药装药技术 [M]. 北京：兵器工业出版社，2012：126-127.
[4] 方向，张卫平，高振儒. 武器弹药系统工程与设计 [M]. 北京：国防工业出版社，2012：132-139.

EFP 撞击起爆带壳炸药数值模拟

李鸿宾，金朋刚，徐洪涛

（西安近代化学研究所，陕西西安 710065）

摘　要：本文利用 Lee-Trarver 点火增长模型和 Steinberg-Guinan 强度模型模拟了锥形 EFP（explosively formed projectile，EFP）撞击起爆带壳 H6 炸药的过程，从时间和空间尺度上分析了炸药起爆机理；利用升-降法分别计算了正碰撞条件下 9.0 g、11.0 g、13.0 g 锥形 EFP 撞击带壳 H6 炸药临界起爆速度；结果表明，三种工况下的临界起爆速度分别为 2 250 m/s、2 050 m/s 和 1 950 m/s，通过试验验证了三种工况下的临界起爆速度，计算值和试验值相符。

关键词：爆炸力学　EFP　撞击起爆　H6 炸药

破片是杀伤战斗部的重要毁伤元之一，依据成型方式的不同通常分为预置破片、自锻破片、离散杆、爆炸成型弹丸等，爆炸成型弹丸的打击比动能相对较高，穿甲能力强[1]，在防空反导上有着其他类型破片无法比拟的优势，目前 EFP 技术已较为广泛地应用于防空反导领域，典型的如爱国者 PAC-3 杀伤战斗部、S-400 防空导弹杀伤战斗部等。破片对炸药装药的起爆受动能、攻角、装药壳体厚度等多方面因素的影响，破片撞击刺激下，炸药可能发生冲击起爆或者非冲击点火[2]，这主要决定于破片的比动能和壳体厚度。H6 炸药是我国现役装备中使用较多的混合炸药，属于经典的铝化 B 炸药，研究不同质量 EFP 对 H6 炸药装药的冲击起爆特性有着重要的现实意义，如美国爱国者系列导弹战斗部先后装备了 9.0 g、13 g 的阈值破片，可以通过研究不同质量破片对带壳炸药的起爆阈值，进而确定最佳防护方式。陈卫东等[3]利用 AUTODYN-2D 分别对钢、铜、钨破片撞击不同厚度屏蔽装药进行了数值仿真，结果表明，3 种材料对屏蔽炸药的引爆性能，钨最优，铜次之，钢最差。王树山等[4]利用 ANSYS LS-DYNA 计算了 2.7 g 圆柱形钨合金破片对屏蔽 B 炸药装药撞击起爆过程，利用升-降法获得了撞击起爆的临界速度为 868 m/s；陈海利等[5]采用 AUTODYN-2D 数值模拟软件对钢破片撞击带铝壳奥克托金炸药的起爆问题进行了数值模拟，分析了冲击起爆机理及破片形状、着速、铝壳厚度等因素对炸药起爆特性的影响规律；梁争峰等[6]用 4.65 g 小破片撞击起爆 6 mm 钢板屏蔽 B 炸药的速度阈值约 2 522 m/s，用质量为 8.78 g、直径为 5 mm 的杆破片撞击起爆 6 mm 钢板屏蔽 B 炸药的速度阈值约为 2 161 m/s；梁斌等[7]利用 AUTODYN-3D 进一步研究了多枚破片冲击引爆带盖板炸药的过程，分析了破片数量和分布方式对冲击起爆的影响规律。

可见，关于破片撞击起爆带壳炸药的试验和数值模拟研究较为广泛，数据也较为丰富，但是有关工业纯铁材质的破片性能报道较少，某些特殊形状如锥形 EFP 的撞击起爆的研究未见报道，本文主要在前期研究的基础上，利用 Lee-Trarver 点火增长模型和 Steinberg-Guinan 强度模型模拟了锥形 EFP 撞击起爆带壳 H6 炸药的过程[8]，从时间和空间尺度上分析了炸药起爆机理，利用升-降法计算正碰撞条件下不同质量锥形 EFP 撞击起爆带壳 H6 炸药阈值速度，为 H6 炸药装药设计和防护提供了参考。

1　计算模型

1.1　物理模型

在 AUTODYN-2D 中建立了物理模型，为了保证计算精度并减少计算量，构建了 1/2 对称模型，并采用了渐变网格，EFP、壳体和炸药接触的区域采用 0.5 mm 网格，网格尺寸向外呈发散状增加。EFP 药形罩材质为工业纯铁，质量分别为 9.0 g、11 g、13 g，不同质量的 EFP 尾部直径都为 28 mm，壳体厚度不同。H6 炸药装药壳体为直径 350 mm、厚 3 mm 的 Q235 钢材。测点布设在两个垂直维度，沿着撞击方向布设了 1 号～6 号测点，其中 1 号测点位于壳体外表面，2 号测点位于壳体和炸药接触的内表面，3 号～6 号都是炸药内部的测点，在垂直 EFP 轴线的方向，设有 7 号～14 号测点，用于监测炸药中爆轰波的成长过程，进而判断炸药的反应形式。仿真模型如图 1 所示，不同质量 EFP 三维 270°剖面图如图 2 所示。

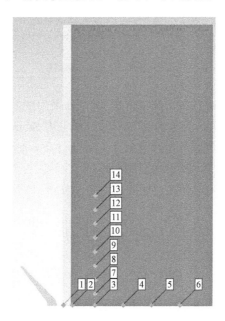

图 1　仿真模型

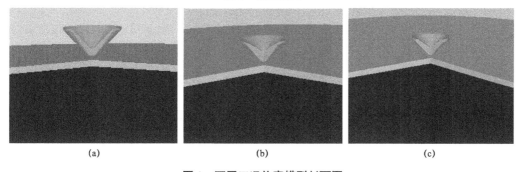

图 2　不同工况仿真模型剖面图

（a）9.0 g；（b）11.0 g；（c）13.0 g

1.2　材料模型及参数

H6 炸药质量分数配比为 TNT:Al:RDX：添加剂 =30%:20%:45%:5%，爆压 CJ=22.1 GPa，爆速 7 385 m/s，属于铝化的 B 炸药，因此本研究的数值模拟主要参考 AUTODYN 自带的 H6 炸药 JWL 状态方程参数，以及文献［4，8］中关于 B 炸药点火增长模型参数，在此基础上调整控制热点数量和点火增长速率的参数，获得最佳模拟效果。

未反应炸药采用 JWL 状态方程描述，使用 H6 炸药默认参数。炸药的冲击起爆以及反应增长过程用 Lee-Trarver 三项式点火增长模型描述：

$$\frac{\partial F}{\partial t} = I(1-F)^b\left(\frac{\rho}{\rho_0}-1-a\right)^x + G_1(1-F)^c F^d p^y + G_2(1-F)^e F^g p^z \tag{1}$$

式中，F 为反应率（气体炸药质量炸药总质量之比）；p 为炸药中的压力；I、b、a、x、G_1、c、d、y、G_2、e、g 和 z 为常数，这些参数的物理意义如下，a 为临界压缩度，当炸药的压缩度大于 a 时炸药点火，I 和 x 控制了点火热点的数量，G_1 和 d 控制了中等压力条件下炸药点火后热点早期的反应生长，G_2

和 z 确定高压反应速率。对于 H6 炸药，$a = 0.01$，$b = 0$，$I = 88$，$x = 4.0$，$G_1 = 514$，$c = 0.222$，$d = 0.667$，$y = 2.0$，G_2、e、g 和 z 都为 0（表 1）。点火时给出了一个非常迅速的压力尖峰，随后一个缓慢的反应增长，当该区域的热点汇聚后发生加速。在 AUTODYN 中，点火增长模型被同时用于高能炸药爆轰和膨胀。

表 1　H6 炸药点火增长模型参数

I	b	a	x	G_1	c	d	y	G_2	e	g	z
88	0	0.01	4	514	0.222 2	0.667	2	0	0	0	0

EFP 材质为工业纯铁，壳体为 STEEL1006 钢材，两者都采用线性冲击状态方程（Shock 状态方程）。同时，为了更好地模拟撞击穿孔现象，壳体的强度模型选择采用 Steinberg-Guinan。该强度模型假设剪切模量随着压力增加而增加，随着温度的升高而降低，这种条件下，他们将材料的包辛格效应考虑进他们的计算模型中，该模型提供了包含剪切模量和屈服强度的实际弹性应变、压强和内能（温度）的函数表达。高应变率条件下，剪切模量 G 和屈服应力 Y 基本关系式如下：

$$G = G_0 \left\{ 1 + \left(\frac{G_p'}{G_0} \right) \frac{\rho}{\eta^{1/3}} + \left(\frac{G_t'}{G_0} \right)(T - 300) \right\} \tag{2}$$

$$Y = Y_0 \left\{ 1 + \left(\frac{Y_p}{Y_0} \right) \frac{P}{\eta^{1/3}} + \left(\frac{G_x'}{G_0} \right)(T - 300) \right\} (1 + \beta\varepsilon)^n \tag{3}$$

服从如下关系式：

$$Y[1 + \beta\varepsilon]^n \leqslant Y_{max} \tag{4}$$

式中，ε 为实际弹性应变；η 为压缩率 $= \dfrac{v_0}{v}$；T 为温度，K。带有下标 p 和 t 的参数是该参数在参考状态（$T - 300\,\mathrm{K}$，$p = 0$，$\varepsilon = 0$）下关于压力和温度的导数。下标 0 也代表参考状态下 G 和 Y 的值。如果材料的温度超过明确指出的融化温度，那么剪切模量和屈服强度都被设置为 0。

2　结果分析

2.1　锥形 EFP 撞击起爆带壳 H6 炸药机制分析

以典型的 9.0 g EFP 撞击起爆过程为例，分析锥形 EFP 撞击带壳 H6 炸药的运动过程和炸药起爆机制。9.0 g EFP 以 2 400 m/s 的速度和带壳 H6 炸药发生正碰撞的撞击起爆过程如图 3 所示（左侧一列为压力云图，右侧一列为物质分布图）。为了能够更加直观地描述撞击起爆过程，将模型绕 X 轴旋转 360°，得到仿真模型的三维视图。2 μs 时刻 EFP 和壳体发生碰撞，在壳体内部形成冲击波；5 μs 时刻 H6 炸药受到壳体挤压发生形变；8.3 μs 时刻 H6 炸药中形成了爆轰波，通过调取测点 7 的压力历程曲线可知此时测点 7 位置处的爆压达到 16 GPa，受 EFP 本身形状的影响以及壳体阻碍的双重作用，此时 EFP 还没有穿过壳体；25 μs 时刻爆轰波继续向外扩散，半球壳状的 EFP 发生向内的收缩变成水滴状，壳体受爆轰波的驱动发生隆起，此时 EFP 主体部分已经穿过壳体。图 4 给出了撞击起爆过程中 EFP 的质量变化过程，由图 4 可见，EFP 的质量由初始的 9.0 g 降至 21 μs 时刻的 7.8 g，质量损失率 13.3%，21 μs 以后 EFP 的质量基本保持不变，说明撞击侵彻过程基本结束。

炸药非冲击点火存在点火−燃烧−爆轰的增长过程，持续时间通常超过 1 ms，本工况下锥形 EFP 穿过 3 mm 钢板用时约 20 μs，远远小于炸药非冲击点火的时间尺度。另外，25 μs 时刻炸药中已经形成了爆轰波并传播了一段距离，而此时 EFP 弹丸的主体部分刚刚接触 H6 炸药，在此之前并不具备刺激炸药点火的条件，因此从时间和空间尺度上分析可知，本工况下 EFP 撞击带壳 H6 炸药的过程符合冲击起爆机理。

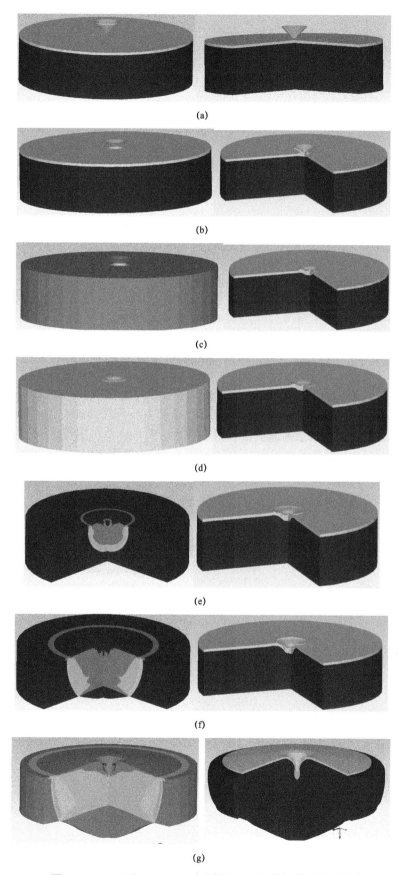

图 3　9 g EFP 以 2 400 m/s 速度撞击 H6 炸药装药过程分析

（a）0 μs；（b）2 μs；（c）5 μs；（d）6 μs；（e）8.3 μs；（f）12 μs；（g）25 μs

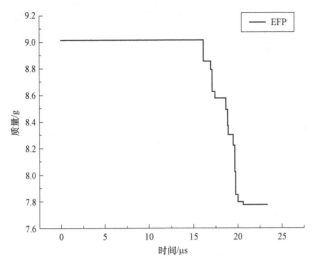

图 4　运动过程中 EFP 弹丸的质量损失

2.2　不同质量锥形 EFP 撞击带壳 H6 炸药临界起爆速度

初始速度的选择直接关系到总体计算量，通过相关文献调研[6,9]，确定 EFP 撞击初始速度选择为 2 400 m/s，以 100 m/s 为阶梯利用升－降法获得 H6 炸药装药在不同撞击速度下的响应，根据炸药发生爆轰的最低速度和炸药不发生爆轰的最高速度，利用中位法计算不同工况下 H6 炸药装药发生撞击起爆的阈值速度。利用位于 H6 炸药内部垂直于 EFP 运动方向布设的测点的压力历程评判炸药的响应形式，若测点 7 号～14 号的压力不断增加且最终超过了 60%最大爆压则判断为"爆轰"，反之则判断为"未爆轰"。9.0 g EFP 撞击后 H6 炸药内部压力历程（径向）如图 5 所示。

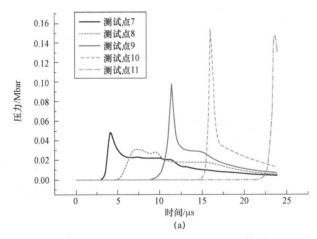

（a）

图 5　9.0 g EFP 撞击后 H6 炸药内部压力历程（径向）（书后附彩插）
（a）爆轰（2 400 m/s）

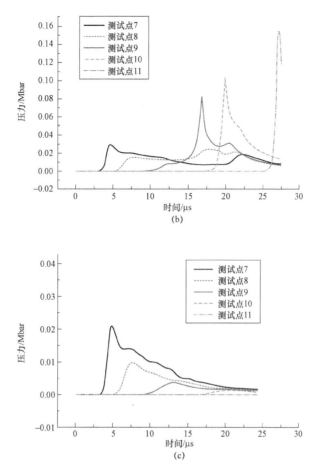

图5　9.0 g EFP 撞击后 H6 炸药内部压力历程（径向）（书后附彩插）（续）
（b）爆轰（2 300 m/s）；（c）未爆轰（2 200 m/s）

　　分别模拟三种质量 EFP 的撞击过程，得到了不同工况下炸药的响应形式，计算得到了撞击起爆的阈值速度，结果如表2所示，其中着靶速度是指 EFP 和壳体接触的速度，冲击波峰值超压是指测点3位置处的冲击波峰值超压。分析表 2 中的数据可以发现，三种工况下 H6 炸药的撞击阈值速度分比为 2 250 m·s⁻¹、2 050 m·s⁻¹、1 950 m·s⁻¹，引起 H6 炸药发生爆轰的最低撞击速度下，测点3位置处的压力基本维持在 8 GPa 左右，该数值和研究人员广泛接受的炸药临界起爆压力基本一致。因此以炸药中距离壳体一定距离处的点作为炸药响应形式的监测点更加准确，这是因为壳体中的强冲击波进入 H6 炸药中并不是直接将炸药起爆，而是首先经过炸药材料的衰减，一定距离以后才发生爆轰或者持续衰减，因此取距离壳体一定距离的测点3作为炸药反应形式的指示点更加合适。

表2　计算结果

工况	着靶速度/（m·s⁻¹）	冲击波峰值超压/GPa	炸药响应形式	撞击阈值速度/（m·s⁻¹）
	2 400	10.1	爆轰	
9.0 g EFP	2 300	8.2	爆轰	2 250
	2 200	7.2	未爆轰	
	2 400	12.3	爆轰	
	2 300	10.2	爆轰	
11.0 g EFP	2 200	9.4	爆轰	2 050
	2 100	8.3	爆轰	
	2 000	7.5	未爆轰	

续表

工况	着靶速度/（m·s⁻¹）	冲击波峰值超压/GPa	炸药响应形式	撞击阈值速度/（m·s⁻¹）
13.0 g EFP	2 300	14.6	爆轰	1 950
	2 200	12.3	爆轰	
	2 100	10.2	爆轰	
	2 000	8.6	爆轰	
	1 900	7.5	未爆轰	

受爆轰过程的影响，EFP 的实际质量可能略小于药型罩的质量，但无法准确获取，因此模拟过程中仍使用药型罩质量作为 EFP 的质量。为方便建立数值计算模型，试验过程中利用 X 光拍摄 EFP 照片，结果如图 6 所示，可见 EFP 轮廓为抛物线状，利用 Solidworks 绘图可知同样外形、同等质量的工业纯铁应为中空薄壳结构，据此构建了本次计算模型。验证试验使用的药型罩质量为 9.0 g、11.0 g 和 13.0 g，材质为工业纯铁，试验布局如图 7 所示，通过靶弹前端设置的测速靶测定 EFP 着靶速度，靶弹后方放置的见证板判断靶弹的反应类型，试验结果列于表 3。试验后靶弹典型的反应形式包括爆轰、燃烧和不燃不爆三种，靶弹试验后典型的状态如图 8 所示。分析表 3 中的试验结果，可见由于试验次数有限，且试验过程中的不可控因素较多，试验结果存在小幅度的跳动，利用和数值计算相同的结果处理方法，将引起靶弹爆轰的最低速度和引起靶弹发生燃烧的最高速度取算术平均得到试验测定的撞击阈值速度。将表 2 和表 3 的数据进行比对可知两者差异较小，相对误差小于 10%，说明本次计算使用的计算模型的基本假设是合适的。

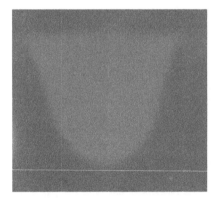

图 6　X 光拍摄 EFP 轮廓

图 7　试验布局

(a)

(b)

(c)

图 8　试验结果

（a）引爆；（b）引燃；（c）不然不爆

表 3 试验结果

序号	质量/g	着靶速度/（m·s⁻¹）	靶弹试验结果	撞击阈值速度/（m·s⁻¹）
1	9.0	2 648	引爆	
2	9.0	2 635	引爆	
3	9.0	2 356	引燃	2 490
4	9.0	2 346	引燃	
5	11.0	2 133	引爆	
6	11.0	2 056	引燃	2 095
7	11.0	2 006	引爆	
8	13.0	2 196	引爆	
9	13.0	2 149	引爆	
10	13.0	2 146	不燃不爆	2 034
11	13.0	1 919	引燃	

3 结论

（1）质量为 9.0 g、11.0 g 和 13.0 g 的锥形 EFP 撞击起爆带壳 H6 炸药的临界阈值速度分别为 2 250 m/s、2 050 m/s、1 950 m/s，计算和试验结果相对误差小于 10%，说明 Lee-Trarver 点火增长模型和 Steinberg-Guinan 强度模型能够较好地模拟锥形 EFP 撞击起爆带壳 H6 炸药的过程。

（2）根据仿真计算结果，从时间和空间角度分析认为本工况下 H6 炸药装药符合冲击起爆机理；通过分析炸药内部不同位置处的压力历程，发现使用距离壳体一定距离处的测点（测点 3）压力评判炸药响应形式相比炸药中的初始入射冲击波压力更加准确。

参考文献

［1］史云鹏，袁宝慧，梁争峰，等. 线形 EFP 药型罩设计 ［J］. 火炸药学报，2007，30（3）：37-40.

［2］章冠人. 凝聚炸药起爆动力学 ［M］. 北京：国防工业出版社，1991.

［3］陈卫东，张忠，刘家良. 破片对屏蔽炸药冲击起爆的数值模拟和分析 ［J］. 兵工学报，2009，30（9）：1187-1190.

［4］王树山，李朝君. 钨合金破片对屏蔽装药撞击起爆的实验研究 ［J］. 兵工学报，2001，22（2）：189-192.

［5］陈海利，蒋建伟，门建兵. 破片对带铝壳炸药的冲击起爆数值模拟研究 ［J］. 高压物理学报，2006，20（1）：100-103.

［6］梁争峰，袁宝慧. 破片撞击起爆屏蔽 B 炸药的数值模拟和实验 ［J］. 火炸药学报，2006，29（1）：5-9.

［7］梁斌，冯高鹏，魏雪婷. 多枚破片冲击引爆带盖板炸药数值模拟分析 ［J］. 弹箭与制导学报，2013，33（6）：62-66.

［8］AUTODYN Users manual ［M］. California：Century Dynamics Corporation，2005.

［9］贾宪振，杨建，陈松，等. 带壳 B 炸药在钨珠撞击下冲击起爆的数值模拟 ［J］. 火炸药学报，2010，33（5）：43-46.

HTPE 推进剂易损性能研究

杨　建，金朋刚，李鸿宾，高　赞，姜夕博

任松涛，徐洪涛，党永战

（西安近代化学研究所，陕西西安 710065）

摘　要：本文以两种不同类型的典型推进剂为研究对象，参照《军用混合炸药配方评审适用方法汇编》中的易损性试验方法对这两种推进剂的易损性能进行了试验研究，研究结果表明：添加 HTPE 可以改善推进剂的易损性能，并且 HTPE 推进剂的易损性能明显优于 CMDB 推进剂。

关键词：易损性　HTPE 推进剂　CMDB 推进剂

0　引言

随着现代战争的快速变化与战场环境的日益恶化，对武器弹药安全性能的要求越来越高。低易损性弹药除要求达到所规定的性能指标要求外，同时还要求武器弹药在受到外界意外的热、冲击等危险刺激时，可以将响应及间接破坏降至最低。

西方国家历来重视低易损性弹药性能的研究，20 世纪 80 年代，NATO（北大西洋公约组织）成立了北约不敏感弹药情报中心（NIMIC），希望通过共同的试验和评价方法来加速不敏感弹药的研制。20 世纪 90 年代初，国际上逐渐形成公认的"全尺寸型"不敏感弹药的标准化评价方法和试验程序，其评价测试方法主要有：美国 MIL-STD–2105D "非核弹药的危险性评估试验"；NATO 六国的 STANAG 0439 "不敏感弹药的引入、评价和试验政策"；1993 年法国的 DGA/TPE NO.026 0 试验程序。从 1995 年开始，新研制的所有弹药已经全部换装低易损性火炸药，大大提高了弹药、武器系统和作战平台的抗击打能力。

HTPE 推进剂是以聚四氢呋喃和聚乙二醇嵌段共聚物为黏结剂，用以改善 HTPB 复合推进剂钝感特性的推进剂。本文以某种典型 HTPE 推进剂为研究对象，对 HTPE 推进剂的易损性能进行了试验研究，并与某种典型改性双基推进剂进行对比试验，为 HTPE 推进剂配方的易损性研究提供技术参考。

1　试验

1.1　试样及规格

选取两种典型推进剂，分别为 HTPE 和浇铸 CMDB 推进剂，均由西安近代化学研究所研制，样品的特性及规格如表 1 所示。

表 1　样品特性及规格

样品名称	特性及规格
HTPE 推进剂	HTPE 黏结剂推进剂
CMDB 推进剂	浇铸 CMDB 推进剂，无铝粉

将推进剂按配比在捏合机中混合均匀，浇铸在外形尺寸 $\phi 58\ mm \times 222\ mm$、厚度为 3 mm 的试样管中，试样管两端用带螺纹的端盖进行密封，经固化得到试验所需样品。

1.2 易损性试验

依据《军用混合炸药配方评审适用试验方法汇编》中的易损性能评价方法开展快速烤燃试验、慢速 12.7 mm 子弹撞击试验、烤燃试验、射流撞击试验和殉爆试验。通过试验后壳体、见证板及试样残留物等状态，通常将反应程度分为五种类型，由强到弱依次为Ⅰ级，最猛烈的爆轰反应；Ⅱ级，部分爆轰反应；Ⅲ级，爆炸反应；Ⅳ级，爆燃反应；Ⅴ级，燃烧反应。

1.2.1 快速烤燃试验

快速烤燃试验是评估火炸药装药受到外部火焰烧烤时的响应，如燃烧、爆燃、爆炸及爆轰。油池大小为长宽高为 800 mm×800 mm×680 mm，试样用支架架在油池中部，离燃油液面 420～450 mm，在试样四个方向离壳体约 40 mm 处各布置一支测温传感器。试验装置如图 1 所示。

图 1 快速烤燃试验装置

1.2.2 12.7 mm 子弹撞击试验

12.7 mm 子弹撞击试验是使用 12.7 mm 穿甲弹射击带壳体的火炸药试验，在子弹高速撞击及摩擦等因素的作用下机械能迅速转化为热能，火炸药受热可能发生分解甚至点火、燃烧或爆炸响应，通过试验现象、回收样品残骸、见证板状态，评估火炸药试样的响应。发射装置采用自行研制的 12.7 mm 子弹发射药系统，该系统由 12.7 mm 弹道枪、子弹程序控制发射装置、测速装置组成，如图 2 所示，主要技术指标如下。

图 2 12.7 mm 子弹撞击试验装置

（1）发射装置口径：12.7 mm。
（2）弹丸着靶速度：850 m/s±20 m/s。
（3）测速不确定度：优于 0.3%。

1.2.3 慢速烤燃试验

模拟战场环境，如室外高温、库房的缓慢升温和战场上的暗火加热等，评估发射装药慢烤的易损性响应。采用电阻加热套包裹样品壳体，测试烤燃全过程的温度曲线及反应后的冲击波压力，记录试验壳体破坏状况和见证板损坏情况。慢速烤燃试验装置如图 3 所示，主要技术指标如下。

（1）控温范围：室温～400 ℃。
（2）加热平均升温速率：1～5 ℃/min，精度±0.2 ℃。
（3）在控温速率转折点不超过 5 ℃。

图 3　慢速烤燃试验装置

1.2.4　射流撞击试验

射流撞击试验，用于考察试样在受到射流撞击时的反应程度，火炸药装药在受到射流撞击时，由于射流为高温、高速的金属粒子流，火炸药会受到冲击、点火等作用而发生响应，通过见证板、超压等手段可以对火炸药的响应程度进行表征，从而判断火炸药在射流撞击作用下的安全性。标准射流源技术参数：直径为 50 mm，炸高为 90 mm。射流撞击试验装置如图 4 所示。

1.2.5　殉爆试验

装药在外界作用下发生爆轰时，一定距离的装药会在主发装药爆轰产物、冲击波和破片的作用下发生反应，用于评估装药在受到相同装药爆轰下不同距离处的响应剧烈程度。殉爆试验装置由雷管、3 发主发药柱和 2 发被发药柱组成。相邻 2 个试样间距离为（70±2）mm。殉爆试验装置如图 5 所示。

图 4　射流撞击试验装置　　　　　　　图 5　殉爆试验装置

2　结果与讨论

2.1　快速烤燃试验

HTPE 推进剂和 CMDB 推进剂快速烤燃试验结果如表 2 所示。

表 2　快速烤燃试验结果

试样名称	响应程度
HTPE 推进剂	燃烧
CMDB 推进剂	燃烧

从表 2 的试验结果可以得出 HTPE 推进剂和 CMDB 推进剂的响应剧烈程度均为Ⅴ级（燃烧），这两类推进剂受到外部快速的热刺激时，反应温和，因此 HTPE 推进剂易损性能与 CMDB 推进剂相当。

2.2 慢速烤燃试验

HTPE 推进剂和 CMDB 推进剂慢速烤燃试验结果如表 3 所示。

表 3　慢速烤燃试验结果

试样名称	发生反应时的温度/℃	响应程度
HTPE 推进剂	170.9	燃烧
CMDB 推进剂	181.5	爆燃

从表 3 的试验结果可以得出 HTPE 推进剂的响应程度为Ⅴ级（燃烧），而 CMDB 推进剂的响应程度为Ⅳ（爆燃），HTPE 的响应程度比 CMDB 的响应程度低一级，因此 HTPE 推进剂的易损性能优于 CMDB 推进剂。

2.3　12.7 mm 子弹撞击试验

HTPE 推进剂和 CMDB 推进剂 12.7 mm 子弹撞击试验结果如表 4 所示。

表 4　12.7 mm 子弹撞击试验结果

试样名称	响应程度
HTPE 推进剂	无反应
CMDB 推进剂	燃烧

从表 4 的试验结果可以得出，HTPE 推进剂的响应程度为无反应，而 CMDB 推进剂的响应程度为燃烧，因此 HTPE 推进剂的易损性能明显优于 CMDB 推进剂。

2.4　射流撞击试验

HTPE 推进剂和 CMDB 推进剂射流撞击试验结果如表 5 所示。

表 5　射流撞击试验结果

试样名称	响应程度
HTPE 推进剂	爆燃
CMDB 推进剂	爆轰

从表 5 的试验结果可以得出，HTPE 推进剂的响应程度为Ⅳ级，而 CMDB 推进剂的响应程度为Ⅰ级，因此 HTPE 推进剂的易损性能明显优于 CMDB 推进剂。

2.5　殉爆试验

HTPE 推进剂和 CMDB 推进剂殉爆试验结果如表 6 所示。

表 6　殉爆试验结果

试样名称	响应程度
HTPE 推进剂	无反应
CMDB 推进剂	爆轰

从表 6 的试验结果可以得出，HTPE 推进剂的响应程度为无反应，而 CMDB 推进剂的响应程度为 I 级（爆轰），所以 HTPE 推进剂的易损性能明显优于 CMDB 推进剂。

3　结论

（1）添加 HTPE 黏结剂，可以改善推进剂的易损性能。

（2）HTPE 推进剂的易损性能优于 CMDB 推进剂。

参考文献

［1］董海山. 钝感弹药的由来及重要意义［J］. 含能材料，2006，14（5）：321-322.

［2］王晓峰，戴蓉兰，涂健. 传爆药的烤燃试验［J］. 火工品，2001（2）：3-7.

［3］MIL-STD-2105C.MIL-STD Hazard Assessment Test For Non-nuclear munition［S］. 2003.

［4］冯晓军，王晓峰. 装药孔隙率对炸药烤燃响应的影响［J］. 爆炸与冲击，2009，29（1）：109-112.

［5］雷瑞琛，常双君，杨雪芹. 低易损性 PBX 炸药烤燃试验方法研究［J］，广东化工，2014，4（41）：43-50.

［6］宋晓庆，周集义. 王文浩，等. HPTE 推进剂研究进展［J］. 含能材料，2008，6（16）：349-352.

RDX 过滤过程影响因素实验研究和分析

张幺玄，廉　鹏，康　超，陈　松，罗志龙

（西安近代化学研究所，陕西西安 710065）

摘　要：为探究黑索金（RDX）过滤工艺过程的过滤特性和规律，本文开展RDX恒压过滤实验研究和理论分析，在 RDX-水悬浮液和分离介质的物性分析的基础上，考察了过滤压差、过滤介质、液固含量等各个因素对 RDX 过滤速率、过滤速率常数和 RDX 滤饼含湿量的影响规律。结果表明，过滤速率随过滤压差和介质孔径的增大而增大，随液固比的增大而减小；过滤速率常数随过滤压差和介质孔径的增大而增大，随液固比的增大先增大后减小，存在一个最大液固比临界值；RDX 滤饼含湿量随过滤压差增大而大幅度减小，随微孔滤纸厚度增大而增大，随悬浮液液固比的增大先减小后增大，存在一个最小液固比临界值。

关键词：RDX悬浮液　过滤压差　液固含量　过滤速率　含湿量

0　引言

黑索金作为优良的高能炸药，被广泛应用于武器装备和矿山开采、石油勘探等国民经济领域[1-2]。RDX 的生产过程主要包括合成、氧化结晶、洗涤驱酸、过滤、干燥和包装等工艺[3]。过滤操作是 RDX 炸药生产的主要工序之一，该过程得到的滤饼含湿量将直接影响后续干燥工艺的能耗、生产能力和产品质量的稳定性[4-6]。过滤操作非常复杂，牵涉许多不确定因素（如物料的颗粒大小、形状、尺寸分布状况等），而这些因素很难用定量的参数或准确的数学模型来描述[7-8]。因此，试验仍是目前研究 RDX 过滤性能的重要手段。同时，由于在过滤操作过程中 RDX 的药量大，而 RDX 在外界撞击、摩擦等机械和热的作用下容易发生分解爆炸，所以，RDX 过滤工序的安全，也是企业在工艺与设备设计、生产过程中始终高度重视的问题。

为分析 RDX 的过滤特性和安全性，本文以 RDX-水悬浮液为过滤原料，模拟 RDX 的生产过滤过程，研究了恒定压差下 RDX 的静态和动态分离规律，并结合 RDX 过滤特性，对该过程的安全性进行分析。

1　实验部分

RDX-水悬浮液的固含量采用与工业生产一致的固定值，悬浮液颗粒 d_{50} 为 67.4 μm，悬浮液黏度为 0.03 Pa·s。过滤实验装置如图 1 所示，分离介质分别为 S_0（平均值 0.05 mm）、$2S_0$、$3S_0$ 厚度的微孔滤纸，$3S_0$ 厚度的 400 目、500 目网状滤布，最大透过粒径分别为 38 μm、25 μm。

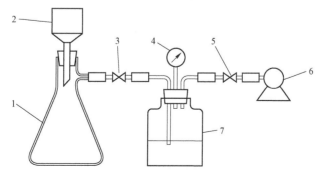

图 1　过滤实验装置

1—过滤瓶；2—漏斗；3—截止阀；4—压力计；5—放空阀；6—真空泵；7—液封瓶

2 RDX-水悬浮液和分离介质的物性分析

2.1 RDX 悬浮液固体颗粒粒径与粒度分布

固体颗粒的大小及粒度分布情况对过滤特性的影响是很显著的,使用激光粒度仪测定了 RDX 粒径大小及其分布,如图 2 所示。

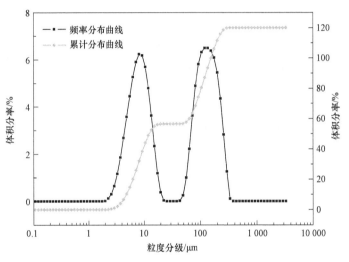

图 2 RDX 粒度分布图

RDX 在水中的溶解度很小,过滤过程不会改变其晶形和晶貌,更不会改变其晶粒大小,由激光粒度仪测试结果可知,$D_V(10)=5.47\ \mu m$,$D_V(50)=67.4\ \mu m$,$D_V(90)=194\ \mu m$,颗粒主要分布在 $10\ \mu m$ 和 $190\ \mu m$ 左右,大颗粒和粉末颗粒各占一半左右,在过滤过程中更易形成架桥,易于过滤。

2.2 RDX 悬浮液的密度及固相体积分率

RDX 在水中属于微溶,$100\ ℃$ 的溶解度为 $0.18\ g/100\ g$。悬浮液的密度求算公式如下[9-11]:

$$\rho=\frac{m_总}{V_总}=\frac{m_l+m_s}{V_l+V_s}=\frac{m_l+m_s}{\dfrac{m_l}{\rho_l}+\dfrac{m_s}{\rho_s}} \tag{1}$$

式中,m_l 为悬浮液中液体质量,g;m_s 为悬浮液中固体质量,g;ρ_l 为液体密度,g/cm^3;ρ_s 为固体颗粒密度,g/cm^3。

根据 RDX 悬浮液液固比 $n=1$、2、3、4、5,$\rho_l=1\ g/cm^3$,$\rho_s=1.82\ g/cm^3$,可得不同液固比的 RDX 悬浮液密度和固相体积分率,如表 1 所示。

表 1 不同液固比的 RDX 悬浮液密度

液固比	1	2	3	4	5
混合密度 $\rho/(g \cdot cm^{-3})$	1.29	1.18	1.13	1.10	1.08
体积分率 x	0.549	0.216	0.155	0.121	0.099

2.3 RDX-水悬浮液分离介质性质

分离介质的孔隙率对于测试其性能具有重要的意义,本文采用计算机图像处理 SEM 法对分离介质进行扫描,如图 3 所示,测其面孔隙率。采用 Photoshop 软件对采集到的 SEM 图像进行分析,得知滤纸的孔隙率约为 0.13。

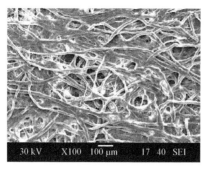

图 3　微孔滤纸的 SEM 图

3　实验结果与分析

3.1　过滤压差对 RDX 过滤的影响

1）过滤压差对 RDX-水悬浮液滤液体积、过滤速率的影响

液固比 n 为 4 的 RDX 悬浮液，在分离介质分别为厚度 $3S_0$ 的微孔滤纸和厚度为 $3S_0$ 的 400 目滤布和过滤压差为 0.01 MPa、0.03 MPa、0.05 MPa 下得到的 t、V、v 数据作 V-t 和 v-t 曲线，如图 4、图 5 所示。

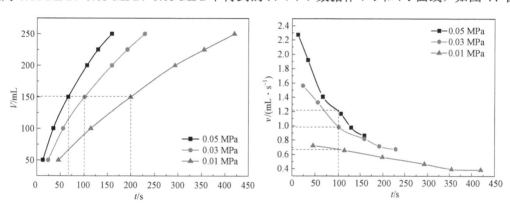

图 4　分离介质为厚度 $3S_0$ 的微孔滤纸下，不同过滤压差下的 V-t、v-t 曲线

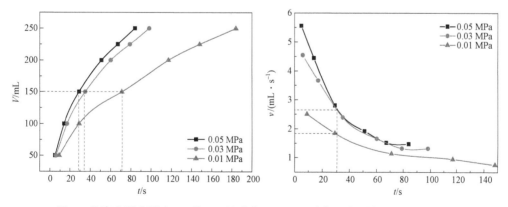

图 5　分离介质为厚度 $3S_0$ 的 400 目滤布下，不同过滤压差下的 V-t、v-t 曲线

如图 4、图 5 所示，过滤压差增大，得到同样体积的滤液，所用时间大大缩短。当分离介质为厚度 $3S_0$ 的微孔滤纸时，要得到 150 mL 的滤液体积，在过滤压差为 0.01 MPa、0.03 MPa、0.05 MPa 下，所需的时间分别为 199 s、102 s、67 s。当分离介质为厚度 $3S_0$ 的 400 目滤布时，所需的时间分别为 71 s、35 s、29 s。当压力由 0.01 MPa 增大到 0.05 MPa 时，过滤时间均缩短为原来的 1/3。

当分离介质为厚度 $3S_0$ 的微孔滤纸，过滤时间为 30 s 时，在过滤压差为 0.01 MPa、0.03 MPa、0.05 MPa

下的过滤速率分别为 0.66 mL·s⁻¹、0.97 mL·s⁻¹、1.21 mL·s⁻¹。当分离介质为厚度 $3S_0$ 的 400 目滤布，过滤时间为 30 s 时，在过滤压差为 0.01 MPa、0.03 MPa、0.05 MPa 下，过滤速率分别为 1.82 mL·s⁻¹、2.66 mL·s⁻¹、2.67 mL·s⁻¹。这说明，过滤压差增大，过滤速率相应增大，且过滤速率随过滤时间的增大呈递减趋势，过滤介质为微孔滤纸时过滤压差对过滤速率的影响较介质为滤布时更明显。

2）过滤压差对过滤常数的影响

RDX 过滤压差 Δp 和过滤常数 K 之间的关系如图 6 所示。

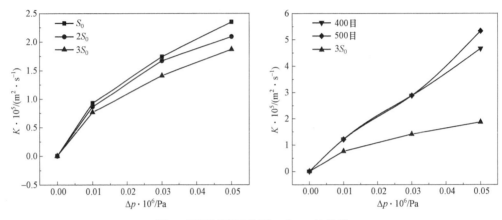

图 6 不同过滤压差下 K 与 Δp 的关系

由图 6 可知，常压过滤与真空过滤相比，过滤常数 K 相差 2 个数量级。随着过滤压差的增大，K 值增大，是按一定指数曲线变化的，从而说明过滤过程中滤饼比阻是压力的指数函数，而且压力增大，比阻也增大。这反映滤饼具有压缩性，过滤压差越大，滤饼压得越实，滤饼结构变得越紧密，对液体阻力也越大。

由图 6 还可以看出，在 S_0、$2S_0$、$3S_0$ 厚度的微孔滤纸下得到的 Δp-K 直线之间平行度很高，说明介质厚度对 RDX 滤饼压缩性影响不大；在 $3S_0$ 厚度的微孔滤纸、400 目、500 目网状滤布下得到的 Δp-K 直线之间平行度较差，说明介质孔径对 RDX 滤饼的压缩性有较大的影响。

3）过滤压差对 RDX 滤饼含湿量的影响

将在不同过滤条件下得到的 RDX 滤饼，取一定质量 $M_湿$ 的滤饼放入真空烘箱中干燥 4 h 左右，直至质量不再发生变化，记录滤饼的干重 $M_干$，依据如下公式，计算滤饼的含湿量 X_s：$X_s = (M_湿 - M_干)/(M_湿) \times 100\%$[12-13]。

由图 7 可知，滤饼含湿量 X_s 受过滤压差的影响比较大，随其增大而大幅度减小，当分离介质为 $3S_0$ 厚度微孔滤纸，过滤压差由 0 MPa 增至 0.05 MPa 时，RDX 滤饼含湿量 X_s 由 41.21% 降到了 22.61%，降低了 45.13%，而当分离介质为 400 目网状滤布时，含水量 X_s 则降低了 80%，这在实际生产中可以大大降低干燥过程中消耗的热能，节约资源。

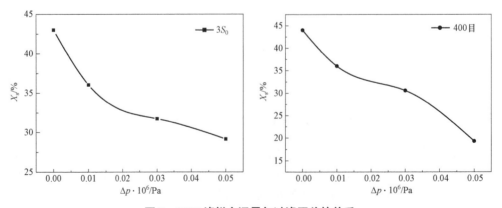

图 7 RDX 滤饼含湿量与过滤压差的关系

3.2 过滤分离介质对 RDX 过滤的影响

1）过滤分离介质对 RDX−水悬浮液滤液体积、过滤速率的影响

液固比 n 为 4 的 RDX 悬浮液，在过滤压差为 0.05 MPa，分离介质分别为厚度 S_0、$2S_0$、$3S_0$ 的微孔滤纸和厚度 $3S_0$ 的 400 目、500 目滤布下得到的 t、V、v 数据作 V-t 和 v-t 曲线，如图 8、图 9 所示。

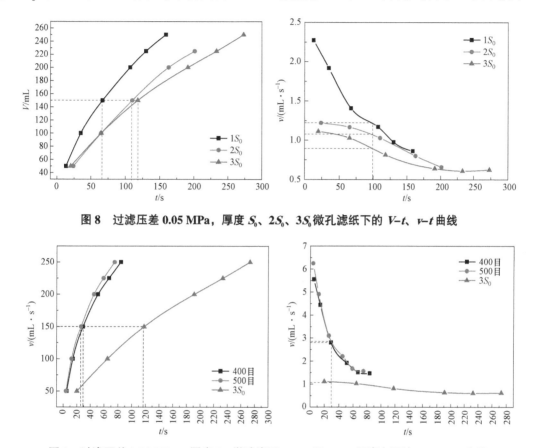

图 8 过滤压差 0.05 MPa，厚度 S_0、$2S_0$、$3S_0$ 微孔滤纸下的 V-t、v-t 曲线

图 9 过滤压差 0.05 MPa，厚度 $3S_0$ 微孔滤纸、400 目、500 目滤布下的 V-t、v-t 曲线

如图 8、图 9 所示，在过滤压差为 0.05 MPa 下，当分离介质为厚度 S_0、$2S_0$、$3S_0$ 的微孔滤纸时，要得到 150 mL 的滤液体积，所需的时间分别为 118 s、110 s、67 s，说明介质孔径一定时，增加介质厚度，要得到同样体积的滤液，所用时间大幅延长。分离介质为厚度 $3S_0$ 的 400 目、500 目滤布和微孔滤纸时，所需的时间分别为 118 s、28 s、25 s，说明介质厚度一定时，增大介质孔径，要得到相同体积的滤液，所用时间大大缩短。

在过滤压差为 0.05 MPa 下，过滤时间为 100 s 时，分离介质为厚度 S_0、$2S_0$、$3S_0$ 的微孔滤纸时的过滤速率 1.22 mL·s^{-1}、1.08 mL·s^{-1}、0.90 mL·s^{-1}，表明当介质孔径一定时，增加介质厚度，过滤速率减小。过滤时间为 30 s 时，分离介质为厚度 $3S_0$ 的 400 目、500 目滤布和微孔滤纸的过滤速率分别为 1.09 mL·s^{-1}、2.83 mL·s^{-1}、2.85 mL·s^{-1}，表明介质厚度一定时，过滤速率随介质孔径的增大而增大。随着过滤时间的延长，滤饼越积越厚，滤饼比阻也越来越大，过滤速率整体呈递减趋势。

2）过滤分离介质对过滤常数的影响

过滤分离介质厚度、孔径和 RDX 滤饼阻力 $1/K$ 之间的关系如图 10 所示。

由图 10 可知，随着微孔滤纸的厚度的增加、网状滤布孔径的减小，K 值减小，滤饼阻力 $1/K$ 增大，减小的程度随压强差的增大而增大。对常压过滤来说，过滤推动力仅靠自身重力，过滤速度很小，以滤饼过滤为主，滤饼阻力远远大于介质阻力，可忽略不计，因此分离介质对滤饼阻力的影响不明显，滤饼

阻力比真空度为 0.01 MPa 时至少大 300 倍，以至于 K 在图中几乎为零。

而对真空过滤来说，在过滤初始阶段，过滤压差较大，过滤速率较大，在未形成滤饼之前，料浆的固体小颗粒会进入分离介质孔隙中，若把介质视作许多弯曲的通道，当介质孔径一定，增加微孔滤纸厚度意味着通道加长、弯曲度增大，那么过滤时微粒碰撞到通道的壁上脱离液流的概率增大，从而使介质阻力增大；而当介质厚度一定，减小介质的孔径意味着通道变窄，同样也使得介质阻力增大。由图 10 可知，在真空过滤时，分离介质对滤饼阻力 $1/K$ 的影响相对常压来说增大，有明显的变化规律。

3）过滤分离介质对 RDX 滤饼含湿量的影响

RDX 滤饼含湿量与分离介质厚度和孔径的关系如图 11 所示。

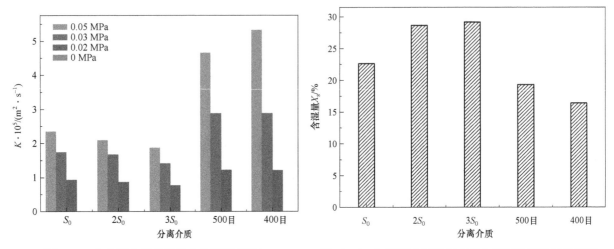

图 10 K 与分离介质的关系（书后附彩插）　　　　　图 11 RDX 滤饼含湿量与分离介质厚度和孔径的关系

由图 11 可以看出，过滤压差 0.05 MPa 下，在分离介质为 S_0、$2S_0$、$3S_0$ 厚度微孔滤纸下得到的 RDX 滤饼含湿量 X_s 随微孔滤纸厚度增大而增大。当分离介质为 $3S_0$ 厚度的微孔滤纸，400 目和 500 目网状滤布厚度一定时，RDX 滤饼含湿量 X_s 随介质孔径的减小而增大。总体看来，微孔滤纸厚度对 RDX 滤饼含湿量 X_s 的影响不如网状滤布孔径的影响显著。在实际情况中，考虑到过滤过程的处理量和后续干燥能耗，可选择介质阻力相对较小的滤布作为分离介质。

3.3　液固含量对 RDX 过滤的影响

1）液固含量对 RDX-水悬浮液滤液体积、过滤速率的影响

液固比 n 为 2、3、4、5 的 RDX 悬浮液，分离介质分别为厚度 $3S_0$ 的微孔滤纸和厚度 $3S_0$ 的 400 目的滤布，过滤压差为 0.05 MPa 下得到的 t、V、v 数据作 $V\text{-}t$ 和 $v\text{-}t$ 曲线，如图 12、图 13 所示。

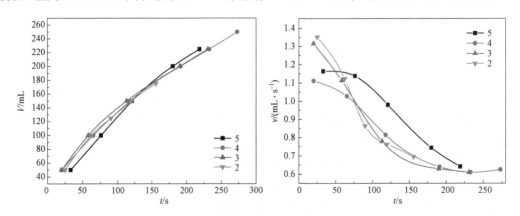

图 12　不同液固比 RDX 悬浮液在过滤压差 0.05 MPa、厚度 $3S_0$ 微孔滤纸下的 $V\text{-}t$、$v\text{-}t$ 曲线

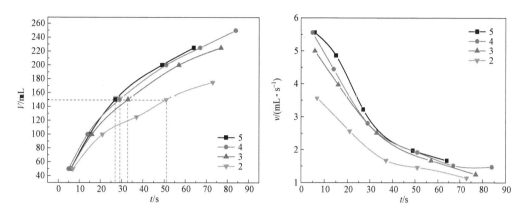

图 13　不同液固比 RDX 悬浮液在过滤压差 0.05 MPa、厚度 $3S_0$ 的 400 目滤布下的 V-t、v-t 曲线

如图 12、图 13 所示，在过滤压差为 0.05 MPa 下，当分离介质为厚度 $3S_0$ 的微孔滤纸时，得到同样体积的滤液，所用时间大幅延长。当分离介质为厚度 $3S_0$ 的微孔滤纸时，要得到＜150 mL 的滤液体积，所需的时间随悬浮液液固比的增大而延长；而得到＞150 mL 的滤液体积，所需时间随悬浮液液固比的增大而缩短。分离介质为厚度 $3S_0$ 的 400 目滤布时，得到同样体积的滤液，所需时间随悬浮液液固比的增大而缩短。

在过滤压差为 0.05 MPa 下，当分离介质为厚度 $3S_0$ 的微孔滤纸，过滤开始阶段，过滤速率较大，料浆对滤饼颗粒的曳力较大，且存在钻隙及析离现象，随着悬浮液液固比的减小，上述现象减弱，过滤速率增大。随着过滤时间的延长，过滤速率逐渐减小，由于整个过滤是针对一定体积的悬浮液，液固比较大，则形成的滤层厚度较小，过滤比阻整体增大，过滤速率随液固比的增大而呈减小趋势。分离介质为厚度 $3S_0$ 的 400 目滤布时，同一过滤时刻过滤速率随悬浮液液固比的增大而增大。

2）液固含量对过滤常数的影响

过滤常数 K 和液固比的关系如图 14 所示。

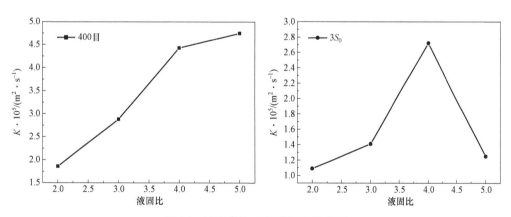

图 14　过滤常数 K 与液固比的关系

据 Ruston 解释浓度对滤饼比阻的影响，当浓度较低时，由于开始过滤速率较大，料浆对滤饼颗粒的曳力较大，滤饼压缩得比较紧实，此时颗粒沉降分层现象比较明显，粗大颗粒沉于底层，滤饼孔隙大、阻力小；随着浓度的增加，钻隙及析离现象明显，小颗粒堵塞到大颗粒孔隙中去，滤饼更加密实，滤饼阻力增加少，超过临界值后，浓度增大，颗粒的钻隙现象减少，更多的颗粒在介质孔隙处架桥，使得滤饼孔隙变大，故过滤阻力及滤饼比阻均下降。

由图 14 可知，分离介质为微孔滤纸时，过滤常数 K 随液固比的增大有先增大后减小的趋势，使 K

存在最大的临界固含量，表示滤饼比阻 $1/K$ 存在最小。当分离介质为同等厚度的 400 目滤布时，过滤常数 K 随液固比的增大而增大，即滤饼阻力 $1/K$ 越来越小，可能相同过滤时刻，液固比越大，形成的滤饼厚度也大，滤饼阻力也随着增大，过滤速率减小。RDX 悬浮液液固比对滤饼阻力不符合一般规律，是因为过滤用的悬浮液固含量在 20%以上，已不属于浓度偏低的范畴，滤饼阻力主要靠瞬时形成的滤饼厚度影响，上述现象出现的情况较少。

3）液固含量对 RDX 滤饼含湿量的影响

RDX 滤饼含湿量与悬浮液液固比的关系如图 15 所示。

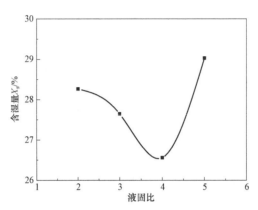

图 15　RDX 滤饼含湿量与悬浮液液固比的关系

由图 15 可以看出，对体积一定的 RDX 悬浮液来说，液固比越大，悬浮液中固含量越少，黏度、液固相密度差越来越小，但 RDX 滤饼含湿量 X_s 随悬浮液液固比的增大存在先减小后增大的趋势，存在一个最小值。

4　结论

（1）过滤压差、过滤介质、液固含量是影响 RDX 过滤过程的重要因素，对 RDX 过滤滤液体积 V、过滤速率 v、过滤速率常数 K 和 RDX 滤饼含湿量 X_s 有显著影响。

（2）过滤压差增大，过滤速率相应增大，且过滤速率随过滤时间的增大呈递减趋势，过滤介质为微孔滤纸时过滤压差对过滤速率的影响较介质为滤布时更明显；过滤压差越大，滤饼压得越实，滤饼结构变得越紧密，对液体阻力也越大；RDX 滤饼含湿量 X_s 受过滤压差的影响比较大，随其增大而大幅度减小。

（3）介质厚度一定时，过滤速率随介质孔径的增大而增大。随着过滤时间的延长，滤饼越积越厚，滤饼比阻也越来越大，过滤速率整体呈递减趋势；随着微孔滤纸的厚度的增加、网状滤布孔径的减小，K 值减小，滤饼阻力 $1/K$ 增大，减小的程度随压强差的增大而增大，真空下分离介质对滤饼阻力 $1/K$ 的影响相对常压来说较大；RDX 滤饼含湿量 X_s 随微孔滤纸厚度增大而增大。

（4）液固比越大，形成的滤层厚度较小，过滤比阻整体增大，过滤速率随液固比的增大而呈减小趋势；分离介质为微孔滤纸时，过滤常数 K 随液固比的增大有先增大后减小的趋势，存在使 K 最大的临界固含量；RDX 滤饼含湿量 X_s 随悬浮液液固比的增大存在先减小后增大的趋势，存在一个最小值。

参考文献

[1] 陈文靖，叶志文. RDX 的合成工艺研究进展 [J]. 爆破器材，2012，41（2）：11−15.

[2] 混合炸药编写组. 猛炸药的化学与工艺学：下册 [M]. 北京：国防工业出版社，1983.

[3] 舒银光. 黑索金 [M]. 北京：国防工业出版社，1974.

[4] ZHANG Y X，CHEN H H.Simple modelling of static drying of RDX[J]. Scientific journal of frontier

chemical development，2013，3（1）：13－24.

［5］张幺玄，陈厚和，胡永胜，等. RDX 的连续干燥特性研究［J］. 火炸药学报，2014，37（4）：45－49.

［6］ZHANG Y X，CHEN H H，CHEN T.Drying kinetics of RDX under atmospheric pressure and vacuum condition［J］. Energy conversion and management，2014，80：266－275.

［7］申在权，宋官武，鲁淑群，等. 物料性质、分离方法与操作条件的讨论：第一部分一段加压过滤操作条件的确定［J］. 过滤与分离，2000，10（2）：4－7.

［8］冯亮杰，郑三龙，陈冰冰，等. 医药中间体过滤性能试验研究［J］. 浙江工业大学学报，2005，33（5）：596－598.

［9］张幺玄. 黑索金（今）制造过程中固液分离过程的研究［D］. 南京：南京理工大学，2014.

［10］钟秦，陈迁乔，王娟，等. 化工原理［M］. 北京：国防工业出版社，2009.

［11］唐正姣，欧阳贻德，陈中，等. 恒压过滤实验数据处理的探讨［J］. 化学工程，2004，105（6）：21－22.

［12］王洪泰，李占勇. MATHEMATICA 在过滤试验数据处理中的应用［J］. 过滤与分离，2005，15（3）：27－29.

［13］朱金璇. 恒压过滤常数测定及影响因素分析［J］. 山东化工，2011，40（12）：43－47.

熔铸 B 炸药在变约束条件下的慢烤响应特点

邓　海，沈　飞，梁争峰，王　辉

（西安近代化学研究所，陕西西安　710065）

摘　要： 为研究约束条件对熔铸装药慢烤响应特点的影响，本文采用自行设计的烤燃装置，对全密闭、带不同孔径排气孔、加装易熔金属的烤燃样弹分别进行了慢速烤燃试验，结合测温热电偶及摄影装置，获得了炸药的温升曲线和响应特点。结果表明，排气孔可以顺利泄压，降低熔铸 B 炸药的慢烤响应等级，排气孔面积越大，响应等级越低；用易熔金属封堵排气孔后，在慢烤过程中能可靠地形成泄压孔，有效泄压，降低 B 炸药慢烤响应烈度。

关键词： 慢速烤燃　约束条件　熔铸炸药　泄压　响应等级

0　引言

近年来，随着武器弹药使用环境的日益苛刻和高价值武器弹药在战场上的大量应用，对武器弹药在战场上生存能力的要求越来越高，武器弹药在意外刺激下的不敏感性已引起各国武器弹药研制人员的广泛关注。美国、北约相继建立了弹药不敏感性测试项目和评价标准，其中慢速烤燃是相关标准的重要考核项目之一。降低武器弹药在意外慢速升温刺激下的响应烈度及延长发生剧烈反应时间对提高弹药生存能力，降低对己方人员及装备的危险性有非常重要的意义，因此对装药的慢烤响应特性及减缓装药的慢烤响应烈度的研究非常有必要，能为不敏感弹药设计提供理论依据。

从目前国内外研究状况来看，主要是从炸药的物理性质（如装药密度[1]、孔隙率[2]）、约束条件（如壳体厚度[3]、密封条件[4]）、升温条件（如升温速率[5]、不同热通量[6]）等方面研究了对烤燃响应特性的影响。Lori 等[4]对 HTPB 等三种水下炸药在全封闭条件和有排气孔工况下进行了慢烤实验研究，实验表明，对于同一种炸药，全封闭时响应剧烈，有排气孔时响应等级低。陈科全等[7]设计了一种排气缓释结构，对熔铸装药 RHT−1 进行了慢速烤燃和快速烤燃试验，结果表明排气缓释结构显著降低了快速烤燃时的响应等级，延长了慢速烤燃的反应时间。Madasen 等[8]研究了在不同排气孔尺寸下 B 炸药的烤燃特性，分析了低熔点材料的选取原理。Roy 等[9]设计了一种高压高温环境下，通过易熔金属及垫片封堵排气通道的泄压结构，通过数值计算验证了排气结构泄压的可行性。陈红霞等[10]设计了一种模拟装置研究了四种低熔点材料在温度、压力作用下的反应特性，对比分析了四种材料的温度特性对泄压能力的影响。

上述文献的烤燃研究，主要基于最终实验结果对炸药安定性等方面进行评价及比较，对于典型熔铸装药的烤燃反应过程与响应特性的细致、系统研究鲜有报道。本文利用烤燃装置，对军事上应用最为广泛的熔铸炸药（B 炸药）进行了全密闭约束、带不同口径排气孔、用易熔金属封堵排气孔的三种约束状态的慢速烤燃实验，对 B 炸药在不同约束条件下的慢烤安全性进行了研究，为不敏感战斗部的设计提供了理论支持。

1　实验部分

1.1　实验样品及装置

实验所用样品为熔铸 B 炸药（TNT 与 RDX 质量比为 40/60），密度 1.65 g/cm³，安装易熔金属实验的

样品尺寸为 ϕ40 mm×50 mm ，带不同孔径排气孔实验的样品尺寸为 ϕ25 mm×50 mm 。

烤燃弹被设计为壳体厚度为 5 mm，内腔为 ϕ40 mm×50 mm，材料为 45#钢，端盖分别设计为无排气孔、ϕ4 mm 排气孔、ϕ8 mm 排气孔和加装 ϕ20 mm 易熔金属膜片四种结构，其结构示意图如图 1 所示。

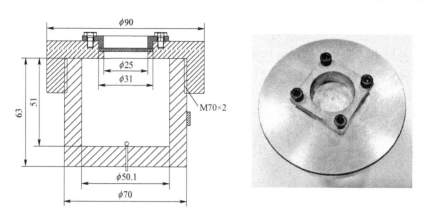

图 1　烤燃弹结构示意图与照片

1.2　实验装置及原理

实验时，通过定制的加热套对烤燃样弹进行慢速升温，在样弹壳体上安装控温热电偶，内部底侧布置测温热电偶，全程监测弹体和炸药的温度，用控温仪对升温速率进行控制，在烤燃样弹外包裹石棉布进行保温，并在其斜上方安放摄像头，正对缓释结构，对慢烤过程中缓释结构作用过程进行观察。

实验采用 1 ℃·min^{-1} 的速率对弹体进行加热，直到发生剧烈反应为止，最后通过实验后的残骸并结合视频监控录像综合判断响应烈度及反应特点。

2　实验结果与讨论

2.1　带 ϕ8 mm 排气孔约束条件 B 炸药慢烤响应

实验过程中测得的壳体与炸药的升温历程曲线如图 2 所示。

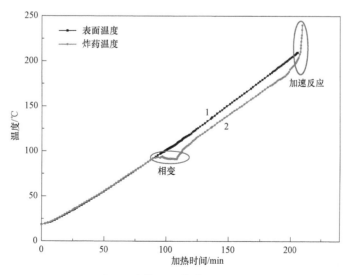

图 2　壳体和炸药的温升曲线

曲线 1 为壳体的升温曲线，曲线 2 为炸药温度随时间变化曲线。从曲线 2 可以看出，非密闭条件下 B 炸药的慢速烤燃过程可分为四个阶段：固体升温、熔化/相变、液体升温、加速分解至点火。

从曲线 2 可以看出固体升温阶段，壳体温度和炸药表面温度几乎以相同的速率升高，炸药表层的温度相对于壳体的温度只有很小的滞后；炸药温度到 92 ℃左右，开始出现温度平台，这时炸药开始熔化，由于熔化过程吸热，同时热量要向未熔化的炸药传热，而此时壳体和炸药表层的温差不是很大，向炸药内传入的热量不足以完全补充吸收和散失的热量，所以温度上升缓慢，几乎处于平台上下波动；经过一定时间炸药全部熔化，此后随着壳体温度的增加，液态炸药整体以几乎相同的升温速率继续升温，炸药温度到 197 ℃时，温度迅速升高，炸药发生自加速反应，紧接着就发生了燃烧反应。反应时点火状态及反应后的烤燃弹残骸如图 3 所示，可以发现烤燃弹结构完好，在排气孔周围有大量炸药溢出烧蚀后的残骸，说明排气孔能可靠泄压缓解带壳熔铸装药慢烤的响应烈度。

图 3　反应时点火状态及反应后的烤燃弹残骸

2.2　带 ϕ4 mm 排气孔与全密闭约束条件 B 炸药慢烤响应

从带 ϕ8 mm 排气孔烤燃弹的慢烤实验可得出排气孔能有效地泄压，抑制壳体内压力快速增长，对于排气孔的大小对慢烤响应特性的影响问题，进行了 ϕ4 mm 排气孔与全密闭烤燃弹的慢烤实验。带 ϕ4 mm 排气孔实验结果显示炸药温度在 138 ℃时，从排气孔处有大量的气体排出，经过 40 s 左右发生了剧烈反应，实验现象及实验后收集的残骸如图 4（a）、图 4（b）所示，壳体呈向外膨胀式破裂，端盖向外凸起，这是由于壳体内部压力过大，没能及时泄压，壳体被撑破为大块碎片，可以判断排气孔为 ϕ4 mm 时，发生了爆燃反应。而无排气孔的烤燃弹在壳体温度升到 171 ℃时发生了剧烈反应，试验后的残骸如图 4（c）所示，可以看出壳体被炸成了碎块，说明发生了爆炸反应。

(a)　　　　　　　　　　(b)　　　　　　　　　　(c)

图 4　实验现象及残骸图

（a）带 ϕ4 mm 孔时排气现象；（b）带 ϕ4 mm 孔时残骸；（c）无排气孔时残骸

2.3　用易熔金属封堵排气孔时 B 炸药的慢烤响应

从以上的实验结果可知，带 ϕ8 mm 排气孔的烤燃弹发生燃烧反应，带 ϕ4 mm 排气孔的烤燃弹发生爆燃反应，无排气孔全密闭约束的烤燃弹发生爆炸反应，可以发现排气孔可以有效泄压，降低烤燃弹的慢烤响应烈度，但实际战斗部必须是一个具有一定强度的密封结构，因此研究怎么封堵排气孔对于战斗部缓释结构的设计非常重要。

本文首先分析了装药内温度场的变化规律，然后依据所选易熔金属在装药发生局部点火前能达到相移区间，能发生熔化或力学强度大幅降低的原则，选取了一种低熔点的 Bi-Sn 类型的易熔金属作为封堵材料，并制成了 $\phi 25$ mm×3 mm 的膜片作为温度敏感构件，如图 5 所示。

图 5　易熔金属膜片

通过实验的视频监控，观察到加装易熔金属后烤燃弹慢烤过程不同时刻的状态如图 6 所示，从实验结果可以得出，炸药温度到 96 ℃时，易熔金属明显软化，由于弹体内炸药的膨胀以及缓慢分解反应释放了气体，易熔金属明显向外凸起，状态如图 6（a）所示；炸药温度到 101 ℃时，可以看到凸起的易熔金属膜片从压盖边缘开始出现断裂，液态炸药从裂缝处开始溢出，状态如图 6（b）所示，这时易熔金属膜片在力、热耦合作用下发生形变和熔化，在应力集中的位置最先出现变形破裂，形成泄压排气通道；炸药温度到 106 ℃时，易熔金属膜片在压盖边缘处已经全部断裂，掉进了液态的炸药，形成了通畅的排气泄压通道，如图 6（c）所示，此后炸药持续升温，温度到 196 ℃时，炸药发生了剧烈的燃烧反应，反应后的残骸如图 6（d）所示。可以发现，弹体完好，无变形损坏，壳体表面明显有炸药膨胀出来燃烧后的残渣，由此可知，用易熔金属封堵排气孔能在慢烤过程中形成泄压通道，也能有效地降低烤燃弹的慢烤响应等级。

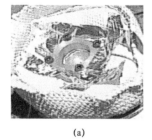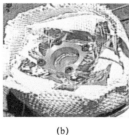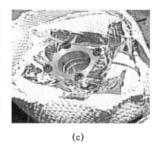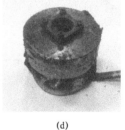

(a)　　　　　　　(b)　　　　　　　(c)　　　　　　　(d)

图 6　慢烤过程不同时刻的状态

3　结论

（1）随着密封性的增强，反应烈度增加，延迟时间变短，壳体的破坏程度逐渐增大；当开 $\phi 8$ mm 排气孔时，反应类型为燃烧反应；当开 $\phi 4$ mm 排气孔时，为爆燃反应；当无开孔全密闭时，为爆炸反应。

（2）用易熔金属封堵熔铸装药的排气孔时，在慢烤过程中都能可靠地形成泄压通道，使烤燃弹只发生燃烧反应，可以有效地缓解 B 炸药慢烤的响应等级。

参考文献

[1] 李娟娟，胡双启，王东青，等．装药密度对钝化黑索金慢速烤燃特性的影响 [J]．弹箭与制导学报，2009（6）：83－88.

[2] 冯晓军，王晓峰．装药孔隙率对炸药烤燃响应的影响 [J]．爆炸与冲击，2009，29（1）：109－112.

[3] 胡双启，解朝变，智小琦，等．装药密度与壳体约束对钝化 RDX 慢速烤燃特性的影响 [J]．火炸药学报，2011，34（2）：26－30.

[4] Lori.Nock，GAIL W，MARY H，et.al.Implications of Underwater Explosive Binder Systems on Slow Cook-off Violence and Interactions with Warhead Venting [C] //NDIA Insensitive Munitions & Energetic Materials Technology Symposium，Rome，Italy，May，2015.

[5] 向梅，黄毅民，饶国宁．不同升温速率下复合药柱烤燃实验与数值模拟计算 [J]．爆炸与冲击，2013（4）：49－52.

[6] 张晓立，洪滔，王金相，等．不同热通量下炸药烤燃的数值模拟 [J]．含能材料，2010，19（4）：436－441.

[7] 陈科全，黄享建，路中华，等．一种弹体排气缓释结构设计方法与实验研究 [J]．弹箭与制导学报，2015，35（4）：15－18.

[8] MADASEN T，DEFISHER S，BAKER EL，et a1.Explosive venting technology for cook-off response mitigation，Technical Report ARMET-TR·10003 [R]．2010.

[9] KELLY R，BRUNO N，MARTINEZ M，et.al.Pressure Relief System for High Pressure Medium Caliber Ammunition [C] //Insensitive Munitions & Energetic Materials Technology Symposium，San Diego，October，2013.

[10] 陈红霞，蒋治海，陈科全，等．弹体缓释排气通道形成条件研究 [J]．四川兵工学报，2015，36（9）：145－148.

炸药在预制条形孔圆筒装置内爆炸威力的评价方法

李尚青，李芝绒，张玉磊，翟红波

（西安近代化学研究所，陕西西安 710065）

摘　要：本文基于预制条形孔圆筒装置，开展了五种裸药柱的内爆炸试验，测量内壁冲击波压力、准静态压力、薄板变形等表征参量，并进行对比分析；以表征爆轰能量的冲量和表征后燃烧能量的准静态压力参量为主要指标，以表征薄板变形能的中心点挠度与条形孔裂缝长度为辅助指标，提出基于预制条形孔圆筒装置的炸药内爆炸威力综合评价方法。该方法全面客观，可为内爆炸战斗部的装药选择提供参考。

关键词：内爆炸　威力评价　密闭装置　预制条形孔

0　引言

由于约束空间的影响，战斗部在船舱等密闭结构内部爆炸威力特性和规律与自由场有很大的差异，弹药爆炸与结构耦合作用更为复杂，不仅冲击波效应得到明显增强，准静态压力等毁伤方式也不可忽略。国内外学者对有限空间炸药内爆能量释放和威力评价方法等进行了大量研究[1-4]。实战中，战斗部穿甲、破片穿孔等会形成孔洞，使得爆炸能量不能完全作用于结构，会进一步影响内爆炸效应。相比于完全密闭空间内的爆炸，炸药爆炸与结构耦合效应更为显著，对目标结构的影响更大，其内爆炸威力评价存在特殊性。目前这方面的研究更多的是考虑冲击波效应[5-7]，缺乏综合多种毁伤方式的有效评价炸药内爆炸威力的方法。

本文考虑破片穿孔作用，在密闭圆筒一端安装预制条形孔的薄板，开展不同炸药的内爆炸试验；在现有内爆炸威力评价方法的对比分析基础上，建立以 TNT 威力为基准，以冲量－准静压评价方法为基础，增加结构毁伤效应参量的综合评价方法。该方法可为内爆类型的战斗部装药筛选提供技术依据。

1　试验

试验采用密闭圆筒爆炸试验装置，两端端面为均质 Q235 钢板，其中一端为圆形端盖，钢板较厚，设置有压力传感器安装孔；另一端为薄板，厚 1.5 mm，呈 1 m×1 m 的方形，几何中心预制有 56 mm×6 mm 条形破口，薄板通过法兰盘与筒壁连接。预制条形孔圆筒装置可模拟存在破片穿孔的船舱，开展内爆炸载荷传播规律及舱室结构毁伤特性研究。

在圆筒筒壁中心、靠近角隅处和端盖中心 3 个测点安装冲击波压力传感器，在筒壁安装准静态压力传感器，分别测量冲击波压力和准静态压力参数。圆筒装置和测点布设如图 1 所示。其中 C1、C2 为准静态压力传感器，A1、B1、B2 均为 PCB（进程控制块）冲击波压力传感器。圆筒装置和预制条形孔薄板实物图如图 2 所示。

试验样品为五种长径比约为 1 的质量 100 g 的圆柱形药柱，直径均为 40 mm。其中 2#、5#是两种不同配方的压装含铝炸药，3#、4#是两种不同配方的浇铸含铝炸药。药柱通过支撑杆固定放置在圆筒中心，采用 5 gJH－14 起爆药。每种药柱各进行两次平行试验，试验结果取两次试验的均值进行分析。

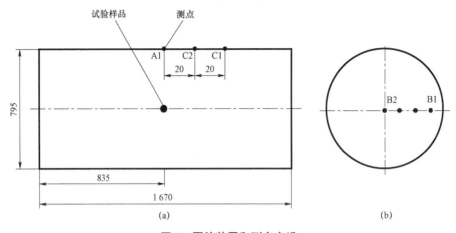

图 1　圆筒装置和测点布设

（a）圆筒装置；（b）圆筒端盖

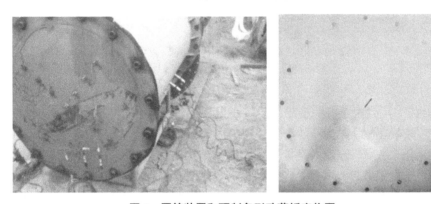

图 2　圆筒装置和预制条形孔薄板实物图

2　试验结果

2.1　冲击波压力

冲击波压力结果如表 1 所示。炸药在圆筒装置内爆炸时，冲击波会发生多次反射、叠加，导致获取的压力时程曲线出现显著的多波峰现象。不同炸药在各测点的冲击波超压峰值、正压区冲量对比如图 3 所示。

表 1　冲击波压力结果

测点	TNT		2#		3#		4#		5#	
	$\Delta P_m/$ MPa	$I/$ （Pa·s）	$\Delta P_m/$ MPa	$I/$ （Pa·s）	$\Delta P_m/$ MPa	$I/$ （Pa·s）	$\Delta P_m/$ MPa	$I/$ （Pa·s）	$\Delta P_m/$ MPa	$I/$ （Pa·s）
A1	5.90	1 748.5	9.77	1 621	8.77	2 222.5	3.27	1 554	9.44	1 368.5
B1	2.15	1 541.5	3.57	1 728	3.08	1 368.5	2.16	1 319	2.96	1 438
B2	3.00	2 296.5	2.59	1 189	2.53	1 466.5	1.98	1 313	3.56	1 322.5

对比不同炸药的冲击波超压峰值，5#炸药各测点的超压峰值都比较高，4#各测点均是最低的。冲量方面，A1 测点的 5#炸药冲量最小，3#最高，TNT 排第二。B1 测点的 2#最高，4#最小，B2 测点的 TNT 最高，2#最低。总体上，5#的冲击波超压峰值要高，4#的超压和冲量偏小。

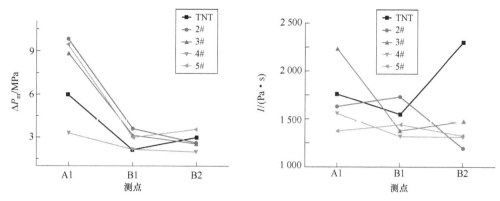

图 3　不同炸药冲击波超压峰值、冲量随测点的变化曲线

2.2　准静态压力

5 种炸药的准静态压力峰值如图 4 所示。结果表明，4#的准静态压力峰值最高，TNT 的最低，且显著小于其他炸药。说明 4#炸药后燃烧过程释放的能量最高。

2.3　薄板毁伤效应

薄板在爆炸作用下发生塑性大变形，预制条形孔尺寸增大，孔直角处出现裂缝，如图 5 所示。薄板的大挠度变形和裂缝不仅客观反映了炸药爆炸对结构的作用，也反映了预制条形孔对圆筒装置的内爆炸威力影响。测得薄板中心点挠度和裂缝总长度值如表 2 所示，表中 D_c 为中心点挠度值，L 为裂缝长度值。可以发现中心点挠度和裂缝长度两参量的一致性较差，是相互独立的参数。

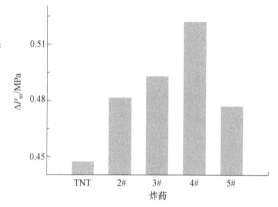

图 4　5 种炸药的准静态压力峰值

图 5　薄板变形图

表 2　薄板中心点挠度和裂缝总长度值

炸药	D_c/mm	L/mm
TNT	106.78	120.7
2#	121.0	102.07
3#	114.42	107.67
4#	106.1	142.35
5#	121.55	129.45

3　炸药内爆威力的综合评价

炸药的内爆能量包括爆轰和后燃烧过程释放的能量[1]，分别对应冲击波压力和准静态压力。冲击波压力表征了爆轰过程释放的能量，但不能反映后燃烧过程释放的能量。准静态压力表征了爆炸的总能量[1]。现有的炸药内爆威力评价方法有冲击波超压–冲量法、准静态压力法、冲击波冲量–准静态压力法等。

美国温压型 M72 单兵反坦克武器的装药，是通过三轮试验对比不同炸药内爆炸的冲击波超压峰值和 50 ms 的冲量，选出 PBXIN–18 炸药[5]。在本文试验中，4#炸药的冲击波超压、冲量都偏小，但准静态压力是最大的，且 4#炸药对应薄板的挠度变形和裂缝大小规律各异。这说明冲击波超压–冲量法既不能反映准静态压力，不能衡量内爆炸的总能量，也反映不了炸药爆炸对目标最终的毁伤效果。

美国战斧导弹的装药选型将准静态压力作为评价炸药内爆威力的唯一标准[6]。在本文试验中，4#炸药准静态压力最高，但 4#对应薄板中心点挠度最小，而裂缝长度却最大。TNT 的准静态压力最小，对应薄板中心点挠度几乎最小，对应的裂缝长度却排名中等。这说明单一的准静态压力指标表征不了炸药对预制条形孔薄板的毁伤效应，不能反映炸药爆炸能量最终输出作用于目标的变形能。

文献［4］提出应综合考虑总能量和弹药的应用问题，采用冲击波冲量和准静态压力两个特征参量权衡的方法，对冲量和准静态压力分配一定权重进行叠加，如初始冲击波冲量和准静态压力各占一半[4,7]。本文参考其他基于结构毁伤效应评价爆炸威力的方法[8-9]，在冲量–准静态压力方法的基础上，加入表征薄板变形能的塑性变形和裂缝扩展，以爆轰能量、后燃烧能量为主要评价参量，以变形能为辅助参量，综合评价炸药在预制孔密闭圆筒空间的内爆威力。

评价方法中，分别用 3 个测点的正压区冲量表征爆轰能量，用准静态压力峰值表征后燃烧能量。受均布冲量的固支圆板塑性变形能 $E_{def} = k(h,\sigma_d,v)D_c^2$，其中 k 为板的厚度 h、动屈服应力 σ_d 和泊松比 v 的函数，D_c 为中心点挠度[10-11]。假定文中固支预制孔薄板承受均布载荷，则塑性变形能的表征参量为 D_c^2。裂缝扩展应变能与裂缝长度呈线性关系[12]，取裂缝长度 L 为裂缝变形能表征参量。

由于炸药的爆炸能量决定了对目标的作用，所以冲击波冲量和准静态压力两个表征参量最为重要，各分配 30%的权重，3 个测点的冲量值各分配 10%的权重，薄板中心点挠度和裂缝长度各分配 20%的权重。评价方法以 TNT 的结果为基准，基准分 100，评价公式如下：

$$T = \left(\frac{10I_{A1}}{I_{A1}(TNT)} + \frac{10I_{B1}}{I_{B1}(TNT)} + \frac{10I_{B2}}{I_{B2}(TNT)} \right) + \frac{30P_{qs}}{P_{qs}(TNT)} + \frac{20D_c^2}{D_c^2(TNT)} + \frac{20L}{L(TNT)} \quad (1)$$

式中，T 为评价得分。

5 种炸药的评价得分如表 3 所示。表 3 中 T_1 为只考虑冲击波冲量和准静态压力两个表征参量，各分配一半权重，基准分 60 的评价得分。

表 3　炸药内爆威力的综合评价

炸药	I	P_{qs}	D_c^2	L	T_1	T
TNT	30.00	30.00	20.00	20.00	60.00	100.00
2#	25.66	32.25	25.68	16.91	57.91	100.50
3#	27.97	33.00	22.96	17.84	60.97	101.78
4#	23.16	35.25	19.75	23.59	58.41	101.75
5#	22.91	32.25	25.92	21.45	55.16	102.53

根据冲量–准静态压力方法，TNT 在预制条形孔圆筒装置内爆威力要高于 2#、5#压装含铝炸药和 4#浇铸含铝炸药，仅低于 3#浇铸含铝炸药，主要原因是 TNT 的冲量指标得分最高。冲击波主要反映爆轰能量，体现在对结构的整体破坏作用，试验中虽然其他炸药的冲量小，但 2#、5#的中心点挠度均高于 TNT，代表其作用于目标薄板的整体塑性变形能高于 TNT 的。这说明只考虑冲量、准静态压力难以全面衡量炸药内爆输出的能量，可以加入结构变形能表征参量作为辅助指标，更客观、科学地评价炸药内爆威力。

根据本文建立的评价方法，炸药内爆威力由高到低分别是 5#、3#、4#、2#、TNT。5#炸药虽然冲量值最低，但预制孔薄板整体塑性变形和裂缝变形值较大，说明冲击波与结构耦合作用的能量较高，最终对目标毁伤效果更好，并且具备较高的准静态压力，所以得分第一。此外，4 种含铝炸药的得分高于 TNT 的结果也反映了含铝炸药在有限空间内爆炸时炸药反应更充分，会产生更高的爆热和显著的准静态效应，从而释放更高的爆炸能量的规律。评价结果说明，从能量的角度出发，以表征爆轰能量和后燃烧能量的参量为主要指标、以表征结构变形能的参量为辅助指标的方法能较全面、客观地评价炸药在预制条形孔圆筒装置的内爆炸威力。

4　结论

本文利用预制条形孔密闭圆筒装置进行了 5 种炸药的内爆试验，得到了圆筒壁面和端盖测点的冲击波压力峰值、冲量、准静态压力和薄板变形等特征参量结果。在现有的内爆炸威力评价方法的分析基础上，选取分别表征爆轰能量、后燃烧能量和结构变形能的冲量、准静态压力、薄板中心点挠度和预制孔裂缝长度 4 个参量分配不同的权重，建立了炸药的内爆威力综合评价方法。对 5 种炸药内爆威力评价结果表明，5#最优，该结果可为 5 种炸药的评价提供参考。提出的综合评价方法为战斗部在有限空间内爆威力评价和装药选择提供了一种可行的方法。

参考文献

［1］ AMES R G, DROTAR J T, SILBER J, et al.Quantitative distinction between detonation and afterburn energy deposition using pressure-time histories in enclosed explosions［C］//Proceedings of the 13 th International Detonation Symposium.Norfolk，VA：Office of Naval Research，2006：253-262.

［2］ 金朋刚，郭炜，任松涛，等.TNT 密闭环境中能量释放特性研究［J］.爆破器材，2014，43（2）：10-14.

［3］ 胡宏伟，宋浦，赵省向，等.有限空间内部爆炸研究进展［J］.含能材料，2013，21（4）：539-546.

［4］ 胡宏伟，肖川，李丽，等.有限空间炸药装药内爆炸威力的评估方法综述［J］.火炸药学报，2013，36（4）：1-6.

［5］ JOHNSON N，CARPENTER P，NEWMAN K，et al.Evaluation of explosive candidates for a thermobaric M72 LAW shoulder launched weapon［C］//NDIA 39 th Annual Gun & Ammunition/Missiles & Rockets Conference.Arlington：The National Defense Industrial Association，2004.

［6］ DAVID T P E.Internal blast test to support the tomahawk and APET programs "Munitions Survivability in Unified Operations"［C］//Insensitive Munitions & Energetic Materials Technology Symposium，San Diego，NDIA，1996.

［7］ RICHARD J L，KIRK E N，DOUGLAS G B，et al.Combined initial air blast and quasi-static overpressure assessment for pressed aluminized explosives［C］//Proceedings 14 th International Detonation Symposium.Idaho：Office of Naval Research，2010.

［8］ 高洪泉，卢芳云，王少龙，等.具有爆炸反应特性装置在密闭容器内爆炸威力的评价方法［J］.爆

炸与冲击，2011，31（3）：306-310.

[9] 王海福，王芳，冯顺山.基于靶板毁伤效应的燃料空气炸药威力评价方法探讨 [J].含能材料，1999，7（1）：31-33.

[10] DUFFEY T A.The large deflection dynamic response of clamped circular plates subject to explosive loading [J]. Sandia Laboratories Research Report，1968.

[11] TEELING-SMITH R G，NURICK G N.The deformation and tearing of thin circular plates subjected to impulsive loads [J]. Int J impact engineering，1991，11：77-91.

[12] 徐双喜，吴卫国，李晓彬，等.截锥形弹穿甲单加筋板的破坏特性 [J].爆炸与冲击，2011，31（1）：62-68.

某导引头跟踪回路调制特性设计方法研究

郑振龙，毕 博

（中国人民解放军驻一一九厂军代室，辽宁沈阳 110034）

摘 要： 本文通过分析某型号导引头的跟踪回路原理，研究跟踪回路调制特性，计算导弹总体对导引头跟踪回路指标要求的数学关系，设计跟踪回路的相关的计算要求，使跟踪回路的各项指标能够满足总体的指标要求。

关键词： 导引头 跟踪回路 调制特性

0 引言

某型号导引头跟踪回路为红外被动寻的导引系统，该系统为典型的一阶控制系统，系统的误差探测环节，即位标器采用雨滴形调制盘将目标辐射通量调制为脉冲电信号，利用数字化电路解调脉冲电信号得到误差信号，经过闭环稳定跟踪目标，同时精确计算视线角速度。

采用雨滴形调制盘能够得到更高信噪比的信号且更有利于实现抗干扰，但由于调制盘形状在盲区附近有明显的非线性，跟踪回路中误差角探测环节的增益系数随误差角不同而变化。尽管在解调环节经过一定的修正，且在导引头近区工作段又进行了补偿，但仍然无法保证跟踪回路的开环增益为固定值。影响跟踪回路开环增益的因素在原理上主要为误差角与弹目距离，在工程实践中主要为位标器中光学与机械部件的装配误差等。

跟踪回路作为典型的一阶系统，所能达成的指标和工作特性与系统的开环增益直接相关，系统在工作过程中的开环增益的变化意味着其工作特性变化，因此针对不同的工作条件、不同的产品如何控制跟踪回路的开环增益也成为导引头设计与生产过程中的重要环节。

根据设计经验，导引头跟踪回路调制特性——开环状态下不同误差角与 Udy 关系，能够直观有效地反映跟踪回路不同误差角时开环增益的变化。

本文通过研究与分析导弹总体对导引头的指标要求与跟踪回路调制特性之间的关系，确定了一种跟踪回路调制特性的技术要求，为型号的进一步设计与生产指标的确定提供了理论支撑。

1 跟踪回路原理分析

为分析总体指标与跟踪回路开环增益之间的关系，首先对经典一阶控制系统进行分析。

跟踪回路控制系统框图如图1所示。

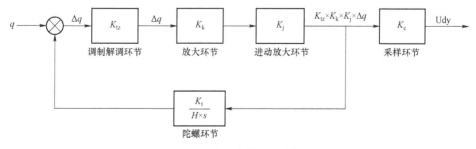

图1 跟踪回路控制系统框图

1.1 开环特性分析

为确定跟踪回路调制特性与系统各环节增益之间关系，对系统的开环特性进行分析。

由图 1 可求得跟踪回路开环传递函数：

$$G(s) = \frac{K_{tz} \times K_k \times K_j \times K_t}{H \times s} = \frac{K_g \times K_h}{s} \tag{1}$$

式中，$K_g = K_{tz} \times K_k \times K_j$，$K_g$ 为前向通道放大倍数；K_{tz} 为调制解调环节等效放大倍数；K_k 为放大环节放大倍数；K_j 为进动功放大环节放大倍数；$K_h = \dfrac{K_t}{H}$，K_h 为反馈通道放大倍数；K_t 为陀螺进动系数；H 为陀螺的动量矩。

由式（1）可得跟踪回路开环状态下陀螺视线角速度与误差角的函数关系：

$$q_t = \frac{K_g \times K_h}{s} \times \Delta q \tag{2}$$

式中，q_t 为陀螺视线角。

由图 1 可得跟踪回路开环状态下 Udy 与误差角的函数关系：

$$\text{Udy} = K_g \times K_c \times \Delta q \tag{3}$$

式中，K_c 为采样环节放大倍数。

令 $k_{tz} = K_g \times K_c$，得到跟踪回路调制特性函数关系函数：

$$\text{Udy} = k_{tz} \times \Delta q \tag{4}$$

式中，k_{tz} 为跟踪回路调制特性，即调制曲线斜率。

1.2 闭环稳态分析

为确定系统时间常数和闭环稳定时目标视线角速度与跟踪回路的误差角、Udy 的关系，对系统的闭环稳态特性进行分析。

由图 1 可求得跟踪回路闭环传递函数：

$$\phi(s) = \frac{K_g}{1 + \dfrac{K_g \times K_h}{s}} = \frac{\dfrac{1}{K_h} \times s}{\dfrac{1}{K_g \times K_h} \times s + 1} \tag{5}$$

由式（5）可得跟踪回路的时间常数 T_d：

$$T_d = \frac{1}{K_g \times K_h} \tag{6}$$

当跟踪回路收敛稳定后，$\dot{q}_t = \dot{q}_m$，根据闭环传递函数可求得回路稳态时 Udy 与目标视线角关系：

$$\text{Udy} = K_c \times q_m \times \phi(s) = K_c \times q_m \times s \times \frac{1}{K_h} \times \frac{1}{T_d \times s + 1} \tag{7}$$

由于 $T_d \ll 1$，则由式（7）近似得：

$$\text{Udy} = K_c \times q_m \times s \times \frac{1}{K_h} = \frac{K_c}{K_h} \times \dot{q}_m \tag{8}$$

当跟踪回路的输入视线角 $R(q_m)$ 为斜坡输入，即固定视线角速度时， $R(q_m) = \dfrac{q_m}{s}$ ，当收敛稳定后 $s \to 0$ ，可求得回路稳态时系统误差角与目标视线角速度之间的关系：

$$\Delta q = \frac{\lim\limits_{s \to 0}[s^2 \times R(q_m)]}{K_g \times K_h + \lim\limits_{s \to 0} s} = \frac{\dot{q}_m}{K_g \times K_h} \tag{9}$$

由式（8）与式（9）可求得闭环状态下 Udy 与误差角之间关系：

$$\text{Udy} = \frac{K_c}{K_h} \times \dot{q}_m = K_g \times K_h \times \frac{K_c}{K_h} \times \Delta q = K_g \times K_c \times \Delta q = k_{tz} \times \Delta q \tag{10}$$

由式（4）与式（10）可见系统在开环与闭环状态下 Udy 与误差角之间关系一致。

2 跟踪回路指标分析

对于某型号导引头跟踪回路的跟踪性能，导弹系统总体主要提出了跟踪能力、跟踪稳定性、跟踪精度、灵敏阈与抗干扰能力等指标。其中决定灵敏阈的主要因素为探测器的性能。而决定跟踪回路跟踪能力、跟踪稳定性与跟踪精度的关键因素包括探测器视场、系统对误差角的分辨能力、系统的盲区特性与系统的开环增益等。

导弹系统总体指标中，闭环稳态最大跟踪能力要求：

$$\dot{q}_{max} > Q_{max} \tag{11}$$

闭环跟踪稳定性要求：

$$\dot{q}_{wmax} < Q_w \tag{12}$$

闭环稳态跟踪精度要求：

$$\dot{q}_{min}\big|_{[0\ \dot{q}'_{max}]} > Q_{min} \tag{13}$$

2.1 闭环稳态最大跟踪能力

由式（9）与式（12）可知为满足总体指标中最大跟踪能力要求，系统的开环增益需满足：

$$K_g \times K_h > \frac{Q_{max}}{\Delta q_{max}} \tag{14}$$

式中， Δq_{max} 为位标器半视场。

2.2 闭环跟踪稳定性

由于某型号导引头探测器采用脉冲调制体制，跟踪回路中对误差角的采样可近似等效为离散采样，每陀螺周期对误差角进行一次采样，且系统的响应时间为一个陀螺周期，因此根据式（2），为满足导弹总体对跟踪稳定性的要求，需满足稳态条件下：

$$Q_w > K_{mq} \times (Q_w \times t_1 + q_{mq}) \tag{15}$$

即目标视线角速度大于陀螺离开盲区后到系统响应时的误差角所产生的陀螺进动角速度。式（15）中 K_{mq} 为系统的盲区边界处开环增益； t_1 为二倍陀螺周期。

由式（15）可求得为满足总体指标中跟踪稳定性要求，系统在盲区边界处开环增益需满足：

$$K_{mq} < \frac{Q_w}{Q_w \times t_1 + q_{mq}} \tag{16}$$

2.3 闭环稳态跟踪精度

为便于分析，假设：系统对误差角的分辨误差都存在于视线角调制环节，系统的其他环节都为理想增益，由式（9）可求得

$$E(\dot{q}_t) = K_g \times K_h \times E(\Delta q) \tag{17}$$

式中，$E(\dot{q}_t)$ 为陀螺进动视线角速度误差；$E(\Delta q)$ 为误差角的分辨误差。

由式（17）可求得为满足总体指标中闭环稳态跟踪精度要求，系统的开环增益需满足：

$$K_g \times K_h \Big|_{[0\ \dot{q}'_{max}]} < \frac{Q_{min}}{E(\Delta q)} \tag{18}$$

由于盲区的存在，为满足总体指标中闭环稳态跟踪精度要求，系统在指标要求输入视线角速度精度范围的上限 $\dot{q}'_{max}$ 处的误差角需满足：

$$\Delta q' \Big|_{Udy = \frac{K_c \times \dot{q}'_{max}}{K_h}} > \Delta q_{mq} + \frac{E(\Delta q) \times \dot{q}'_{max}}{Q_{min}} \tag{19}$$

3 调制特性设计

由前文分析可见，决定跟踪回路跟踪能力、跟踪稳定性与跟踪精度的关键因素包括系统的开环增益、探测器视场、系统在盲区边界处的增益特性与系统对误差角的分辨能力等，这些特性能够通过调制曲线方便地观测与分析，因此对系统的调制特性进行合理设计即可使跟踪回路满足导弹总体对跟踪回路的指标要求。

由式（4）可知系统的调制特性曲线即为误差角与 Udy 的对应关系曲线，对于理想的一阶系统，系统的调制曲线应为通过零点的直线，直线的斜率为系统的前向通道的增益与采样电路放大倍数的积。但由于某型号导引头采用的误差角调制方式为雨滴形调制盘进行调制的单脉冲调制体制，调制盘在视场中的盲区与调制盘本身的非线性，致系统的调制特性为非线性特征，即使经过解调环节的修正也无法达到理想的线性调制特性。理想调制特性与某型号调制特性对比图如图 2 所示。

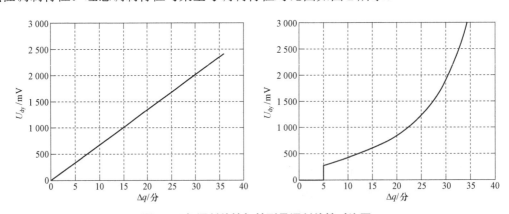

图 2　理想调制特性与某型号调制特性对比图

3.1 视场边缘调制特性设计

由式（8）与式（14），某型号产品跟踪回路各环节设计时 $\frac{K_c}{K_h}$ 设计为 0.1，半视场 Δq_{max} 设计为 36′，求得导弹总体对最大跟踪能力的要求 Q_{max} 与视场边界处 Udy_{max} 对应关系：

$$Udy_{mq} > \frac{60}{10 \times 36} \times Q_{max} \tag{20}$$

3.2 盲区边缘调制特性设计

由图 2 可见，在误差角信息处理过程中，某型号跟踪回路在盲区边界处调制特性并不为 0，且在工程实践中，由于系统各环节中噪声的存在，跟踪回路在盲区边界处的调制特性存在较大的突变。根据式（8）与式（16），某型号产品跟踪回路各环节设计时 $\frac{K_c}{K_h}$ 设计为 0.1，t_1 取 0.02 s（陀螺频率设计为 100 Hz），半视场盲区 q_{mq} 设计为 $3' \sim 5'$，取上限 $5'$，求得导弹总体对跟踪稳定性的要求 Q_w 与盲区边界处 Udy_{mq} 要求对应关系：

$$Udy_{mq} < \frac{5}{60 \times 10} \times \frac{300 \times Q_w}{25 + 6 \times Q_w} \quad (mV) \tag{21}$$

由式（21），求得 Q_w 与盲区边界处 Udy 最大值要求对应关系图如图 3 所示。

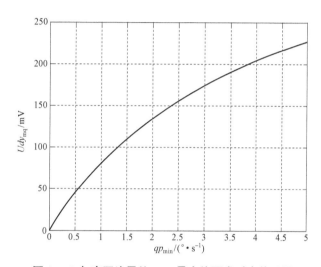

图 3　Q_w 与盲区边界处 Udy 最大值要求对应关系图

3.3 小视线角速度调制特性设计

由式（8）与式（19），某型号产品跟踪回路各环节设计时 $\frac{K_c}{K_h}$ 设计为 0.1，半视场盲区 q_{mq} 设计为 $3' \sim 5'$，取上限值 $5'$，$\dot{q}'_{max}$ 为导弹总体对跟踪精度要求的视线角速度精度 Q_{min} 范围的上限，为 $3° /s$。
Q_{min} 若为 $1° /s$，则求得

$$\Delta q'|_{Udy=300} > \frac{5}{60} + \frac{E(\Delta q) \times 3}{60 \times 1} \tag{22}$$

若误差角分辨率 $E(\Delta q)$ 为 $1'$，则求得

$$\Delta q'|_{Udy=300} > \frac{5}{60} + \frac{1 \times 3}{60 \times Q_{min}} \tag{23}$$

由式（22），求得误差角分辨率 $E(\Delta q)$ 与导弹总体对跟踪精度要求的视线角速度精度 Q_{min} 范围的上限为 $3° /s$、Udy 取值 300 mV 时误差角对应关系图如图 4 所示。

由式（23），求得指令精度 Q_{min} 与导弹总体对跟踪精度要求的视线角速度精度 Q_{min} 范围的上限为 $3° /s$，Udy 取值 300 mV 时误差角对应关系图如图 5 所示。

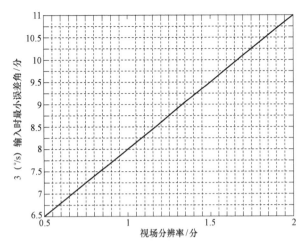

图 4 误差角分辨率与 3°/s 时最小误差角对应关系图　　图 5 Q_{min} 与 3°/s 时最小误差角对应关系图

4　某型号导引头跟踪回路调制特性技术要求设计

在某型号导引头跟踪回路的设计过程中，系统的指标要求与各环节的理论增益与误差特性已经确定，但在工程实现时，由于系统的各环节不可避免地出现散差，因此不同产品的调制特性存在差异，为在产品生产过程中对跟踪回路的关键指标加以控制以达成导弹总体对跟踪回路的设计要求，需要设计出一种便于工程实践的技术要求。

由于某型号导引头的调制体制为调宽体制，其调制特性受弹目距离的影响，在导弹飞行的末段，为补偿调制斜率的下降，在回路中设计了近区补偿环节。近区补偿为能量变化调制补偿，经近区补偿的跟踪回路调制特性随弹目距离的减小，盲区逐渐减小直至消失，但经近区补偿的跟踪回路在不同弹目距离时的调制特性存在较大的散差，因此对于跟踪回路调制特性的指标要求，需要针对目标特性为点目标特性与面目标特性分别设计。

根据调制特性的设计，当导弹总体对跟踪回路的指标 Q_{max} 为 15°/s、Q_w 为 1.5°/s、Q_{min} 为 1°/s，导引头误差角分辨率为 1' 时，针对点源目标与面源目标设计跟踪回路的调制特性技术要求如图 6 所示。

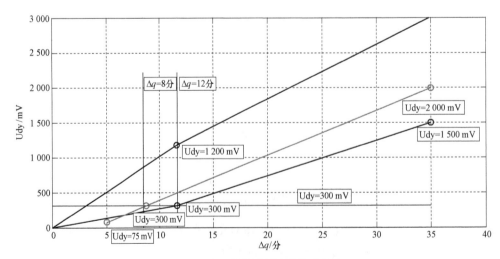

图 6　跟踪回路的调制特性技术要求

如图 6 所示，针对目标特性为点目标特性（3 m 角测试台、目标温度 300 ℃、ϕ0.4 光栅孔）的技术要求如下：

（1）盲区 q_{mq} 满足：$3' < q_{mq} < 5'$；

（2）盲区边界 q_{mq} 处 Udy 不大于 75 mV；

（3）调制曲线中 Udy=300 mV 时，误差角 $\Delta q\big|_{Udy=300}$ 满足：$8' < \Delta q\big|_{Udy=300} < 12'$；

（4）盲区边界 q_{mq} 至视场边缘 Δq_{max} 的调制特性为单调；

（5）视场边缘 Δq_{max} 处 Udy 不小于 2 000 mV。

针对目标特性为面目标特性（3 m 角测试台，目标温度 300 ℃，$\phi 2$ 光栅孔、$\phi 5$ 光栅孔、$\phi 7$ 光栅孔）的技术要求如下：

（1）误差角为 12′ 时，$Udy\big|_{\Delta q=12'}$ 满足：$300\ mV < Udy\big|_{\Delta q=12'} < 1\ 200\ mV$；

（2）误差角为 12′ 时，$Udy_{\Delta q=12'}$ 与误差角为 20′ 时，$Udy\big|_{\Delta q=20'}$ 满足：$Udy\big|_{\Delta q=20'} > Udy\big|_{\Delta q=12'}$；

（3）视场边缘 Δq_{max} 处 Udy 不小于 1 500 mV。

5 试验验证

对某型号导引头跟踪回路的调制特性进行测试与调试，使其满足前文所设计的跟踪回路调制特性技术要求，所测调制曲线如图 7 所示。

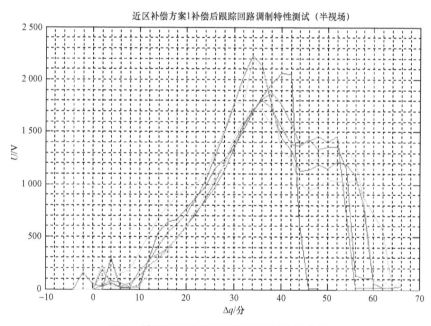

图7 某型号导引头跟踪回路调制特性曲线

对满足所设计的跟踪回路特性技术要求的某型号导引头在 1 m 角转台上进行试验，验证其指标能够满足总体指标要求，试验结果如表 1 与图 8 所示。

表1 某型号导引头在 1 m 角转台进行试验结果

台光栅孔直径/cm	稳定性/（° · s⁻¹）	跟踪能力/（° · s⁻¹）
0.4	0～22	17.7
2	0～20.9	20.9
10	0～19.9	19.9

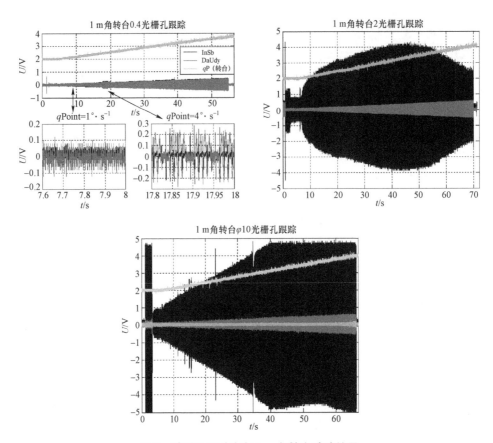

图 8 某型号导引头在 1 m 角转台试验结果

6 结论

本文重点分析了导引头跟踪回路的工作原理，计算得到了导弹总体对跟踪回路指标要求与跟踪回路调制特性的理论关系，并设计了一种跟踪回路调制特性技术要求，该要求能够保证跟踪回路工作特性满足导弹总体对跟踪回路指标的要求，所设计技术要求经过了实验室条件下实际产品的初步验证，证明其切实可行且便于工程测试。

参考文献

[1] 胡寿松. 自动控制原理［M］. 北京：国防工业出版社，2003.

[2] 叶尧卿. 便携式红外寻的防空导弹设计［M］. 北京：中国宇航出版社，1996.

[3] 钟任华. 飞航导弹红外导引头［M］. 北京：中国宇航出版社，2009.

[4] 潘荣霖. 飞航导弹自动控制系统［M］. 北京：中国宇航出版社，1991.

第七部分　其　　他

火炮作战效能评估动态仿真

杨　桦

（陆军步兵学院教学考评中心，江西南昌 330103）

摘　要：针对传统火炮作战效能静态评估方法存在的不足，本文提出了一种基于系统动力学的火炮效能分析与评定方法，通过分析火炮的作战任务，对作战阶段进行了区分，应用蒙特卡罗法获得命中概率，建立系统动力学流图，进行作战效能分析。该方法为研究火炮作战效能评估提供了新的解决思路。

关键词：效能分析　蒙特卡罗　系统动力学

0　引言

火炮是实施战场火力打击的主要兵器，在联合火力打击中将发挥不可替代的作用。为充分发挥火炮的威力，把握火力打击的力度，实施快速准确的战场态势评估，必须对火炮武器系统的作战效能进行科学分析和评定。

传统火炮武器作战效能评估采用基于指标体系的静态评估方法，分析影响炮兵武器装备作战效能的各个因素，利用靶场经验数据和历史数据，通过数学公式解析来评估作战效能。这种静态评估方法主要考虑各个状态的一些指标，往往忽略了各种能力之间的相互关系和对抗过程中的动态变化。现代战争，不再以毁伤的对方战斗人员为主要目的和战争结果为评判标准，而是基于任务和效果的作战，需要结合动态对抗过程，从体系的角度去进行整体分析与评估，这些都是静态方法难以把握的。

为了克服静态分析方法的不足，满足火炮作战动态建模的需求，本文提出了一种基于系统动力学的火炮效能分析与评定方法，把火炮武器系统作为一个完整的系统，从系统的角度出发，区分不同的作战阶段武器系统的状态差异，以及火炮武器系统各个能力因素的动态联系，并通过蒙特卡罗法分析和获得相关参数，建立系统动力模型，评估火炮武器系统的效能。该模型能够完成对状态、发展的描述，仿真模拟系统状态的变化，评估相应时间节点的效能，为研究火炮作战效能评估提供新的解决思路。

1　作战过程分析

信息化战争中，各种高技术侦察手段使得战场高度透明，且敌火报复速度快，仅靠隐蔽疏散配置难以保持火炮战斗力。炮兵必须实现动中打击、动中求生存，把机动作战贯穿于战争全程。通过对由火炮的作战任务剖面的分析和作战进程的模拟，可提炼出整个作战过程：将一定数量的自行加榴炮配置在一定幅员的地域内，火炮在一个阵地上发射一定数量的弹药后，立即撤离原发射阵地，迅速机动转移到新的发射阵地再投入射击行动，如此不断变换发射阵地，直至完成规定的战术任务为止。其他阶段（驻地准备、战役集结、开进展开及撤出战斗阶段）主要属于战斗前准备和战后休整，暂不考虑。根据机动地域作战理论，把整个战斗阶段分为如图1所示的几个阶段。

图1阶段划分体现了自行火炮机动作战模式的一个基本周期，实际战斗过程是这一基本周期的重复。通过各个阶段的模拟，可较完整地概括自行火炮在一个战斗过程中的毁伤。在进行动态火炮效能计算时，需对基于对抗的动态火炮毁伤规律进行整体研究，找出火炮武器系统影响要素，建立火炮效能评估模型。

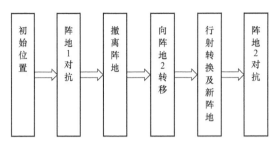

图 1　作战阶段划分

2　基于系统动力学的火炮效能分析与评定方法

系统动力学方法，是研究信息反馈系统动态行为的计算机仿真方法。它可有效地把信息反馈的控制原理与因果关系的逻辑分析结合起来，从研究系统的内部结构入手，建立系统的仿真模型，并对模型实施各种不同的策略方案，通过计算机仿真展示系统的结构、功能和行为之间的动态关系，寻求解决问题的正确途径。利用系统动力学方法首先需要把系统模型化，再进行战略和策略的计算机模拟实验，在模拟过程中，通过修改政策（策略）参数，进行各种战略和策略的实验。在火炮作战过程分析的基础上，本文建立了系统动力学模型，对火炮对抗过程描述如图 2 所示。

在建模过程中，可通过蒙特卡罗法分析建立概率模型，对模型或过程的观察或抽样试验，求得各个阶段的实际射速和双方的毁伤系数。依据蒙特卡罗法，将自行火炮营初始位置时的时刻定为整个进程的时间起点，以后时间变量 t 按等间隔增加。从初始位置到第一个对抗地域，火炮营将按照事先选定的路线进行机动，以最短的时间机动到目标区域。用弹着点来模拟目标的毁伤，以弹着点离火炮距离的不同进行毁伤分类。维修车和弹药输送车按伴随保障方式进行保障，设定维修性和弹药补给率。红方火炮被毁伤后，由维修车对自行火炮进行维修。弹药不足时，进行弹药补充。需要说明的几点是：

（1）状态之间设置转移率，受火力机动能力或战术机动能力的影响。

（2）设置 3 个函数 a、b、c。

a 为：IF THEN ELSE（"阵地对抗阶段（蓝方）">0：AND："阵地转移阶段（红方）">0，1，0）；

b 为：IF THEN ELSE（"战行转换阶段（红方）">10：AND："阵地对抗阶段（蓝方）">0，1，0）；

c 为：IF THEN ELSE（"阵地对抗阶段（红方）">0：AND："阵地对抗阶段（蓝方）">0，1，0）。

（3）损耗率的计算。

阵地对抗阶段红方损耗率为：蓝对红的损耗系数*"阵地对抗阶段（蓝方）"*c；

战行转换阶段红方损耗率为：蓝对红的损耗系数 10*"阵地对抗阶段（蓝方）"*b；

阵地转移阶段红方损耗率为：蓝对红的损耗系数 20*"阵地对抗阶段（蓝方）"*a。

（4）在整个模型中，只考虑了机动性能和维修性能，其余影响因素还需近一步完善。

3　实验结果

根据系统动态流图，对程序赋予原始数据及状态变量，在计算机上模拟实验。通过仿真，我们可以得到在对抗过程中红蓝双方兵力变化情况以及双方损耗率变化规律，如图 3 所示。

从图 3 可以看到，红蓝双方的兵力变化和损耗率变化都符合实际作战情况，说明模型的有效性和可行性。

同时，本文分别对战术机动、火力机动、维修性、命中概率 4 项指标进行了敏感性实验，分别将红方的命中概率提高 1 倍、红方的维修性增加 1 倍、火力机动能力增加 1 倍、战术机动能力增加 4 倍，红蓝双方兵力变化情况仿真结果如图 4 所示。从图 4 中可以看到，红方命中概率和维修性的提高对作战能力的作用还是比较显著的；由于本模型描述的是红蓝双方对抗的单一过程，且红方一直处于蓝方的射程之内，故战术机动和火力机动性能的提高对作战效能的影响不明显。

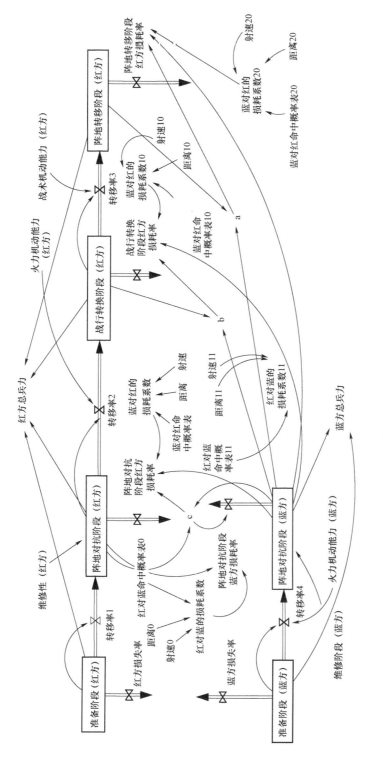

图 2 火炮对抗过程流图

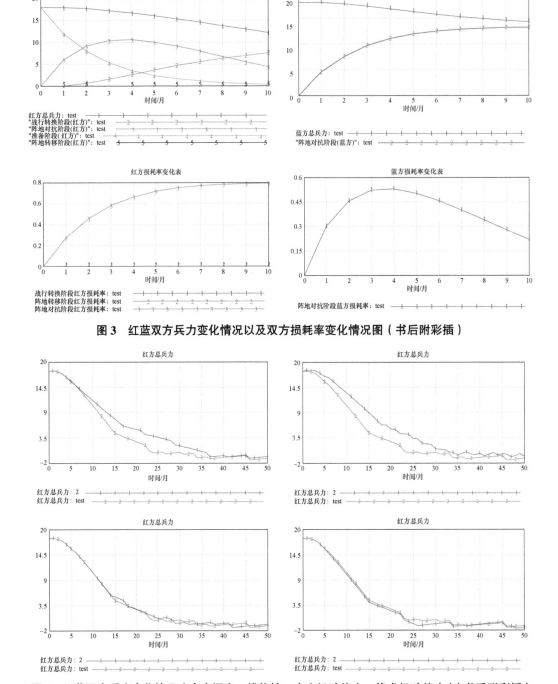

图3　红蓝双方兵力变化情况以及双方损耗率变化情况图（书后附彩插）

图4　红蓝双方兵力变化情况（命中概率、维修性、火力机动能力、战术机动能力）（书后附彩插）

从上述仿真结果可以看出：

（1）提高火炮作战性能，特别是精确制导炮弹的使用，可大大降低火炮武器系统的损耗系数，能够达到在武器装备有限的情况下，提高作战能力。

（2）射速与损耗系数成正比，增大武器射速可以提高我方对敌方损耗系数，从而减少我方兵力损失。选择射速快的火炮武器系统可在短时间内达成作战效果，较好实现作战计划和作战意图。

（3）火炮武器系统的可靠性与维修性对战斗力与生存能力有重要的影响。

4　结束语

采用蒙特卡罗法建立概率模型，利用弹着点来模拟目标的毁伤，是一种比较可信的试验统计方法，可以得到武器平台的命中概率表；系统动力学以信息反馈与因果关系分析著称，对系统的结构、功能和行为之间的动态关系有着直观、动态的展示。把两种方法结合起来，解决了传统评估方法的不足，为研究火炮武器系统提供了一种较新的思路。

参考文献

［1］朱江，俞杰，赵定烽. 一种地炮作战效能评估动态推演方法［J］. 火力与指挥控制，2011（11）：32-34.

［2］沙基昌. 数理战术学［M］. 北京：科学出版社，2003.

［3］柏迅，魏志芳，李瑞静. 基于蒙特卡罗法的枪弹弹头外弹道散布特性分析［J］. 兵工自动化，2017（5）：54-56.

浅谈部队应如何抓好新型弹药使用

曹庆国，王　婷，邹　坚，张阿娣

（32228 部队，江苏南京 210000）

摘　要： 本文根据笔者参与的新型弹药射击情况，总结了新型弹药射击应着重抓好的三个阶段。

关键词： 新型弹药　实弹射击　安全

0　引言

陆军组织的新型弹药射击技术保障活动，明确部队在组织新型弹药射击或第一次使用某型新型弹药时，可以从弹药技术保障机构、弹药生产厂家申请技术指导，笔者有幸参加了几次新型弹药的实弹射击活动。总的感觉到，部队组织实弹射击是非常严密有序的，但针对新型弹药的新结构、新特点和新要求，有的环节掌握得还不够透彻。为此，笔者尝试将赴部队实弹射击保障的一些关键环节、有益做法整理归纳，望对加强部队新型弹药的规范使用起到一定的作用。

新型弹药是一个相对概念，一般指近些年定型列装的弹药品种，从本身性质、结构来讲是指设计和制造上采用了新原理、新结构、新技术和新材料，使弹药威力更大、精度更高、射程更远等。新型弹药和以往的弹药相比，在结构上呈现两个显著的特点：一是结构更加复杂，如制导装置、弹载计算机、感应装置等结构的应用；二是电发火装置普遍采用，如电引信、电底火、电点火具等。

新的结构、新的技术是部队在使用过程中新的关注所在。应该说，弹药的安全管理注意事项有很多，特别对于弹药的储存保管、装载运输、动用使用和特情处置等环节，是事故易发频发、需要高度关注的关键所在，而针对部队而言，当前事故频发的环节就在动用使用和特情处置环节。

1　击前的准备阶段

1.1　技术检查要细致

（1）外观检查要关注细节。制导类弹药射击前要注意检查尾翼、舵片是否被异物卡住，某部在三界地区组织某型 152 毫米激光末制导炮弹射击时，技术检查不细致，一枚弹的舵片明显被卡住，但没有及时发现，幸亏被上级加强的技术人员及时指出，避免了一些情况的发生，否则，弹药发射出去后，舵片无法打开，弹药飞行就会失去控制，后果不可预料。

（2）装定检查要核对说明书。如某部组织某型迫击炮红外发烟弹射击时（配用某型无线电引信），出现大量早炸，事后调查发现主要是引信未按规定进行装定，弹药说明书上明确要求要用专用装定扳手整装引信，但部队没有认真核查说明书的要求，而是采用手工整装引信，导致引信和弹丸结合不紧密，弹药在飞行过程中出现章动，进而引发早炸。

（3）制导类弹药要进行电参数检测，特别是一些部队携运行的弹药，在射击使用前，都要进行严格的检查和电参数检测。部队在设置检测点时，应与弹药堆垛和人员活动区保持足够的安全距离，弹头朝向空旷地域，检测人员进行必要的防护，防止检测过程中，弹药意外发火。

1.2　目标设置要严格

（1）对硬度的要求。主要是破甲弹、攻坚弹等在使用过程中需要目标有一定的硬度，如果目标设置不合理就容易导致弹药不爆。2017 年 8 月某旅发生的 120 攻坚弹未爆弹亡人事故，它的目标设置就没有按规范来，目标靶板用三合板代替，增加了弹药不爆的概率。

（2）对着角的要求。部队在设置目标靶板时，有时存在倾角过大的情况，射击时易导致跳弹的产生，增加弹药不爆概率，特别是一些对于着角有明确要求的弹药，如果目标倾角设置不合理就容易引发问题。如现在装备部队的混凝土攻坚弹，对目标倾角明确要求不小于 68°，否则弹药就容易不爆。

（3）特殊环境要求。除了对硬度和着角的要求外，主要就是一些特殊弹药使用时对环境的要求，目标区域如果环境不适合弹药作用，往往就容易出问题。如最新装备的某型 122 火燃烧弹，这种弹每发弹药内部装有 42 枚纵火炬，纵火覆盖面积 1 000 m²，并且燃烧时间长，一旦目标设置得不合理，很容易引起火灾。

1.3 学习培训要经常

（1）要突出弹药基本知识的学习。射击前对人员的培训也是一项很重要的工作，主要是组织人员学习弹种知识、安全要求和射击操作要领。实际工作中，有的单位对于弹药基本知识的学习掌握不扎实，有的单位对弹药标志掌握不牢，将燃烧弹错当成榴弹拉到了射击阵地。还有某部队在组织对海射击时，把远程弹当成普通弹使用，导致远弹，险些造成事故。

（2）要突出对新弹种使用知识的学习。特别是在部队组织新列装弹种射击时，不仅要组织使用分队人员学习，指挥、观察、警戒、勤务等人员都要参与学习，掌握使用基本要求和特殊注意事项，如落弹区的未爆弹问题。凡是有可能进入落弹区域的人员都要组织未爆弹知识学习，防止在落弹区发生违规捡拾未爆弹从而引发爆炸亡（伤）人事故。

（3）要突出弹药事故的学习。特别是事故易发频发的弹种、节点和一些事故发生的原因要认真组织部队学习。例如，2018 年 4 月发生的某连长用手榴弹现场教学意外爆炸致其死亡的事故，这个事故组织部队学习就是警示教育部队严禁用实弹进行教学。

2 射击组织阶段

2.1 射击组织要严密

弹药射击，有条件的原则上均应组织视频实录。射击使用过程中应当严格遵守操作规程和安全规定，不得自行其是、盲目蛮干。使用火箭弹时，要严格按要求设置射击靶标，后喷火焰危险区严禁站人；使用迫击炮弹时，要严密观察，防止重装；使用训练用毒剂时，必须穿戴防护装备，全程由双人（含一名干部）负责管理，中途不得擅自更换人员，使用后要对受染场地、器材、人员进行消毒处理；使用放射源时，必须采取防护措施，佩戴辐射剂量仪，严禁以人员设置沾染对象，严禁拆卸随装放射源，使用后必须放回贮存箱入库保管，禁止带入其他场所。

2.2 射击训练要经常

目前部队普遍对于武器装备的操作要领抓得很紧、练得很熟，但容易忽视弹药的操作训练，弹药的整装、搬运、装填、击发、退弹都是有操作要领的。部队在弹药装填过程中，由于装填手经验程度、心理素质的个体差异，往往会出现装填不到位，甚至重装的现象，这反映到日常的训练中，就是没有经常性地组织弹药操作训练。

2.3 射击特情要预判

实战化训练程度越高，部队实打实爆越频繁，遇到各种情况的概率也增加，这就要求我们对射击中的每一个环节，心中都要有警情、有预判，笔者认为作为实弹射击训练的指挥员一定要拉直"五个问号"，即：射击的这个弹种曾经出现过什么情况？是什么原因导致这个情况发生的？应该注意什么才能避免事故发生？还可能出现什么情况？把这"五个问号"拉直，实弹射击的安全性将会得到有力的提升。

3 情况处置阶段

实弹射击过程中会出现各种情况，总的原则是：停止射击、及时上报、有序组织、按章操作、查明原因、妥善处理。分析近年来发生的实弹射击过程中出现的事故案例，笔者认为部队应高度关注以下两种情况。

3.1 未爆弹的处置

弹药不爆是指弹药未能在目标区域按照预定程序作用，导致弹药不爆的原因有很多，如引信失效、弹丸流油（储存温度过高、储存时间过长等）、目标区域没有足够的起爆作用力（目标过软，没有足够的撞击反作用力；落角过大，引信没有起爆）等，对于未爆弹的处置，军委、陆军已经多次反复强调处置原则，即：要始终坚持严禁挪动，就地销毁的原则，对于配用电引信的未爆弹还要采取必要的防静电措施。但这些规定在基层部队往往会存在落实偏差，如 2018 年×月×日，某旅战士在回收战场电缆时，违规捡拾玩弄未爆弹，导致弹药意外爆炸，造成 4 人死亡的事故发生。此外，部队在射击后一定要及时将落弹区的未爆弹清理干净，否则部队撤走后，就容易留下安全隐患，经常发生的地方人员捡拾未爆弹伤亡的案例就说明了这一点。

3.2 迫弹留膛弹的处置

迫击炮弹射击过程中一旦出现留膛，笔者建议部队在进行二次击发前一定要先确保排除重装的可能，2017 年发生在三界地区的某迫击炮弹膛炸事故就是把重装弹当成留膛弹进行了处置，导致 1 死 4 伤的事故发生。

当然，新型弹药射击的注意事项有很多，射击出现的各种情况也有很多，在这里不能一一赘述。

基于改进极值的训练弹药消耗预测

赵汝东 [1]，史宪铭 [1]，陈玉昆 [1]，张建军 [2]

（1. 陆军工程大学石家庄校区装备指挥与管理系，河北石家庄　050003；2. 解放军 32140 部队保障部，河北石家庄　050061）

摘　要：针对训练用弹药呈现间断消耗的特点，应用了基于改进极值理论（EVT）的消耗预测方法。通过对以往训练用弹药消耗规律建模，估计极值指数，从而对平时训练用弹药消耗情况进行计算，最大限度地利用有限数据对平时弹药消耗量进行预测。实例表明，与 ARMA、SVM 和灰色神经网络等预测模型相比，改进 EVT 方法获得了更佳的预测结果。

关键词：改进极值理论　训练弹药　预测模型

0　引言

平时弹药消耗预测是根据训练任务需要，对保证部队平时训练的弹药消耗量做出的预先估计，其预测结果的精确程度将直接影响到弹药保障工作的好坏。近年来，随着部队训练任务的调整，部队实弹训练时机的不确定性增强，部队每月弹药消耗量表现出较强的间断性，准确预测部队年度弹药消耗情况，确定合适的弹药存储量，是弹药保障研究中的重点和难点问题。

关于训练弹药的消耗预测，许多专家学者已经进行了多年的研究，取得了一定的成果。孙云聪提出了应用 Elman 和 BP 网络的弹药消耗预测方法，发现 Elman 神经网络对于预测具有时序性的数据有更佳效果。但神经网络学习需要大量数据输入，而实际训练积累的数据较少，难以得到精确的收敛结果，弹药消耗预测误差较大。陈朋等提出基于 GM（1，N）—FLR 模型的弹药平时消耗量预测方法。此过程不需要很大的样本量，但是 FLR 中模糊数的选取具有很强的主观性，况且灰色理论也存在一定程度的未知性，难以精确预测训练弹药消耗。

基于上述消耗预测方法的不足，同时结合训练弹药间断消耗的特点，本文应用了改进的极值理论（Extreme value theory，EVT）方法。其利用最大的训练弹药消耗量来估计极值指数，并利用其余的消耗数据作为模型的输入对消耗情况进行预测。实例验证表明，改进 EVT 方法预测的弹药消耗情况与实际消耗量误差较小，具有较高的可信度。

1　改进极值理论预测方法

设 X 是一个随机变量，其累积分布函数为 $F(x) = P\{X \leqslant x\}$，令 $x^* = \sup\{x : F(x) < 1\}$ 表示满足 $F(x)$ 的边界值。我们假设存在一个正函数 f，其对于所有满足 $1 + \gamma x > 0$ 的 x 均有

$$\lim_{\tau \to x^*} \frac{1 - F(\tau + xf(\tau))}{1 - F(\tau)} = (1 + \gamma x)^{-1/\gamma} \tag{1}$$

基于上述假设，存在一个足够大的阈值 τ，对于所有的 $x > \tau$，X 分布的特征可以近似为

$$1 - F(x) \approx [1 - F(\tau)] \left\{ 1 - H_\gamma \left(\frac{x - \tau}{f(\tau)} \right) \right\} \tag{2}$$

这里 H_γ 表示广义帕累托分布的累积分布函数：

$$H_\gamma(x) = \begin{cases} 1 - (1 + \gamma x)^{-1/\gamma} & \gamma \neq 0 \\ 1 - e^{-X} & \gamma = 0 \end{cases} \tag{3}$$

其中参数 γ 在 EVT 理论中起着核心作用，因此被称为极值指数。

极值理论的基本模型为，假设 $X_1, X_2, \cdots, X_n$ 是从 $F(x)$ 给出的分布中抽取的 n 个随机样本。设 $X_{(1)} \leq X_{(2)} \leq \cdots \leq X_{(n)}$ 是有序样本。选择 $k, 0 \leq k < n$，令 $X_{(n-k)}$ 为经验阈值，即用 $X_{(n-k)}$ 代替 τ。其中 k 的选择取决于 n，其满足 $n \to \infty$ 时，$k \to \infty$，且 $k/n \to 0$。

由于 $1 - F(X_{(n-k)}) \approx k/n$，我们得到对于所有的 $x > X_{(n-k)}$：

$$1 - F(x) \approx \frac{k}{n}\left\{1 - H_\gamma\left(\frac{x - X_{(n-k)}}{\alpha}\right)\right\} \tag{4}$$

其中 $\alpha = f(X_{(n-k)})$。构造函数 $a(x)$，其满足 $f(x) = a\left(\dfrac{1}{(1-F(x))}\right)$。由于 $\dfrac{1}{(1-F(X_{(n-k)}))} \approx \dfrac{n}{k}$，因此 $\alpha = f(X_{(n-k)})$ 可由 $\alpha = a(n/k)$ 替代。

由于参数 γ 和 a 未知，采用前两阶矩 $M_n^{(1)}$ 和 $M_n^{(2)}$ 进行计算：

$$M_n^{(j)} = \frac{1}{k}\sum_{i=0}^{k-1}(\log X_{(n-i)} - \log X_{(n-k)})^j \tag{5}$$

其中 $j = 1, 2$。于是极值指数 γ 和尺度指数 α 的矩估计为

$$\hat{\gamma} = M_n^{(1)} + 1 - \frac{1}{2\left[1 - (M_n^{(1)})^2(M_n^{(2)})^{-1}\right]} \tag{6}$$

$$\hat{\alpha} = \frac{M_n^{(1)} X_{(n-k)}}{2\left[1 - (M_n^{(1)})^2(M_n^{(2)})^{-1}\right]} \tag{7}$$

极值理论的基本模型要求 $X_1, X_2, \cdots$ 是一个独立同分布的随机变量序列。在实际应用中，独立性假设可能过于严格。设 D_j 表示时间间隔为 j 时训练弹药的消耗量，当窗口大小 L 固定时，弹药消耗量可以表示为

$$X_i^{[L]} = \sum_{j=1}^{i+L-1} D_j，\quad i = 1, 2, \cdots \tag{8}$$

各种聚合窗口大小可能会导致不同的结果，本文选择限制窗口大小为 L。此时可以删除上标 L，并使用缩写符号 X_i。事实上，$X_1/L, X_2/L, \cdots$ 是 L 阶的移动平均过程，即 ARMA$(0, L)$ 过程。

2　基于改进极值理论的训练弹药消耗预测

改进的 EVT 方法涉及两个区域：非尾部区域和尾部区域，由一个未知的阈值 τ 分离，τ 由经验阈值 $X_{(n-k)}$ 估计产生。基于改进极值理论的训练用弹消耗预测步骤如下。

步骤 1：获取平时弹药消耗数据

获取弹药消耗样本 $X_1, X_2, \cdots, X_n$。通常情况下，这些数据是通过对给定时间内的弹药消耗数据进行求和得到的，如式（8）。令 $\bar{D} = n^{-1}\sum_{i=1}^{n} D_i$ 表示在数据收集期间的平均弹药消耗量。

步骤 2：构造有序样本

按升序排列样本 $X_1, X_2, \cdots, X_n$，产生有序样本 $X_{(1)} \leq X_{(2)} \leq X_{(3)} \cdots \leq X_{(n)}$。我们把 $X_{(i)}$ 作为第 i 阶统计量。说明有序样本中包含的信息足以构造经验分布函数 $\hat{F}_n(x)$：

$$\hat{F}_n(x) = \sum_{i=1}^{n} l_{\{X_i \leq x\}} = \sum_{i=1}^{n} l_{\{X_{(i)} \leq x\}} \tag{9}$$

此外，由于经验分布函数是按顺序统计量跳跃的阶梯函数，我们可以从经验分布函数中重建有序样本。因此，有序样本 $X_{(1)} \leq X_{(2)} \leq X_{(3)} \cdots \leq X_{(n)}$ 具有经验分布函数 $\hat{F}_n(x)$ 完全相同的信息。

步骤 3：选择经验阈值 $X_{(n-k)}$

按照第 2 节来选择 k。

步骤 4：估计函数的参数

用式（6）和式（7）定义的矩估计 $\hat{\gamma}$ 和 $\hat{\alpha}$ 来代替极值指数 γ 和尺度参数 $\alpha = f(\tau)$。

步骤 5：预测弹药消耗量

联立式（3）和式（4），推导出累积分布函数 $F(x)$，求出接下来的弹药消耗量。

3 实例验证

如表 1 所示，为了验证改进的极值理论方法在弹药消耗预测中的准确性，本文利用某训练用弹近 10 年单个装备的实际消耗情况作为测试数据进行研究。通过表 1 可得，该训练弹药具有间断消耗的特点，由于训练任务等因素影响，训练弹药消耗多集中于 3、4、5、6、9、10、11 月份。

表 1 某训练弹药 2008—2017 年单个装备消耗弹药基数

月份	2008 年	2009 年	2010 年	2011 年	2012 年	2013 年	2014 年	2015 年	2016 年	2017 年
1	0	0	0	1	1	0	0	0	0	1
2	0	2	1	1	1	0	2	1	0	0
3	11	10	10	10	8	12	13	9	9	7
4	17	11	14	12	15	18	16	11	9	10
5	18	20	16	19	20	21	17	15	17	16
6	25	22	21	23	23	26	25	22	20	20
7	1	1	0	2	1	0	2	1	0	0
8	0	1	2	2	0	1	0	0	1	1
9	9	10	9	7	7	8	7	7	10	7
10	16	13	18	17	14	10	15	20	19	20
11	13	14	15	14	13	15	10	11	16	15
12	1	0	2	1	1	2	0	2	3	2

把表 1 中前 5 年的训练弹药消耗量作为测试数据，输入本文所建模型中用以预测后 5 年的训练弹药消耗情况，并比较预测值与实际值，以此检验所建模型的预测能力。为进一步说明改进 EVT 模型的预测能力，同时利用 ARMA、SVM 和灰色神经网络预测模型对相同数据进行训练弹药消耗量预测，对比结果如图 1 所示，并求解各模型预测结果的平均相对误差，结果如表 2 所示。

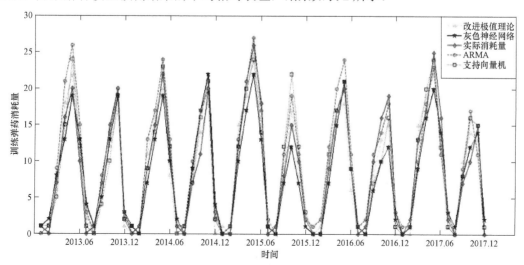

图 1 各模型对于训练弹药消耗数量预测结果（书后附彩插）

表 2　各模型预测结果的平均相对误差

评价指标	年份	ARMA	支持向量机	灰色神经网络	改进极值理论
平均相对误差/%	2013	9	7	16	4
	2014	21	9	7	5
	2015	20	10	5	5
	2016	14	10	14	9
	2017	21	7	4	4

通过以上结果比对可以发现，ARMA 方法对于波动性较大的数据预测精度较差，一般在 10%以上，不适用于间断性消耗的训练弹药消耗量预测。SVM 方法的预测平均相对误差较小，均能控制在 10%以下，但是与改进极值理论方法相比，平均相对误差还是略大一些。灰色神经网络预测方法在 2014 年、2015 年及 2017 年的预测精度较好，但是 2013 年和 2016 年的平均相对误差均在 15%左右，误差起伏波动较大，适用性上有所缺陷。而改进极值理论方法与实际数据相比误差较小，除 2016 年以外，其余 4 年预测结果的平均相对误差均能控制在 5%以下，最大平均相对误差也只有 9%，能够较好地预测训练弹药消耗量，与其他预测模型相比，改进极值理论具有它的优越性。

4　结论

本文应用的改进 EVT 预测方法通过在临界值上建立分布模型，预测出可能的极值，从而分析训练弹药的消耗情况。实例验证表明，与 ARMA、SVM 及灰色神经网络等预测模型相比，改进极值理论方法的平均相对误差更小，可以较好地预测训练弹药的消耗情况，能够在一定程度上为司令部门制定弹药保障方案提供参考。

参考文献

[1] 孙云聪，万华. Elman 和 BP 网络应用于航空训练弹药需求预测的对比研究 [J]. 舰船电子工程，2017，273（3）：100-103.

[2] 陈朋，诸德放，杨桂考，等. 基于 GM（1，N）-FLR 模型的弹药平时消耗量预测 [J]. 军械工程学院学报，2016，28（5）：1-4.

[3] KOGAN V，RIND T.Determining critical power equipment inventory using extreme value approach and an auxiliary poisson model [J]. Computers & industrial engineering，2011，60（1）：25-33.

[4] 陈利安，肖明清，程相东. 航空弹药平时消耗量预测模型对比 [J]. 弹箭与制导学报，2010，30（3）：239-242.

[5] 王元月，杜希庆，曹圣山. 阈值选取的 Hill 估计方法改进-基于极值理论中 POT 模型的实证分析 [J]. 中国海洋大学学报，2012，3：42-46.

[6] NIKOLOPOULOS K，SYNTETOS A，BOYLAN，J，et al. An aggregate-disaggregate intermittent demand approach ADIDA to forecasting：an empirical proposition and analysis [J]. The journal of operational research society，2011，62（3）：544-554.

[7] ALTAY N，LITTERAL L A，RUDISILL F. Effects of correlation on intermittent demand forecasting and stock control [J]. International journal of production economics，2012，135（1）：275-283.

[8] 韩旭，王建宇，祖先锋. 基于极值理论的系统最大值指标评定方法 [J]. 系统工程与电子技术，2012，34（5）：1073-1084.

[9] ROSTAMI-TABAR B，BABAI M，SYNTETOS A，et al. Demand forecasting by temporal aggregation [J]. Naval research logistics，2013，60（6）：479-498.

[10] 何树红，王巍，邹丽华. 基于极值理论的低温雪冻灾害损失分布研究 [J]. 云南大学学报（自然科学版），2017，39（1）：7-12.

信息化战争弹药保障能力建设思考

姚　恺[1]，耿炳新[2]，徐亮亮[3]

（1. 陆军工程大学石家庄校区弹药工程系，河北石家庄　050003；

2. 66447 部队，山西阳泉　045299；3. 31696 部队，吉林锦州　121017）

摘　要： 针对弹药保障能力建设领域基本理论研究尚不清晰的问题，深入探讨弹药保障能力的内涵与体系构成，理性分析当前我军弹药保障能力建设的现状及问题，提出切实可靠的思路举措，为信息化战争弹药保障能力建设提供有效借鉴。

关键词： 弹药保障能力　能力建设　信息化战争

0　引言

弹药保障作为现代战争中影响战斗进程和局势的关键因素，长期以来，其能力建设问题一直是世界各国军事领域关注的重点。随着新军事革命对弹药装备和保障领域的影响逐步深入，围绕保障能力是什么、有什么、怎么生成、怎么运用、如何评估、如何建设等一系列问题在学术界成为研究的热点，尤其是信息化战争弹药保障能力建设相关问题的研究在一定程度上都将影响弹药保障能力的实践，决定弹药保障能力水平。

1　信息化战争弹药保障能力内涵

关于弹药保障能力内涵的理解，从汉语语法及词性结构分析，多数学者认为是"弹药保障"与"能力"复合，也有认为是"弹药"与"保障能力"复合。无论从上述哪种复合角度理解与分析都是可以的，仅是区别重点、强调不同的修饰关系。对于信息化战争弹药保障能力而言，其基本释义应以"能力"为核心语汇，以"信息化战争"作为限定弹药保障能力的基本背景和边界，以"弹药保障"作为对象加以分析研究。

1.1　信息化战争弹药保障能力界定与描述

目前，关于能力本质的认识、理解和描述，学术领域内仍存在较大分歧[1]。在军事领域，能力主要围绕军事主体、军事特征、军事活动和军事效应来进行理解[2]。借鉴保障能力、装备保障能力、后勤保障能力等军事术语，信息化战争弹药保障能力可以定义为：为满足打赢信息化战争的军事需求，弹药保障机构、弹药保障力量及弹药保障系统等军事主体，在规定的环境或条件下完成弹药保障相关任务或达到一定目标的能力。对其基本认识主要包括：

（1）弹药保障能力作为保障能力的重要组成持续存在，区分平时能力和战时能力；

（2）弹药保障能力以弹药保障活动、行动和弹药保障发展作为能力的作用对象；

（3）弹药保障能力作为矢量，其作用方向决定于具体活动和功能的目的要求，其水平或大小受弹药装备、保障主体、军事行动的影响和制约；

（4）弹药保障能力的描述、表征与能力运用的背景密切相关。

借助物元理论，描述弹药保障能力应围绕其内涵构成展开，包括主体、背景、行为、效应，"某一弹药保障能力 A"可统一采取如下表达式解释和描述：

$$A = (AF: AS, BG, AA, AE)$$

其中：能力要素 AF 表示能力的名称，是对所要描述能力内涵的基本界定，满足确定性、唯一性和独立性要求；能力主体 AS 指实施能力的确定的、客观的军事存在主体；运行背景 BG 对能力进行约束，是对能力存在并实施的环境、条件和背景的描述；能力行为 AA 作为能力的表象，描述能力实施和运用的外在行为，表明了能力的作用方向、功能任务、作用对象；能力效应 AE 是对能力转变、运用结果和水平的描述，是对能力量化描述的参考和评判比较的标准，主要反映在时间、空间、数量、质量四个方面。以弹药储备能力为例，可描述为：

弹药保障能力＝（弹药储备能力：战区战役级弹药仓库，××时期现状，本区弹药保障的战役级储备，域内储备容量为××万吨/堪用品以上××万吨/剩余容量××万吨）

1.2 信息化战争弹药保障能力的军事需求与基本构成

军事需求是实现预定军事战略目标和战争目的所需条件及其要求的总称[3]。美军认为"能力需求"是满足组织在当前和未来行动中，履行任务、职责和使用所要求的能力，通常按照任务、标准和条件对能力需求进行阐述[4]。由此，弹药保障能力需求是反映弹药保障能力要求在当前与未来一段时间或特殊情景下的差距，实质可以理解为理想情况下弹药保障能力构建与发展的目标。考虑到弹药保障活动和任务的复杂性、不确定性，作为相对宏观的军事需求，弹药保障能力需求难以精确定量解析，本质仍然是定性解释和呈现。

新时期新形势下，弹药保障能力建设主要满足军队改革和转型的需要，根本上是为了满足打赢信息化局部战争的需要，因此，未来弹药保障能力建设应将信息化战争弹药保障能力的军事需求作为根本牵引，主要反映在以下四个方面：一是满足我军新型军队新型力量作战能力建设的需要，提升弹药精确保障能力；二是面对我军新时期国防战略变化及部队转型建设形势，拓展弹药全域机动保障能力；三是针对我军装备编制体制变化及新型弹药发展规划，强化弹药作战运用与评估能力；四是适应军民融合发展要求和国防科技进步，加速弹药保障能力体系建设。

按照弹药保障能力的定义，无论对于弹药保障机构、弹药保障分队，还是对于弹药保障系统来说，弹药保障能力 A 都是一个能力的集合，在表现形式上是所有弹药保障相关具体能力（用 A_i 表示）和总体能力（用 A_z 表示）的集合，其表达式应为

$$A = \sum A_i + A_z$$

在信息化战争一体化联合装备保障的背景下，弹药保障主体必须形成弹药调配保障能力、弹药技术保障能力等核心业务能力、非核心能力和整体能力，具体体现在弹药筹措能力等 16 项子项能力中，并在信息化战争中努力达到快速、精确、灵活、可靠、自适应、一体化及不断创新、不断完善等保障要求[5]。

2 当前我军弹药保障能力建设现状及矛盾问题分析

当前我军弹药保障能力建设既面对改革调整带来的新问题，还要加快解决传统弹药保障能力建设中的旧矛盾，挑战与机遇并存。

2.1 当前我军弹药保障能力建设现状

经过多年持续不懈的建设，我军弹药保障能力逐步提高，能力要素框架基本完整，但能力体系发展也存在一定的不均衡，主要表现为"三突出、三薄弱"，即核心保障能力突出，整体保障能力薄弱，调配保障能力突出，信息保障能力薄弱，平时业务能力突出，战时保障能力薄弱。

首先，平时能力强于战时能力。近半个世纪以来，我国总体处于安全稳定状态，伴随整体军事实力增强和弹药装备更新换代，装备建设快速发展、保障基础建设稳步提升，诸如弹药技术保障能力、弹药安全管理能力等常态化平时能力持续加强；但另一方面，随着部队野外驻训、联合演习等活动增加及个别边境地区局势紧张，弹药野战防护能力、野外保障能力等战时弹药保障能力薄弱问题也相对突出。

其次，储备能力强于供应能力。受"防御性"国防政策的决定，区域划片保障为主，弹药储备能力的建设投入始终较大；然而未来我军面临海外维权等多样化军事任务，全域机动作战成为未来作战的主要模式，加之武器系统机动能力大幅度提升，供应保障将面临更加严峻的挑战，战役级弹药供应能力、战术级弹药补充能力等可能成为制约弹药保障整体能力的瓶颈。

最后，新质能力建设备受关注。随着第三次军事革命在世界范围内加速演变，新军事技术、新武器装备、新军事理论、新组织体制对弹药保障领域的影响越来越加深，信息技术、制导弹药、自适应保障、新型保障体制等催生及演化出一批新质弹药保障能力，如弹药保障评估能力、弹药作战运用能力等，相关理论与实践研究已成为能力领域的热点。

2.2　我军弹药保障能力建设矛盾问题分析

2.2.1　能力发展研究不足，"优势"弹药保障能力发展滞后

很多保障领域学者认为我军弹药保障能力中，储备能力"足"、管理能力"强"、技术能力"稳"，是所谓的"优势"能力。但与美国等军事强国相比，科学储备能力不好，精确管理能力不强，信息保障能力不优，这些既与当前装备发展不相适应，也与未来信息化战争弹药保障需求存在较大差距，反映出"优势"能力发展滞后[6]。客观上分析，我军近 20 年里基本处于"旁观者"与"跟随者"，导致未来信息化战争作战及装备保障发展理论方面相对薄弱，相关能力领域的理论研究进展缓慢，缺少科学、清晰的指导性思路，较大地影响了弹药保障能力建设的方向和进展。

2.2.2　弹药保障实践薄弱，"新质"弹药保障能力建设缓慢

新型弹药装备保障和弹药保障新形势任务都需要"新质"保障能力，相继成立新的弹药保障机构更需要"重塑"弹药保障能力。一方面，装备发展速度快与保障能力建设速度慢的矛盾突出。21 世纪以来，我军年平均装备定型的弹药达 10 余种，导致大部分新型弹药检测能力、保障能力、运输能力、储备能力跟不上弹药定型列装的速度，新型弹药保障能力与装备发展不匹配问题突出。另一方面，部队弹药保障实践需求与现实弹药保障能力水平存在较大差距，新型任务的保障能力建设与未来战争需求不匹配，如特殊战场环境弹药野战保障能力、弹药运用能力、弹药评估能力等还不能满足现实需求，有的没有条件建设，有的建设效果不佳，能推广、可应用的建设成果不多。

2.2.3　军事能力全面提升，"保障"能力建设投入缺口较大

信息化战争中体系能力、信息能力在各专业领域能力的发挥占有重要作用。弹药保障能力涉及各军兵种，虽能力通用性强，但专业特色也十分明显，使得弹药保障能力建设投入涉及全军各弹药保障机构，涵盖弹药的大部分寿命周期，是一项建设风险高、建设周期长的战略工程。从近期建设情况来看，弹药保障能力建设缺少科学、合理，且与我军现实情况相符的理论指导、建设目标、建设原则、建设内容及方法途径，导致建设投入或多或少存在盲目性、阶段性、混乱性、交叉性，总体上讲，弹药保障能力建设投入缺口较大、需求急迫性较强。

3　信息化战争弹药保障能力建设措施

信息化战争弹药保障能力建设是一个长期的、系统性工程。在能力构建方面，应坚持"平战一体、战建一体"；在能力运用方面，应坚持"新旧混搭、优质替代"；在能力生成方面，应坚持"优化机制、配套标准"，具体从能力主体和能力资源两个方面抓建设。

3.1　基于现行弹药保障力量体系，明确各级各类弹药保障实体职能

随着军队调整改革逐步深入，弹药保障的主体也逐渐调整深入。如图 1 所示，弹药保障实体是弹药保障能力主体的主要构成，以常设实体为基本主体，以临时实体为辅助主体。当前，弹药保障能力实体

的调整尚未完成，其中，主体的构架、职能以及运行仍处于调整、转变和完善过程之中。因此，各类保障机构、各级保障机关以及保障人员之间，还需要在新的体制下不断磨合，各级各类保障人员的职责也需重新明确，尤其是为形成新的能力，甚至要通过增加拓展、合并调整等改变原有职能。

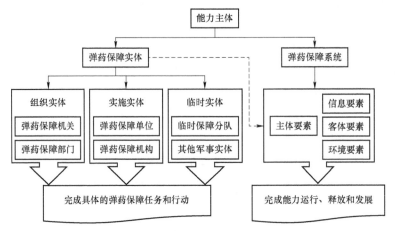

图 1　军队所属弹药保障能力主体基本类型和构成分析

3.2　基于平时弹药保障建设需求，强化基层弹药保障人员技能

具有一定素质的主体和客观人的活动的现实展开，是影响和制约人的能力发挥与实现的两个最重要的因素。为促进弹药保障任务能力持续增强，应基于长期弹药保障建设的需求，强化基层人员的技能、提升各类保障主体的能力。一是坚决以战斗力标准作为衡量弹药保障训练水平的唯一尺度，传统弹药业务能力训练为主转向以弹药野战保障能力训练为主；二是瞄准未来体系作战弹药保障需求，改变弹药保障训练内容，单兵训练、单项训练转向以班组训练、联合训练为主；三是优化弹药保障训练模式和手段，纠正自编、自练、自导、自演、自评的局面，由机械化训练转变为机械化、信息化双重训练。

3.3　基于战时弹药保障任务要求，提升弹药保障两化建设水平

未来一段时间内，我军现代化建设主要以机械化、信息化建设为主。弹药保障能力建设和提升，机械化、信息化也占有重要地位。随着武器装备机械化建设大幅提升，弹药保障机械化问题则日益突出，据有关资料反映，我军独立保障机构的机械化作业能力与美军相差约 10 倍。同时，信息化战争背景下的弹药保障能力，是以信息要素和信息系统为主导，以现有为基础，按照作战需求、保障要求和能力特性，针对具体的弹药保障任务，"科学联合、有效集成、合理运用、精确控制"。因此，积极研究建设弹药保障信息平台、提升弹药保障信息能力，加快保障装备与机械的升级改造，提升保障主体的机动能力、运输能力和作业能力，成为促进战时弹药保障能力生成的关键。

3.4　基于未来作战弹药保障形势，发展增强弹药保障软硬实力

未来弹药保障形势，取决于未来战争和战场，也取决于国家实力和水平。弹药保障能力作为典型军事能力，必须瞄准未来，发展增强弹药保障软硬实力，为弹药能力实现质的跃迁奠定基础和动力。因此，应以作战为牵引，加强理论研究，系统探讨能力构成、能力生成、能力运用、能力评估各方面机理与规律；应以任务为牵引，配套保障资源，按照成体系、成系统改善基础设施，增加机具设备；应以效能为牵引，健全法规制度，进一步修订完善保障标准、制度机制；应以利益为牵引，增强保障潜力，借助军民融合加快科技支撑，借助动员机制提升地方相关力量弹药保障能力生成与整合。

参考文献

[1] 胡利民，翟文江，贺东辉. 军事训练能力论 [M]. 北京：国防工业出版社，2009.

[2] 龚传信. 军事装备学教程 [M]. 北京：中国人民解放军出版社，2004.

[3] 罗军，游宁. 军事需求研究 [M]. 北京：国防大学出版社，2011.

[4] 白凤凯，汪雄，芦雪. 美军联合能力需求管理研究 [M]. 北京：国防大学出版社，2014.

[5] 姚恺，等. 基于扎根理论的弹药保障能力需求论证研究 [J]. 装备学院学报，2016，27（5）：24-28.

[6] 汪维余，杨荣芝，张景玉. 军事能力建设的理性思考 [M]. 北京：海潮出版社，2012.

以新弹药训练为突破　推进部队实战化训练深入开展

彭吉昌，张彦刚

（海南省军区保障局，海南海口　570236）

摘　要： 本文围绕增强新型弹药训练的紧迫感和自觉性，从三个方面提出了切实提高新型弹药训练层次和质量的方法措施，并就精心组织新型弹药实打实爆技术服务和保障提出了方法思路，对推进部队新型弹药实打实爆训练深入开展具有重要借鉴意义。

关键词： 新型弹药　实战训练　对策措施

新型弹药作为新质战斗力的重要载体，已经并正在对作战样式和战斗力生成模式产生深刻影响。我们必须遵循战斗力生成的客观规律，从实战需要出发，从技术切入，切实用好新弹药，扎实推进部队实战化训练落实。

1　进一步增强紧迫感和自觉性

近年来，部队持续开展"学装备、用装备、懂装备"活动，陆续组织新弹药性能展示、新弹药实打实爆和安全使用管理集训、新装备列装技术应用培训、夜视装备器材巡回技术服务等，有力地促进了新装备新弹药战斗力形成和部队实战化训练的开展。但部队新弹药训练效果不明显，不敢打、不会打、打不好的问题还不同程度存在。有的因循守旧，一些训练方法、训练课目多年不变；有的等靠依赖，场地等着上级建，技术等着上级给，保障等着上级供；有的怕出事，不敢积极主动地组织训练，导致官兵掌握新弹药的能力得不到锻炼。我们必须深刻把握实战化训练特点规律，进一步纠正认识上的偏差，凝聚打胜仗的共识，把新装备新弹药训练抓紧抓实抓到位。要形成以下四点共识。

1.1　新装备新弹药是作战体系的重要支撑，是生成新质战斗力的重要源头

武器装备是战斗力的物质基础，是作战体系的重要组成部分，新装备新弹药具有信息化、精确化、高技术化的特点，正逐步成为基于信息系统体系作战能力的支撑要素，成为新质战斗力的重要源头和新的增长点。必须强化信息主导、火力主战的思想，切实把学习运用新装备新弹药摆上重要位置。

1.2　新装备新弹药井喷式发展，极大地丰富了我军作战手段

新型弹药呈现出远程化、精确化、多功能化、高毁伤性的趋势。只有尽快掌握新装备新弹药战技性能和运用方法，才能最大限度地发挥武器装备作战效能。

1.3　新装备新弹药形成作战能力的根本途径是训练

再好的弹药，再先进的武器，如果训不精、打不准，就只能是"绣花枕头"，中看不中用，如果满足于抓一般性的训练，不把新装备新弹药训好用好，提高战斗力就是一句空话。必须强化练为战的思想，搞透现代战争制胜机理，把握战斗力生成规律，深入开展新装备新弹药实战化训练。

1.4　加强新装备新弹药训练是做好军事斗争准备的迫切要求

当前，我国安全形势复杂多变，必须进一步增强紧迫意识，尽快掌握手中武器，自觉把新装备新弹药训练作为部队实战化训练的重要内容，作为提升部队战斗力的重要途径，作为军事斗争准备的重要载

体，为实现强军目标奠定坚实基础。

2 切实提高训练层次和质量

军事训练是提升部队战斗力的基本途径。发挥新弹药作战效能，必须通过扎实有效的军事训练来实现。要紧跟武器弹药发展，紧贴使命任务实际，以实战化军事训练为依托，加大实践运用力度，持续推进训练落实，确保新弹药尽快形成作战能力。

2.1 把基础知识掌握好

掌握新弹药基础知识是解决敢打、会打、打得好的关键和前提。新装备新弹药种类数量越来越多，技术越来越复杂，必须下功夫学习。要切实做到"四个搞清楚"。

2.1.1 把装备底数搞清楚

全面了解所属部队装备的体系构成，清楚自己有什么装备、有多少弹种，了解不同装备、不同弹药的功能用途。

2.1.2 把性能原理搞清楚

掌握武器系统的基本组成、构造原理、毁伤机理，熟练掌握装备战技术性能指标，熟记每一种弹药的射程、穿甲厚度、毁伤效能等基本参数，为兵力运用和指挥决策提供依据。

2.1.3 把作战效能搞清楚

每一种弹药都有特定用途，从性质上可以区分打坚固工事、打装甲目标、打暴露有生力量、对敌干扰、实施防护和保障等不同类型，如果把弹药性质搞错了、用处搞偏了，就会大大降低作战效能，造成军事资源极大浪费。

2.1.4 把使用条件搞清楚

外部环境因素可能对装备和弹药使用效能产生影响，要全面了解掌握不同地域、不同气候、不同电磁环境等条件下使用的技术要求，在训练中科学运用。

2.2 把基本技能训练精

结合部队不同的训练阶段，区分不同的训练重点，把新装备新弹药操作技能练好练精。单个人员训练阶段，重点抓好武器操作训练。抓好单兵、单手、单车、单炮武器运用的基础训练，基本操作反复练，重点课目精细练，常用装备经常练，熟练掌握操作技能和动作要领，使官兵形成条件反射，遇有情况能够迅速正确处置。分队训练阶段，重点抓好弹药使用训练。现在部队实弹射击往往是固定课目、固定距离、固定弹种、固定装药，对固定的几种目标射击，看起来弹药消耗不少，实际训练效果却打了折扣。要针对新弹药技术特性，积极开展实打实爆训练，打出实实在在的数据，准确掌握新弹药第一手资料；要着眼发挥新装备作战效能，组织各类新弹种试验性实弹射击，全面掌握弹种功能用途；要按照装备弹药的设计能力，组织最大射程、最大射高等条件下的极限训练，打出装备的真实性能。实兵演习阶段，重点抓好战术运用和勤务训练。针对实战需要开展新装备新弹药运用训练，把情况设想得复杂一点，把条件提供得苛刻一点，把目标设置得逼真一点，开展夜间射击、运动射击、活动目标射击，让官兵在真难实严的环境中摔打磨炼，提高新装备新弹药实际运用能力。要紧密结合演训实践，针对特殊技术要求，组织弹药技术检测、技术维护等勤务训练，尤其对导弹的技术准备、炮弹的药温测量、射表修正等直接影响射击效果的内容，要重点加强训练，切实掌握操作技能。

2.3 把作战运用研究透

要让新装备新弹药成为克敌制胜的杀手锏，必须深入研究作战运用问题。

2.3.1 要研究掌握作战对手

深化作战对象和潜在对手的研究，搞清对手的力量编成、装备性能和运用方法，搞清对手的防御布势和工事构筑情况，印证研究新装备新弹药的作战运用，牵引部队实战化训练开展。

2.3.2 要研究掌握技术运用原则

按照新装备新弹药的功能用途、作用机理和战技性能，针对不同作战任务、不同作战环境、不同目标性质和特征，研究确定选用装备、选择弹种、选配引信等具体技术运用原则，提高新装备新弹药的毁伤效率。

2.3.3 要研究掌握技战术融合运用方法

各级作战、训练和装备部门，要联合开展新弹药作战运用研究，针对新弹药多功能化的特点，研究模块化、小型化编组模式；针对新弹药高毁伤性特点，研究兵力分散配置、火力集中使用的方法；针对新弹药信息化、精确化的特点，研究运用精确打击、节点瘫痪攻击等新的作战方式。要注重研究成果的转化运用，形成具体训练方法，使之真正进入部队的训练实践。

3 精心组织技术服务和保障

新装备新弹药技术复杂，对保障的依赖性强。各级领导机关和保障部门要端正工作指导、强化服务意识、加大协调力度，努力为新装备新弹药训练创造有利条件、提供有力支持。

3.1 技术服务要及时

要强化人员培训，采取跟研跟产、院校代培、成建制技术应用培训等方式，尽快使相关人员掌握操作使用、训练组织和维护保养的基本技能；要提供技术资料，及时申请配发操作规程、弹药射表，组织编写训练教程、考核标准和维护保养规范，使部队开展训练有章可循；要加强技术支援，充分利用合同商保障、保修期服务等有利条件，协调装备承研承制单位提供现场技术指导，组织战区范围内的专业技术力量，开展巡回服务和定点保障。

3.2 环境条件要配套

在训练场地建设上，要充分考虑新装备新弹药训练要求，尽可能多地提供训练条件，完善训练配套设施设备，使新装备新弹药训练展得开、训得好。在训练环境构设上，要注重增加必要的电磁干扰，利用生疏地形、不同天候开展训练，使新装备新弹药功能训足、要素训全。在目标设置上，要模拟对手装备和手段，配置阵地设施、靶机靶标等目标实体环境，让目标动起来、藏起来，使新装备新弹药训真训实。

3.3 供应保障要精准

要准确摸清训练需求，及时梳理总结弹药、器材消耗规律，针对不同部队类型、不同演练背景、不同作战运用等要素，合理确定需求，有针对性地实施供应保障。要加强沟通协调。根据年度训练实际需求，合理申请弹药指标、训练器材以及急需设备。要注重调控。指导部队科学制订弹药申请计划，加大新弹药使用比重。对重大演训、突发任务，要建立应急调控和保障机制，确保训练活动的顺利展开。

3.4 跟踪指导要深入

各级领导和机关，要积极适应作风转变的新形势新要求，坚持眼睛向下、身子向下，扎实做好训练的跟踪指导工作。要深入基层，深入训练场，到一线了解情况，实施指导，坚决杜绝闭门造车、遥控指挥的现象。要注重发现和解决问题。及时协调解决部队训练中遇到的矛盾困难，坚决纠治人为降低训练难度、不按技术规程使用装备等问题。对重要训练内容、难点课目要亲自组织、全程参加，切实以自身的模范行动带动部队训练的高质量落实。

准球形 EFP 成型及影响因素数值模拟

崔　亮[1]，路志爽[2]

（1. 陆军工程大学石家庄校区弹药工程系，河北石家庄　050003；

2. 32137 部队，河北张家口　075000）

摘　要： 本文采用 ANSYS/LS-DYNA 有限元分析软件对准球形 EFP 成型进行数值模拟，并在设定环境条件下对影响准球形 EFP 成型的主要因素进行全面的分析，包括药型罩外曲率半径、药型罩中心壁厚、药型罩材料和装药药柱尺寸等，得到了各个参数对其性能的影响规律。

关键词： 准球形 EFP　影响因素　数值模拟

0　引言

爆炸成型弹丸（Explosively Formed Projectile，EFP）是一种反装甲目标的战斗部，广泛应用于炮兵弹药、航空弹药、工程兵弹药以及单兵反装甲弹药，一直受到各国弹药领域的重视。通过采用不同装药结构和起爆方式，可获得球形 EFP、带尾裙 EFP 和长杆 EFP 等，长杆体 EFP 的侵彻能力较高，目前应用较广；带尾裙 EFP 的气动稳定性较好，可使 EFP 在更远的距离发挥作用，是中大口径 EFP 的发展趋势。而对于小口径 EFP，若采用长杆体 EFP 或带尾裙 EFP 形式，易因加工误差和装配误差而形成不对称 EFP，致使 EFP 飞行不稳定、侵彻能力差。而采用密实的球形 EFP 或准球形 EFP（长径比接近 1），其飞行稳定，几乎不受飞行姿态的影响，对靶板侵彻一致性好，在实践中有很高的应用价值。

随着计算机软、硬件技术的不断发展，数值模拟在 EFP 成型研究中得到广泛应用。本文采用 ANSYS/LS-DYNA 对准球形 EFP 成型及其影响因素进行数值模拟。

1　准球形 EFP 成型过程数值模拟

1.1　计算模型

为得到准球形 EFP 弹丸，计算模型采用如图 1 所示的变壁厚球缺罩 EFP 战斗部装药结构，主要由壳体、装药及药型罩组成。药型罩外曲率半径（靠近装药面曲率定义为外曲率）为 1.23 cm，药型罩中心壁厚为 0.438 cm，边缘壁厚为 0.2 cm，装药直径为 2 cm，药柱长度为 2.22 cm，壳体厚度为 0.2 cm。

采用非线性动力软件 ANSYS/LS-DYNA 进行 EFP 形成过程数值模拟，用拉格朗日算法。装药选用 JH-2（8701）炸药、药型罩、端盖和壳体材料及各部分选用的材料模型如表 1 所示，材料模型参数取自 AUTODYN 数据库。

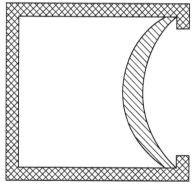

图 1　EFP 战斗部计算模型

表 1　数值模拟中选用的材料模型

模　型	材　料	状态方程	材料模型
药型罩	紫　铜	STEINBERG	GRUNEISEN
端　盖	钢	Johnson-cook	Gruneisen
壳　体	钢	Johnson-cook	Gruneisen
炸　药	8701 炸药	JWL	High_Explosive_Burn

1.2 有限元模型

取 X-Y 平面，建立二维模型，使用软件 ANSYS/LS-DYNA 进行。模型的建立包括三部分：装药、药型罩和壳体。根据药型罩中间厚边缘薄的特点，采用了自由划分网格来控制整体网格划分的均匀性，建立的有限元网格如图 2 所示。

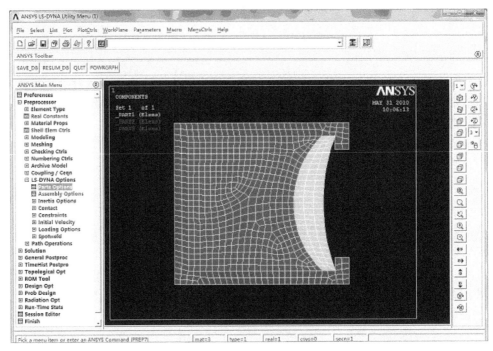

图 2　有限元网格计算模型

1.3 准球形 EFP 成型过程模拟分析

应用数值模拟方法，可对各个时期 EFP 的形状及变化趋势进行分析，有利于找出各参数对 EFP 成型的影响规律，进而选取合理参数优化战斗部结构。计算过程中需要对网格剧烈的变形进行很好的处理，本文采用了自适应手段控制网格的畸变，控制时间为 28 微秒，最后的分析结果表明此时已经形成了稳定的 EFP。装药与药型罩之间的接触界面采用自动面一面接触算法。准球形 EFP 模拟过程如图 3 所示。

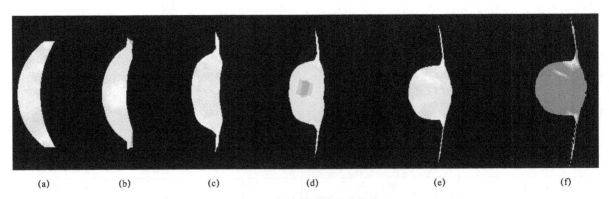

图 3　EFP 成型过程模拟

（a）0 μs；（b）3.97 μs；（c）7.98 μs；（d）12.99 μs；（e）21.99 μs；（f）28 μs

通过数值模拟方法，可直观地看出 EFP 的成型过程。当传爆药柱引爆主药柱后，近似球面波形的爆轰波首先传至罩顶，几十万个大气压的爆轰压力作用使得罩顶首先轴向变形，随着爆轰波的继续推进，罩面依次变形。对球缺罩径向变形速度分量较小，罩内表面不会发生碰撞，仅产生挤压，挤压的结果使得靠近罩轴心外壁质点轴向运动受阻，而内壁质点轴向运动加剧，因而罩顶加厚，当爆轰波到达罩外缘时，该边界质点受压而产生径向向外运动，这种运动随着罩体轴向运动显得更加明显。最终罩体由于轴向拉伸及径向挤压运动形成了准球形 EFP 弹丸[1]。

2 准球形 EFP 成型影响因素分析

2.1 药型罩外曲率半径对成型的影响

对球缺型药型罩而言，曲率半径是决定 EFP 成型的关键因素。对于变壁厚药型罩，在不改变罩中心厚度的情况下仅改变罩外曲率，分析罩曲率变化对准球形 EFP 成型的影响。分别取外曲率半径为 1.4 cm 和 1.12 cm，其他因素保持不变时的数值模拟情况如图 4 所示。

图 4 曲率半径为 1.4 cm 和 1.12 cm 的成型图

从计算结果来看，随着药型罩外曲率半径增大，最终形成的 EFP 长径比逐渐减小，曲率半径对速度影响与文献［2］计算结果相反。准球形 EFP 药型罩外曲率半径增大，药型罩口部厚度增加，微元速度降低。而文献［2］的 EFP 成型方式为向后翻转，曲率越大，易于翻转，速度增加[3]。

2.2 药型罩中心壁厚对成型的影响

分别取药型罩壁厚为 0.338 cm 与 0.538 cm，其他因素保持不变时的数值模拟情况如图 5 所示。

图 5 药型罩中心壁厚为 0.338 cm 和 0.538 cm 的成型图

从计算结果来看，随着药型罩壁厚的增大，EFP 的长径比减小，选取适当的壁厚可得到准球形 EFP 弹丸，可见壁厚对准球形 EFP 的成型有着重要影响，这与壁厚对长杆 EFP 的影响趋势一致[1-3]。

2.3 药型罩材料对成型影响

选取药型罩的材料密度、强度及塑性状态等特性直接影响着 EFP 成型和侵彻威力。结构相同，仅材料不同的药型罩，形成的 EFP 是不相同的。改变药型罩材料为钢材，其他因素保持不变时的数值模拟情况如图 6 所示。

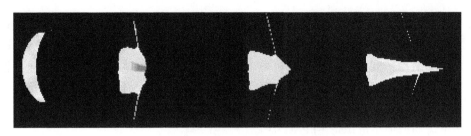

图 6　药型罩材料为钢的 EFP 成型过程

从计算结果来看，在其他条件不变的情况下，当药型罩材料变为钢时，最终形不成准球形 EFP 战斗部。

2.4　装药长径比对成型影响

炸药装药设计的主要目的是在确保药型罩能按预期设计指标成型为 EFP 的条件下，充分发挥炸药的爆轰效能，减小炸药用量。分别取装药药柱长径比为 1.61 与 0.61，其他参数保持不变时的数值模拟情况如图 7 所示。

图 7　装药药柱长径比为 1.61 和 0.61 的成型图

从计算结果来看，随着装药药柱长径比的增大，成型 EFP 长径比也增大，当装药药柱长径比增大到一定值时，成型 EFP 长径比基本保持不变，这与装药长径对长杆 EFP 的影响趋势一致[1-3]。

3　结论

本文通过对准球形 EFP 成型理论的全面分析，从而利用相关资料设计准球形 EFP 战斗部，最后运用 LS-DYNA 软件进行数值模拟，研究了药型罩外曲率半径、中心壁厚、药型罩材料和装药药柱长径比对准球形 EFP 成型结果的影响。得出如图 8 的影响规律。

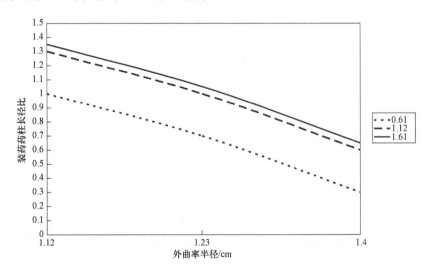

图 8　外曲率半径和药型罩中心壁厚对准球形 EFP 成型影响规律曲线

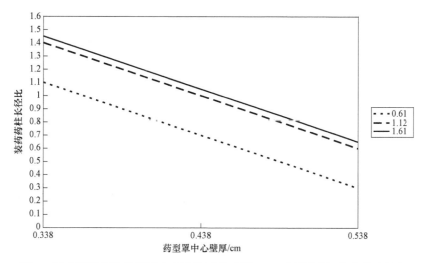

图 8　外曲率半径和药型罩中心壁厚对准球形 EFP 成型影响规律曲线（续）

利用数值模拟方法研究了药型罩结构参数对准球形 EFP 成型及影响因素的影响。从计算结果可看出，随着药型罩外曲率半径和壁厚的增大，EFP 的长径比逐渐减小；EFP 的速度逐渐降低。获得了形成准球形 EFP 的药型罩结构参数对应关系。通过模拟计算可加深对准球形 EFP 成型及影响因素的了解，但计算结果与实际吻合程度有待试验验证。

参考文献

[1] 张志春，孙新利，孟会林，等. EFP 成型影响因素的数值模拟 [J]. 弹箭与制导学报，2006，26（1）：227-228.

[2] 蒋建伟，杨军，门建兵. 结构参数对 EFP 成型影响的数值模拟 [J]. 北京理工大学学报，2004，24（11）：939-941.

[3] 李裕春，杨万江，沈蔚. 药型罩曲率半径对爆炸成型弹丸参数的影响 [J]. 火工品，2003（1）：45-48.

某型导弹测试转台控制系统干扰问题分析

朱 珠，王文周，宋佳祺

（中国人民解放军驻一一九厂军代室，辽宁沈阳 110034）

摘 要：介绍了某型号导弹测试转台控制系统的组成、性能指标及其功能，概述了转台控制系统的基本配置。针对转台测控系统研制、生产过程中遇到的一些干扰问题结合实践提出相应的解决办法，以改善转台的总体性能，提高转台系统工作的可靠性和稳定性。

关键词：转台控制系统 干扰抑制 可靠性

0 引言

仿真测试转台作为航空、航天等领域产品测试的关键设备，它能真实的模拟产品在实际飞行时的各种姿态，复现其运行时的动力学特征，从而对飞行器的制导系统、控制系统及其相应器件的性能能够进行反复测试，获得实验数据，并据此进行调整和改进以检测系统的工作状态和性能，所以转台在飞行器的研制、生产、改进过程中起着极其重要的作用。转台性能的好坏直接关系到测试实验的准确性和可靠性，是保证武器系统精度和性能的基础。而抗干扰性能是衡量转台性能好坏的关键指标之一，本文对提高某型号导弹测试用转台控制系统的干扰问题进行了分析，提出了具体解决措施。

1 转台控制系统的功能及组成

1.1 转台控制系统的功能

转台控制系统是实现转台全部动静态性能指标和完成所有控制功能的核心。根据转台的使用情况，既要求转台能自成系统，独立工作，又要求转台能接收远程计算机的命令组成系统，协调工作，达到远程测控的目的。因此，转台控制系统应具有本地/程控切换功能，即本地控制和远程控制两种工作方式。除此之外，转台控制系统还应具备如下功能：1. 转角位置伺服控制；2. 转角速度伺服控制；3. 转台限位告警；4. 转台保护告警；5. 转角和转速的实时显示；6. 微机监控；7. 紧急停车。

1.2 转台控制系统的组成和基本配置

一般的转台控制系统主要由台体、转台控制机柜和能源系统三个基本部分组成。转台的台体是机械设计部分，包括基座和框架。三轴转台有三个相对转动的框架（外框、中框、内框），三个框架轴相互垂直，分别用来模拟飞行器的航向、俯仰和滚动运动。台体各轴上均装有减速齿轮、驱动马达以及角运动敏感元件（如反馈电位器、光电码盘和测速机）和高精度导电滑环，被测试件装在与内框轴固联的负载盘或支架上。为了精确地测量转台各个轴的转角，一般都装有刻度盘，有的甚至装有游标刻度盘。为了防止随动系统发生故障而连续旋转，撞坏被试部件，各轴装有限制转角的限位装置（如限位开关、接近开关）。减速齿轮装有消除间隙的装置（如偏心调节间距等）。各种引线通过各轴的中心孔以避免框架转动时发生交叉和牵缠。转台控制机柜是转台主控装置，用来控制和驱动转台台体的运动。控制机柜内放置转台控制器、监控装置和控制计算机等部件。由控制计算机集中控制各个相互独立的轴通道，实现转台所有的控制功能。能源系统是专门为转台台体伺服系统提供能源的装置，有两大类：一类是电动机伺服驱动；一类是液压伺服驱动。

对于某型号导弹测控系统来说，根据转台功能要求，一个完整的转台控制系统的组成如图1所示。

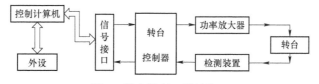

图1 转台控制系统结构图

由此可见，转台控制系统的硬件组成包含以下六个部分：控制计算机、信号接口、转台控制器、功率放大器、检测装置、外设等。

1.2.1 控制计算机

转台控制系统是一个高精度快速伺服系统，对计算机的运算速度和计算精度要求较高，必须选择运算速度高和计算字节长的微型计算机。该控制系统的控制计算机选用的是 IPC-610 工控计算机。

1.2.2 转台控制器

转台控制器一般以单片微机为核心，配以模拟信号调理电路和数字信号调理电路，实现对转台的监控保护等功能。目前，采用的单片机是以 ATMEL 公司的 AT89C52 为中心，单片机 89C52 是一种低功耗、高性能的 8 位 CMOS 微处理器芯片，片内有 8 K 字节的闪烁可编程及可擦除只读存储器，它的擦写次数为 1 000 次，数据存储器的容量为 256×8，数据保存期可达 10 年。

1.2.3 信号接口

由于转台的复杂控制方式，转台的数据信号有模拟信号、数字信号，还有这两种信号的转换，因此能够准确的传输数据信号在转台计算机控制中是非常重要的。控制计算机与转台控制器间数据和信息交流的传输方式是通过 I/O 口和 D/A、A/D 口。

1.2.4 检测装置

检测装置中，传感器的精度决定了系统的精度，整个控制系统的闭环任务是由传感器来完成的，从而保证了系统的稳态精度和控制精度。转台常用的传感器有：电位器、测速发电机、光电码盘（包括绝对式光电码盘和增量式光电码盘）、感应同步器等。

2 转台测控系统中的干扰问题

转台测控系统不可能工作在绝对理想的环境下，因此它必然受到各种环境因素的影响。这些影响包括：①外部环境对设备的影响；②设备电子线路内部各元器件之间的相互干扰。外界环境干扰包括外界电磁场、电网波动等，而电子线路之间的互相干扰则主要是通过公共阻抗、线间分布电容及互感而相互影响。设备电子线路不仅受到外界环境的影响，同时它也会向外界发射电磁波，给电网回馈波动，这种效应会对其他电子设备造成干扰。

可以从转台测控系统的三大部分入手，采取措施提高转台控制系统的抗干扰性能：①控制柜电子线路；②台体布线，包括滑环布线、台体内走线、控制及测量电缆布线、反馈元件的反馈信号及前置放大器等；③接地系统。每一部分在运行过程中都会遇到如下几方面干扰：①传导性耦合干扰；②电容性耦合干扰；③电感性耦合干扰。解决其干扰问题一般从以下几方面着手：①系统内干扰的抑制；②干扰途径的抑制。但无论从原理上讲还是从实践上讲，干扰源的抑制是解决干扰最有效的方法。下面分别从每一部分出发来讨论。

2.1 控制柜抗干扰措施

每个控制柜由若干控制箱构成，而控制箱内的电子线路采用了模块化设计。每个控制箱的抗干扰措施大致可分为四个方面：①主电子线路印刷板方面；②外引线方面；③公用底板方面；④控制箱装配工艺方面。

2.1.1　主电子线路印刷板方面

印刷电路板主要是通过电子元器件的合理布局和电路板合理布线，充分保证及优化电路板的性能，从而提高抗干扰性能。其中板卡尺寸的选择宜小不宜大，主要是考虑信号在板上的传输时间问题，而且信号频率越高，越应重视。

印刷电路板中的信号线的布线应遵循以下几点：

（1）信号线在印刷电路板上传输线的延时时间不应大于所用器件的标称延时时间。也就是说，印刷板上的引线长度越短越好，最好不超过 25 mm。

（2）尽量使用 45° 折线而不要使用 90° 折线布线，以减少高频信号对外的发射与耦合。

（3）用地线将时钟区圈起来，时钟线要尽量短。石英晶体振荡器下面不要走线。

（4）电路板上过孔的数量应尽量少，每条走线的过孔数量最好不要多于两个。因为印刷电路板上每个过孔大约引起 0.6 pF 的电容，对于高频电路来说，过孔的电容将变得不容忽视。

（5）闲置不用的门电路的输入端不要悬空，可采取并用、接地、接高电平等方式，以减少外部干扰信号对系统的影响；闲置不用的运算放大器正输入端要接地，负输入端要接输出端。

（6）对 A/D 类器件，数字部分与模拟部分宁可绕一下也不要交叉。

2.1.2　外引线方面

转台测控系统采用了模块化设计的思路，每块印刷板都经过底板上插座进行信号通信，因此印刷板上的外引信号都通过底板上插座实现。由于插座将各种信号集中，信号间的相互影响相对比较严重。为减小通过该插座引入的电容和电感性耦合，在安排信号引线时应该将所有信号如电源信号、输入信号、输出信号、强信号或干扰信号、弱小信号加以区分，合理布线。除分开安排信号引脚外，对于某些干扰源信号，还应实行引脚间的屏蔽。这可以通过在二类信号之间安排隔离地线来实现。

2.1.3　底板方面

底板是各个电路板（卡）的转接件，为各模块间提供通信总线。因此其信号线安排以及电容性耦合干扰抑制等同各模块的外引线的处理原则一样。

2.1.4　控制箱装配工艺方面

控制箱装配工艺包括每个箱中的交、直流电源引线、布局，显示指示灯引线、散热风扇、后面板引线安排等。

电源装配线是引入电网噪声、外界磁场干扰的一条主要途径，同时它还会产生交变磁场和通过分布电容给测控系统本身造成干扰，因此这一部分的干扰问题必须引起足够的重视。

电源系统一般包括引线、电源滤波器、直流开关电源及其他辅助线路。提高这部分线路的抗干扰能力主要是通过配线方式、安装位置等装配工艺来实现的。

开关电源的直流输出给测控系统提供工作电源，它的输出引线不应同交流馈线捆扎布线，不能共用一个屏蔽层和长距离平行走线，并且为了防止任何外界电、磁场干扰，也应采用双绞屏蔽的方式。

电源指示灯一般布置在各控制箱的前面板上，它的引线无论是采用交流驱动还是采用直流驱动都应采用双绞屏蔽，尤其是直流驱动时更要如此。因为指示灯电源同系统工作电源并联，容易对系统耦合造成干扰。

为了缩短电源布线在控制箱中的走线长度，电源后面板引入插座、控制箱内开关电源以及前面板显示灯应安排在箱体的同一侧。

前面板上的电源开关一般为交流供电即滤波器后的 220 V 供电，它的走线不可避免要横穿整个控制箱，故其走线应严格双绞屏蔽。

每个控制柜的上方一般都安排系统散热风扇，其干扰往往容易被忽视。散热风扇有交、直流二类，因为直流风扇有电刷，易产生干扰噪声，故散热风扇不宜采用直流类。采用交流风扇时，其电源引线是引入干扰的主要途径，因此其电源布线应采用双绞屏蔽，而且在进入风扇前经过独立的滤波器滤波。

2.2　总体布线的处理

滑环结构及布线较为特殊，因为它是一个空间小、走线相当密集的部件，各种信号都在滑环内集中，因此各信号间的互感、互容效应较大。因为滑刷和环道接触处无法屏蔽，其电容耦合尤其严重。在滑环上应采取如下几个抗干扰措施。

（1）分配环道时将大、小信号，交、直流信号远距离分开安排。

（2）易产生干扰的信号和易受干扰的信号线不仅要在分配环道时考虑分开，而且在环体内走线一定要采用双绞、三绞屏蔽，屏蔽层要一点接地。

（3）关键信号要采用边界环道作为专门的屏蔽环道，即将信号两边的环道进行良好接地，以起到环道间的屏蔽作用。

采用严格的屏蔽后，有时可能还难以消除高频辐射造成的传导耦合。因此应在运放同外界连接点包括+Vs、−Vs、同、反相端和输出端都应接入一个高频特性都十分好的滤波电容，而且其布线不应过长。

2.3　接地系统

转台控制系统接地的目的是：①提供一个公共的参考电位；②220 V 交流接地为保护接地，防止静电、雷击、漏电等；③提供屏蔽效果。

接地必须良好，以保证低阻抗性质，否则不仅无用，反而成为噪声传输途径。为了消除公共阻抗的耦合，接地应按如下方式进行：将系统中各种类型的单元电路加以区分，模拟信号地同数字信号地、强干扰信号地和机壳地分别各自先连接，然后在大地处一点共地。具体地讲，每个控制箱的地应通过导电性能好的铜排统一接地。各箱中的 220 V 电源地同机壳相连，然后通过电缆的屏蔽层并接到台体上。因为台体是一个大的金属体，可以作为一点接地处在此处接大地。

3　结束语

本文主要讨论了转台测控系统研制及生产过程中遇到的一些干扰方面的问题以及采取的解决办法，得出如下两点体会。

（1）抗干扰问题是高精度测试转台设计与生产中的一个至关重要的问题，在一定程度上，它决定了测控系统的精度和可靠性，必须引起足够的重视。

（2）干扰问题自始至终贯穿于转台测控系统的全寿命周期之中，应根据制造技术的不断发展采取更为先进的抗干扰设计，不断提高产品的可靠性。

参考文献

[1] 任伟，陈怀民，王亮. 基于反射内存的五轴转台测试系统设计与实现 [J]. 测控技术，2011（11）：88-90，95.

[2] 高亮. 基于干扰观测器的转台控制系统设计 [D]. 哈尔滨：哈尔滨工业大学，2007.

系统协调，有效沟通，提升弹药保障科研质量效益

宋桂飞，穆希辉，姜志保，李良春，王韶光

（32181 部队，河北石家庄 050000）

摘　要： 从弹药保障科研协调与沟通的意义、主要特点、基本内容和基本原则等方面，阐释了做好系统协调，有效沟通，对提升弹药保障科研质量效益的重要推动作用。

关键词： 弹药保障　保障科研

0　引言

弹药保障科研是军队科研的重要组成部分。近年来，我军陆续推动了以新型弹药技术保障工程研究与体系建设、报废弹药绿色销毁工程研究、高价值弹药综合质量鉴定、野战弹药储存防护工程研究为代表的重大弹药保障科研工作。做好弹药保障科研协调与沟通，既是项目组内部形成科研合力的必然要求，又是项目组对外协作的重要渠道，对加强科研项目管理，提升项目质量和效益具有重要意义。

1　弹药保障科研协调与沟通的意义

1.1　有利于明确目标愿景

弹药保障科研一旦立项，其研究目标就以任务书的形式固化下来，这是整体科研工作的落点。加强协调沟通，有利于项目组第一时间明确目标愿景，建立目标激励、目标吸引、目标强化的心理基础，全力以赴地向着既定目标聚焦用力。

1.2　有利于明细责任分工

弹药保障科研是一项系统工程。"千金重担大家挑，人人身上有指标。"加强协调沟通，有利于项目组做好角色定位，明细责任分工，压实责任主体，把团队目标愿景与个体主动能动统一起来，真正形成科研合力。

1.3　有利于明晰实现路径

弹药保障科研是目标统领下的迭代深化过程。加强协调沟通，有利于项目组充分调动和有效配置科研条件资源与研究力量，优选科研协作方式，及时吸收反馈情况，合理规划研究路径，调整推进路线图，提升项目执行力。

2　弹药保障科研协调与沟通的主要特点

2.1　涉及要素多

弹药保障科研协调与沟通包括：以研究力量为主体的人员协调；以弹药、试验设备器材等为主体的设备材料协调；以技术、工艺、试验、服务等为主体的科研协作协调；以法律法规、合同协议、安全保密等为依据的法纪约束关系协调。

2.2 阶段特征强

科研项目管理通常具有很明显的阶段性特征，科研项目从立项到转化产生战斗力保障力，通常可分为立项、设计、采购、加工、试验、分析、调试、定型、扩试、推广应用等不同阶段，每个阶段又可以划分为若干时期，协调与沟通的内容因时而异。

2.3 实施难度大

项目管理中，科研协作关系是基于共同的科研目标，通过学术共同体来维系的，但极其脆弱。由于不同隶属关系的行政主体之间的协调与沟通，受管理体制机制的影响特别大，因此行政管理会有意无意地冲击科研协作关系的维持与运行。

2.4 时效要求高

科研活动是与时间赛跑的活动，追求"第一"与"首次"是科研工作的内在动力。同时，弹药保障科研还面临着军事需求迫切强烈、成果转化周期紧张等军事特殊要求，必须在有限的时间内，完成满足作战与保障需求的成果。

3 弹药保障科研协调与沟通的基本内容

3.1 组织计划关系协调沟通

组织计划关系协调沟通是指以弹药保障科研计划为依据，开展的决策层、咨询层、操作层等层级和层际关系协调与沟通。其主要包括如下几种表现形式：①指令型隶属关系：上级业务机关（决策层）以命令、通知、指示等形式，对任务单位下达任务，具有行政约束效力。②调研型咨询关系：以参观考察、座谈交流、技术咨询等形式开展的协调沟通。③事业型合作关系：以共同的事业使命或学术追求为目标，缔结成紧密的事业共同体或学术共同体，权责统一，成果共享。④效益型市场关系：贯彻军民融合深度发展战略，以商务合作方式，通过市场优化配置资源，实现融合研究。

3.2 弹药物流关系协调沟通

弹药物流关系协调沟通是指以科研用弹流通为主体的供求关系的协调与沟通。由于弹药自身固有的军用爆炸品属性，国家和军队对弹药物流管理极其严格，有一整套规范完备的机制与制度，特别是受国家和军队政治、安全环境影响，弹药物流暂停现象时有发生，物流动态反应敏感，计划执行窗口期窄、波动大，预期达成率低，加之不同于弹药批量供应保障，科研用弹种类精选、批次少、规模小、针对性强，在弹药物流体系中比重轻、调控空间小，弹药物流不畅往往成为制约弹药保障科研如期推进的瓶颈，是弹药保障科研中协调沟通难度最大的一类关系。

3.3 专业技术关系协调沟通

专业技术关系协调沟通是指弹药保障科研过程中涉及的试（实）验、现象观察、数值模拟、解析计算、理论阐释、规律探析、技术服务等专业技术关系的协调与沟通，其发生主体一般是承研承试承制单位，是科研活动的主体力量，主要协调各行为主体通过智能、技能的有效参与，更好地服务于弹药保障科研活动。专业技术关系协调沟通贯穿弹药保障科研全程，是体现弹药保障科研创新含量的主体行为，是完成弹药保障科研任务、实现科研目标的核心基础，也是凝聚科研团队智慧、保证科研质量的重要途径。

3.4 安全约束关系协调沟通

安全约束关系协调沟通是指以党纪、国法、军规及其他相关规定为依据的安全、保密约束关系协调与沟通，既包括弹药保障科研成果的安全与保密，又包括人员的安全与保密。做好弹药保障科研安全风险管控至关重要，难度很大。从本质属性上看，涉弹涉爆科研活动本身存在相当程度的安全风险；从科研角度看，在科研成果完成之前，科研活动本身就是探索活动，采用的都不是成熟的工艺、规范的流程、制式的工具设备，面临着许多未知的、潜在的、不确定的危险因素；从做好研究工作看，为了采集验证更多的科研试验数据信息，共同完成科研工作，现场人员势必较多，人员管控难度大。

4 弹药保障科研协调与沟通的基本原则

4.1 "目标激励"的宗旨性原则

协调与沟通的目的是更好地促进项目实施完成，将终极性目标与阶段性目标、总体目标与个体目标、成果标志目标与利益诉求目标贯穿于沟通与协调全过程，细化评价指标，强化目标激励，使沟通与协调处于动态管理状态，解决项目实施中存在的矛盾和不一致，使项目组全体成员都有成就感、获得感。

4.2 "公平参与"的平等性原则

平等的协调与沟通环境可以使所有参与者真实地感受到协调与沟通的快乐和绩效，同时可以增强项目团队的凝聚力和竞争力。项目组长（负责人或监管方）作为沟通与协调主体，应该从战略意义上注重构建"公平参与、平等对话、双向沟通、等距交流"的有效沟通与协调机制，杜绝因协调沟通不顺畅引起的应付和放弃等消极情绪。

4.3 "统筹优化"的高效性原则

项目组应当在全面了解掌握项目的工序流程、质量效益、工程周期、经费保障、专业结构、人员配备的基础上，从源头计划上预判项目存在的薄弱、关键及重点环节，统筹人员、专业、岗位、设备、环境条件等各类资源，控制人员、质量、进度和经费，提高协调与沟通的有效性、时效性和高效性。

4.4 "有限保密"的真实性原则

协调与沟通的作用主要体现在信息传递、双向交流、对方理解信息等方面。信息作为开展沟通与协调工作的基础，参与各方应在有限保密范围内，保证沟通与协调的内容真实可信、准确可靠，避免因为错误或者不完整的信息导致错误决策判断，甚至产生连锁反应。

4.5 "响应反馈"的闭合性原则

在一个团队内，如果沟通只是单向的，即领导下达命令，部属只是象征性地反馈意见，那么，这样的沟通不仅无助于决策层的监督与管理，时间一长，必然挫伤团队成员的积极性与归属感。只有将单向的协调沟通变为双向的协调沟通，及时调整双方利益关切，才能化解消除矛盾，协调共通之处，互为推动地更好发展。

对当前部队弹药人才培养的几点思考

王　婷，曹庆国，孙　科，张阿娣

（32228 部队，江苏南京 210000）

摘　要：本文根据在基层部队调研的实际情况，针对部队改革后弹药人才队伍的现状，指出当前弹药人才培养面临的问题，深入分析原因，提出具体的意见建议，对下一步抓好部队弹药人才培养具有一定的参考意义。

关键词：弹药　人才培养

0　引言

近年来，随着部队实战化训练的不断强化，部队从以往的"不会打，不敢打，不愿打"到如今"打全面、打边界、打极限、打效能"的实战化转变，部队实弹消耗逐年增加，实战化水平稳步提升。弹药专业的人员编配情况与实战化需求还存在哪些差距？当前部队弹药人才队伍现状如何？带着这样的问题，笔者于 2018 年前后利用 20 天左右时间，分两次，区分东部战区陆军南北两片调研了集团军部队、仓库、直属兵种旅和弹药技术保障机构中的人员编配使用情况，管中窥豹，以此希望就弹药人才的科学培养为上级机关提供意见建议。

1　当前部队弹药人才面临的矛盾问题

1.1　专业人才缺

此轮军改后，弹药专业编制更加科学、更加完善，从上到下都有专门的弹药管理机构，战区陆军有弹药器材处，集团军有弹药处，旅有装备（弹药）科，在编制上增设的弹药岗位充分说明了上级对弹药的重视，但在实际运行过程中，部队普遍反映的是缺乏弹药专业人员，现有的这些弹药岗位很多都是由非弹药专业人员担任，有的甚至还没有经过系统的培训就担负这些岗位，有的即使是弹药专业毕业或者经过相关培训，也是短暂任职就转业或转岗了。以弹药技术机构为例，在岗的 13 名干部中，弹药专业仅 5 人，专业对口率为 38.4%，且梯次不合理，营（技术 10 级）以下干部一个没有，青黄不接的问题比较严重；在岗的 43 名士官中，仅 1 人为士官学校毕业的专业士官，参加 3 个月以上弹药专业培训的也不足 10 人。作为战区陆军的专业弹药技术保障力量尚且如此，其他单位弹药岗位人员情况可想而知。

1.2　保留难度大

各级在弹药人才的培养培训上也下了功夫，陆军、战区陆军、集团军都先后几次组织了集训活动，但调研发现，实际情况仍然不容乐观，主要是专业干部保留难度较大，转业转岗流失严重，出现边培训、边流失的情况。如，2017 年 9 月参加陆军弹药处（科）长集训 40 人中，已有 12 人转业、7 人转岗，一年不到走了接近一半。2017 年以来，3 个集团军 24 个弹药科长中（各集团军 6 个合成旅及炮兵旅、防空旅设弹药科长），已有 6 人转业、8 人转岗，流失率达 58.3%。

1.3　发展空间小

调研发现，东部战区陆军 3 个集团军弹药科长中，至今没有 1 名弹药科长提升。有的正连级弹药助理员 6 年都没有提升机会，部队陷入一方面高呼弹药人才急缺，另一方面又对当前弹药专业干部成长进步受限熟视无睹的双重局面，导致部分干部宁可编余也不愿干弹药科长，有的就算干了，也是时间不长就转岗或转业了。

2 原因分析

2.1 行业吸引力不足

部队官兵普遍反映，当前在弹药口子上，就是处于"火山口"和"被告席"，常年承受高压，甚至有时候被动躺枪，不少人认为弹药保障只出问题、难出成绩，弹药岗位整体士气比较低落，干事创业信心不足，整个行业对年轻军官、士官都没有什么吸引力。

2.2 培训缺乏针对性

有的单位看似组织了弹药保管员的培训，但只定了 3 天的培训计划，保管员回到单位后连基本的弹药知识都无法掌握，弹药堆卡都不会填写。有的一搞培训就大而化之，什么都教，不结合自身装备情况、弹药列装情况，表面上看什么都学习了，其实没有针对性，学习效果不明显；有的培训流于形式，仅限于组织过、学习过、考核过，不关注最终掌握情况。

2.3 安全问责压力较大

基层官兵指出：现在部队一讲安全，就是弹药，一有检查，就必查弹药，一讲弹药，就是弹药保障部门的事，人为增加了保障部门的工作压力。比如未爆弹处置，《陆军弹药安全管理细则》规定"成立由训练现场主管领导负责、专业人员参与的专门组织"，陆军从训练部门下发的《训练未爆弹处理规范（试行）》明确"处理未爆弹前，要建立专门组织机构，通常指定现场指挥员、工程师"，而部分单位往往全部交给弹药处（科）负责。

3 对部队弹药人才培养的几点思考

3.1 丰富培养培训方式

坚持把弹药人才培养作为各级党委抓好弹药安全、推进转型建设的头等大事和战略工程，综合运用院校教育主渠道、部队训练大课堂、院所工厂大平台，采取集中办班、跟厂跟训等方式，结合部队当前实打实训急需，区分弹药作战运用和技术管理使用两个内容，定期开班进行轮训培训，培养和储备人才，培养一批会操作、能组训、懂管理的弹药使用和保障骨干，为备战打仗提供有力支撑。

3.2 加大人才保留力度

建立完善弹药人才使用管理和保留机制，避免人才边培养、边流失。各级政治部门在干部调整、转业等审核把关过程中，积极与保障部门沟通意见，避免出现不必要的人员流失，同时，应适当加大弹药岗位人员晋升空间，让想干事的有舞台有平台。

3.3 增强行业荣誉感

荣誉内化于心，外放于形，只有激起内心深处对弹药这个行业的真诚热爱，才能在危险和高压面前坚定自己的选择。长期从事弹药岗位的官兵，实属不易，应加大宣传力度，树立典型激励，提升官兵对危险岗位的精神认同，同时提高行业经济补助标准，增加从业官兵物质基础，激发起大家积极投身弹药岗位的热情。

破片贯穿作用下飞机机翼结构的断裂判据研究

韩　璐，苏健军，李芝绒，仲　凯，刘　强

（西安近代化学研究所，陕西西安　710072）

摘　要： 破片作为威胁飞机目标的主要毁伤元之一，研究其对飞机机翼结构的毁伤评估方法具有重要意义。针对现有破片对飞机结构毁伤准则中未考虑毁伤位置、尺寸及角度影响这一不足，基于受损结构剩余强度分析，建立了飞机机翼结构在破片冲击下的毁伤评估方法。结果表明：毁伤尺寸显著影响尖端应力强度因子的大小，随裂纹长度的增加，尖端应力强度因子不断增大；随毁伤位置偏心距的增加，尖端应力强度因子呈指数增加；随裂纹倾角的变化，尖端应力强度因子呈周期性变化。文中结合数值模拟分析了贯穿毁伤与理想表裂纹的等效方法，结合算例求解了应力强度因子作为结构断裂准则，所得出的结论具有一定的规律性，可为破片贯穿作用下飞机机翼结构毁伤评估提供方法支撑。

关键词： 破片冲击　机翼结构　剩余强度　毁伤评估

0　引言

研究破片对飞机目标结构的毁伤评估方法不仅可以验证弹药的毁伤威力，同时可以反向提高飞机生存力设计。破片打击下飞机结构毁伤评估方法，国内外许多的专家和学者均已开展了研究，目前最为常用的毁伤判据有破片流能量密度法和面积消除法两种[1-3]。当采用能量密度测度时，结构的毁伤通常被表示为分段线性函数的形式，用作用在结构上杀伤元的能量阈值来判断部件是否毁伤[4-6]；面积消除判据则定义了毁伤某一部件所需要的、必须从该部件上消除的面积最小值，通常以毁伤概率的形式对结构的毁伤程度进行表征，主要适用于对外形完整性依赖较大的部件，如蒙皮等[7-8]。由此可见，无论是能量密度法还是面积消除法，其基本思想均需要找到能够毁伤目标的一个最小临界值，但实际中这一阈值的确定十分困难，需要大量的试验数据支持，同时这一阈值也并未考虑破片命中位置带来的影响，评估结果具有较强的统计性。

事实上，破片毁伤元通常不能直接冲断飞机结构，而是在其表面形成一定尺寸的穿孔。由于飞机在其之后的飞行或任务中将持续承受由气动或机动引起的拉压、剪切、弯矩和扭矩等载荷，将在开口处形成应力集中，发生较大变形甚至发生裂纹的动态失稳引起结构断裂，因此，带伤结构的剩余强度可作为判断其是否毁伤的参量。

本文基于受损结构剩余强度理论，首先分析了机翼典型结构元件的受力功用，按照剩余强度相同的原则将冲击毁伤当量化为理想静裂纹，结合数值模拟算例说明等效方法。对蒙皮、加强肋、翼梁、长桁和樯等结构，将其等效成复杂受力边界条件下的有限矩形板内任意位置孔边裂纹或表面裂纹问题，采用边界数值方法求解其应力强度因子，结合算例进行了毁伤尺寸、位置及角度影响分析，并给出结构断裂毁伤判据建立方法。

1　冲击损伤结构的剩余强度分析

剩余强度被定义为带损伤结构的实际承载能力[9]，线弹性断裂力学中认为，在脆性断裂过程中，裂纹体各部分的应力和应变处于线弹性阶段，只有裂纹尖端极小区域处于塑性变形阶段[10]。当含损伤结构的裂纹尖端应力强度因子达到一个由材料性质决定的临界值时，裂纹将发生失稳扩展，从而导致结构的整体破坏。应力强度因子仅仅依赖于裂纹的几何尺寸和边界上的载荷条件，对于飞机结构件来说，其载荷形式不同，决定了其裂纹的断裂类型和应力强度因子值。

区别于传统疲劳裂纹问题，相比于结构自身所带的缺陷裂纹，毁伤评估中更为关心的是由破片冲击瞬态所形成的贯穿裂纹，因此本文中认为受损结构发生断裂的位置为冲击位置。因此，结构毁伤准则的建立可描述为：首先将破片对飞机结构的冲击毁伤当量化成为一个贯穿裂纹。而后通过计算裂纹尖端应力强度因子来判定其在当前的受力状态下是否满足失稳扩展的条件、分析受损结构是否能继续满足载荷要求，从而判断其是否毁伤。

1.1　机翼结构元件的承载功用

飞机结构件的结构形式决定了其承载能力，进而影响其断裂毁伤特性。飞机机翼结构主要由蒙皮、翼肋、翼梁、长桁、墙等结构元件组成。

1.1.1　蒙皮

蒙皮的直接功用是维持飞机的外部形状，保证气动特性。蒙皮在参与总体结构受力时，主要承担由扭矩转换而来的剪流。但是随着现代飞机结构的发展，越来越多的飞机采用多墙式的机翼结构和硬壳式的机身结构。厚蒙皮的结构形式下，除了剪力之外，还在一定程度上以承受面内轴力的形式分担一部分机翼结构的弯矩。这时，蒙皮将在平面内承受较大的拉、压应力和剪应力，处于复杂应力状态。因此机翼蒙皮主要的载荷形式如图 1 所示。

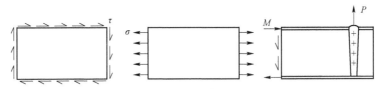

图 1　机翼蒙皮主要的承载形式

1.1.2　翼肋

普通的翼肋不参与机翼结构的总体受力，其主要功能是承受局部气动载荷和维持剖面形状。同时翼肋作为长桁的支点还承受长桁传来的局部气动载荷，为防止长桁以及蒙皮受压总体失稳提供横向支持。而加强肋能够承受其他部件传来的集中载荷，将其扩散成分布的剪流传到有梁和蒙皮组成的机翼盒段上，图 2 所示为一个加强肋载荷示意图。

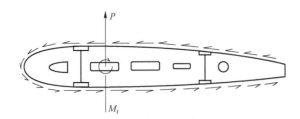

图 2　加强肋主要的承载形式

1.1.3　翼梁、长桁和墙

机翼梁主要承受各个翼肋传来的剪力。翼梁固支在机身上，由机身提供支反力和支反弯矩（对于整体结构梁，弯矩在其自身进行平衡，不传递到机身）。故以工字梁为例，其上下缘条主要承受弯矩引起的轴向拉力，而腹板则主要承受剪力。长桁与墙主要对机翼蒙皮起到支撑作用，其受力主要为局部气动载荷。而在现代飞机一些结构形式中，长桁和墙有时与翼梁一起承受机翼的总体弯矩，因此其主要的承载形式与机翼梁相同，所受载荷则可简化成为弯矩引起的轴力，在中性面内受轴向拉伸载荷，图 3 所示为一个工字梁所受外载荷示意图。

1.2　冲击损伤当量化

破片对飞机结构的冲击损伤尺寸不能简单地等效成为相同尺寸的静裂纹[12]，而是需要首先依据一定的准则来当量化成为理想裂纹，而后再利用比较成熟的方法进行分析，图4展示了冲击损伤当量化的含义：破片穿透目标时，其不仅会在冲击位置形成一定半径 R_p 的穿孔，同时由于残余应力的影响，在穿孔周围将形成一条半径尺寸为 R_p' 的主裂纹方向。至此，问题的主要矛盾已经转化为如何找到一个准确合理的理想等效孔边裂纹，这一等效而来的含有长度为 $2R_p'$ 的静裂纹结构应当与原冲击损伤结构具有相同的剩余强度。

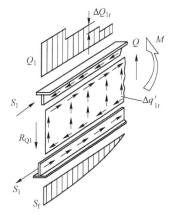

图3　机翼梁主要的承载形式[11]

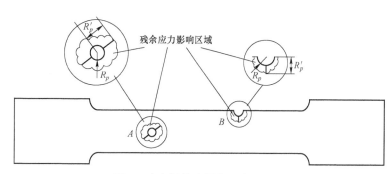

图4　冲击损伤当量化示意

李亚智[13]基于试验数据，拟合了 MDYB-3 玻璃板"冲击能量-毁伤面积-剩余强度-理想裂纹"之间的关系，盖芳芳[14]则是利用 AUTODYN 建立仿真模型，参照试验数据，利用最小二乘法拟合了"破片直径-理想裂纹直径"的预测公式。从这些研究中可以看出，这一等效而来的静裂纹尺寸与破片形状、冲击能量、目标靶板材料相关，需要经过大量的试验或数值仿真据来进行拟合，本文中基于数值仿真方法，给出一个等效拟合方法的示例。如图5所示，利用 LS-DYNA 分析软件，建立直径为 20 mm 的 10#球形钢破片和一个尺寸为 220 mm×60 mm×4 mm 的铝合金板，x 向受拉，假设等效裂纹方向为 y 向。模型中靶板

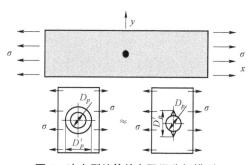

图5　冲击裂纹等效有限元分析模型

采用 SHELL163 壳单元，计算网格量为 8 775，破片冲击速度分别取 500 m/s、800 m/s、1 000 m/s、1 200 m/s、1 500 m/s、1 700 m/s 和 2 000 m/s，计算所得冲击能量、穿孔直径 D_p、剩余强度、等效静裂纹长度如 D_p' 表1所示。

表1　冲击损伤试件剩余强度与等效静裂纹

破片速度/（m·s⁻¹）	冲击能量/kJ	穿孔直径 D_p/mm	剩余强度/MPa	等效静裂纹长度 D_p'/mm
500	1.414	21.166 80	90.130	23.0
800	3.619	21.984 50	88.953	23.5
1 000	5.655	22.687 35	87.488	24.3
1 200	8.143	23.176 98	85.539	25.4
1 500	12.723	24.039 72	82.879	26.8
1 700	16.342	24.336 74	80.612	27.0
2 000	22.619	24.520 91	80.134 8	27.5

利用最小二乘法拟合，建立此种冲击条件下冲击能量与穿孔直径、冲击能量与剩余强度分别如图 6（a）、（b）所示，穿孔直径与等效静裂纹长度的多项式拟合方程则如式（1）所示。

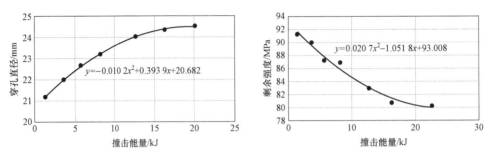

图6　冲击能量与目标靶板穿孔、剩余强度之间的关系
（a）冲击能量与穿孔直径间关系；（b）冲击能量与剩余强度间关系

$$D'_p = 0.0512D_p^2 - 0.9551D_p + D_p \tag{1}$$

1.3　边界配置法求解应力强度因子

通过 1.2 节的工作，已将冲击损伤当量化成为一定大小的理想贯穿孔边裂纹，对于理想裂纹问题，可采用较为成熟的方法对其进行分析。本文利用边界配置法来实现受损结构件的应力强度因子的计算。边界配置法的思想是将应力函数的无穷级数截断为有限项，例如 $2M$ 项，然后在边界上配置一系列的点，依据每个点的外力边界条件，来确定这 $2M$ 个待定常数[15]。以如图 7 所示的有限矩形板内任意位置单一孔边裂纹为例，此情况适用于蒙皮、梁及由翼肋简化而来的矩形平板，其拉应力 σ_1、压应力 σ_2 和剪应力 τ 均不能忽略，属于 Ⅰ、Ⅱ复合型裂纹问题。

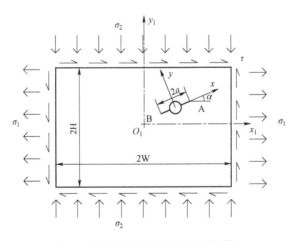

图7　有限板任意位置单孔边裂纹情况

取

$$Q(z) = \sqrt{z^2 - a^2}$$
$$P_1(z) = \sum_{k=-N}^{M} E_k z^{2k-2}, P_2(z) = \sum_{k=-N}^{M} F_k z^{2k-1} \tag{2}$$

式中，a 为坐标原点到裂纹尖端的距离，$Q（z）$、$P（z）$ 分别为 Muskhelisvili 复变应力、位移函数的幂级数解，M、N 为正整数。因此可求得应力函数 $\Phi（z）$：

$$\Phi(z) = \frac{1}{\sqrt{z^2 - a^2}} \sum_{k=1}^{M} E_k \left[(2k-1)z^{2k-2} - (2k-2)a^2 z^{2k-3} \right] + \sum_{k=1}^{M} F_k (2k-1)z^{2k-2} \tag{3}$$

合力边界条件表示为

$$-Y + iX = \sum_{k=-N}^{M} E_k \left[\sqrt{z^2 - a^2}\, z^{2k-2} + \sqrt{\overline{z}^2 - a^2}\, \overline{z}^{\,-2k-2} \right] + \sum_{k=-N}^{M} F_k \left(z^{2k-1} + \overline{z}^{\,-2k-1} \right) +$$
$$(z - \overline{z}) \mathrm{conjg} \left\{ \frac{1}{\sqrt{z^2 - a^2}} \sum_{k=-N}^{M} E_k \left[(2k-1) - (2k-2) \left(\frac{a}{z} \right)^2 \right] z^{2k-1} + \sum_{k=-N}^{M} F_k (2k-1) z^{2k-2} \right\}$$

（4）

其中 conjg 表示为 P 的共轭。

在边界和孔边上，每个配置点可以确定一个方程（4），每个方程中的未知数为未知系数 E_k 和 F_k，个数为 $2M$，当边界上的配点个数超过 $2M$ 就可以通过最小二乘法，确定 E_k 和 F_k 的数值，边界上的点配置的越多，计算结果越准确。进而应力强度因子表示为式（5）：

$$K_{\mathrm{I}} - i K_{\mathrm{II}} = \lim_{z \to \pm a} 2\sqrt{2\pi(z \mp a)}\, \Phi(z)$$

（5）

其中，$x = \pm a$ 分别表示裂纹尖端点 A、B 的坐标，因为对于偏心裂纹两端的应力强度因子一般并不相等，需要分别计算。

2 算例

假设图 7 中所示的有限矩形板平面，板长和宽分别为 $2H = 2W = 2$，偏心孔边裂纹尺寸 $2a = 0.5$，裂纹偏心距为 $e_x = e_y = 0.5$。计算中边界配点总数为 80，每个点展开的级数为 $M = 15$。为更好地看出规律性，假设矩形板两端仅受 y 向拉应力 σ_2。图 8（a）表示了偏心距和裂纹倾角一定时，裂纹长度对 I 型无量纲应力强度因子影响；图 8（b）则反映了在裂纹倾角 $\alpha = 45°$ 时，改变偏心距对于 II 型无量纲应力强度因子的影响；图 8（c）、（d）则反映了在偏心距和裂纹长度一定时，I 型和 II 型无量纲应力强度因子随裂纹角度的变化情况。其中纵坐标中 $K_0 = \sigma \sqrt{\pi a}$，表示无限大板中心裂纹受单向载荷作用时的应力强度因子。

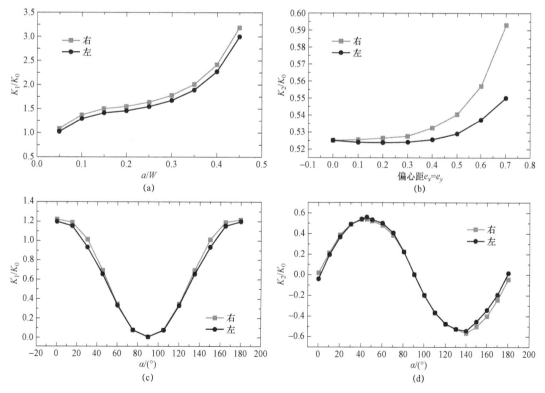

图 8 矩形板应力强度因子计算结果

（a）裂纹长度对 I 型应力强度因子影响；（b）偏心距对 II 型应力强度因子的影响；

（c）I 型应力强度因子随角度变化；（d）II 型应力强度因子随角度变化

由图 8 可知，由于裂纹的位置偏心，裂纹两端的应力强度因子不相等，有一定的差异，由于裂纹尺寸较小，右端的应力强度因子略大于左端。由图 8（a）可知，裂纹长度显著地影响尖端应力强度因子的大小，随着裂纹长度的增加，两端的应力强度因子不断地增大。由图 8（b）知，当裂纹偏心距为 0 时，两端应力强度因子相等，随着偏心距不断增大，应力强度因子也呈现指数特性的增加。由图 8（c）、（d）可知，当裂纹倾角从 0° 变化到 180° 时，裂纹两端的 I 型应力强度因子先减小后增大，在 90° 时值最小；II 型应力强度因子以 45° 为范围，先增大后减小、再增大再减小，于 45° 和 135° 时取得最大值。因此，结构毁伤尺寸、位置及裂纹角度均对其断裂特性有显著影响，是不可被忽略的。

此外，以图 8（a）为例说明，假设矩形板为某型铝合金材料，其平面断裂韧度 K_{IC} 为 20 MPa·m$^{1/2}$，那么当此裂纹长度达到 0.35 W 时，其尖端就会发生动态扩展，即此可认为此结构元件将发生断裂毁伤。

3　结论

本文通过分析飞机典型结构件的受力功用，将冲击损伤裂纹当量化为理想静裂纹，结合数值模拟算例说明了拟合等效方法。将蒙皮、加强肋、梁、长桁等结构，等效为有限矩形板的理想贯穿裂纹问题，结合算例进行了毁伤尺寸、位置及角度对应力强度因子的影响分析，给出结构断裂毁伤判据建立方法，得出如下结论。

（1）偏心裂纹两端的应力强度因子不相等，靠近边界一端的应力强度因子更大。

（2）毁伤尺寸显著影响尖端应力强度因子的大小，随裂纹长度的增加，尖端应力强度因子不断增大。

（3）随毁伤位置偏心距的增加，尖端应力强度因子大小呈指数增加。

（4）随裂纹倾角的变化，尖端应力强度因子大小呈周期性变化。

因此，破片冲击下结构的毁伤尺寸、位置及裂纹角度均对其断裂特性有显著影响，是不可被忽略的，在毁伤评估中应予以充分的考虑。

参考文献

[1] 裴扬，宋笔锋，石帅. 飞机作战生存力分析方法研究进展与挑战 [J]. 航空学报，2016，37（1）：216−234.

[2] HELFMAN A，SACCENTI C，et al.An expert system for predicting component kill probabilities [R]. US，Maryland：US Army Ballistic Research Laboratory，Aberdeen proving Ground，1985.

[3] Staffan H，ANDREAS T. Fragment injury assessment，a growing need for new criteria [C] //France，Toulouse：In proceedings of 3rd European Survivability Workshop，2006.

[4] GYLLENSPETZ I M，ZABEL P H.Comparison of US and Swedish aerial target vulnerability assessment methodologies：ADA095906 [R]. Alexandria：US Army Materiel Development & Readiness Comd，1980.

[5] 田军挺，侯志强，王秀霞. 飞机易损性研究探讨 [J]. 海军航空工程学院学报，2005，20（3）：392−395.

[6] 宋笔锋，裴扬，郭晓辉，等. 飞机作战生存力计算理论与方法 [M]，北京：国防工业出版社，2011：98.

[7] WEAVER E P. Functional requirements of a target description system for vulnerability analysis [R]. USA：AD：1979.

[8] HARTMANN M G，MAGNUSSON P E. Component impact kill criteria：an experimental study [J]. Journal of battlefield technology，2010，12（2）：5.

[9] 郭树祥. 多部位损伤结构的剩余强度研究 [D]. 南京：南京航空航天大学，2002.

[10] HSU C L，LO J，YU J，et al.Residual strength analysis using CTOA criteria for fuselage structures containing multiple site damage [J]. Engineering fracture mechanics，2003，70（3）：525−545.

［11］ 陶梅贞. 现代飞机结构综合设计 ［M］，西安：西北工业大学出版社，2001：123.

［12］ ZHU Z，WANG L，MOHANTY B，et al.Stress intensity factor for a cracked specimen under compression ［J］. Engineering fracture mechanics，2006，73（4）：482-489.

［13］ 李亚智. 飞机结构疲劳和断裂分析中若干问题的研究 ［D］. 西安：西北工业大学，2003.

［14］ 盖芳芳. 空间碎片超高速冲击下充气压力容器破损预报 ［D］. 哈尔滨：哈尔滨工业大学，2010.

［15］ QIAN L，QU M，FENG G. Study on terminal effects of dense fragment cluster impact on armor plate.Part I：analytical model ［J］. International journal of impact engineering，2005，31（6）：755-767.

硝基胍合成过程的实验与动态模拟研究

康 超，廉 鹏，陈 松，张幺玄，罗志龙

（西安近代化学研究所，陕西西安 710065）

摘 要： 采用硝酸法合成硝基胍，考察了不同反应温度、反应时间下的各反应组分浓度。通过 ChemCAD 动态反应模拟得到硝基胍合成反应的主副反应级数和活化能，并通过线性化处理建立了硝基胍反应动力学模型；利用 ChemCAD 的反应热失控模块对其硝化过程的热风险进行模拟计算，建立了硝基胍硝化反应热失控模型，研究了在冷却系统失效、搅拌故障和不同加料速度情况下的反应体系的温度、压力变化历程及其放热速率情况。结果表明，在各种失控情景中，冷却系统失效为最严重的失控现象，其造成的最高温升可达 95 ℃，最高压力可达 2 MPa；失控反应的绝热温升为 91.2 K，体系处理临界失控状态；针对硝基胍合成过程的热失控可能性，对其合成过程的紧急泄放系统进行了模拟和设计，计算出反应器在热失控条件下紧急泄放最小面积为 0.000 84 m^2。

关键词： 硝基胍 动力学模型 硝化反应 热失控 紧急泄放

0 引言

硝酸法合成硝基胍（NQ）是一种硝基胍的绿色制造工艺，也是目前硝基胍生产工艺的重点发展方向[1-3]。目前关于硝酸法合成硝基胍的反应动力学的研究较少[4]，尚无较精确的可以指导工业生产的宏观动力学模型。同时针对硝基胍合成过程中，其硝化反应在加料失控、冷却失效或搅拌故障等意外情况下，会导致反应过程的剧烈温升，有可能发生热失控现象，该过程具有一定的热危险性。

国内外针对反应过程动力学和热失控行为开展了一系列的探索研究，国外 Rogers[5-10]等以羟胺的合成为例，利用计算化学的方法研究热失控反应的产生机理，通过对反应物、中间产物及生成物的热力学性能进行估算，得到失控反应动力学的基础数据，推导出反应级数与失控反应模型的对应关系；国内臧娜、陈利平[11-13]等利用反应量热仪（RC1e）、差示扫描量热仪（DSC）和绝热加速量热仪（ARC）研究了环己酮过氧化反应、甲苯硝化反应过程的热危险性，通过实验和计算得到工艺过程热危险性分级和基本的热安全操作条件。但目前针对硝基胍合成过程的动态模拟与安全性模拟未见公开报道。

本研究采用实验与计算机模拟相结合的手段[14-15]对硝基胍合成实验数据进行动态模拟与回归计算，建立与实验室合成结果相吻合的宏观动力学模型。并采用动态模拟的方法对硝基胍硝化反应过程的热危险性进行分析评估，对可能造成热失控反应的工艺条件分别计算，得到各工艺条件下时间与热量累积的关系以及体系可达到的最高温度，并以绝热温升为基准，对失控反应的严重度进行评估。同时依据上述结果计算反应器的紧急泄放面积，最终为硝基胍生产过程工艺参数的制定、合成反应器的设计和工艺安全化设计提供依据。

1 实验部分

1.1 实验材料

硝酸胍（NAQ），分析纯，成都市科龙化工试剂厂；浓硝酸，工业品（质量分数98%），成都市科龙化工试剂厂；去离子水，自制。

1.2 实验方法

在三口烧瓶中加入 24.4 mL 浓硝酸，充分搅拌、冷却，然后加入 12.2 g 硝酸胍，通过加热制冷一体机控制三口烧瓶温度升至设定温度并保持恒定，反应至预定时间后加一定量的水快速稀释以终止反应，冷却、过滤、洗涤、干燥后称重，得到析出硝基胍的量；采用气－质联用仪测定稀释液中硝酸胍与硝基胍的含量。通过实验测定 25 ℃、35 ℃、45 ℃和 55 ℃条件下，反应不同时间所得到的硝基胍的量，并结合硝酸胍的量与化学计量关系计算出副反应各生成物的量。

2 硝化反应动力学模型

2.1 硝酸胍硝化反应体系

本反应体系用浓硝酸硝化硝酸胍，加水稀释后生成硝基胍。由于硝基胍具有弱碱性，在硝酸中成盐，硝基胍硝酸盐在水中不稳定，在浓硝酸中硝基胍有部分分解，考虑到本硝化反应速度较快，可将其视作不可逆反应，因此本体系中主反应及副反应方程式为

$$\underset{\overset{\|}{NH}}{H_2N-C-NH_2} \cdot HNO_3 \xrightarrow[k_1]{HNO_3} \underset{\overset{\|}{N-NO_2}}{H_2N-C-NH_2} + H_2O$$

$$\underset{\overset{\|}{NH}}{H_2N-C-NH_2} \cdot HNO_3 + 2HNO_3 \xrightarrow[k_2]{HNO_3} 2NH_4NO_3 + CO_2 + N_2O$$

2.2 宏观动力学模型

将上述反应方程的反应速率以浓度表示，则反应速率表达式为

$$r_1 = k_1 C_{NAG}^m$$
$$r_2 = k_2 C_{NAG}^a C_{HNO_3}^b$$

将 Arrhenius 积分式 $k = k_0 \exp(-E/RT)$ 代入上式可得硝酸胍硝化反应主副反应动力学模型为

$$r_1 = k_{1,0} \exp(-E_1/RT) C_{NAG}^m$$
$$r_2 = k_{2,0} \exp(-E_2/RT) C_{NAG}^a C_{HNO_3}^b$$

式中，r_1、r_2 分别为主副反应的反应速率；$k_{1,0}$、$k_{2,0}$ 分别为主副反应速率常数的频率因子；E_1、E_2 分别为主副反应活化能；m、a、b 分别为对应组分的反应级次。

本文采用 ChemCAD 动态间歇反应器模块（CC-ReACS）中自带的 Arrhenius 方程为标准化学反应动力学计算模板，以表 1 中的实验数据为初始数据，通过速率回归计算（Reaction rate regression），得到主副反应级数、活化能与频率因子。

2.3 速率回归计算与数据处理

在速率回归计算程序的参数选择菜单中输入主副反应频率因子估值分别为 5×10^{-3}、1.25×10^{-5}，积分算法采用半隐式四阶"Runga-KUtta"法，回归算法采用复合型计算法，然后在输入/编辑菜单中输入实验数据，检查初始估值后，执行速率回归计算，得到主反应中 NAG 的浓度指数为 1.889 4；副反应中 NAG、HNO$_3$ 的浓度指数分别为 1.129 0 和 0.722 5。

采用同样的回归计算方法，分别得到 25 ℃、35 ℃、45 ℃、55 ℃下主副反应的频率因子与活化能，通过 Arrhenius 积分式将其换算成反应速率常数，计算结果见表 1、表 2。

表1　25～55 ℃主反应速率常数及回归误差

T	$T^{-1}/10^{-3}$	$k_1/10^{-3}$	$\ln k_1$	$R^2/10^{-3}$
298	3.355 7	3.233 1	−5.734 3	1.175 9
308	3.246 8	3.876 2	−5.552 9	0.594 1
318	3.144 7	4.657 9	−5.369 2	1.277 3
328	3.048 8	5.904 1	−5.132 1	1.414 4

表2　25～55 ℃副反应速率常数及回归误差

T	$T^{-1}/10^{-3}$	$k_1/10^{-5}$	$\ln k_1$	$R^2/10^{-3}$
298	3.355 7	2.164 8	−10.740 6	1.175 9
308	3.246 8	2.686 5	−10.524 7	0.594 1
318	3.144 7	3.307 9	−10.316 6	1.277 3
328	3.048 8	4.315 1	−10.050 8	1.414 4

将 Arrhenius 积分式两边取对数，得 $\ln k = \ln k_0 - E/RT$，作 $\ln k^{-1}/T$ 直线，其斜率即为 $-E/R$，截距为 $\ln k_0$。用 origin8.0 对表 1 与表 2 中数据作图，并进行线性分析，得到主副反应 $\ln k$ 与 $1/T$ 的线性关系及线性方程，分别见图 1、图 2。

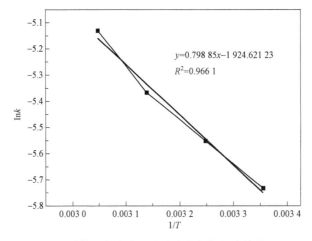

图1　硝基胍合成主反应速率常数与温度的关系

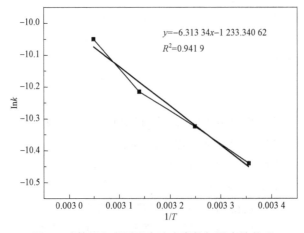

图2　硝基胍合成副反应速率常数与温度的关系

由图 1 得出，主反应线性方程为 $\ln k_1 = 0.798\ 9 - 1\ 924.621\ 2/T$，可得斜率 $-E_1/R = -1\ 924.621\ 2$，$R = 8.314$，则 $E_1 = 16\ 001.300\ 7$；截距 $\ln k_{1,0} = 0.798\ 9$，则 $k_{1,0} = 2.223\ 1$，最后得到主反应动力学模型为

$$r_1 = 2.223\ 1\exp(-16\ 001/RT)C_{\text{NAG}}^{1.889\ 4}$$

由图 2 得出，副反应线性方程为 $\ln k_2 = -3.362\ 9 - 2\ 202.579\ 3/T$，可得斜率 $-E_2/R = -2\ 202.579\ 3$，$R = 8.314$，则 $E_2 = 18\ 312.244\ 3$；截距 $\ln k_{2,0} = -3.362\ 9$，则 $k_{2,0} = 0.034\ 6$，最后得到副反应动力学模型为

$$r_2 = 0.034\ 6\exp(-18\ 312/RT)C_{\text{NAG}}^{1.129\ 0}C_{\text{HNO}_3}^{0.722\ 5}$$

3 反应热失控模拟计算

3.1 热失控模型建立

3.1.1 工艺流程建立

采用 ChemCAD 中动态反应器模块（CC-ReACS）建立了 1 000 L 反应器，反应器进料流股为硝酸胍，通过斜坡控制器控制加入反应器，斜坡控制器可控制硝酸胍的加料速度；加料过程与反应过程中反应器内的温度通过夹套及盘管进行调节，采用 PID 控制器与调节阀来联锁调节反应器内温度，反应器内温度过高或过低时，夹套与盘管的冷却介质质量流量通过调节阀自动调节。其工艺模型见图 3。

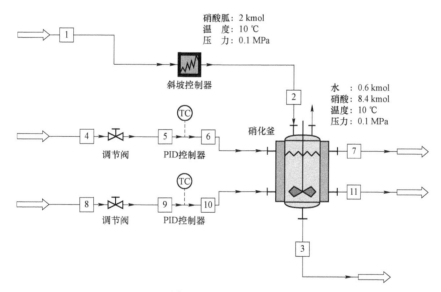

图 3 硝基胍硝化反应动态工艺模型

3.1.2 反应器的计算模型和参数设置

本模型中采用对流传热模型，根据牛顿冷却定律，硝化反应放热量计算公式为

$$Q = \alpha S\Delta t$$

式中，α 为平均对流传热系数；S 为总传热面积；Δt 为冷却介质与夹套、盘管壁面间温度差的平均值。夹套或盘管中水温与冷却水流量间的关系为

$$V_c\rho_c C_{pc}\frac{\mathrm{d}T_c}{\mathrm{d}t} = F_c C_{pc}(T_c^{\text{in}} - T_c^{\text{out}}) + Q$$

式中：V_c 为夹套或盘管中冷却水的体积；ρ_c 为冷却水的密度；F_c 为冷却水的流量；T_c^{in} 为冷却水进口温度；T_c^{out} 为冷却水出口温度；C_{pc} 为冷却水的比热容。

本硝化反应模型的反应器选用全混流反应器（CSTR），热力学 K 值模型选用 NRTL 方程，焓值模型选用潜热方程。

3.2 热失控过程模拟计算

3.2.1 冷却失效热失控的模拟计算

基于 ChemCAD 热失控中的冷却失效模型，模拟在外界冷却水突然切断的情况下，反应体系的温度和压力变化情况。模拟结果见图4～图6。

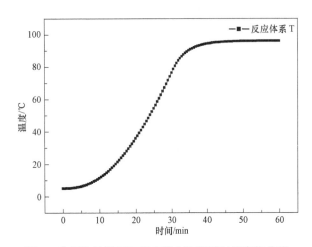

图 4 冷却失效情况下反应器内温度随时间变化关系　　　图 5 冷却失效情况下反应器内压力随时间变化关系

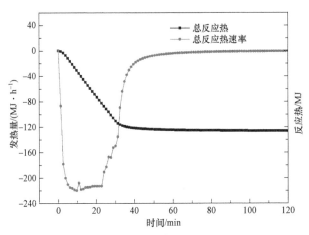

图 6 冷却失效情况下反应放热速率和累积放热量随时间的变化关系（书后附彩插）

从图4～图6可以看出，虽然硝基胍硝化反应过程相对温和，但当冷却系统完全失效时，即反应体系处于绝热状态下，反应放热速率极快，除了有可能导致目标反应失控外，还有引发二次分解反应的可能。结果表明：在冷却系统完全失效情况下，反应体系绝热状态下最高失控温度为 95 ℃以上，压力急剧升高，反应体系失控压力可达 2 MPa 以上，此时有可能会导致喷料，甚至破坏反应器的现象。

3.2.2 搅拌器故障热失控的模拟计算

基于 ChemCAD 热失控中的搅拌器故障模型，模拟在搅拌器因为突发原因无法工作的情况下，反应体系的温度变化情况。模拟结果见图7。

由图7可知，搅拌器发生故障时，反应器内热量无法及时导出，随着反应的进行，反应器内温度呈快速上升的趋势，最终反应体系的温度最高可升至 90 ℃。参考绝热情况下体系最高温度 95 ℃，说明在搅拌失效时，仅有一小部分热量通过热交换传递到环境中。这是因为在搅拌失效的情况下，热量传递受限，反应放热量大于冷却移出热量，热量逐步积累，温度逐步升高，进而引发体系反应失控的可能。

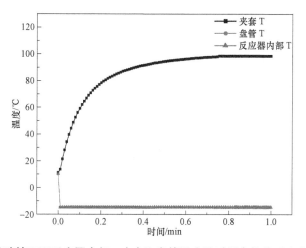

图7 搅拌故障情况下反应器内部、夹套和盘管温度随时间变化关系（书后附彩插）

3.2.3 加料速度对反应热失控的影响

为了分析硝基胍硝化过程中加料速度（加料时间）对反应放热特性的影响，在已建立的 1 000 L 反应器模型中，通过斜坡控制器控制原料在不同加料速度情况下，反应过程的温升与放热速率的变化。进料流股进料总量为 2 kmol，进料时间分别设定 10 min、15 min、20 min 和 30 min，即进料速度分别为 12 kmol/h、8 kmol/h、6 kmol/h 和 4 kmol/h。反应器热模式选择恒温模式，温度设定值为 40 ℃。模拟结果见图 8、图 9。

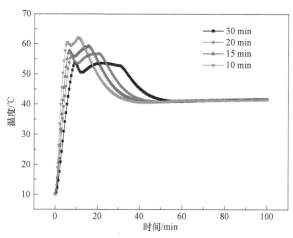

图8 不同加料速度下反应器内温度随时间变化关系（书后附彩插）

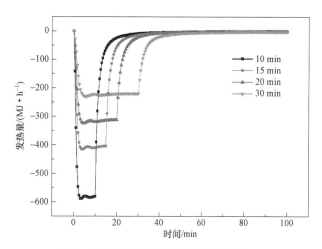

图9 不同加料速度下反应放热速率随时间变化关系（书后附彩插）

从图 8 可以看出，进料速度越快，反应体系达到的最高温度越高，进料速度为 12 kmol/h（进料时间 10 min）时，反应初始阶段温度便迅速升高，最高升至 65 ℃，且在加料过程中温度基本维持在 60 ℃上下波动，加料完成后温度迅速下降，最终达到设定温度 40 ℃。这是由于硝基胍硝化反应速率较快，原料加入反应器内便迅速反应，但由于加料速度过快，造成物料积累，冷却系统的冷却能力来不及将产生的热量移出，导致温度远远超出设定温度。从图 7 中也可以得出，进料速度为 12 kmol/h 时，其进料过程的放热速率为 600 MJ/h，达到正常操作时放热速率的两倍多，此时已超出反应器冷却能力的上限，极易引发热失控。

由图 8、图 9 还可以得出，随着原料进料速度的降低，反应速率也同时有所减小，反应产生的热量能较好地移出，避免了热量的过度积累，降低反应过程的危险性。但对于工业生产，盲目的延长加料时间，会降低反应速率，有可能导致其他副反应的发生。因此设置加料时间在 30 min 以上较小的范围内，既能保证反应过程的安全性，又可提高过程的经济性。

4 紧急泄放系统设计与模拟

4.1 紧急泄放计算模型

4.1.1 物料衡算模型

DIERS 紧急泄放设计系统主要是通过在排放口出的物料质量守恒定律来设计，对于离开液体表面的物质流率有以下公式：

$$X_0 A_v q = j_g \rho_g A_{CR} + X_m (A_v q - j_g \rho_{g,s} A_{CR})$$

式中，X_0 为排放口蒸汽量；A_v 为排放面积；q 为排放物质流量；j_g 为液体表面将液体带到容器顶部所需的蒸汽表面速度；$\rho_{g,s}$ 为容器上部蒸汽密度；A_{CR} 为容器面积；X_m 为液体表面的滞留量。

4.1.2 放空流量模型

容器流量模型用于估算蒸汽表面速度 j_g 和滞流量 X_m。在放空条件下的液体特征，在 CHEMCAD 中有三种可能的容器流动模型。

（1）发泡模型：该模型假定容器中有限的气/液分离时液相产生均匀的蒸汽，即假定气泡从液体中均匀产生。气−液分离由下式估算：

$$\frac{j_g}{U_\infty} = \frac{\bar{\alpha}(1-\bar{\alpha})^2}{(1-\bar{\alpha}^3)(1-C_0\bar{\alpha})}$$

式中，α 为超过膨胀高度的平均蒸气空隙率；C_0 为与参数有关的数据，正常范围为 1.0～1.5。

（2）搅动−湍流模型：该模型假设较大的气−液分离。搅动−湍流模型也产生均匀蒸汽；然而，搅动−湍流有更大的气/液分离。气−液分离由下式估算：

$$\frac{j'_{g\infty}}{U_\infty} = \frac{2 \times c}{(1-C_0\bar{a})}$$

（3）均相模型：该模型假定为零气−液分离，即排放口流量等于容器流量。大多数守恒容器流动模型是均相容器模型。该模型典型用于设计放空系统或核算黏性流及较重发泡系统。均相容器模型假定没有气/液分离，对黏性流体或短放空时间是有用的。总之，均相容器模型最守恒，接下来是发泡和搅动−湍流。

4.2 紧急泄放系统设计与核算

采用 ChemCAD 紧急泄放系统 DIERS，针对热失控情况下，反应釜的泄放情况进行模拟计算。模型选用搅拌釜式反应器（CSTR），热力学 K 值模型选择 NRTL 方程，焓值模型为潜热方程。设置反应器体积 1 000 L，直径 1 m，筒体高度 1.2 m，设计压力 0.6 MPa，经计算后得到最小爆破面积为 0.000 84 m²。

为了深入了解不同泄放面积对反应过程热失控发生时，反应器的压力变化情况，研究不同泄放面积对压力泄放的影响规律。模拟计算结果见图 10、图 11。

通过对以上泄放面积的模拟计算，随着泄放面积的减小，泄放压力和温度随之升高。当泄放面积为 0.000 11 m² 时，最高泄放压力达到 2 MPa，远大于反应釜的设计压力 0.6 MPa，因此要保证反应器的安全，泄放面积至少要大于 0.000 84 m²，才能确保泄放压力低于反应器的设计压力，不超过其破坏压力。

通过对比不同设定泄放面积下的温度和压力变化曲线可知，以上温度和压力变化曲线形状相似，0.000 11 m² 泄放面积下温度和压力曲线陡峭，0.000 84 m² 泄放面积下温度和压力曲线相对平缓，从开始反应到出现明显的失控现象需要一段时间的积累过程，而整个失控过程持续时间很短，这种趋势比较符合现场实际情况。

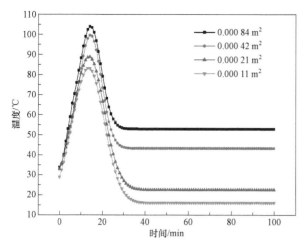 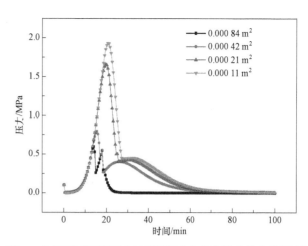

图 10 不同泄放面积热失控模拟温度变化曲线（书后附彩插）　　**图 11** 不同泄放面积热失控模拟压力变化曲线（书后附彩插）

5　结论

（1）硝酸法制备硝基胍反应动力学模型合成反应主反应级数为 1.889 4，活化能为 16 001.300 7 J/mol，频率因子为 2.223 1 s⁻¹；副反应级数为 1.851 5，活化能为 18 312.244 3 J/mol，频率因子为 0.034 6 s⁻¹。

（2）硝基胍硝化过程合成过程较为温和，但其在冷却系统失效时导致的绝热温升为 91.2 K，处于临界状态，很可能导致热失控现象，并导致二次分解，产生危险；在各种失控情景中，冷却失效为最严重的失控现象，冷却失效时体系的温度最高可达 95 ℃，压力最高可达 2 MPa；同时搅拌器故障发生故障，物料无法充分混合，热量无法及时传递，体系温度可升至 90 ℃ 以上，有引发热失控的可能；加料速度过快，反应放热速率远远大于反应器的冷却能力，也有可能导致热失控。

（3）一旦发生硝基胍硝化反应热失控事故，紧急泄放系统打开，反应物料和积聚能量从泄放口排出，使反应器压力低于其设计压力，避免发生爆炸性破坏；通过不同泄放面积的模拟分析可知，当泄放面积减小后放空流量大量减少，即容器的紧急泄放能力下降较快，使反应器压力和温度也随之快速升高。因此通过热失控模型正确选择泄放面积，既符合装置设计要求，又可保证工艺安全。

参考文献

［1］段卫东，吕早生. 硝基胍炸药的机械感度和爆炸性能研究［J］. 含能材料：2003，11（4）：209－212.

［2］杨春海，廖昕，堵平，等. 硝基胍发射药的微观力学性能研究［J］. 兵工学报：2011，32（10）：1237－1242.

［3］张福炀，季丹丹，廖昕，等. 溶剂表面侵蚀对硝基胍发射药燃烧性能的影响［J］. 南京理工大学报：2014，38（2）：299－303.

［4］金建平，周彦水，席伟，等. 3-氨基-4-酰胺肟基呋咱合成过程动态模拟［J］. 化工进展：2010，29（增刊）：111－114.

［5］RODRIGUEZ M A，ELIZALDE I，ANCHEYTA J.Comparision of kinetic and reactor models to simulate a trickle-bed bench-scale reactor for hydrodesulfurization of VGO［J］. Fule：2012，100：91－99.

［6］LU K T，YANG C C，LIN P C.The criteria of critical runaway and stable temperatures of catalytic decomposition of hydrogen peroxide in the presence of hydrochloric acid［J］. Journal of hazardous materials，2006，135：319－327.

［7］LUYBEN W L.Use of dynamic simulation for reactor safety analysis［J］. Computers and chemical engineering，2012，40：97－109.

［8］ LU K T, LUO K M, HEH T F, et al.The kinetic parameters and safe operating condition of nitroglycerine manufacture in the CSTR of Biazzi process ［J］. Process safety and environment protection，2008，86：37−47.

［9］ LU K T, LUO K M, LIN P C, et al.Critical runaway condition and stability criterion of RDX manufacture in continuous stirred tank reactor［J］.Journal of loss prevention in the process industries，2005，18：1−11.

［10］ WEI C Y, ROGERS W J, MANNAN M S.Application of runaway reaction mechanism generation to predict and control reactive hazards ［J］. Computers and chemical engineering，2007，31：121−126.

［11］ 臧娜. 环己酮过氧化工艺热失控实验与理论研究 ［D］. 北京：北京理工大学，2014.

［12］ 阮继峰. 苯胺生产过程危险介质热危险性实验模拟及其热分解机理研究 ［D］. 合肥：中国科学技术大学，2012.

［13］ 陈利平. 甲苯硝化反应热危险性的实验与理论研究 ［D］. 南京：南京理工大学，2009.

［14］ Chemstations Inc.ChemCAD Version 6.0 User Guide and Tutorial［M］. Houston：Chemstation Inc，2007.

［15］ 黄雪征. 化学反应动力学的计算与计算机模拟 ［D］. 北京：北京化工大学，2004.

三角履带轮基架的静态特性研究

赵晓东，穆希辉

（中国人民解放军 32181 部队，河北石家庄 050003）

摘　要：基架作为三角履带轮的主要承力部件，持续受到来自路面和其他组件的复杂载荷作用，如果基架的刚强度不够，就会出现变形甚至开裂。为了掌握基架的静态特性，本文提出一种结合多体动力学对基架进行静态特性分析的方法，首先通过多体动力学分析求出基架在各典型工况下所受的载荷情况，然后利用 Nastran 软件对基架进行静态特性分析，最后通过应力测量试验对静态特性分析结果进行验证。结果表明：基架的静态特性分析结果和试验结果相近，误差在 5% 以内，验证了该方法的可靠性，为其他机械结构的静态特性分析提供了参考。

关键词：基架　静态特性　试验测量　多体动力学分析

基架作为三角履带轮的承载基体，支撑着驱动轮、导向轮和负重轮组等履带轮的相关组件，持续受到来自路面和履带轮其他组件的复杂载荷作用。因而，如果基架的静态刚度不够，在三角履带轮工作过程中其他组件与基架的相对位置就会发生改变；如果基架的静态强度不够，基架在使用期内就会出现变形甚至开裂现象，严重影响履带轮的疲劳寿命和可靠性。所以，准确掌握基架的静态特性是十分重要的[1-2]。本文以 SLD01 型重载三角履带轮的基架为例，提出一种结合多体动力学分析对基架进行静态特性的方法。

1　静态特性分析的理论基础

在不考虑阻尼和惯性，并假定输入载荷恒定的情况下，对结构的应力、位移、应变和变形进行分析就称为结构的静态特性分析[3]。

对基架进行静态特性分析时，基架的平衡方程如式[1]所示：

$$[K]\{D\} = \{F\} \tag{1}$$

式中，$[K]$ 为基架的刚度矩阵；$\{D\}$ 为基架的节点位移列阵；$\{F\}$ 为基架的载荷列阵。

对平衡方程求解得出节点位移列阵 $\{D\}$，解出个单元的应力和应变。

$$[\sigma] = [R][B]\{d\} \tag{2}$$

$$[\varepsilon] = [B]\{d\} \tag{3}$$

式中，$[B]$ 为单元的应变矩阵；$\{d\}$ 为单元节点的位移列阵；$[R]$ 为单元材料的弹性矩阵。

畸变能密度准则又称为第四强度理论，由德国科学家冯米塞斯（Von Mises）提出，该理论认为影响材料屈服的主要因素是畸变能密度，换句话说，只要畸变能密度 v_d 达到某一极限值，不管材料处于何种应力状态下，材料都会发生屈服现象。在任意应力状态下，畸变能密度 v_d 如式（4）所示[4]：

$$v_d = \frac{1+\mu}{6E}[(\sigma_1-\sigma_2)^2 + (\sigma_2-\sigma_3)^2 + (\sigma_3-\sigma_1)^2] \tag{4}$$

对材料进行单向拉伸试验，根据试验结果，可得畸变能密度为

$$v_d = \frac{1+\mu}{6E}\left(2\sigma_s^2\right) \tag{5}$$

可得材料的屈服准则如下：

$$\sqrt{\frac{1}{2}[(\sigma_1 - \sigma_2)^2 + (\sigma_2 - \sigma_3)^2 + (\sigma_3 - \sigma_1)^2]} = \sigma_s \qquad (6)$$

$$[\sigma] = \frac{\sigma_s}{n_s} \qquad (7)$$

可得畸变能密度准则的强度条件为

$$\sigma_r = \sqrt{\frac{1}{2}[(\sigma_1 - \sigma_2)^2 + (\sigma_2 - \sigma_3)^2 + (\sigma_3 - \sigma_1)^2]} \leqslant [\sigma] \qquad (8)$$

式中，σ_r 为等效的 VonMises 应力；$[\sigma]$ 为许用应力。

由于三角履带轮基架的空间结构复杂，所以不管在任何工况下，基架材料的最大应力都应该小于材料的许用应力。本文研究的基架由厚板状的结构钢焊接而成，其材料的失效以发生塑性变形为标志，所以可以依据畸变能密度准则对基架的强度进行评判。

2 基架的多体动力学分析

利用三维建模软件 Catia 建立 SLD01 型重载三角履带轮的几何模型，将其导入 Adams 软件中，首先依据履带轮设计的运动学原理，对其进行添加约束，其中除油缸（包括张进油缸与转向油缸）与活塞之间为固定副，油缸连杆与活塞之间和最后两节履带板之间为圆柱副外，其余均为旋转副；然后通过 MACRO 语言新建宏命令，对模型的接触进行设置[5]；最终建立的多体动力学模型如图 1 所示。

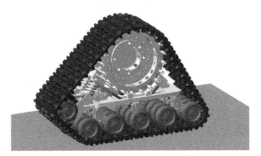

图 1 三角履带轮多体动力学模型

SLD01 型重载三角履带轮主要安装在某全地形野战装卸车上，结合其实际作业情况和使用说明书，选取满载（1 000 kg、基本臂）行驶工况、满载（1 000 kg、全伸臂）作业工况和超载（1 000 kg、基本臂）作业工况三个典型极限工况作为后续基架静态特性的分析工况。根据车辆总质量和轮轴分配求出单轮的静态载荷，并通过静态载荷与载荷系数的乘积来模拟轮子实际所受的冲击力[6-7]，将模拟的冲击力施加在驱动轮的轮心处，方向竖直向下，设置仿真时间为 5 s，分析步为 2 000 步，开始多体动力学仿真计算，最终提取到的基架各连接点在各典型工况下的载荷情况如表 1～表 3 所示。

表 1 满载行驶工况基架各连接点载荷表

序号	连接点名称	连接点数量	F_x/N	F_y/N	F_z/N	F_{Mag}/N
1	前后负重轮组铰接孔	4	15 210.19	−2 395.78	35 505.71	38 700.72
2	中部负重轮组承压板	2	2 209.83	5 238.99	−3 006.48	6 431.90
3	独立摆臂悬架铰接孔	4	−2 007.39	64.39	3.41	2 008.43
4	张进油缸铰接孔	2	1 418.21	−90.94	240.21	1 441.28
5	导向轮组铰接轴	1	−517.33	−567.69	−72.06	1 524.11
6	助力油缸铰接孔	2	19.00	80.05	3.08	82.33

表 2 满载作业工况基架各连接点载荷表

序号	连接点名称	连接点数量	F_x/N	F_y/N	F_z/N	F_{Mag}/N
1	前后负重轮组铰接孔	4	13 859.18	−2 167.45	32 386.56	35 293.96
2	中部负重轮组承压板	2	1 868.64	4 726.36	−2 188.65	5 533.58

续表

序号	连接点名称	连接点数量	F_x/N	F_y/N	F_z/N	F_{Mag}/N
3	独立摆臂悬架铰接孔	4	−2 001.94	66.08	3.25	2 003.03
4	张进油缸铰接孔	2	1 325.98	−198.09	241.83	1 357.80
5	导向轮组铰接轴	1	−519.98	1 426.28	−68.10	1 519.64
6	助力油缸铰接孔	2	17.12	72.50	2.95	74.55

表3　超载作业工况基架各连接点载荷表

序号	连接点名称	连接点数量	F_x/N	F_y/N	F_z/N	F_{Mag}/N
1	前后负重轮组铰接孔	4	14 773.78	−2 360.98	35 146.09	38 307.19
2	中部负重轮组承压板	2	2 113.28	5 143.32	−2 738.11	6 393.10
3	独立摆臂悬架铰接孔	4	−1 991.99	63.38	3.23	2 012.66
4	张进油缸铰接孔	2	1 343.39	−52.85	231.78	1 364.27
5	导向轮组铰接轴	1	−537.29	1 441.28	−68.57	1 539.69
6	助力油缸铰接孔	2	18.15	76.62	3.07	80.74

3　基架的静态特性分析

利用 Hypermesh 软件建立基架的有限元模型（图2），其中，共有 25 848 个节点，17 978 个单元。其中实体单元 17 699 个，包括六面体单元 17 415 个和五面体单元 284 个；刚性连接单元 279 个，所用材料参数为弹性模量 $E = 210\,000$ MPa，泊松比 $\mu = 0.28$，密度 $\rho = (7.8\mathrm{E}-09)\mathrm{T/mm}^3$。

依照多体动力学分析求得的基架各连接点在各分析工况下的载荷情况，分别对基架相应结构部位进行加载，并均对基架上主轴轴孔的六个自由度进行约束，然后分别对基架在三个典型工况下的静态特性进行分析，最终的分析结果如图3所示。

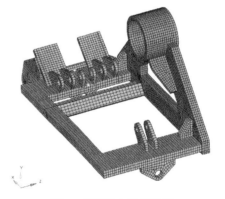

图2　基架的有限元模型

从应力分布图可以看出：不同分析工况下基架的应力最大区都位于立板的右侧，且最大应力分别为 57.0 MPa、48.9 MPa 和 56.7 MPa，均小于基架材料的许用应力 290.2 MPa，表明基架的应力性能还有很大的优化空间。

4　基架的应力测量试验

采用电阻应变测量技术对基架进行应力测量，即首先通过电阻应变花测量基架关心部位的表面应变，再依据基架材料的应力–应变关系将所测部位的应变换算为应力[8]。

基架应力测量试验的主要设备有 DEWS 动态测试采集系统、应变花、抛光机、砂纸、酒精、胶水、电焊笔和数据线等[9]。

应力测量的试验步骤如下。

（1）将基架静态特性的分析工况选定为试验工况。

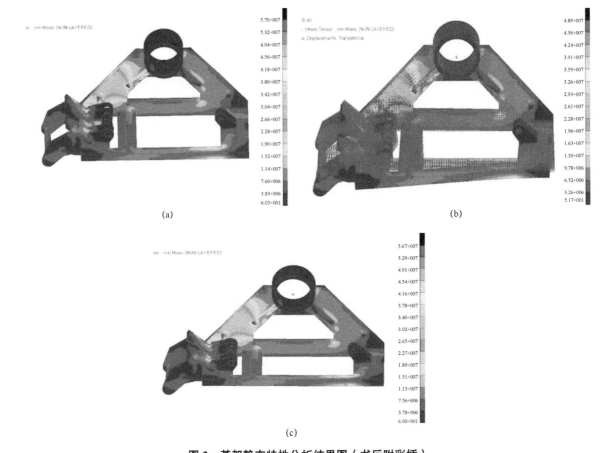

图 3　基架静态特性分析结果图（书后附彩插）
（a）满载行驶工况应力分布图；（b）满载作业工况应力分布图；
（c）超载作业工况应力分布图

（2）结合基架有限元静态特性的结果和基架的实际安装空间，选取十个最关心的部位作为测试点。

（3）用抛光机对测点表面进行抛光，清除掉测点表面的油漆、氧化层和污垢；再用砂纸对测点表面进行打磨，使其光滑无凸起、无凹坑，抛光面积约为应变花面积的 5 倍；最后用脱脂棉球蘸着酒精对表面进行反复清洗，直至棉球上面没有污垢为止。

（4）用 502 胶水将焊接好的应变花贴在测点上，保证粘贴位置正确，粘接牢固和粘接表面干净整洁无气泡。

（5）将各测点应变花同采集块分别连接起来，并将采集块同步连接到数据采集装置上，然后在 PC 机上分别对每个数据采集通道进行参数设置。

（6）在正式开始试验之前，先试测一两次，以检查相关试验设备准备是否就绪。在试验设备准备就绪后，开始正式试验，分别对三种试验工况下各测点的应变数据进行采集，每种工况共采集 10 次数据，试验现场如图 4 所示。

利用 DEWS 的后处理软件对试验数据进行处理，得到基架的应力测量结果，并将其与有限元分析的结果进行对比，从对比结果（表 4～表 6）可以看出：不同分析工况下各测点的误差均在 5%以内，表明了基架静态特性分析结果的可靠性和准确性。

（a）　　　　　　　　　　　　　　　　　（b）

（c）　　　　　　　　　　　　　　　　　（d）

图 4　基架应力测量试验现场图

（a）应变花；（b）部分测点布置；（c）超载作业工况测试；（d）满载作业工况测试

表 4　满载行驶工况测试点应力结果对比

测点编号	应力测量值 A/MPa	应力仿真值 B/MPa	相对误差 $[(B-A)/A]$/%
1	20.5	21.2	3.4
2	36.9	38.4	4.1
3	9.8	10.1	3.0
4	25.3	24.7	−2.3
5	5.3	5.5	3.8
6	17.8	16.9	−5.0
7	30.1	31.2	3.7
8	33.6	34.9	3.9
9	43.8	45.6	4.1
10	55.4	56.9	2.7

表 5　满载作业工况测试点应力结果对比

测点编号	应力测量值 A/MPa	应力仿真值 B/MPa	相对误差 $[(B-A)/A]$/%
1	17.6	16.9	−4.0
2	29.8	30.3	1.7
3	7.9	8.1	2.5
4	20.1	19.7	2.0
5	4.6	4.5	2.2
6	15.2	14.8	−2.6
7	26.9	27.3	1.5
8	30.7	31.9	3.9
9	36.8	37.9	3.0
10	47.9	48.7	1.7

表 6　超载作业工况测试点应力结果对比

测点编号	应力测量值 A/MPa	应力仿真值 B/MPa	相对误差 [(B−A)/A] /%
1	19.7	20.4	3.6
2	35.8	36.6	2.2
3	8.9	9.0	1.1
4	25.6	24.5	−4.3
5	6.1	6.3	3.3
6	19.2	20.2	5.2
7	30.9	31.8	2.9
8	31.9	33.2	4.1
9	42.5	44.5	4.7
10	54.8	56.5	3.1

5　结论

（1）建立了准确的三角履带轮动力学模型，并通过多体动力学分析获得了基架各连接点在各分析工况下的载荷情况，为后续的静态特性分析打下了基础。

（2）采用电阻应变测量技术对基架进行了应力测量试验，并详细介绍了试验的步骤，为其他相关试验提供了参考。

（3）提出一种结合多体动力学对基架进行静态特性分析的方法，并通过试验结果与分析结果的对比对该方法的可靠性进行验证。对比结果表明，试验结果与分析结果的相对误差均在 5%以内，证明了该方法的可靠性，为其他机械结构静态特性的分析提供了依据。

参考文献

[1] 侯忠明，姚凯，王胜军. 可更换橡胶履带轮的发展与应用 [J]. 橡胶工业，2009，56：764−767.

[2] 杨立浩，王胜军，王佑军. 履带轮转换技术的应用现状与发展趋势 [J]. 机电产品开发与创新，2011，24（2）：80−82.

[3] 杜平安，甘娥忠，于亚婷. 有限元法原理、建模及应用 [M]. 北京：国防工业出版社，2004.

[4] 韩旭，朱平，余海东，等. 基于刚度和模态性能的轿车车身轻量化研究 [J]. 汽车工程，2007，29（7）：545−549.

[5] 吕凯. 重载可更换式橡胶履带轮设计及理论研究 [D]. 石家庄：军械工程学院　2015.

[6] 张凯，王健，蒋惠波，等. 基于改进果蝇算法的桥式起重机金属结构优化设计 [J]. 起重运输机械，2014（8）：41−44.

[7] 李艳聪，张连洪，刘占稳，等. 基于神经网络和遗传算法的液压机上梁轻量化和刚度优化设计 [J]. 机械科学与技术，2010，29（3）：164−169.

[8] 陈黎卿，栋张，陈无畏，等. 基于微粒子群优化算法的差速器壳体轻量化设计 [J]. 农业工程学报，2013，29（9）：24−31.

[9] 王登峰，卢放. 基于多学科优化设计方法的白车身轻量化 [J]. 吉林大学学报（工学版），2015，45（1）：29−37.

电起爆器防静电及绝缘电阻的方法

杨　鹏，宫兆飞

（中国人民解放军驻四七四厂军代室，辽宁抚顺 113000）

摘　要：在电起爆器的装配过程中，通过有效的方法，使电起爆器既满足绝缘电阻的要求又满足抗静电的要求。

关键词：电起爆器　绝缘电阻　抗静电性能

0　引言

静电对弹药有极大的危害，尤其对点火与起爆元件的安全性和可靠性造成严重影响。电起爆器的防静电问题一直受到很高的重视，并采取多种方法进行综合防护，使静电的危害降到最低。同样，电起爆器的脚线与壳体间是否具有一定的绝缘强度也是一个重要安全指标。该指标表明了电起爆器在低电压长时间作用下的安全可靠性。因此，很多电起爆器在满足抗静电要求的同时，也要满足绝缘电阻的要求。

1　概述

目前较流行的既满足绝缘电阻的要求、又满足抗静电要求的电起爆器基本结构如图 1 所示。

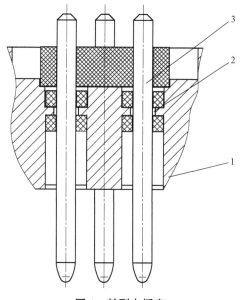

图 1　某型电插塞

1—烧结体；2—静电泄放通道；3—插针

可见为了同时满足这两个要求，电起爆器在达到绝缘电阻要求的同时，还要建立一个静电泄放通道，以满足在低电压下电起爆器绝缘，而在高电压下导通的特性。但在实际应用当中，往往会出现绝缘电阻过小甚至绝缘短路的现象。

2　原因分析

在以往的生产当中，我们经常出现这样的情况，即电起爆器在经过运输震动及随机振动后，绝缘电阻从原本很大的情况下变为几个欧姆，通过分析得知，有导电物质存在于静电泄放通道的插针与壳体之间时，因为输入端插针与壳体之间无导电物质，电桥部分被药剂填塞固定，绝缘电阻不会变化，所以绝缘电阻短路可定位在静电泄放通道处。为此对电起爆器进行了解剖，在确定短路点就在某一针的静电泄放通道处后，将这根针沿轴线方向切割下来，用组锉沿定位环四周将金属锉掉后，取出定位环，用 60 倍以上的显微镜检查，此针静电泄放通道内有一个黑褐色金属杂质，一端搭接在插针上，另一端搭接在插塞体孔内壁上，经过对黑褐色金属杂质化学成分分析，确定金属杂质化学成分与插塞体材料相同，由此可以断定导电物质为插塞体上的金属毛刺。从解剖结果可以看出，电起爆器绝缘电阻短路是由于装配中对插塞体进行检查时未能将较薄的毛刺检查出来，产品装配后，经运输震动及随机振动后一端脱落，另一端搭接到插针上，因而出现短路现象。

3 改进措施

以往，我们都是先将零件进行清洗，然后逐个进行外观检查，最后进行装配，这样就会因孔壁上黏附的金属毛刺在进行外观检查时未能检查出来，而造成装配后的产品在经过运输震动及随机振动时，毛刺的一端脱落搭接到插针上，造成短路。由于问题分析清楚，采取以下措施将会得到有效的改善。

（1）电起爆器装配前，将介质耐压检查电压由 500 V 提高到 1 000 V，剔除绝缘电阻偏小或不稳定的发火件，确保产品装配质量。

（2）在粘陶瓷垫之前，用压力不低于 0.2 MPa 的高压气体对静电泄放通道进行吹洗，以确保静电泄放通道处清洁、干净、无杂质。

（3）对静电泄放通道进行吹沙处理，然后再进行外观检查，确保孔内无金属毛刺。

理论上按照以上三个步骤将残留在静电泄放通道内少许连接在插塞体上的金属杂质全部清除干净，可以根本解决问题，改善电起爆器在满足绝缘电阻要求的同时又满足抗静电的要求。

参考文献

[1] 王凯民. 火工品工程设计与试验 [M]. 北京：国防工业出版社，2010.

[2] GJB5309.1~.38—2004 火工品试验方法 [S]. 国防科学技术工业委员会，2004.

彩 图

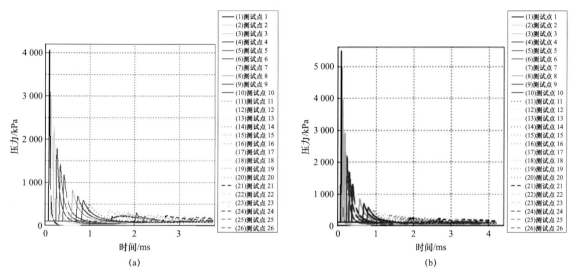

(a)　　　　　　　　　　　　　　　(b)

P53 图 6　监测点时程曲线

（a）球形装药；（b）柱形装药

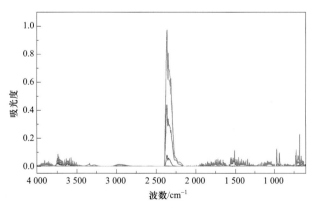

P96 图 3　部分在线裂解的气相产物的红外光谱图

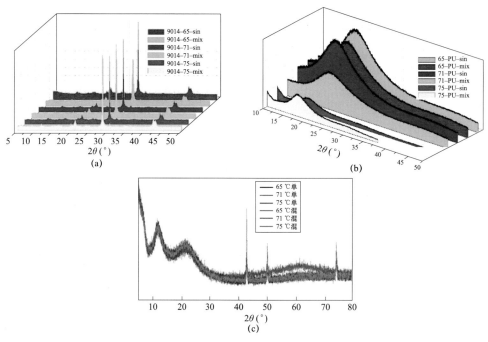

P111 图 1　TATB 基 PBX 炸药与聚氨酯泡沫塑料及硅泡沫垫层在不同温湿度条件下老化 4 年后的晶体结构分析结果

（a）TATB 基 PBX；（b）聚氨酯泡沫塑料；（c）硅泡沫垫层

P114 图 3　TATB 基 PBX 不同条件辐照前后的外观

（从左至右依次为 γ 辐照后、中子辐照后和原始试件）

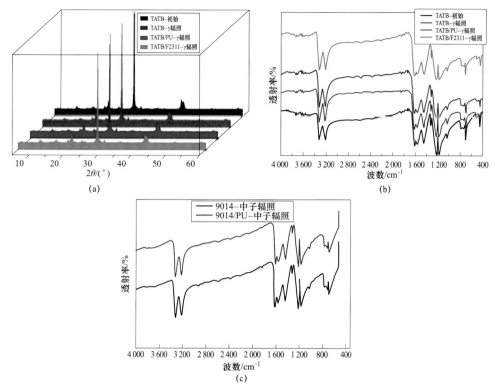

P114 图 4　TATB 及其 PBX 炸药（单独或接触体系）不同条件辐照前后的表界面结构分析结果

（a）TATB 经 γ 辐照前后的 XRD 谱图；（b）TATB 经 γ 辐照前后的红外谱图；（c）TATB 基 PBX 经中子辐照前后的红外谱图

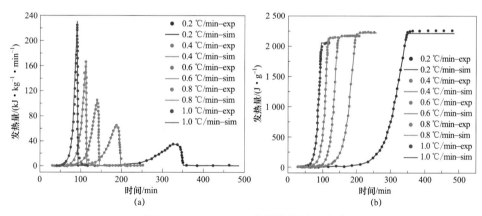

P118 图 2　CL－20/HMX 共晶的非等温实验结果

（a）放热速率；（b）单位质量放热量随时间变化关系

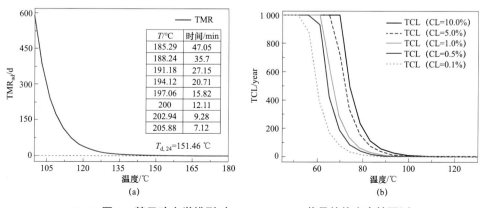

P119 图 3　基于动力学模型对 CL－20/HMX 共晶的热安全性预测

（a）到达最大绝热温升速率所用时间 TMR；（b）到达转化极限所用时间 TCL 随温度的关系

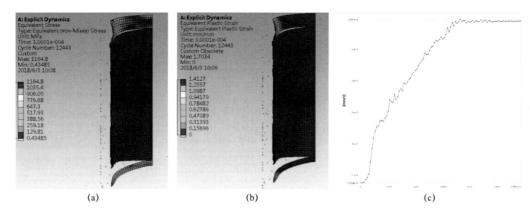

（a）   （b）   （c）

P231 图 3　组配方案一仿真结果

（a）等效应力云图；（b）塑性应变云图；（c）弹丸时间 – 速度曲线

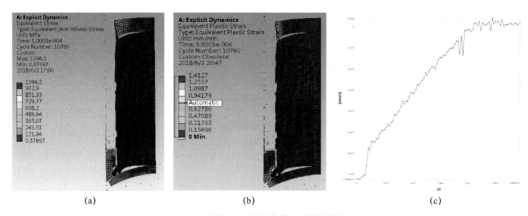

（a）   （b）   （c）

P231 图 4　组配方案二仿真结果

（a）等效应力云图；（b）塑性应变云图；（c）弹丸时间 – 速度曲线

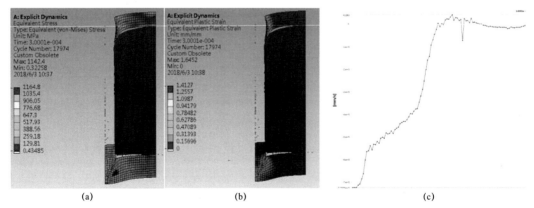

（a）   （b）   （c）

P231 图 5　组配方案三仿真结果

（a）等效应力云图；（b）塑性应变云图；（c）弹丸时间 – 速度曲线

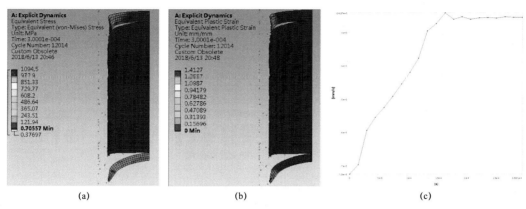

(a)　　　　　　　　　　(b)　　　　　　　　　　(c)

P232 图 6　组配方案四仿真结果

（a）等效应力云图；（b）塑性应变云图；（c）弹丸时间－速度曲线

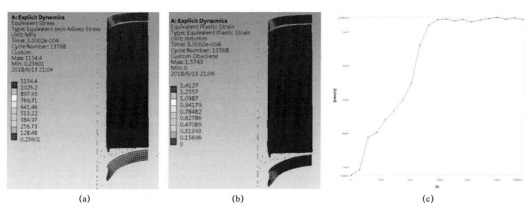

(a)　　　　　　　　　　(b)　　　　　　　　　　(c)

P232 图 7　组配方案五仿真结果

（a）等效应力云图；（b）塑性应变云图；（c）弹丸时间－速度曲线

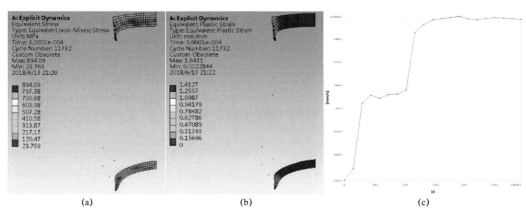

(a)　　　　　　　　　　(b)　　　　　　　　　　(c)

P232 图 8　组配方案六仿真结果

（a）等效应力云图；（b）塑性应变云图；（c）弹丸时间－速度曲线

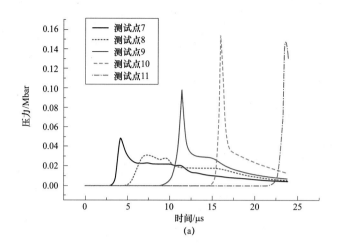

(a)

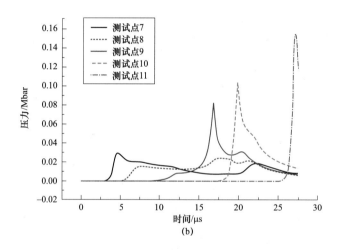

(b)

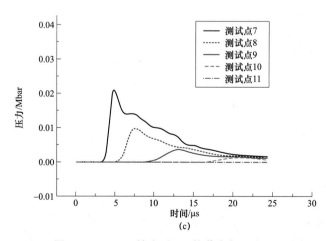

(c)

P274～275 图 5　9.0 g EFP 撞击后 H6 炸药内部压力历程（径向）

（a）爆轰（2 400 m/s）；（b）爆轰（2 300 m/s）；（c）未爆轰（2 200 m/s）

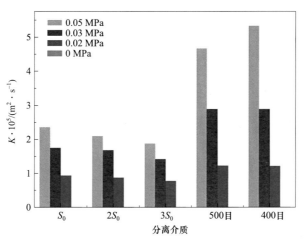

P288 图 10　*K* 与分离介质的关系

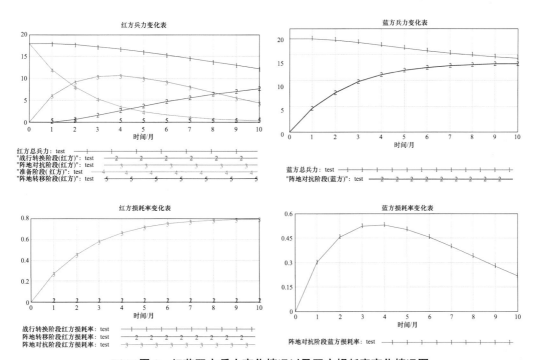

P316 图 3　红蓝双方兵力变化情况以及双方损耗率变化情况图

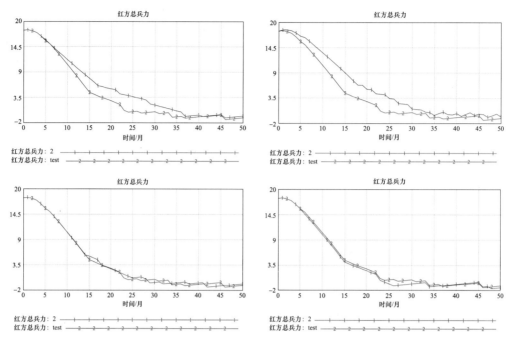

P316 图 4　红蓝双方兵力变化情况（命中概率、维修性、火力机动能力、战术机动能力）

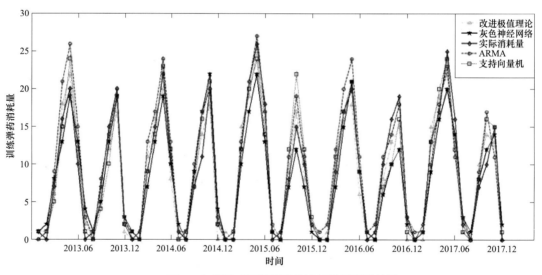

P323 图 1　各模型对于训练弹药消耗数量预测结果

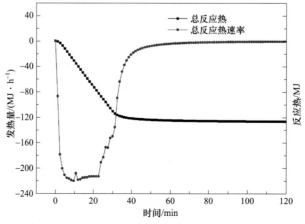

P358 图 6　冷却失效情况下反应放热速率和累积放热量随时间的变化关系

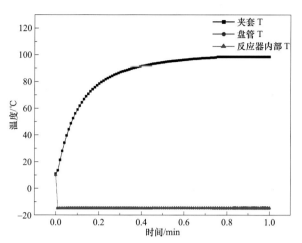

P359 图 7　搅拌故障情况下反应器内部、夹套和盘管温度随时间变化关系

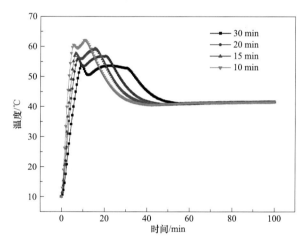

P359 图 8　不同加料速度下反应器内温度随时间变化关系

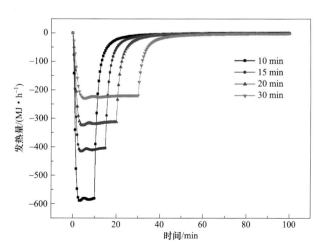

P359 图 9　不同加料速度下反应放热速率随时间变化关系

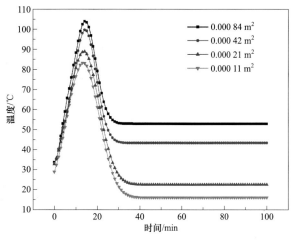

P361 图 10 不同泄放面积热失控模拟温度变化曲线

P361 图 11 不同泄放面积热失控模拟压力变化曲线

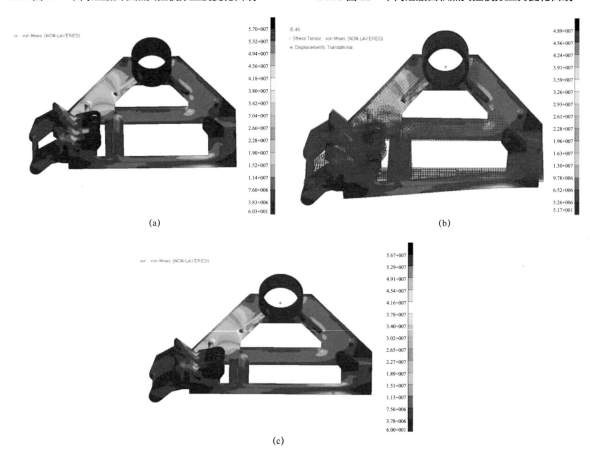

(a)

(b)

(c)

P366 图 3 基架静态特性分析结果图

（a）满载行驶工况应力分布图；（b）满载作业工况应力分布图；

（c）超载作业工况应力分布图